대한민국 전력산업의 싱크탱크 전력연구원이 이야기하는

전력계통 과도현상 해석

심응보 지음

홍릉과학출판사

추천사

현대사회에서 전기에너지는 물과 공기와 같아서 일상생활의 거의 모든 곳에 사용되고 있습니다. 전기를 생산하고 이를 필요로 하는 고객에게 운송하는 일은 얼핏 보면 간단한 것 같지만 인간이 만든 시스템 중에서 가장 복잡한 일 중 하나입니다. 이 전력계통을 설계하고 구축하여 운영하는 노하우는 전력회사가 당연히 보유하고 있어야 하며, 우수한 전력회사를 평가하는 기술적 지표가 되고 있습니다.

한국전력은 전력계통 품질을 가늠할 수 있는 대표적인 지표로서 가구별 정전시간을 최소화하고, 주파수 정격범위 유지 비율도 세계 최고 수준을 달성하고 있습니다. 이러한 기술 보유 배경에는 송전전압과 배전전압을 높이고 단순하게 개선한 효과이며, 물론 자체 기술로 전력계통을 설계하고 운영하는 능력을 축적한 결과라고 할 수 있습니다.

향후, 전력계통은 신재생에너지 설비 연계가 급증하는 추세로 기존의 전력망보다 운전조건이 복잡해지고 있으며, 무엇보다 자연재해가 날로 더 가혹해짐에 따라 시스템설계를 강화해야 하는 상황에 직면하게 되었습니다. 또한 설비를 원격으로 감시하기 위한 센서의 대량 설치, 전기차의 대중화 및 전력사용량의 지속적인 증가에 따라 전력계통을 신뢰도 높게 설계하여 안정적으로 운영하는 일이 더욱 중요해졌습니다.

이 책은 저자가 30여 년간 한국전력에 근무하면서 얻은 전력계통 과도현상 해석에 대한 노하우를 정리하여 후학들이 참고할 수 있도록 준비하였습니다. 특히 765 kV 송전선로 초기 가압시 현장 실측과 해석 사례 비교, 지중케이블의 과도현상, 변압기의 돌입전류 해석, 변전소 침입 뇌과전압 해석, 권선형 PT의 철공진 발생사례 분석은 물론 피뢰기의 고장 해석에 이르기까지 다양한 사례를 수록하여 실무에 활용하고 학습할 수 있도록 하였습니다. 따라서 전력계통의 과도현상을 이해하고 설계하는 실무자는 물론 대학교재로서도 좋은 참고자료가 될 것으로 기대합니다.

한국전력공사 전력연구원장
공학박사 배성환

머리말

송변전 설비는 발전소에서 생산한 대용량의 전력을 수용가로 보내는 역할을 합니다. 이 설비들을 운영 중에 발생하는 과전압에 대해서 송전선, 변압기 및 차단기와 같은 기기들이 예정된 수명동안 잘 운전될 수 있도록, 설계 단계에서부터 전기적인 여러 가지 현상들을 충분히 고려하여 설계하여야 합니다.

절연협조는 전력계통의 과도현상을 해석하여 전력 설비의 절연강도를 결정하는 기술로서 기기의 절연성능을 적절하게 유지하면서도 설비에 대한 투자비용을 최소화 할 수 있습니다.

과도현상을 해석하려면 EMTP(Electro Magnetic Transient Program)나 EMTDC(Electro Magnetic Transient Design and Control)와 같은 전용 해석프로그램을 잘 사용할 수 있어야 함은 물론, 전력 계통의 과도현상에 대한 깊은 이해와 많은 경험이 필요하기 때문에 세계적으로도 이 분야에 대한 전문가가 많지 않습니다. 그러나 한국전력공사 기술진은 765 kV 계통의 절연설계를 우리 기술로 수행하고, 수십 년간 전력 계통을 운용하면서 발생한 다양한 고장 원인을 분석한 경험이 있습니다.

이 책은 이러한 과정에서 얻어진 노하우를 정리하여 수록함으로써, 추후에 전력계통을 다시 해석하여 관련 규격을 고치거나, 운용 중에 발생 할 수 있는 현상들을 분석하는 데에 체계적으로 접근할 수 있도록 하였습니다. 지면의 한계로 모든 내용을 수록할 수는 없었지만 송전선, 변압기, 차단기 및 권선형 PT의 철공진 등 다양한 사례를 소개하고자 하였습니다. 특히 모의계산 결과와 현장의 실측자료를 함께 비교하여 설계를 할 수 있는 기회를 경험한 것은 연구자로서 큰 행운이었습니다.

끝으로 이 책을 출간할 수 있도록 허락해주신 한국전력공사와 EMTP 사용자그룹 및 교정에 노고를 아끼지 않으신 모든 분들께 감사드리며, 절연설계 실무 담당자는 물론 대학원 학생들에게도 좋은 참고가 되기를 바랍니다.

심응보

차례

CHAPTER 1 ‖ 전력계통 과도현상 해석 툴

저자 : 심응보

CHAPTER 2 ‖ 전력계통의 과도현상

저자 : 심응보

CHAPTER 4 과도현상 해석사례

저자 : 심응보, 우정욱, 정채균, 최종기, 주병수

CHAPTER 1

전력계통 과도현상 해석 툴

저자 : 심응보

1. 전력계통의 현상과 해석 툴
2. EMTP의 기능 소개

1

전력계통의 현상과 해석 툴

전력계통에서 발생하는 모든 현상을 모의계산 할 수 있는 방법이나 상용 툴은 존재하지 않는다. 따라서 해석하고자 하는 현상에 따라 적절한 방법과 툴을 사용하여야 한다. 해석 툴은 크게 보면 PSS/E, EMTP, PSCAD와 같은 비실시간(오프라인) 시스템과 RTDS, OPAL-RT/Hypersim과 같은 실시간 해석 시스템으로 구분할 수 있다. 실시간 해석 시스템은 시뮬레이션에 소요되는 시간이 실제 시간과 유사하므로 보호계전기나 HVDC, FACTS 제어기 등을 실시간 해석 시스템에 직접 연계하여 해석할 수 있다. 따라서 보호계전기, HVDC 등의 제어 설비에 대한 성능 시험에 적극적으로 활용할 수 있다. 실시간 해석 시스템의 수치해석을 위하여 기본적으로 사용하는 Time Step은 보통 50 μs이다. 그러나 스위칭 주파수가 높은 전압원 인버터 등을 위해서는 보다 세분화된 Time step이 필요하다. 이를 위하여 RTDS의 경우 1.5~2.5 μs의 Time-step을 가지는 S/W 모델을 별도로 제공한다. 또한 MMC 방식의 HVDC, STATCOM을 위해서는 FPGA로 제작된 별도의 인버터 모델링 H/W 시스템을 제공하기도 한다. [1-5]

- RTDS : 캐나다 RTDS사의 실시간 전력계통 시뮬레이터
- OPAL-RT/Hypersim : 캐나다 Hydro Quebec사가 개발한 실시간 전력계통 시뮬레이터
- MMC(Modular Multi-level Converter) HVDC : 전압형 HVDC용 인버터 방식의 한 종류
- FPGA(Field Programmable Gate Array) : 사용자가 프로그램을 하여 사용할 수 있는 Gate Array
- PSCAD : 캐나다 Manitoba Hydro HVDC Centre에서 개발한 과도현상 해석 프로그램

이와 같은 이와 같은 실시간 해석 시스템은 계산 결과가 빠르고 엔지니어가 직관적으로 계통현상을 파악하는 데에 매우 유용하지만, 시스템을 구축하는 비용이 매우 많이 들고 운용과 유지보수에 많은 비용과 인력이 필요하다.

이에 반해 비실시간, 즉 오프라인 해석 시스템은 실시간 해석이라는 큰 제약 조건에서 자유롭기 때문에 일반 PC에서도 보다 정밀한 모델링과 정확한 계산이 가능하다. 특히, 낙뢰, 서지 등의 매우 짧은 과도현상에도 정확한 해석결과를 얻을 수 있다. 따라서, 제어기 시험, 보호 계전기 시험과 같이 실시간 해석이 반드시 필요한 경우를 제외하면, 비 실시간 해석 시스템을 사용한다. 이들 중 EMTP나 PSCAD는 차단기의 스위칭, 낙뢰의 침입에 의한 과전압 현상, HVDC 동특성 등 매우 짧은 시간에 발생하는 과도현상의 해석

에 주로 사용한다. EMTP가 개발되기 이전인 1920년대에는 계통을 실제로 축소하여 과도현상을 해석하는 TNA(Transient Network Analyzer)를 사용하였으나 비용이 많이 들고 사용이 어려워 현재는 사용하지 않고 있다.

EMTP는 1966년에 H. W. Dommel이 최초로 알고리즘을 개발하였으며 1973년에 W. S. Meyer가 인계 받아 발전시켰다. 그 후 무료배포 버전으로는 ATP-EMTP가 이어져 오고 있으며, 상용 버전으로는 1986년 DCG-EMTP가 개발되어 사용되었으며 2006에는 캐나다 Hydro Quebec 그룹의 CEATI사가 EMTP-RV를 개발하여 오늘에 이르고 있다.

무료버전으로는 H. K. Hoidalen이 사용자의 HMI를 개량한 ATP Draw가 ATP-EMTP를 기반으로 현재 가장 널리 사용되고 있다.

- EMTP : Electro Magnetic Transient Program

2

EMTP의 기능 소개

2.1 EMTP로 해석이 유용한 범위

오프라인 해석 프로그램 중에서 PSS/E와 같은 프로그램은 상용주파수에 대하여 대규모 계통의 평형상태 계산이나 간략한 모델의 HVDC와 FACTS 기기를 모의하는 것에 적합한 툴이다. 전국 규모 또는 지역 단위의 대규모 전력계통을 모의할 수 있으며, 3상 불평형의 계산이나 Time step이 짧은 현상의 모의에는 적합하지 않다.

한편 EMTP는 PSS/E에 비하여 비교적 작은 계통을 대상으로 하되 기기의 상세한 모델과 고주파수를 동반하는 과도현상을 해석하는데 적합하다. 그러므로 조류계산과 같이 비교적 긴 시간을 해석하는 데에는 부적합하며 계산 오차도 크다고 할 수 있다.

그림 1.1은 EMTP로 해석이 가능한 범위를 PSS/E와 비교하여 도시한 것이다[4].

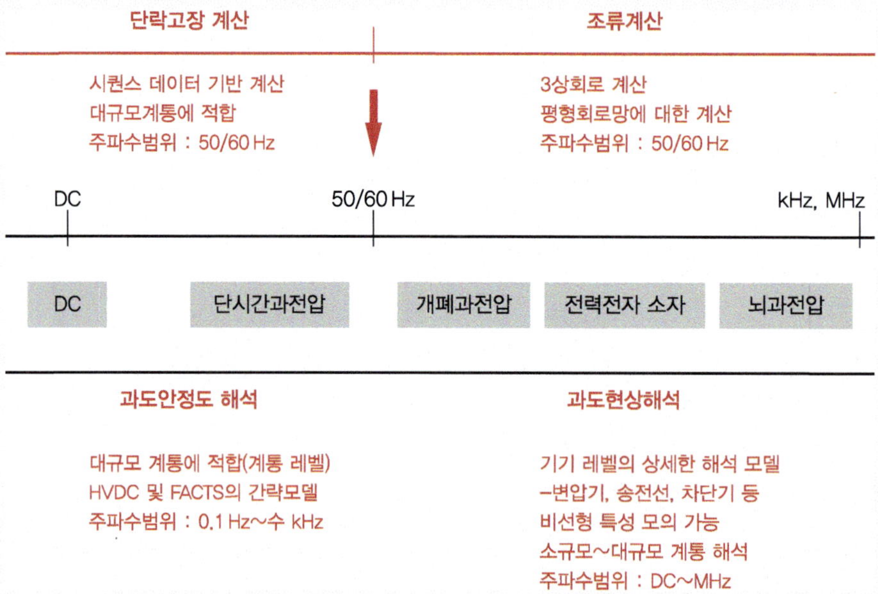

그림 1.1 EMTP로 해석이 가능한 계통현상의 범위

2.2 EMTP의 기본 이론과 기능의 간략한 소개

송전계통에서 발생하는 현상은 복소수의 역행렬, 지수함수, 미적분, 선형연립방정식

등이 적용되는 복잡한 현상이 수반되어 가장 정확한 해석을 하는데 EMTP가 사용된다. EMTP에서 집중정수 회로를 표현하여 해를 구하는 기본 이론과 케이블, GIS(Gas Insulated Switchgear), 전력용 변압기, 차단기 및 계기용 변압기(PT: Potential Transformer) 등으로 구성되는 전력계통의 전자기과도현상 해석에 적용되는 이론은 다음과 같다.

EMTP에서 GIS의 전기적 정수를 구하기 위하여 보조루틴인 "CABLE CONSTANTS"를 이용하며, 단심 동축케이블을 기본으로 하여 1개의 GIS 인클로져(encloser) 내에 3상의 도체가 있는 파이프 타입 케이블까지 해석할 수 있다[6].

EMTP로 2권선 및 3권선 변압기를 해석할 수 있으며, 단권변압기는 단락시험과 개방시험 데이터를 이용해서 3권선 변압기와 등가로 만들어 해석할 수 있다. 특히 변압기의 철공진과 돌입전류 해석에서 개방시험 결과로부터 변환하여 철심의 비선형 포화특성을 표현 할 수 있다[6].

EMTP의 특징은 모든 회로소자를 전류원과 저항으로 치환한 등가회로의 마디방정식을 세우고, 그 콘덕턴스 행렬의 역행렬을 취함으로써 해를 구할 수 있다. 여기서 집중정수소자는 사다리꼴 공식에 의하여 수치적으로 미적분 처리하고, 분포정수선로는 파동방정식의 진행파 해석을 응용한 Schnyder-Bergeron법[6]으로 처리한다. 이 방법은 모든 회로소자가 콘덕턴스와 전류원 만으로 등가 치환되기 때문에 아무리 복잡한 회로망일지라도 마디 콘덕턴스 행렬로 표현된다. 따라서, 회로망에 대한 제약이 거의 생기지 않는다. 게다가 실제의 전기회로에서 마디 콘덕턴스 행렬은 다수의 영요소(zero element)를 포함하는 사실에 주목하여 희소행렬(Sparse matrix)로 처리함으로써 역행렬 계산을 간략화 함과 동시에 계산에 소요되는 시간을 대폭 단축시킬 수 있다.

회로의 과도현상을 해석하는 방법에는 전달함수를 구하고 대수적인 방법으로 해를 구한 다음, 변환하여 해를 구하는 방법과 임의적으로 미분방정식계를 도출하여 해를 구하는 방법이 있다. 후자에는 상태변수 방정식을 도출하여 해결하는 방법과 각 집중요소에 성립하는 방정식을 사용공식에 의하여 도출되는 등가회로로 연립방정식의 해를 구하는 두 가지 방법이 있다. EMTP는 후자의 방법이다.

EMTP는 그림 1.2에서 예시한 회로에서 마디 K에 접속한 가지 중 R, L, C 각 요소에 대하여는 저항과 전류원으로 표현되는 식 (1.1)과 같은 방정식이 성립된다.

$$
\begin{aligned}
&(G_R + G_L + G_C + G_Z)\,V_K(t) - G_R V_1(t) - G_L V_5(t) - G_C V_3(t) \\
&= i_1(t) - I_{K6}(t-\tau) - I_{K3}(t-\Delta t) - (I_{K5}(t-\Delta t))
\end{aligned}
\tag{1.1}
$$

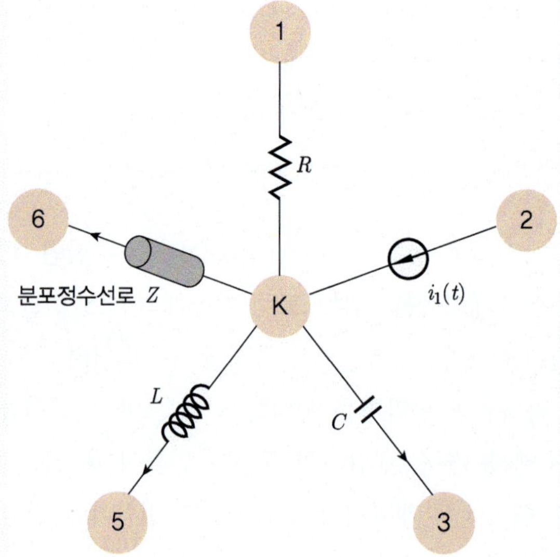

그림 1.2 EMTP의 기본 Technique 설명도

여기서, $G_R = \dfrac{1}{R}$, $G_L = \dfrac{\Delta t}{2L}$, $G_C = \dfrac{2C}{\Delta t}$, $G_Z = \dfrac{1}{Z}$

$V_k(t)$: 마디 전압 벡터 ($k=1, 2, 3, 4, 5, 6$)

$i_k(t)$: 마디 전류 벡터 ($k=1, 2, 3, 4, 5, 6$)

식 (1.1)을 간단히 표시하면 식 (1.2)와 같은 행렬식이 된다.

$$[G]\cdot[V(t)] = [i(t)] - [I(t)] \tag{1.2}$$

여기서, $[G]$: 등가회로의 마디 콘덕턴스 행렬

$V(t)$: 마디 전압 벡터

$i(t)$: 마디 전류 벡터

$I(t)$: 시각 t 이전의 전압, 전류에 의하여 결정되는 등가 전류원의 값

식 (1.2)에서 일부의 전압은 기지의 값이고 나머지의 전압이 미지의 값이다. 따라서 마디 전압을 전압 미지의 마디 군 A와 전압 기지(전압원)의 마디 군 B로 식 (1.3)과 같이 분류된다.

$$\begin{bmatrix}[Y_{AA}] & [Y_{AB}] \\ [Y_{BA}] & [Y_{BB}]\end{bmatrix}\begin{bmatrix}[V_A(t)] \\ [V_B(t)]\end{bmatrix} = \begin{bmatrix}[i_A(t)] \\ [i_B(t)]\end{bmatrix} - \begin{bmatrix}[I_A] \\ [I_B]\end{bmatrix} \tag{1.3}$$

식 (1.3)으로부터 미지의 마디 전압 $V_A(t)$는 식 (1.4)로부터 구할 수 있다.

$$[Y_{AA}][V_A(t)] = [I_{total}] - [Y_{AB}][V_B(t)] \tag{1.4}$$

여기서, $[I_{total}] = [i_A(t)] - [I_A]$

즉 계산할 경우 Δ_t 마다 식 (1.4)를 풀어서 각 시각 t에 있어서의 노드 전압 $V_A(t)$를 구할 수 있다. 단 식 (1.4)의 우변은 Δ_t 마다 다시 쓰지 않으면 안 된다. 식 (1.4)는 선형 연립방정식이므로 $[Y_{AA}]$를 전진소거(forward elimination) 3각화하여, 후진대입(backward substitution)으로써 직접 해를 구할 수 있다. 또 전력계통에서의 $[Y]$는 희소행렬(Sparse matrix)이므로 $[Y_{AA}]$, $[Y_{AB}]$의 sparsity 연산으로 계산시간의 단축, 메모리의 절약이 가능하며 마디의 순서 매김을 조정하면 한층 더 계산시간이 단축되고, 메모리 용량의 절약이 가능하다[6].

Bergeron법에서는 사다리꼴 공식에 의하여 수치적으로 미적분 처리가 가능하다. 예를 들면 집중정수 인덕턴스 L에 대하여 그 양단의 마디 k, m의 전위를 $V_k(t)$, $V_m(t)$라 하고, 마디 k에서 m을 향하여 흐르는 전류를 $i_{km}(t)$라 하면 식 (1.5)가 얻어진다.

$$V_k(t) - V_m(t) = L\frac{di_{km}(t)}{dt} \tag{1.5}$$

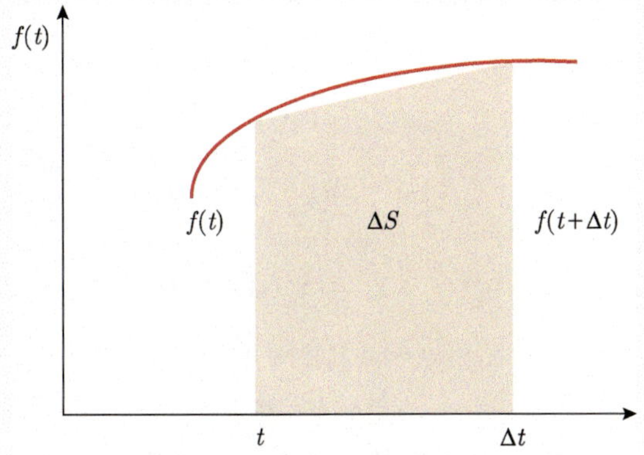

$$\Delta S = \frac{\Delta t}{2}\{f(t) + f(t+\Delta t)\}$$

그림 1.3 사다리꼴 공식

식 (1.5)를 이전시간 $(t-\Delta_t)$에서 현재 시각 t까지 적분하면 식 (1.6)과 같은 전류식이 구해진다.

$$i_{km}(t)=i_{km}(t-\Delta t)+\frac{1}{L}\int_{t-\Delta t}^{t}\{V_k(t)-V_m(t)\}dt \tag{1.6}$$

식 (1.6)을 그림 1.3의 사다리꼴 공식에 의하여 근사화 하면 식 (1.7)과 같이 되어 표 1.1과 같이 정리된다.

$$i_{km}(t)=i_{km}(t-\Delta t)+\frac{\Delta t}{2L}[\{V_k(t)+V_k(t-\Delta t)\}-\{V_m(t)+V_m(t-\Delta t)\}] \tag{1.7}$$

식 (1.7)은 과거의 기록 $(t-\Delta t)$을 보존하여 두면 현재시각 (t)의 값을 결정할 수 있음을 보여주고 있다.

표 1.1 집중정수의 등가회로

요소명	전기회로	등가회로 산출식	등가회로
저항	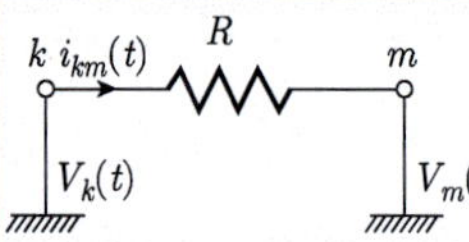	$i_{km}(t)=(V_k(t)-V_m(t))/R$	
인덕턴스	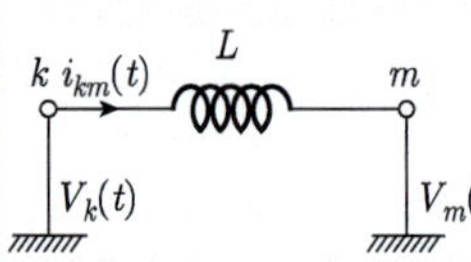	$V_k(t)-V_m(t)=L\cdot\frac{dik_m(t)}{dt}$ $i_{km}(t)=\frac{\Delta t}{2L}\{V_k(t)-V_m(t)\}$ $+I_{km}(t-\Delta t)$ $I_{km}(t)=i_{km}(t-\Delta t)+\frac{\Delta t}{2L}$ $\{V_k(t-\Delta t)-V_m(t-\Delta t)\}$	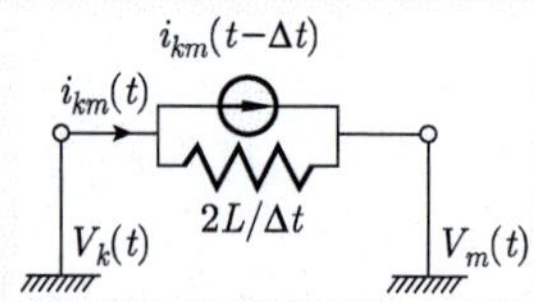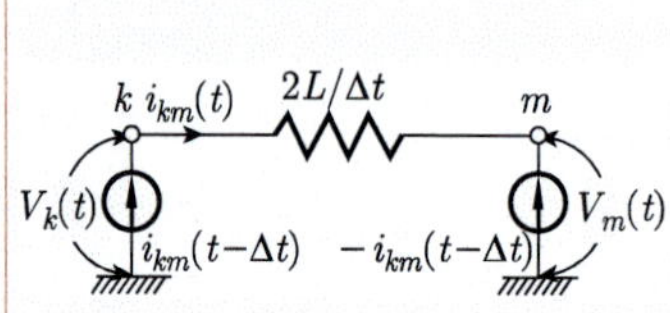
캐패시턴스	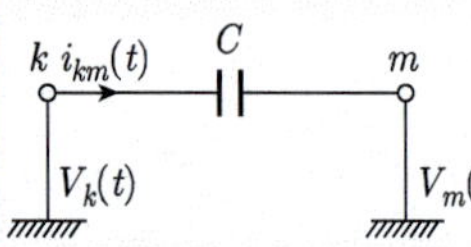	$i_{km}(t)=C\frac{d}{dt}(V_k(t)-V_m(t))$ $i_{km}(t)=g_c\{V_k(t)-V_m(t)\}$ $+I_{km}(t-\Delta t)$ $I_{km}(t-\Delta t)=-i_{km}(t-\Delta t)$ $-g_c\{V_k(t-\Delta t)-V_m(t-\Delta t)\}$ $g_c=2C/\Delta t$	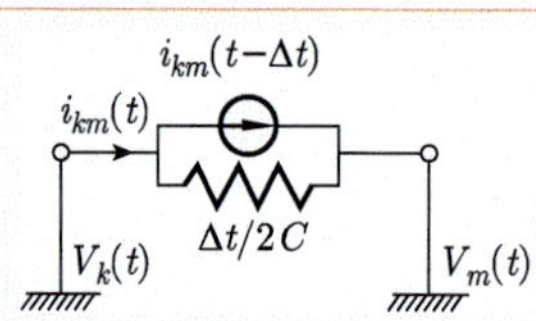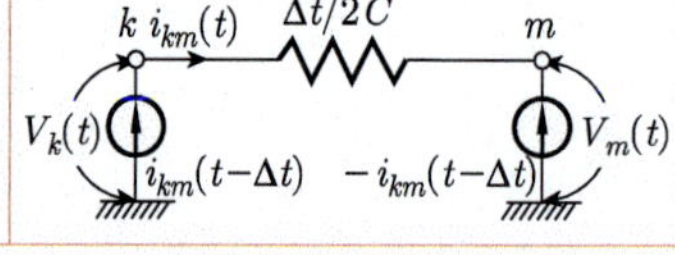

참고문헌

[1] https://hvdc..ca/pscad/

[2] https://www.rtds.com/

[3] https://www.eeug.org

[4] https://powersys-solutions.com/software/

[5] Transient Analysis of Power Systems: Solution Techniques, Tools and Applications, First Edition. Edited by Juan A. Martinez-Velasco. © 2015 John Wiley & Sons, Ltd. Published 2015 by John Wiley & Sons, Ltd.

[6] W. Scott Meyer and Tsu-huei Liu, "BPA EMTP Theory Book", Branch of System Engineering, Bonneville Power Administration, Portland, Oregon, USA, 1987.

CHAPTER 2

전력계통의 과도현상

저자 : 심응보

1. 전력계통의 과도현상
2. 전력계통 과전압
3. 단시간과전압
4. 개폐과전압
5. 뇌과전압
6. 급준파과도전압

1

전력계통의 과도현상

전력계통을 운용하는 중에는 정상상태의 현상뿐만 아니라 전력계통 내부의 기기조작이나 외부의 낙뢰의 침입 등으로 인하여 끊임없이 과도현상이 발생한다. 전력계통은 이러한 과전압의 발생을 고려하여 전력계통 내에 설치되어 운용중인 기기들이 예상되는 수명 동안에 고장을 일으키지 않고 운전될 수 있도록 설계되어야 한다. 과전압이라 함은 상도체와 대지간 또는 상도체간에 계통의 최고전압을 초과하는 전압으로 최고값을 기준으로 하고 있으며 몇 가지의 등급과 파형을 가지고 표준으로 정하고 있다[1-4].

TOV(Temporary Overvoltage)

이 과전압의 발생원인은 고장의 발생, 부하차단, 공진 또는 철공진과 같은 조건에서 단독 혹은 복합된 형태로 나타나는 것으로서 단시간과전압 또는 상용주파 단시간과전압(PTOV: Power frequency Temporary Overvoltage)이라 한다. 이러한 과전압은 제동이 되지 않거나 매우 약하게 제동이 되는 진동파형으로 상도체와 대지간 또는 상도체간에 발생하는데 수 초 정도의 비교적 긴 시간주기를 가지고 있다.

SFO(Slow Front Overvoltage)

이 과전압의 발생 원인은 차단기의 조작, 지락 고장의 발생 또는 원거리에서 침입한 낙뢰에 의해서 발생 할 수 있다. 이것은 방향성이 없거나 또는 크게 제동이 된 진동성의 과전압으로서 매우 짧은 주기 동안 완만한 파두장을 가지고 있다.

FFO(Fast Front Overvoltage)

이 과전압은 주로 낙뢰의 침입에 의해서 발생한다. SFO에 비하여 파형의 진동 주기가 매우 짧고 더 급준한 파두를 가지고 있다.

VFTO(Very Fast Transient Overvoltage)

이 과전압은 보통 기기의 조작이나 고장의 발생으로 인하여 발생하는데, 특히 가스절연변전소(GIS: Gas Insulated Substation)의 단로기를 차단할 때 발생하거나 전동기에 케이블이 연결된 회로를 차단할 때에 발생한다.

2

전력계통 과전압의 분류

2.1 TOV(Temporary Overvoltage)

대표적인 TOV는 단시간(1분)의 상용주파수 파형으로 정의할 수 있다. 가장 빈번하게 발생하는 고장의 종류는 다음과 같다.

고장시 과전압

상용주파의 상도체-대지간 지락 고장시에 고장이 나지 않은 건전상의 상도체와 대지간에 나타나는 과전압이다. 과전압의 크기는 전력계통의 접지와 고장의 위치에 따라 다르게 나타난다. 고장의 지속시간은 고장의 발생을 포함하여 보통 1초 이내이며 유효접지계에서는 고장이 지속되는 동안 1.3 p.u. 정도가 된다. 비접지계에서 TOV의 지속시간은 고장의 제거를 포함하여 수 초 이하이며 크기는 1.73 p.u. 정도이다.

부하차단 과전압(load rejection overvoltage)

부하차단에 의하여 발생하는 과전압은 차단된 부하량, 분리된 후 계통의 구성, 발전원의 크기나 종류에 따른 특성에 영향을 받는다. 대칭 3상 계통에서는 상도체와 대지간 또는 상간 과전압도 비례하여 영향을 받는다. 큰 부하가 차단될 경우에는 과전압도 크게 영향을 받는다. 비교적 송전선로 길이가 짧고 단락용량이 큰 계통에서는 과전압이 낮게 나타나고, 발전단의 단락용량이 작고 송전선로 길이가 긴 계통에는 과전압이 높게 나타난다.

공진 또는 철공진(resonance and ferroresonance overvoltage)

송전선로, 케이블, 직렬 커패시터 등의 용량성 성분과 변압기, 분로리액터 등의 유도성 성분이 서로 작용하여 공진이 발생 할 수 있다. 공진 과전압의 예를 들면, 부하차단, 변압기 단자의 단상 투입 또는 모선용 계기용변압기와 차단기용 커패시터가 갑자기 회로에서 분리되는 경우와 같이, 전력계통의 운전형태가 급격하게 바뀌는 경우에 발생할 수 있다. 공진이나 철공진 과전압은 그 크기가 3.0 p.u.를 초과할 수도 있으며 발생된 조건이 해소될 때까지 지속된다.

변압기의 가압(transformer energization)

무부하 또는 경부하인 변압기와 송전선로가 같이 가압될 때 공진이 일어날 수 있다.

이 때 변압기 철심의 비선형 특성으로 인하여 돌입전류가 발생할 수 있다. 돌입전류는 크기도 크고 많은 고조파성분을 포함하고 있는데, 그 주파수응답은 변압기 돌입전류에 들어있는 주파수와 공진을 일으켜 전력계통과 상호작용을 하게 된다. 그 결과로 매우 긴 시간 동안 공진성 TOV를 일으킬 수 있다.

동상 극간의 과전압은 차단기의 양단의 위상이 반대일 때 동기화를 시키는 경우에 일어날 수 있다. 대표적인 동상 극간의 TOV는 상-대지간 운전전압의 2배에 가까운 크기이며 지속시간은 몇 초에서 몇 분이 될 수가 있다. 동기화 조작이 빈번한 경우에는 상-대지간 고장이 발생할 확률을 고려하여야 하며, 이 경우 대표적인 과전압의 크기는 한 쪽 단자의 상-대지간 과전압의 최대값과 다른 쪽 단자의 연속 운전전압의 크기를 합산한 것으로 상정할 수 있다[1, 2]. 또 다른 TOV의 원인은 도체의 탈락과 전자계 유도에 의한 것이 있다.

TOV는 피뢰기의 정격을 선정하는데 사용되며 피뢰기는 이러한 과전압에 견딜 수 있도록 선정되어야 한다. 공진이나 철공진에 의한 TOV는 피뢰기의 선정에 사용되지는 않으며, 공진점을 피해서 계통을 운영하거나 제동저항을 설치하는데 사용된다.

각기 다른 원인에 의해서 발생한 TOV의 중첩이 피뢰기의 정격을 높이게 되고 결국은 절연 계급과 보호 레벨을 높이도록 만든다. 부하차단과 대지간 지락고장이 동시에 발생하는 경우를 예를 들면, 송전선로에 지락고장이 발생한 상태에서 송전단측 차단기가 동작되기 이전에 부하측 차단기가 먼저 동작하여 부하차단이 발생하면, 부하 차단에 의한 과전압과 지락고장 과전압이 중첩되어 나타날 수 있다. 이러한 조합은 대용량의 부하가 먼저 차단되고 이 TOV가 남아있는 전력계통에 지락고장을 일으키는 경우에도 발생할 수 있다.

2.2 SFO(Slow Front Overvoltage)

완만한 파두의 과전압(SFO : Slow Front Overvoltage)은 가공 송전선로나 케이블의 가압, 고장의 발생과 제거, 부하차단, 용량성 및 유도성 전류의 차단과 같은 개폐 조작시에 발생한다. 파두장은 20~5000 μs 파미장은 20 ms 범위이다. 대표적인 SFO는 표준 개폐임펄스로 대표할 수 있는데 최고 전압과 과전압 크기의 분포확률로 나타낼 수 있다. 가장 빈번하게 일어나는 과전압의 원인은 다음과 같다.

송전선로의 투입 및 재투입시 과전압

가공송전선로나 케이블을 3상을 동시에 투입하거나 재투입 하는 경우에 발생하며 3상에 모두 일어난다. 과전압의 발생은 차단기의 조작에 따라 발생하며 고속도재폐로시에는 선로의 Trapped charges(송전선로에 충전되어 남아있는 정전용량)를 고려하여 과전압을 계산하여야 한다. 모의계산의 방법은 2가지가 있는데 각각의 계산값중에서 최대값을 찾아내는 경우와 3상의 최대값의 확률분포곡선을 이용하는 것이다. 동기가 되어 있지 않은 계통에서는 한 쪽 단자의 전압 극성과 다른 쪽 단자의 운전전압과의 사이에서 발생하는데, 동상 극간의 전압이 상도체-대지간의 전압보다 높게 나타날 수 있다. 동기화된 계통에서는 최고 개폐전압과 운전 전압의 극성이 서로 같기 때문에 동상 극간의 전압이 상도체-대지간의 절연보다 더 낮은 과전압에 노출된다.

고장시의 과전압

상도체-대지간에 고장이 발생(Fault initiation)하거나 고장이 제거(Fault clearing)될 때에 완만한 파두의 과전압이 발생 할 수 있다. 이 과전압은 상도체-대지 사이에서만 발생한다. 만일 투입 및 재투입시의 과전압을 2.0 p.u. 이하로 제어한다면 고장 및 고장제거시의 과전압이 더 높은 과전압으로 나타날 수 있다. 보수적인 예측계산에서는 고장 및 고장제거시의 과전압을 약 2.0 p.u.로 보고 있다.

부하차단 과전압

부하차단은 차단기의 동상 극간의 전압 스트레스와 상-대지간 애자의 스트레스 그리고 피뢰기를 통하여 방전되는 에너지를 증가시킬 수 있다. 만일 투입과 재투입시의 과전압을 2.0 p.u. 이하로 제한하기 위하여 피뢰기를 사용한다면, 특히, 발전기, 변압기, 장거리 송전선로 또는 직렬 커패시터가 있는 경우에는 피뢰기의 에너지 내량을 반드시 검토하여야 한다.

유도성 및 용량성 전류 개폐과전압

유동성이나 용량성 전류의 개폐시에는 과전압이 발생한다. 커패시터 뱅크의 투입은 커패시터 설치장소, 송전선로 단자, 변압기, 원거리의 다른 커패시터 뱅크 또는 케이블에 과전압을 발생시킨다. 개폐가 일어나는 위치의 커패시터 뱅크의 투입과전압은 상-대지간 2.0 p.u. 그리고 상간에서 3.0 p.u.를 넘지 않는다. 진행파(Travelling wave)의 반사로 인하여 송전선로 단자의 상간 과전압은 4.0 p.u. 또는 그보다 더 높을 수 있다. 통상 접지가 되지 않은 커패시터 뱅크를 투입할 때 상간에 높은 과전압이 발생한다. 무부하의 송전선로를 차단하거나 케이블 또는 커패시터 뱅크를 차단할 때 진상전류의 차단 중 재발호(Restrike or re-ignition)가 발생하면 매우 높은 과전압이 발생 할 수 있다. 유도성 전류를 재단(Chopping)하는 경우에도 유도성 에너지가 용량성 에너지로 변환되면서 매우 높은 과전압을 발생시킬 수 있다.

2.3 FFO(Fast Front Overvoltage)

짧은 거리에 있는 기기의 개폐에 의해서도 급준한 파형이 생길수도 있으나 급준파과전압(FFO : Fast Front Overvoltage)은 보통 뇌방전(Lightning discharge)에 의해서 발생한다. 파두장(Time to peak)은 0.1~20 μs 범위의 값을 가진다.

급준파 낙뢰과전압(Fast-front lightning overvoltages)은 차폐실패로 인하여 낙뢰가 송전선 상도체에 직접 맞았을 때와 낙뢰가 차폐선(Shield wire)에 맞아서 역섬락이 일어난 경우 또는 근처의 대지로 떨어진 경우에 발생한다. 주변에 떨어진 낙뢰에 의해서 발생하는 유도전압은 보통 400 kV 이하이며 배전급 전압 정도의 낮은 전압에서만 중요하다. 차폐실패 이외에 변전소 인근의 송전선로의 역섬락에 의하여 발생되는 과전압은 변전소 내부의 기기에 영향을 미치는데 보통은 차폐실패의 경우보다 더 가혹한 경우가 많다. 이러한 서지는 뇌격철탑에서 변전소측으로 진행되어오면서 코로나에 의해서 파두의 준도(Steepness of front wave)와 크기(Crest magnitude)가 감쇄된다.

급준파 개폐과전압(Fast-front switching overvoltages)은 가까이에 있는 기기의 투입과 차단시에 낙뢰의 파형과 유사한 진동성의 단시간 급준파 서지가 발생할 수 있다. 이 파형에 대한 절연강도는 개폐과전압보다는 뇌과전압의 표준파형과 유사하다. 그러나 그 크기는 뇌과전압의 크기에 비하여 작은 값이 일반적이며, 특수한 경우에만 고려할 필요가 있다. 최대값은 재발호가 없는 경우에는 2.0. p.u. 재발호가 일어나는 경우에는 3.0 p.u. 정도가 된다.

2.4 VFFO(Very Fast Front Overvoltage)

VFFO는 전력계통의 과도현상 중에서 100 kHz~50 MHz 범위에 있는 가장 높은 주파수 범위의 과도현상이다. 파형은 보통 양방향성이며 최대전압까지의 시간이 0.1 μs 이하이고 총 지속시간이 3 ms 이하이며 진동이 중첩되어 주파수가 50 MHz까지 도달한다. 이러한 VFTO(Very Fast Transient Overvoltage)의 원인은 가스절연변전소(GIS: Gas Insulated Substation)에서 내부고장이 발생하거나 단로기를 조작하는 경우, 전동기의 개폐 그리고 접속 길이가 짧은 스위치기어에서 변압기를 분리하는 경우 등에서 낙뢰와 같은 조건으로 발생한다.

3

단시간과전압 (TOV : Temporary Overvoltage)

3.1 일반사항

단시간과전압이 발생하는 가장 빈번한 원인은 고장의 발생, 부하차단, 공진 및 철공진 등이다. 특수한 형태의 공진이나 철공진을 제외하면 대부분 완만한 파두를 발생시킨다. 예를 들면, 상-대지간 지락고장은 고장의 발생과 고장의 제거시에 SFO(Slow Front Overvoltage)을 발생시키며, 영구고장이 발생하고 있는 동안에 TOV에 도달한다. 그러므로 이러한 과도현상을 해석하는 모의방법은 SFO의 모의계산과 분석을 하는 것이 좋겠다. 다음에 공진현상을 제외한 계통의 TOV를 모의 계산방법에 대하여 요약하였다. 그리고 전력계통에서 가장 빈번하게 발생하는 TOV의 모의계산과 분석에 대하여 설명하였다.

3.2 TOV 모의계산 방법

단시간과전압(TOV)은 보통 1 kHz 이하의 상용주파수에서 발생하므로 해석을 위한 계산 모델은 상용주파수 모델이 필요하고 주파수의존 파라미터를 고려할 필요는 없다.

TOV를 해석하는 방법론은 IEC TR 60071-4[5]에 나타나 있으며, 해석의 범위를 정하고 계통요소를 표현하는데 필요한 것과 어떻게 입력 데이터를 얻는지 논의되어 있다. 이러한 가이드라인을 요약하면 다음과 같다[5, 6]

- 전원 모델은 각 케이스 스터디에 따라 다르다. 전원은 3상을 정상 임피던스와 역상 임피던스로 나타낸 임피던스와 이상 전압원을 직렬로 하여 나타내며, 보통 1 kHz 이하의 주파수에 맞추어 동기발전기나 전원 등가임피던스로 나타낸다. 만일 동기발전기 모델이 필요하다면 포화특성과 제어 유닛 그리고 기계부(Mechanical part)를 포함하게 된다.
- 가공 송전선로와 케이블은 상용주파수에서 계산된 pi 등가회로로 표현되는데, 어떤 경우에는 주파수 1 kHz 범위에 맞추어진 영상 시퀀스 파라미터(Zero sequence parameters)가 반드시 사용되는 경우가 있다. pi-section의 수는 모의 대상으로 하는 과도현상의 주파수 범위와 선로의 길이에 따라 달라진다. 가공송전선로의 연가(Transposition)나 케이블의 크로스본딩(Cross bonding)도 pi section의 수에 영향을 미친다.
- 코로나의 영향은 과전압이 이온화 임계값(ionization threshold)을 초과하는 경우에만

검토가 필요하다.

- 가공 송전선로의 철탑과 애자련은 필요하지 않다. 송전철탑의 접지 임피던스는 특정한 고장계산에 필요한 경우가 있는데, 저주파수와 저전류 모델로서 충분하다.
- 변압기, 리액터 모델 그리고 콘덴서뱅크 모델도 필요하다. 변압기 모델은 철공진 등의 해석을 할 경우에 충분히 주의를 기울여야 하는데, 변압기의 철심과 그 포화특성을 적절하게 모델링 하는 것이 중요하다. 포화리액터는 공진문제를 유발하는 고조파의 원인이 될 수 있음을 유의해야 한다.
- 부하모델과 전력전자 컨버터의 모델도 필요하다. 부하는 댐핑작용을 하므로 보통 무부하 조건으로 모의하는 것이 가장 보수적인 방법이다. 그러나 특정 케이스에서는 과전압을 억제하기 위하여 부하모델이 필요한 경우가 있다.
- 변전소 전체가 동일 전압이므로 변전소의 모선은 모의할 필요가 없다. 그러나 특별하게 변전기기와 변전소 접지의 모델링이 필요한 경우가 있는데, 예를 들면 철공진을 해석할 경우에 계기용변압기의 모델이 해석에 결정적으로 적용될 수 있다.

3.3 대지간 지락고장

3.3.1 일반사항

지락고장시의 과전압의 크기는, 고장점이나 고장점 임피던스에서 바라본 등가 시퀀스 임피던스(Equivalent sequence impedance)에 따라서 달라지는데, 계통의 접지가 직접접지(Solidly grounded), 저항접지(Resistance grounded), 고저항 지락(High resistance grounded) 또는 비접지(Ungrounded) 인지의 여부에 따라 달라진다. 그 과전압의 지속시간은 고장제거시간에 비례하며 보호계전시스템을 설계하는데 이용된다. 고장지속시간과 이러한 과전압의 크기를 가늠하는 것은 대부분의 전력계통에서 피뢰기를 선정하는데 매우 결정적이다.

접지시스템이 상-대지간 지락고장시에 발생하는 과전압의 크기를 결정한다. 1선지락 고장시에 고장점의 대지간 과전압의 변동은 접지계통의 구성에 따라서 달라진다. 완전접지 계통에서 대지귀로가 잘 되어있는 경우는 과전압의 변동은 무시할만한 수준이다. 비접지 계통에서는 최대의 오프셋이 발생하여 고장이 발생하지 않은 상에서 상-대지간 전압이 상간의 전압에 가깝게 상승할 수 있다. 변전소용 변압기가 완전히 접지된 다중접지 계통에서는 고장시의 과전압이 1.3 p.u.을 넘는 경우는 흔하지 않다[7].

3.3.2 접지고장시 과전압의 계산

1선지락고장은 전력계통의 TOV를 일으키는 가장 중요한 원인중의 하나이며, 대부분의 계통구성에서 이러한 형태의 고장이 가장 높은 과전압을 발생시킨다.

1) 직접접지계통의 경우

1선지락 고장시의 전류와 전압은 영상, 정상 및 역상 임피던스의 크기에 따라서 달라진다. a 상이 완전지락 고장 시 $Z_0 \fallingdotseq Z_1 \fallingdotseq Z_2$인 경우를 예를 들면 다음과 같다. 우선 지락 고장전류의 크기는 3상 단락전류의 크기와 거의 같다.

지락전류 $\dot{I}_g = \dfrac{3\dot{E}_a}{\dot{Z}_0 + \dot{Z}_1 + \dot{Z}_2} \fallingdotseq \dfrac{3\dot{E}_a}{3\dot{Z}_1} \fallingdotseq \dfrac{\dot{E}_a}{\dot{Z}_1}$가 되고

3상 단락전류 $I_s = \dfrac{E_a}{Z_s} = \dfrac{V}{\sqrt{3}\,Z_s}$가 되는데

정상분 임피던스 Z_1이 바로 동기임피던스 Z_s이므로 두 전류는 같다. 그러나 발전기단 고장의 경우 일반적으로 고장 순간에 $\dot{Z}_0 < \dot{Z}_1 \fallingdotseq \dot{Z}_2$ 이므로 오히려 지락고장전류가 더 크다고 할 수 있다.

건전상인 b상과 c상의 상-대지간 전위는 고장 전과 거의 같고 a-b상간 및 c-a상간의 선간전압은 고장전의 $\dfrac{1}{\sqrt{3}}$ 정도로 감소한다. 고장시의 b상 및 c상의 대지전위는 대칭좌표법으로 구할 수 있다.

$$\dot{E}_b' = V_b = \dot{V}_0 + a^2\dot{V}_1 + a\dot{V}_2 = \frac{(a^2-1)\dot{Z}_0 + (a^2-a)\dot{Z}_2}{\dot{Z}_0 + \dot{Z}_1 + \dot{Z}_2}\dot{E}_a \tag{2.1}$$

$$\dot{E}_c' = V_c = \dot{V}_0 + a\dot{V}_1 + a^2\dot{V}_2 = \frac{(a-1)\dot{Z}_0 + (a-a^2)\dot{Z}_2}{\dot{Z}_0 + \dot{Z}_1 + \dot{Z}_2}\dot{E}_a \tag{2.2}$$

위의 식에 조건 $\dot{Z}_0 = \dot{Z}_1 = \dot{Z}_2$ 및 $a = -\dfrac{1}{2} + j\dfrac{\sqrt{3}}{2}$, $a^2 = -\dfrac{1}{2} - j\dfrac{\sqrt{3}}{2}$를 대입하여 정리하면

$$\dot{E}_b = \frac{-\frac{1}{2} - j\frac{\sqrt{3}}{2} - 1 - j\sqrt{3}}{3}\dot{E}_a = \left(-\frac{1}{2} - j\frac{\sqrt{3}}{2}\right)\dot{E}_a = a^2\dot{E}_a \tag{2.3}$$

$$\dot{E}_c = \frac{-\frac{1}{2} + j\frac{\sqrt{3}}{2} - 1 + j\sqrt{3}}{3}\dot{E}_a = \left(-\frac{1}{2} + j\frac{\sqrt{3}}{2}\right)\dot{E}_a = a\dot{E}_a \tag{2.4}$$

그러므로 $|\dot{E}_b'| = |\dot{E}_c'| = E_a$가 된다. 그러나 일반적으로 유효접지계에서는 약 1.3 p.u. 이하의 대지전위 상승이 발생한다.

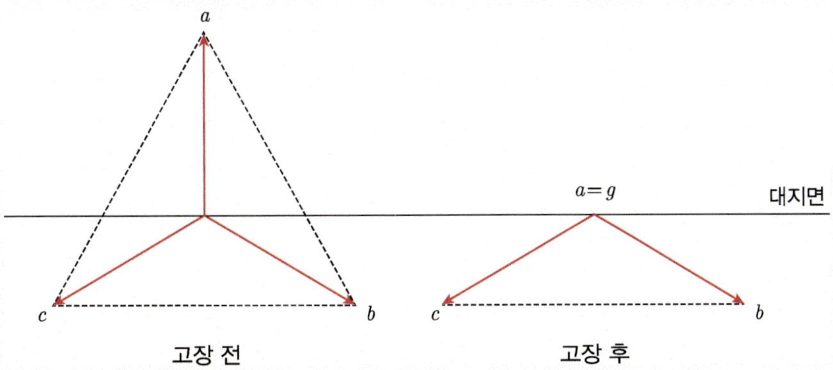

그림 2.1 완전히 접지된 계통의 일선지락고장 전후의 전압

이 때의 영상전입은 고장 전 a상 전압의 $\frac{1}{3}$ 정도가 된다.

$$\begin{aligned}\dot{V}_0 &= \frac{1}{3}\left(\dot{E}_a' + \dot{E}_b' + \dot{E}_c'\right) = \frac{1}{3}\left(\dot{E}_b' + \dot{E}_c'\right) \\ &= \frac{1}{3}(a^2 + a)E_a = -\frac{1}{3}\dot{E}_a' \text{(방향은 a상 전압의 반대임)}\end{aligned} \tag{2.5}$$

2) 고임피던스 접지 또는 비접지 계통의 경우

a상의 지락전류는 a상 전압을 중성점 접지임피던스로 나눈 값과 거의 같다. 중성점 접지임피던스 Z_n이 충분히 크면 영상분 임피던스값이 3배가 되므로 변압기의 임피던스 $\dot{Z}_0$, $\dot{Z}_1$, $\dot{Z}_2$와 비교할 때 $3Z_n \gg Z_0 + Z_1 + Z_2$라 볼 수 있다. 따라서 지락전류는 다음과 같이 된다.

$$\dot{I}_g = \frac{3\dot{E}_a}{\dot{Z}_0 + \dot{Z}_1 + \dot{Z}_2 + 3\dot{Z}_n} \fallingdotseq \frac{3\dot{E}_a}{3\dot{Z}_n} = \frac{\dot{E}_a}{\dot{Z}_n} \tag{2.6}$$

b, c상의 대지전압은 고장 전에 비하여 $\sqrt{3}$ 로 상승하며 위상이 달라진다. 그리고 각 선간전압은 변함이 없다.

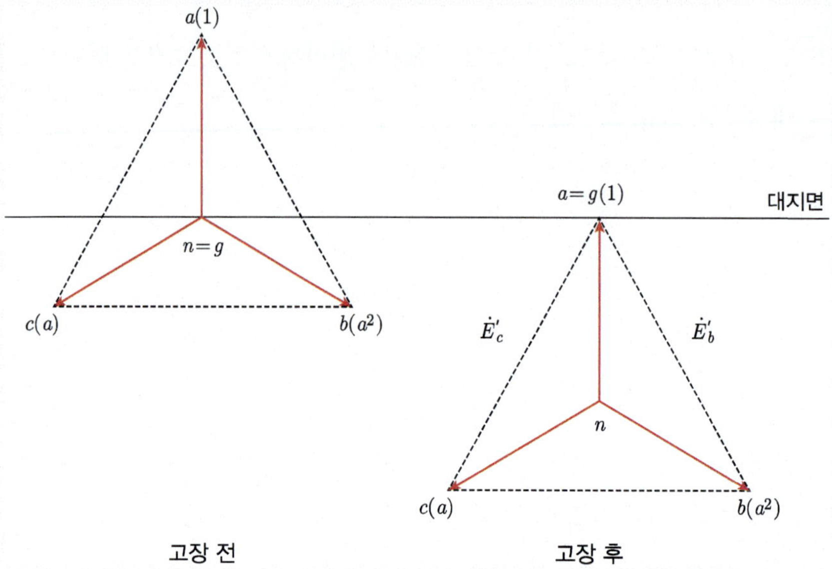

단, $\dot{E}_b'$ 및 $\dot{E}_c'$ 는 b, c상의 고장 후 대지전압 ( )안은 3상 오퍼레이터의 방향을 표시한다.

그림 2.2 고임피던스 접지 또는 비접지 계통의 경우

비접지계통(고저항 접지계통)의 경우 $Z_0 \gg Z_1$, $Z_0 \gg Z_2$ 이므로

$$\dot{E}_b' = V_b = \frac{(a^2-1)\dot{Z}_0 + (a^2-a)\dot{Z}_2}{\dot{Z}_0 + \dot{Z}_1 + \dot{Z}_2}\dot{E}_a \fallingdotseq \frac{(a^2-1)\dot{Z}_0}{\dot{Z}_0}\dot{E}_a = (a^2-1)\dot{E}_a \tag{2.7}$$

$$\dot{E}_c' = V_c = \frac{(a-1)\dot{Z}_0 + (a-a^2)\dot{Z}_2}{\dot{Z}_0 + \dot{Z}_1 + \dot{Z}_2}\dot{E}_a \fallingdotseq \frac{(a-1)\dot{Z}_0}{\dot{Z}_0}\dot{E}_a = (a-1)\dot{E}_a \tag{2.8}$$

$$\therefore \ |\dot{E}_b'| = |\dot{E}_c'| = |(a^2-1)\dot{E}_a| = |(a-1)\dot{E}_a| = \sqrt{3}\,\dot{E}_a \tag{2.9}$$

이 경우 영상전압은 고장전의 a상 전압과 같고 위상은 반대이다.

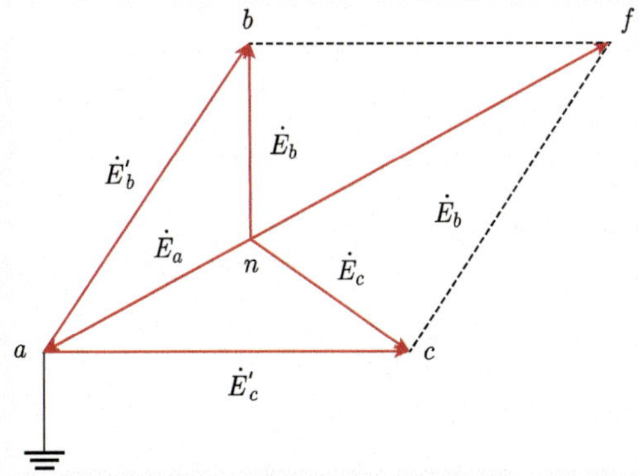

그림 2.3 a상 지락시의 벡터도

위 벡터도에서 a상 지락시의 각 상의 대지전위를 $\dot{E}_a{}'$, $\dot{E}_b{}'$, $\dot{E}_c{}'$ 라 하면

$$\dot{E}_a{}' = 0 \tag{2.10}$$

$\dot{E}_b{}' = \dot{E}_b \times \sqrt{3} \angle -30°$가 되어 b상의 대지간 전위는 $\dot{E}_b$에 비하여 크기는 $\sqrt{3}$배 커지고, 위상은 30° 뒤진다.

$\dot{E}_c{}' = \dot{E}_c \times \sqrt{3} \angle 30°$가 되어 b상의 대지간 전위는 $\dot{E}_c$에 비하여 크기는 $\sqrt{3}$배 커지고, 위상은 30° 앞선다.

이 때 b상의 대지전위 $\dot{E}_b{}'$와 c상의 대지전위 $\dot{E}_c{}'$사이의 위상차는 60°가 된다. c상을 기준으로 나타내면

$$\dot{E}_c{}' = \sqrt{3}\, E_a = V \tag{2.11}$$

$\dot{E}_b{}' = \sqrt{3}\, E_a \angle 60° = V \angle 60° = \left(\frac{1}{2} + j\frac{\sqrt{3}}{2}\right) V$가 되고 고장 전 a상은

$\dot{E}_a = E_a \angle -150° = \frac{V}{\sqrt{3}} \angle -150°$이다. 이 때 전압의 합성값 $\dot{V}_{fa}$는 다음과 같다.

$$\dot{V}_{fa} = \dot{E}_a + \dot{E}_b + \dot{E}_c = \left(\frac{1}{2} + j\frac{\sqrt{3}}{2} + 1\right) V = \frac{1}{2}(3 + j\sqrt{3})\, V$$

$$= \frac{V}{2}\sqrt{3^2+3}\ \angle\ \tan^{-1}\frac{\sqrt{3}}{3} = \sqrt{3}\,V\ \angle\ 30° = 3\,\dot{V}_0 \tag{2.12}$$

영상전압은

$$\dot{V}_0 = \frac{1}{3}\left(\dot{E}_a' + \dot{E}_b' + \dot{E}_c'\right) = \frac{1}{3}\left(\frac{1}{2} + j\frac{\sqrt{3}}{2} + 1\right)V = \frac{1}{6}(3 + j\sqrt{3})\,V$$

$$= \frac{V}{\sqrt{3}}\ \angle\ 30° = \frac{1}{3}\dot{V}_{fa} = E_a\ \angle\ 30° = -E_a\ \angle\ (30° - 180°)$$

$$= -E_a\ \angle\ -150° = -E_a \tag{2.13}$$

$\therefore\ |\dot{V}_0| = \frac{1}{6}\sqrt{(3^2+3)}\ V = \frac{\sqrt{3}}{3}\ V = \frac{V}{\sqrt{3}} = E_a$가 되어 고장 전의 a상 전압과 같은 크기이며, 벡터도의 ㄹ점으로 향하는 벡터 $\overrightarrow{af} = V_{fa} = 3\,V_0$의 $\frac{1}{3}$ 크기에 해당하고 위상은 고장 전 a 상과 반대 방향임을 알 수 있다.

예제 직접접지 방식에서 1선 지락 시의 건전상 전위상승에 대하여 설명하라.

다음의 그림 2.4와 같이 a상에 일선지락고장이 일어난 경우 건전상인 c 상의 전위 상승을 계산하여 본다. 지락고장이 발생한 a 상의 전압은 영이고 고장전류는 a 상으로만 흐르게 되므로 b 상과 c 상의 전류는 영이 된다.

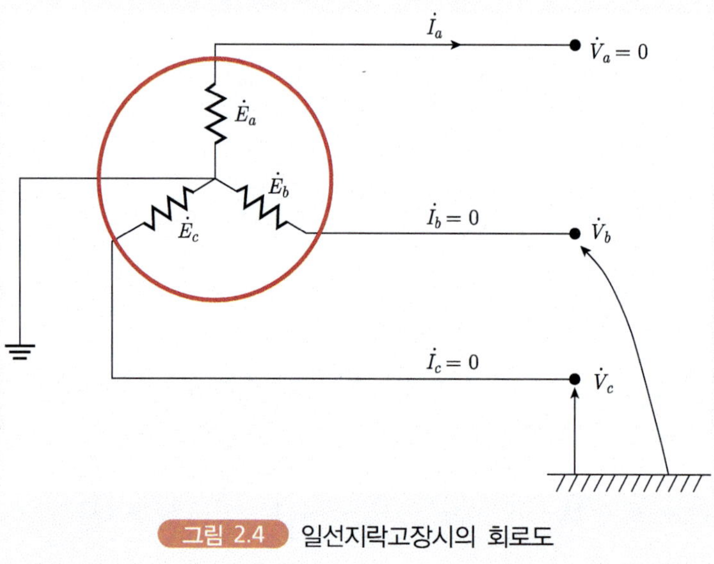

그림 2.4 일선지락고장시의 회로도

- 고장조건 : $I_b = I_c = 0, \ V_a = 0$

- 대칭좌표법을 이용하여 영상분, 정상분 및 역상분 전류를 구하면

$$\text{영상분} \quad \dot{I}_0 = \frac{1}{3}(\dot{I}_a + \dot{I}_b + \dot{I}_c) = \frac{1}{3}(\dot{I}_a + 0 + 0) = \frac{1}{3}\dot{I}_a \tag{2.14}$$

$$\text{정상분} \quad \dot{I}_1 = \frac{1}{3}(\dot{I}_a + a\dot{I}_b + a^2\dot{I}_c) = \frac{1}{3}(\dot{I}_a + 0 + 0) = \frac{1}{3}\dot{I}_a \tag{2.15}$$

$$\text{역상분} \quad \dot{I}_2 = \frac{1}{3}(\dot{I}_a + a^2\dot{I}_b + a\dot{I}_c) = \frac{1}{3}(\dot{I}_a + 0 + 0) = \frac{1}{3}\dot{I}_a \tag{2.16}$$

$$\therefore \ I_0 = I_1 = I_2 = \frac{1}{3}\dot{I}_a \tag{2.17}$$

- 발전기 기본식 및 고장 조건 이용하여 a상의 전압을 구하면

$$\text{a상 전압 :} \ \dot{V}_a = \dot{V}_0 + \dot{V}_1 + \dot{V}_2 = -\dot{Z}_0\dot{I}_0 + \dot{E}_a - \dot{Z}_1\dot{I}_1 - \dot{Z}_2\dot{I}_2 = 0 \tag{2.18}$$

$$\dot{E}_a = \dot{Z}_0\dot{I}_0 + \dot{Z}_1\dot{I}_1 + \dot{Z}_2\dot{I}_2 = (\dot{Z}_0 + \dot{Z}_1 + \dot{Z}_2)\dot{I}_0 \tag{2.19}$$

$$\therefore \ I_0 = I_1 = I_2 = \frac{E_a}{Z_0 + Z_1 + Z_2} = \frac{1}{3}\dot{I}_a \tag{2.20}$$

- c상의 전압을 계산하여보면

$$\text{c상 전압 :} \ \dot{V}_c = \dot{V}_0 + a\dot{V}_1 + a^2\dot{V}_2 = -\dot{Z}_0\dot{I}_0 + a\dot{E}_a - a\dot{Z}_1\dot{I}_1 - a^2\dot{Z}_2\dot{I}_2 \tag{2.21}$$

$$= a\dot{E}_a - \frac{\dot{Z}_0 + a\dot{Z}_1 + a^2\dot{Z}_2}{\dot{Z}_0 + \dot{Z}_1 + \dot{Z}_2}\dot{E}_a \tag{2.22}$$

$$= \frac{(a-1)\dot{Z}_0 + (a-a^2)\dot{Z}_2}{\dot{Z}_0 + \dot{Z}_1 + \dot{Z}_2}\dot{E}_a \tag{2.23}$$

- 정상분 임피던스 $\dot{Z}_1$과 역상분 임피던스 $\dot{Z}_2$가 같으므로 $\dot{Z}_1 = \dot{Z}_2$라 두면 1선지락시 건전상(C상)의 정격전압에 대한 비는

$$\left|\frac{\dot{V}_c}{\dot{E}_a}\right| = \left|\frac{(a-1)\dot{Z}_0 + (a-a^2)\dot{Z}_2}{\dot{Z}_0 + \dot{Z}_1 + \dot{Z}_2}\right| = \left|\frac{(a\dot{Z}_0 + 2a\dot{Z}_2) - \dot{Z}_0 - (a+a^2)\dot{Z}_2}{\dot{Z}_0 + 2\dot{Z}_2}\right|$$

$$= \left|a - \frac{\dot{Z}_0 - \dot{Z}_1}{\dot{Z}_0 + 2\dot{Z}_1}\right| \tag{2.24}$$

- 송전선로에서 전선의 저항은 인덕턴스에 비하여 매우 작으므로 $\dot{Z}_0 = R_0 + jX_0$, $\dot{Z}_1 = \dot{Z}_2 = jX_1$ ($\because R_1 \ll X_1$)라 두고 다시 쓰면,

$$\left|\frac{\dot{V}_c}{\dot{E}_a}\right| = \left|a - \frac{\dot{Z}_0 - \dot{Z}_1}{\dot{Z}_0 + 2\dot{Z}_1}\right| = \left|a - \frac{R_0 + jX_0 - jX_1}{R_0 + jX_0 + j2X_1}\right|$$

$$= \left|a - \frac{\dfrac{R_0}{X_1} + j\dfrac{X_0}{X_1} - j1}{\dfrac{R_0}{X_1} + j\dfrac{X_0}{X_1} + j2}\right| \tag{2.25}$$

로 표현된다.

이때, $\dfrac{R_0}{X_1}$ 및 $\dfrac{X_0}{X_1}$의 값에 따른 $\left|\dfrac{\dot{V}_c}{\dot{E}_a}\right|$의 변화를 도시하면 다음과 같다[2].

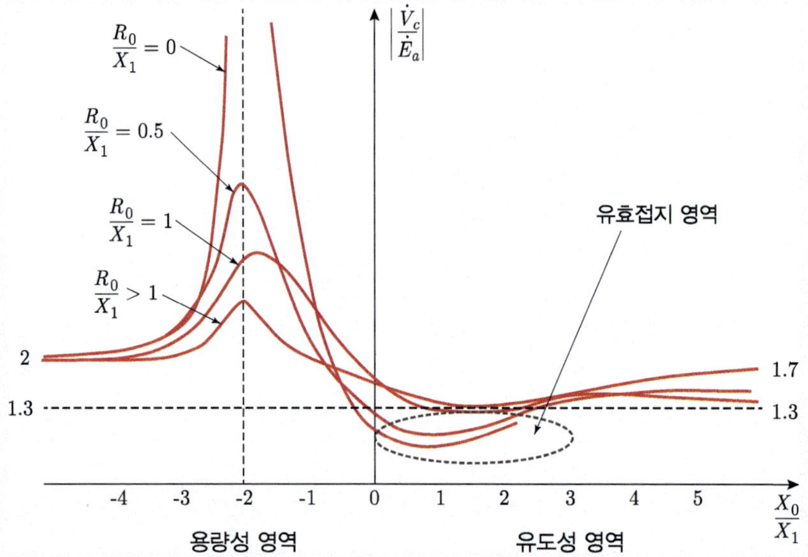

그림 2.5 유도성 및 용량성 영역의 유효접지 영역

- 위 그래프의 유도성 영역에서 $\left|\frac{\dot{V}_c}{\dot{E}_a}\right|$의 비가 1.3 이하가 되는 유효접지 영역은 $0 \le \frac{R_0}{X_1} \le 1$과 $0 \le \frac{X_0}{X_1} \le 3$을 동시에 만족하는 영역임을 알 수 있다. 따라서 위의 두 조건을 유효접지의 조건으로 본다.

- 용량성 영역 -2 부근에서는 건전상의 전위가 매우 큰 이상전압이 된다는 것을 알 수 있다. 이것은 영상임피던스 $\dot{Z}_0$가 용량성의 값이 되었을 때, 특히 유도성인 정상분 및 역상분의 합과 비슷한 크기가 되는 경우에 식 (2.24)의 분모가 공진을 일으켜서 $\dot{Z}_0+\dot{Z}_1+\dot{Z}_2=\dot{Z}_0+2\dot{Z}_1 \fallingdotseq 0$가 되기 때문에 일어나는 현상인데, 이를 영상공진이라 한다. 따라서 계통을 용량성으로 운전하는 것은 1선 지락 시 큰 이상전압을 발생할 가능성이 크므로 반드시 피하여야 한다.

- 한편 영상저항 R_0가 클수록 $\frac{R_0}{X_1}$의 비가 커서 용량성 영역 -2 부근에서의 이상전압은 작아지는데 이는 리액턴스간의 영상공진이 되더라도 영상저항 R_0가 이상전압 발생을 억제하기 때문이며, 대규모 설비의 비접지계통을 저항접지 방식으로 전환하는 배경에도 이러한 이상전압의 발생을 억제하는 것이 중요한 요인으로 작용하고 있다.

3.3.3 계산예제 : 송전선로의 접지고장시 과전압

그림 2.6(a)은 1차측이 345 kV 계통이고 345 kV 단권변압기를 통하여 154 kV로 강압하여 보내는 경우이다. 345 kV 및 154 kV 계통은 직접접지계통이고 변압기의 용량은 3상 기준으로 500 MVA이다. 고장은 변전소에서 40 km 떨어진 154 kV 송전선로에 1선 지락 또는 2선 동시 지락고장이 발생한 경우를 ATP-EMTP를 이용하여 계산 한 예제이다.

1선지락고장시 고장이 발생한 상은 전압이 영에 가까워지고 건전상은 수 사이클의 과도전압을 보이다가 일정한 값으로 수렴하게 된다. 이 상정 계통에서 지락과전압은 약 1.5 p.u.이었다가 시간이 경과함에 따라 TOV는 약 1.1 p.u.로 수렴하였다.

비접지 계통에서는 과도전압의 초기값이 매우 높아서 1선지락시는 약 2.5 p.u. 2선 지락시는 약 2.0. p.u. 정도이다.

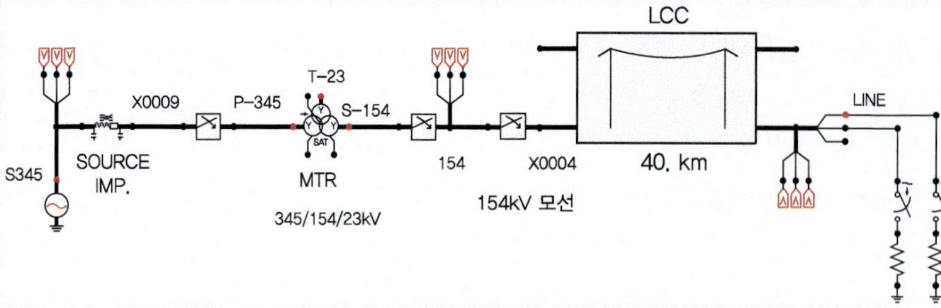

(a) 송전선로에서 지락고장시 발생 모의계산 회로도(ATP-EMTP)

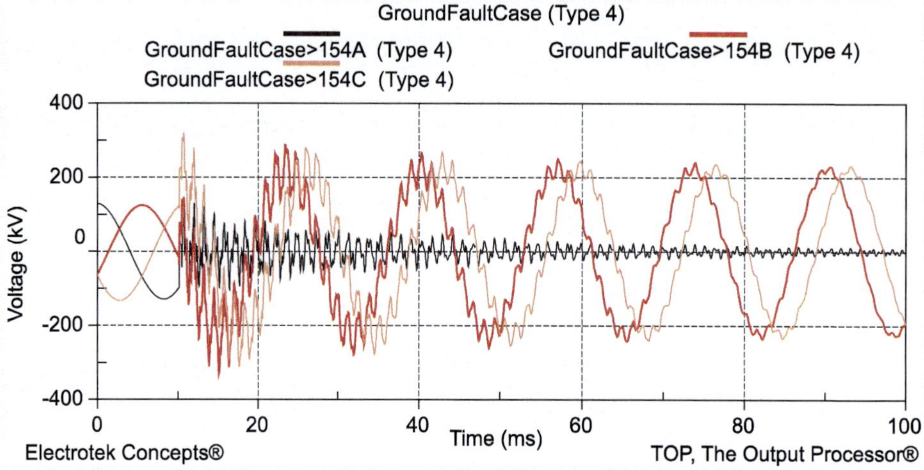

(b) a상 지락고장시 154 kV 모선 전압파형

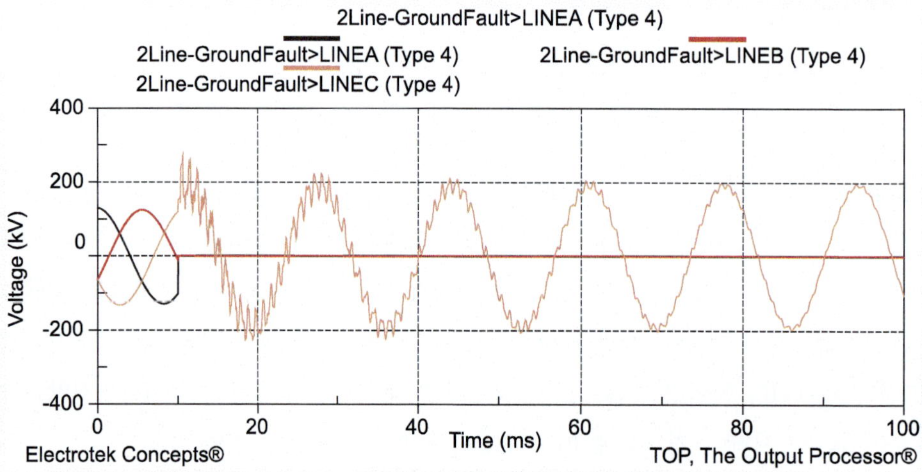

(c) a상, b상 지락고장시 154 kV 고장점의 전압파형

그림 2.6 지락고장시 모의계산을 위한 회로도 및 전압파형

3.4 부하차단

3.4.1 일반사항

부하차단은 갑자기 3상을 스위칭하여 3상의 대지간 전압이 상승하게 되는 현상인데 유사한 과전압이 상-대지간 또는 상간에 발생한다. 전압의 상승은 차단된 부하에 따라 달라지며, 가장 중요한 케이스는 페란티 효과에 의해서 장거리 송전선로의 원격단에서 부하차단이 일어나는 경우이다.

3.4.2 부하차단 과전압의 계산

부하가 유도성 부하이고 송전단과 수전단 사이의 임피던스를 통하여 전력조류가 흐르면 송·수전단간의 전위차가 발생한다. 그림 2.7과 같은 계통을 상정해보자. 이 회로는 부하차단을 모의하는 가장 일반적인 회로로서 발전기, Step-up 변압기, 변압기 및 송전선로로 구성되어 있다. 발전기는 초기 발전력을 가지는 전압원과 과도 리액턴스로, 변압기는 2차측의 단락 임피던스를 포함하고, 송전선로는 상용주파수에서 계산된 π등가 모델로 표현하였다. 과도현상의 진행과정이 대칭이라고 가정하면 단상 모델로 표현해도 충분하다.

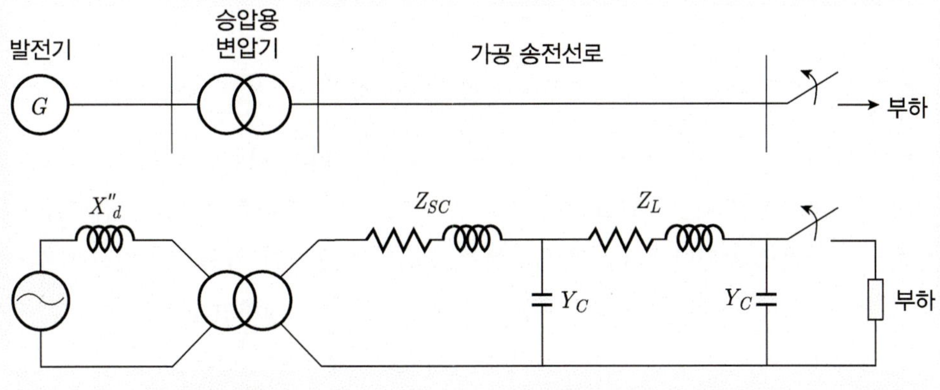

그림 2.7 부하차단 분석을 위한 테스트 계통 및 등가회로

정상상태에 부하가 걸려 있으면 발전기의 내부전압은 1.0 p.u. 보다 높다. 급격한 부하 차단 이후에 여자된 발전기는 차단된 송전선로와 변압기에 부하를 공급하게 된다. 부하 차단 현상을 나타낼 3개의 주요 컴포넌트는 다음과 같다.

- **발전기** : 만일 전류의 변화가 급격하다면 초기 정상 전압값과 차과도 리액턴스의 의해서 차과도전압(Subtransient voltage)이 단자간에 나타난다. 전압조정기가 없으면 무부하 시정수에 따라서 발전기의 단자전압은 상승하게 된다. 기기가 이러한 전압 스트레스를 견딜 수 없으면 신속하게 전압을 조정하여야 한다. 부하차단의 순간에는 심지어 여자전압이 역극성으로 될 수도 있으며, 수 백 ms 후에 무부하 여자전압으로 고정된다.

- **변압기** : 정상 운전중에는 부하전류로 인하여 변압기의 단락 임피던스를 통하여 전압강하가 일어난다. 전압의 강하는 변압기의 전압조정기를 이용하여 조정하여 어떤 경우에도 2차 전압이 허용전압 이상이 되지 않도록 한다. 그러나 부하차단이 발생하면 2차 전압은 무부하전압까지 상승하게 되므로 정격전압을 초과할 수도 있다.

- **송전선로/케이블** : 장거리 송전선로나 케이블 수전단에서 부하차단이 발생한 후의 수전단 전압은 선로의 정전용량에 의한 충전전류 때문에 상승하게 된다. 부하차단시에는 페란티 효과에 의하여 송전선로/케이블의 수전단 전압은 일반적으로 송전단의 전압보다 높아지게 된다.

3.4.3 송전선로의 부하차단 과전압의 계산

그림 2.8(a)는 154 kV, 40 km의 송전선이 345 kV/154 kV 단권변압기를 통하여 연결되어 있다. 변압기 결선은 Y-Y-Δ 결선으로 되어 있으며 1, 2차측 중성점은 접지되어 있다. 부하는 송전선로 수전단에 3상 200 MVA를 공급하고 있다가 갑자기 송전선로 수전단측의 차단기가 동자가여 전체의 부하가 차단되는 것으로 가정하였다.

이 모의계산에서는 송전선로의 길이가 길지 않기 때문에 전압은 아주 높지는 않으나 초기의 과도전압은 약 1.4 p.u. 정도이었다.

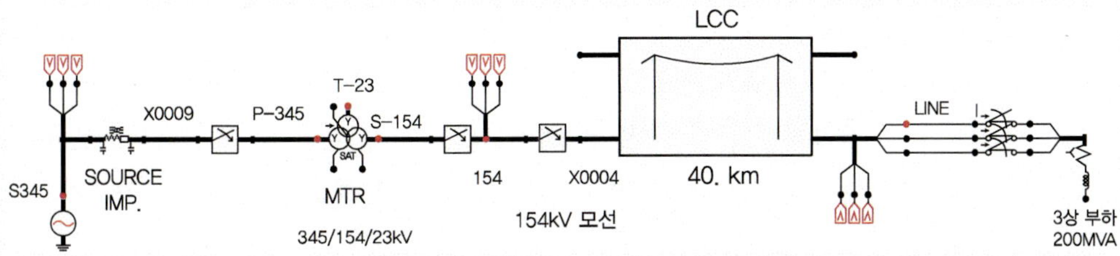

(a) 부하차단을 모의하기 위한 계통 구성도

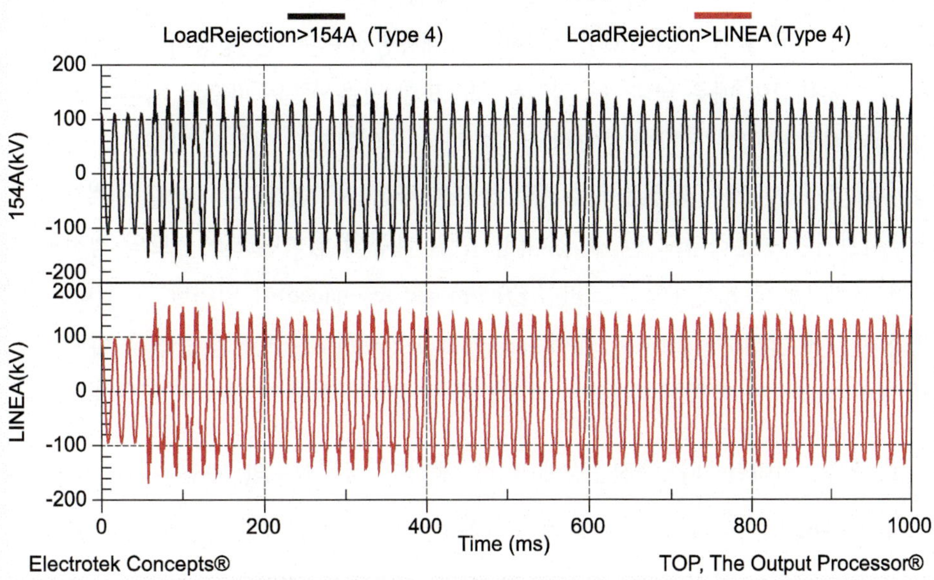

(b) 부하차단시의 과전압 파형(최대 약 1.4 p.u.)

그림 2.8 부하차단 시 모의계산을 위한 회로도 및 전압파형

3.5 무부하 변압기의 가압

3.5.1 일반사항

변압기의 부하를 차단하는 것은 보통 아무런 문제가 없으며, 변압기의 내부나 계통에 과전압을 유발하지 않는다. 그러나 변압기를 처음 가압시에는 돌입전류가 발생하며, 특히 변압기를 재가압 할 경우에는 변압기 철심의 비선형특성으로 인하여 높은 돌입전류

를 발생시킨다. 변압기 돌입전류는 매우 큰 값을 가지며 고조파성분을 포함하고 있으므로 정전용량이 큰 송전선로와 변압기를 같이 가압시킬 때에는 공진과전압이 발생할 수 있다. 돌입전류는 전력계통과 상호작용을 하며 그 공진주파수는 직렬 인덕턴스로서 선로나 케이블의 분로 정전용량과 함께 공진주파수의 함수가 된다. 이러한 것들은 장주기의 공진성 TOV를 일으킬 수 있다.

송전망은 블랙아웃이 발생한 다음에 처음으로 복구할 때 일반적으로 약한 계통이 된다. 일부의 발전기만 연결이 되어 있고 나머지는 분리되어 있으므로 계통 등가인덕턴스는 비교적 높은 값이 된다. 그러므로 처음의 계통공진주파수는 평상시 정상적으로 운전중인 계통에 비하여 매우 낮다. 큰 정전용량도 또한 낮은 공진주파수로 되는데 기여하게 된다. 전력계통의 회복 초기에 주요한 관심사항은 스위칭으로 인하여 발생하는 공진성 과전압이다. 회복단계에서 충전전류에 의한 용량성 과전압은 변압기를 과여자시켜서 고조파를 발생시키기에 충분하다고 할 수 있다[8]. 만일 계통의 임피던스와 선로의 정전용량이 불리한 조합으로 작용한다면 고조파공진(harmonic resonance)이 일어날 수 있다. 변압기의 포화 때문에 발생하는 고조파 왜형(harmonic distortion)은 이러한 공진을 발생시키고 이로 인하여 고장을 유발할 수 있는 과전압이 발생하여 회복의 특성에 영향을 줄 수 있다.

(1) 계통 인덕턴스와 충전용량에 의해 생기는 직렬회로의 자연 주파수(natural frequency)는 정상 운전 조건에서 상용주파수의 낮은 배수가 된다.

(2) 변압기 가압시의 자화 돌입전류는 많은 고조파를 발생시킨다.

(3) 계통회복의 초기단계에서는 송전선로의 부하는 적고 과도현상은 제동이 덜 되므로 이로 인하여 발생되는 과도전압은 매우 높다. 만일 변압기가 상용주파과전압으로 인하여 과여자 되면 고조파 공진 전압은 지속되거나 증폭된다. 블랙스타트 조건에서 기기의 가압은 정상 운전중의 전압보다 높은 과전압을 일으킬 수 있으며, 피뢰기의 고장이나 계통의 고장으로 진전되어 회복을 지연시킬 수 있다.

고장이 발생하여 차단기가 동작한 후에 송전선로나 지중케이블에 남아있는 충전전하(trapped charge)는 이 송전선이나 지중케이블을 통하여 무부하 변압기를 가압할 때에 추가적인 과전압을 발생시킬 수 있다. 변압기를 투입할 때에 송전선로나 지중케이블에 갇힌 전류(trapped current)의 방전경로는 변압기의 자화임피던스를 통하게 되며, 변압기의 철심이 포화되지 않는다면 높은 임피던스로 표현할 수 있다. 그러나 변압기가 포화되어 임피던스가 급격히 떨어진다면 전류는 증가되어 송전선로나 지중케이블을 빠르게 방전시킬 것이다. 철심이 포화상태에서 회복되고 그 과정이 반대로 되면 저장된 에너지를 주고받는 현상이 반복되게 된다. 전압은 구형파로 진동하고 이 진동은 원래의 에너지가 없어질 때까지 반복하여 나타나게 된다.

단시간 고조파공진 과전압은 변압기가 고전압 지중케이블이나 HVDC 변환소에 연결될 때 또한 나타날 수 있다. HVDC 변환소에 연결된 AC 필터회로는 계통의 임피던스-주파수 특성에 따라 몇 개의 병렬 공진을 일으킬 수 있으며, 만일 이 계통이 제동이 잘 안되는 계통 특성을 가지면 높은 포화과전압이 발생 할 수 있다.

송전선로나 지중케이블을 통하여 무부하 변압기를 가압하는 경우에도 변압기 내부에 극히 높은 전압을 발생시켜 변압기 고장이 날 수도 있다. 이러한 내부과전압은 급전선의 공진주파수와 변압기간의 특정한 조합에서 발생할 수 있다. 송전선로나 지중케이블의 길이가 변압기와 선로간의 전파시간과 공진주파수를 결정하기 때문에 간단하게 이러한 개폐시 과도현상의 효과를 경감시키거나 크기를 계산하는 데에는 급전선의 길이를 변경시키는 방법이 있다. 다른 옵션으로는 변압기의 2차측에 정전용량을 연결하는 것이다.

보다 자세한 변압기의 가압시 연구결과와 실적용 사례는 CIGRE TB 568을 참조하기 바란다[9].

3.5.2 변압기의 여자돌입전류

무부하변압기 철심의 자속을 유지하는데 필요한 자화전류는 보통 정격전류의 수 퍼센트에 지나지 않는다. 그러나 무부하 변압기를 가압시킬 때에 변압기 철심이 포화되게 되면 그림 2.9와 같이 매우 큰 전류가 흐를 수 있다.

포화현상은 매우 비선형적인 현상이므로 돌입전류는 고유 주파수 이외에 고조파 성분과 DC 성분을 포함하고 있다. 전력용 변압기가 계통에서 차단될 때 변압기 철심에는 잔류자속이 남아있다. 전력용 변압기가 전력계통에 다시 연결되는 순간에 계통전압이 잔류자속과 동극성이 되면 전압 최고점에서 철심의 총 자속밀도는 증가하게 된다. 철심은 강제로 포화되고 변압기에는 전력계통으로부터 큰 전류를 유입시키게 된다. 다음의 반주기에서 전압의 극성이 반대로 되면 철심의 최대자속은 무부하 상태에서 최대자속밀도보다 낮아진다. 그래서 변압기의 여자전류는 비대칭으로 DC 성분을 포함하고 있고 소멸되는데 수 초가 걸린다.

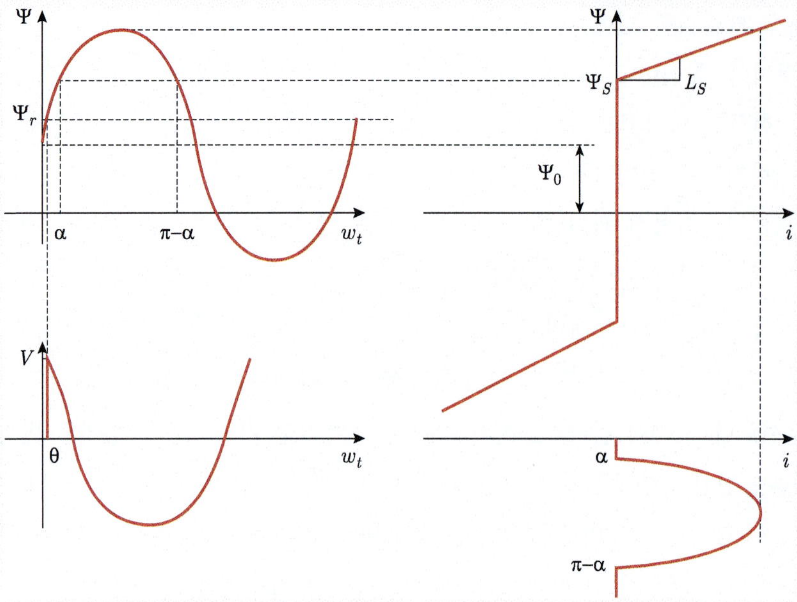

그림 2.9 돌입전류에 대한 간소화된 변압기 자화 특성

3.5.3 변압기 가압시의 과전압

고조파분석은 변압기 모선에 고조파전류원이 연결된 것으로 표현하여 수행할 수 있다. 노드 전압과 계통의 임피던스 매트릭스 그리고 전류의 주입은 임피던스의 식은 $V(h) = Z(h)I(h)$와 같이 나타낼 수 있다.

여기서 h는 고조파주파수(상용주파수의 배수), $Z(h)$는 고조파전류와 동일하게 다수의 열과 행을 갖는 대칭 매트릭스, $V(h)$와 $I(h)$는 고조파 전압과 전류의 벡터값이다.

계통의 공진주파수와 동일한 주파수의 고조파전류의 성분은 병렬공진의 경우 증폭이 되어 변압기 단자에 높은 전압을 유기시키는 것은 앞에서 설명한 바와 같다. 이것은 높은 레벨의 포화를 일으키고 돌입전류의 고조파 성분을 증가시켜 결과적으로 과전압을 증가시킨다. 이것은 특히 잘 제동이 되지 않는 계통에서 블랙아웃 후에 계통의 복구과정에서 일부의 선로만 계통에 연결되어 있는 경우에 일반적으로 발생한다.

그림 2.10은 블랙아웃 회복과정에서 경부하의 변압기가 가압되는 경우를 아주 간단하게 표현한 계통이다. 그림 2.11은 모의계산 결과를 몇 개 보여주고 있다[9].

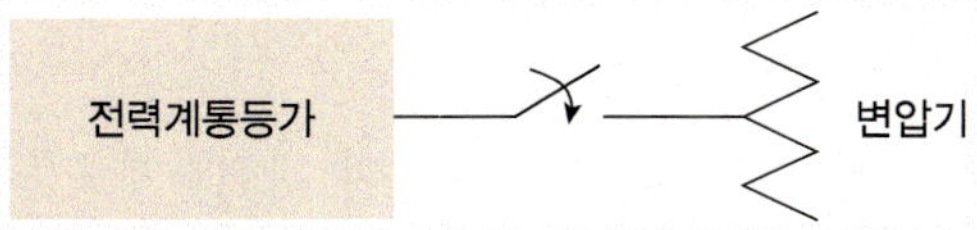

그림 2.10 변압기 가압 특성모의를 위한 테스트 계통

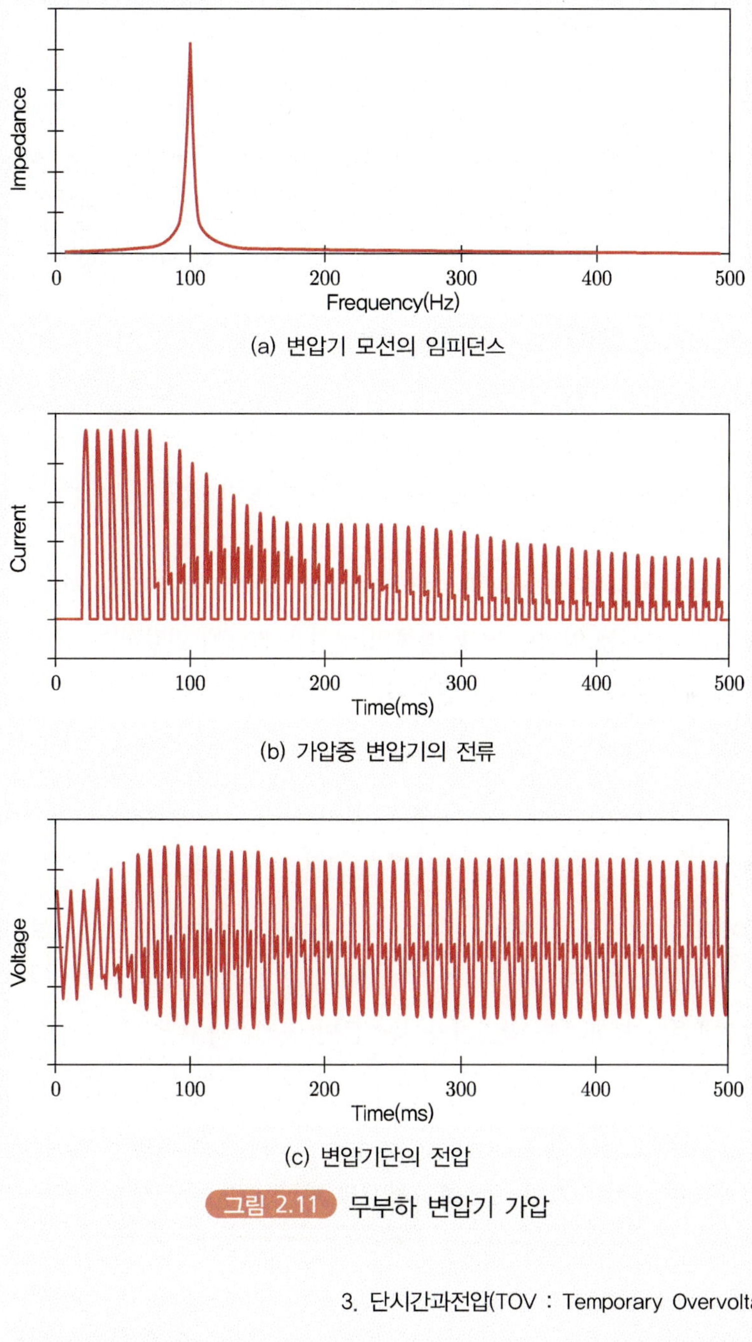

그림 2.11 무부하 변압기 가압

3.5.4 변압기 가압시의 고조파 과전압의 억제방법

한전계통에 사용되는 변압기는 보통 상용주파 과전압에 1분간 1.4~1.9 p.u. 정도 견딜 수 있도록 설계된다[10]. 그 기기는 만약에 과전압의 지속시간이 짧으면 보다 높은 전압에서 견딜 수 있지만 제동이 잘 안된 경우에 과도전압은 지속시간이 길고 1.4~1.9 p.u.를 넘을 수도 있다. 일반적으로 기기의 내과전압 한계를 넘기 전에 피뢰기가 동작하게 된다. 그러나 기기가 경년열화 되거나 내부에 결함이 있는 경우에는 비록 견딜 수 있는 과전압 레벨보다 낮은 경우에도 지속적인 공진전압에 의해서 기기가 손상될 수 있다. 이런 상황은 바람직하지 않으므로 공진과전압에 의한 위험은 최소화 하는 것이 좋다.

고조파 과전압의 해석을 위한 주요 인자는, 전력계통의 공진주파수, 계통의 제동(계통의 손실 및 계통에 연결된 부하를 포함), 변압기 단자의 전압계급, 변압기 철심의 잔류자속과 포화특성, 차단기의 투입시간 등이 있다. 공진 과전압에 크게 영향을 미치는 요소로는,

(1) 높은 정격의 변압기가 가압되는 경우
(2) 고장전류가 큰 계통의 경우
(3) 변압기 철심의 자속밀도가 높은 경우
(4) 변압기가 전압의 최고점에서 가압되는 경우 등이 있다.

변압기 가압시의 공진성 단시간과전압(TOV)은 차단기 투입시간, 변압기 포화곡선, 변압기의 잔류자속, 계통 임피던스 및 계통의 정전용량 등에 민감하다. 공진성 과전압의 예방대책으로 제안된 것들은 다음과 같으나 계통의 Black out 후 재가압 등 특별한 경우에만 사용된다.

- 변압기를 가압하기 전에 가능한 많은 부하를 건다. 이로 인하여 계통임피던스의 크기를 낮추어 주입되는 고조파전류의 크기를 줄여준다.
- 변압기의 가압 경로를 저임피던스가 되도록 한다. 발전기가 추가되면 계통의 인덕턴스는 줄어들고 결과적으로 높은 공진주파수를 유발한다. 이것은 발전기가 추가되면 공진주파수는 높아지고 발전기가 줄어들면 공진주파수는 낮아진다.
- 변압기 가압 전에 계통전압을 낮춘다. 경부하 계통에서 무효전력은 가압되지 않은 선로를 최소로 하고 송전단 변압기의 탭을 최저탭으로 하면 줄일 수 있다. 변압기의 과여자로 인한 지속적인 고조파과전압은 가압하기 전에 상용주파전압보다 높은 탭

으로(즉 정상 전압보다 낮추면)설정하면 제어할 수 있다.

- 투입시간을 제어한다. 변압기를 가압하는 경우 차단기의 투입시간을 제어하는 것이 믿을만한 방법이다. 이 방법은 차단기의 투입시점과 발생되는 과전압이 밀접한 관계가 있기 때문에 투입에 의한 과도현상을 억제하는데 아주 유용한 방법이다[11, 12].

3.6 철공진

3.6.1 일반사항

철공진은 전력용변압기, 배전용변압기 또는 계기용변성기에서 발생할 수 있다. 철공진의 발생조건은 전원전압, 변압기 철심의 포화인덕턴스, 정전용량 및 부족한 제동 등이다. 정전용량은 가공송전선이나 지중케이블의 정전용량, 콘덴서 뱅크, 2회선 송전선로에서 상호결합 정전용량, 그리고 고압용 차단기에서 극간 정전용량 등이 있다. 그 밖의 가능성으로는 발전기의 서지 커패시터나 장거리 송전선의 SVC가 있다.

이러한 철공진을 촉발시키는 것으로는 단상 스위칭, 휴즈의 용단 또는 접지의 소실 등이 있다.

3.6.2 단상변압기의 철공진

그림 2.12는 철공진의 예이다. 무부하의 단상변압기에 정격전압이 가해지면 아주 작은 여자전류가 흐른다. 이 여자전류는 2가지의 요소로 되어 있는데 자화전류와 철손전류이다. 자화전류는 비선형 자화인덕턴스 Lm을 통하여 흐르는데 변압기의 2차 권선에 전압을 유기시키는데 필요하다. 철손전류는 Rc를 통하여 흐르는데 변압기 철심의 히스테리시스 손실과 와전류 손실을 일으킨다. 비록 Rc는 전압과 주파수에 비례하는 선형으로 가정하지만 변압기 철심의 포화에 의하여 그림 2.12(b)와 같이 높은 차수의 기수 고조파를 가지고 있다[13].

R_{w1}/R_{w2} 및 L_{w1}/L_{w2}는 각각 권선 저항과 권선의 누설 인덕턴스이다. 이것들은 선형으로 취급되는데 R_c와 L_m에 비하여 비교적 작은 값이므로 무부하에서는 보통 무시한다 [13].

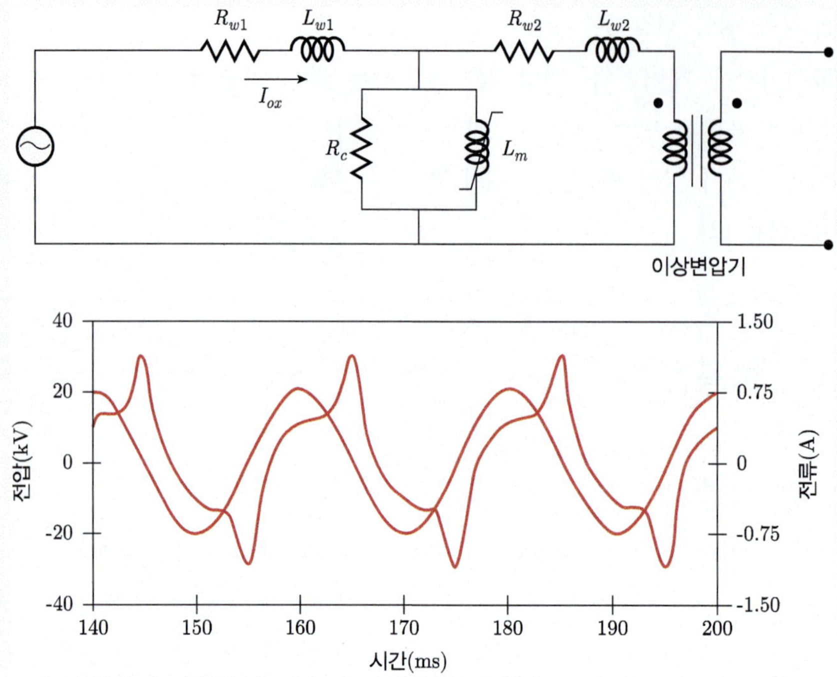

(a) 무부하 단상 변압기

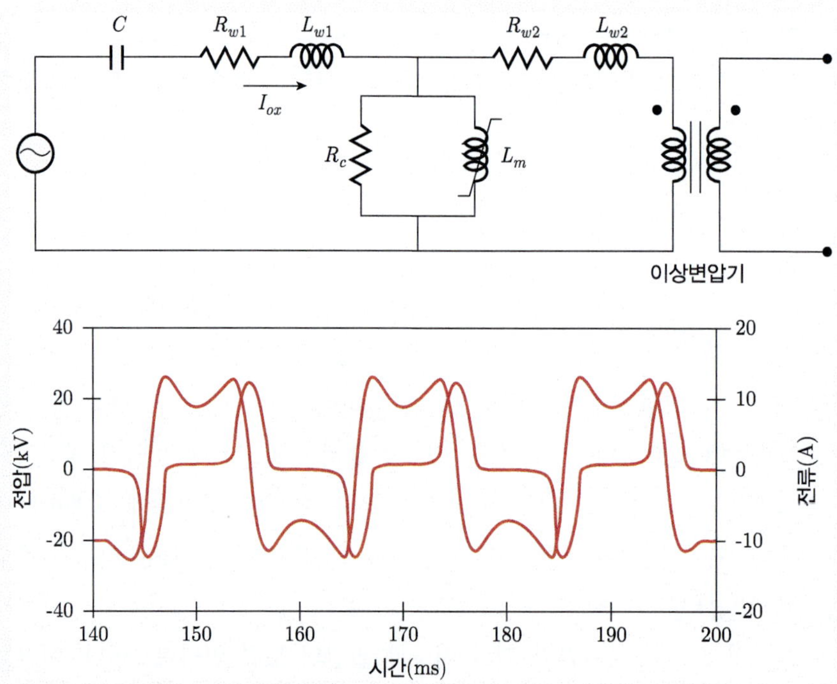

(b) 직렬 커패시터가 포함된 무부하 단상 변압기

그림 2.12 정격전압이 가해진 무부하 단상 변압기에서의 철공진

만일 정전용량이 전압원과 무부하의 변압기 사이에 놓이게 되면 그림 2.12(b)와 같이 철공진이 일어날 수 있다. 매우 큰 여자전류가 흐르게 되며 2차측에 유기되는 전압은 정격보다 매우 커진다. 여기서 매우 큰 전류는 직렬 정전용량과 L_m에 의해서 발생한다. 비선형성 때문에 전원전압의 크기와 직렬 정전용량의 크기에 따라서 2가지의 다른 철공진 운전 방법이 있다. 일반적으로 점진적인 전원전압의 변동이나 정전용량의 변화는 정적인 전이를 일으킬 것이다.

회로에 제동저항을 붙이면 철공진 전압과 전류를 완화시킬 수 있다. 비록 어떤 경우에는 저항성 전원 임피던스로 댐핑이 항시 붙어 있는 경우도 있으나 변압기의 손실과 고전압에서 코로나 손실이 있기 때문에, 대부분의 댐핑은 변압기의 2차측에 부하의 형태로 붙인다. 무부하 또는 경부하의 변압기가 정전용량 성분의 전원 임피던스로 연결되는 경우가 가장 흔한 철공진의 시나리오이다.

3.6.3 3상 계통에서의 철공진

철공진은 매우 드물게 관측되며 3상이 모두 공급되기는 하지만 1상 또는 2상에서 변압기가 경부하나 무부하인 경우에 발생할 수 있다. 1상 또는 2상의 차단은 단상재폐로, 퓨즈의 단상 동작 또는 단상 조작에 의한 투입과 차단시에 일어날 수 있다. 만일 커패시터 뱅크나 변압기가 중성점 접지방식이라면 단상 또는 2상 개폐시에 정전용량과 자화 리액턴스의 직렬회로가 만들어질 수 있다. 만일 2개의 중성점이 동시에 접지되거나 비접지로 된다면 직렬회로가 이루어지지 않기 때문에 철공진이 일어날 수 없는 확실한 경우가 된다[13]. 이 모든 경우에 그 소스는 인가된 전압이다.

철공진은 어떤 철심의 형태에서도 일어날 수 있다. 3상 철심의 형태는 상간에 직류 자화를 일으키고, 전압은 변압기의 개방된 상에 유도된다.

철공진의 발생은 개폐장치의 종류, 변압기의 종류, 변압기 2차측의 부하 그리고 송전선로나 지중케이블의 길이와 형태에 따라서 일어날 수 있다. 그러나 정전용량을 크게 하는 것이 철공진의 발생 위험을 증가시키지는 않는데 이는 정전용량은 비선형성이 아니기 때문이다.

그림 2.13은 단상 조작시에 전력계통에서 철공진이 발생하는 사례를 보여주고 있다. Y 결선된 정전용량은 Y 결선된 변압기와 병렬로 되어있다. 정전용량은 콘덴서 뱅크인 경우나 가공송전선로 혹은 지중 케이블의 분로 정전용량인 경우가 될 수 있으며 변압기를

통하여 계통에 연결된다. 변압기의 각 상은 자화 리액턴스인 jX_m 으로만 나타낸다[13].

3상중에서 1상의 차단기만 동작하면 변압기의 나머지 2상만 가압된다. 변압기가 3상

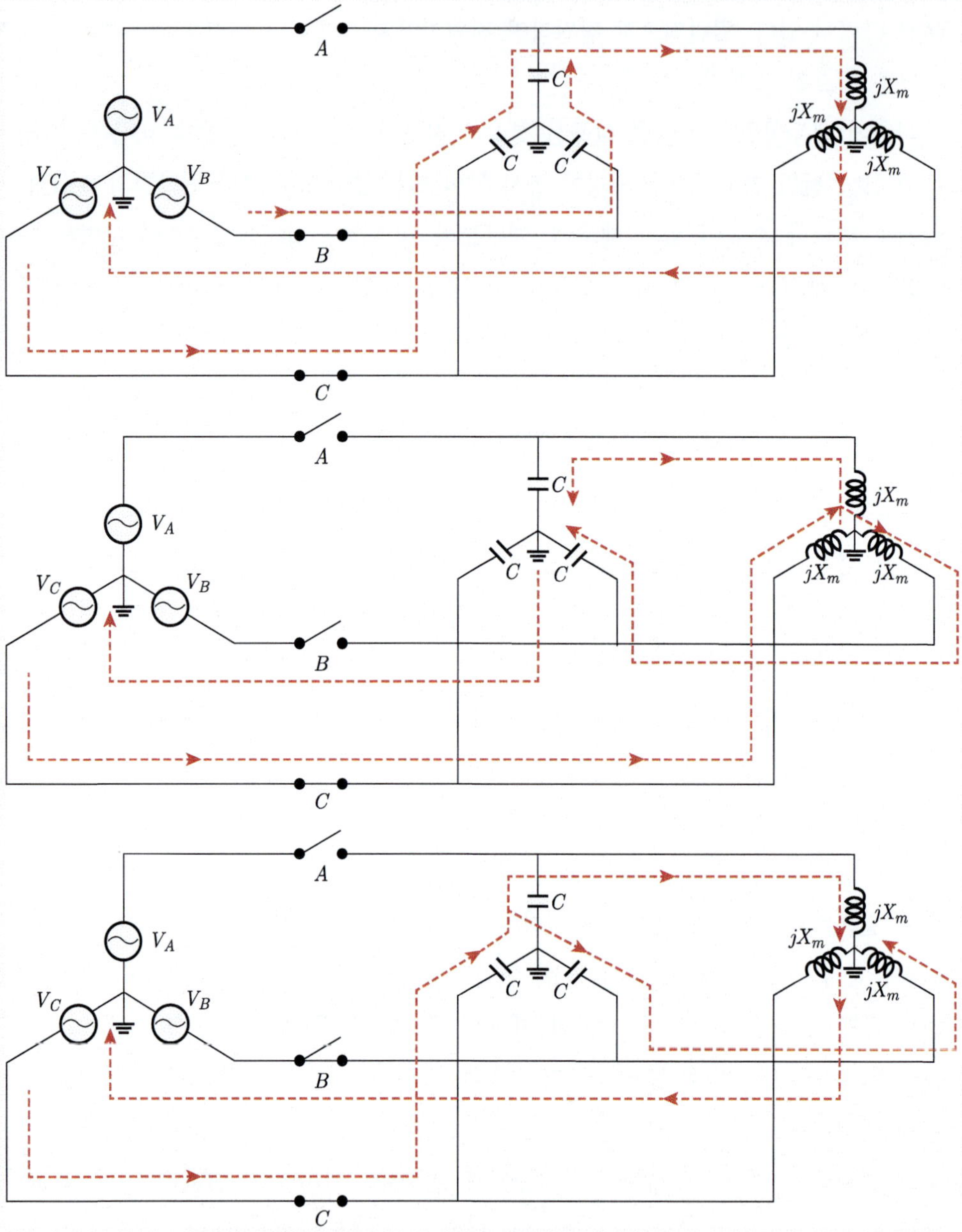

그림 2.13 3상 시스템에서의 철공진 발생 예

설계 또는 단상변압기로 구성된 1개의 뱅크이면 개방된 상만 무가압 상태로 되고 가압된 상에는 정상적인 여자전류가 흐르게 된다. 그러나 만일 변압기가 다각철심형(Multi-leged core type)이면 개방된 상에도 전압이 유기된다. 이 유도전압은 개방된 스위치방향으로 배전선로를 따라서 반대 방향으로 전류를 흐르게 한다. 만일 분로 정전용량이 충분히 크다면 철공진이 일어날 수 있다. 철공진은 개방된 상에서 변압기의 비선형 자화인덕턴스와 배전선로의 정전용량 또는 변압기의 권선 정전용량에 의하여 일어난다. 이 회로에 연결된 단상부하는 지속적으로 전력품질을 저하시킨다.

다각철심형 변압기가 연결된 계통에서 단상 차단은 철공진을 발생시키는 일반적인 조건이다. 단상 차단기를 모두 3상 차단기로 바꾸면 이 문제를 해결 할 수 있다. 다른 대안은 다각철심형 변압기를 단상변압기 뱅크로 바꾸거나 3각철심형으로 설계하는 것이다.

3.6.4 철공진에 가해지는 비선형 다이나믹스

비록 철공진이 정전용량과 인덕턴스에 관계되지만, 뚜렷한 공진주파수는 없으며 같은 파라미터에 하나 이상의 응답이 가능하고 점진적인 변화나 과도현상도 하나의 정상상태 응답에서 다른 정상상태로 전환될 수 있다.

철공진 회로는 정현파 함수에 의해서 야기되는 제동된 비선형 계통으로 해석될 수 있다. 철공진의 비선형 응동은 2개의 큰 카테고리로 나눌 수 있다. 첫 번째는 응답이 주기적인 왜형파이고, 정격주파수에 대한 홀수배의 고조파를 포함하는 주기적인 왜형파가 있다. 두 번째의 형태는 비주기적인 응답으로 분류된다. 이 두 가지 경우는 모두 기본주파수와 홀수 고조파 성분을 포함하고 있다. 비 주기적인 응답도 또한 고조파와 저차 고조파(Subharmonics)를 포함하고 있다.

매우 큰 정전용량값과 주기적인 전압이 '저 에너지 모드'를 일으키는 대표적인 것이다. 철공진의 주기적인 모드 중에 어떤 것은 저차 고조파를 포함할 수 있으나, 여전히 강한 상용주파수 성분을 가지고 있으며, 반복되는 주기는 상용주파수의 1주기보다 길다. 매우 큰 정전용량값과 간헐적인 전압이 '높은 에너지 모드'를 일으킬 수 있다. 회로의 파라미터나 과도현상의 점진적인 변화에 의해서 주기적인 모드와 간헐적인 모드가 서로 바뀔 수 있다. 초기 조건에 따라 과도현상이 안정화 된 이후에 운전을 안정화 시키는 모드로 결정된다[14].

3.6.5 철공진의 모델링

전력계통을 설계할 경우에 철공진을 피하기 위하여 모의계산이 필요하다. 그러나 비선형 모델 파라미터의 오차와 사용된 모델의 민감도에 따라서 모의계산 결과는 매우 큰 차이가 난다. 비록 변압기의 등가회로를 정밀하게 만드는데 많은 노력을 들이고 EMTP와 같은 과도현상 해석 프로그램을 이용하여 모의계산을 한다고 해도, 비선형소자를 정하는 것은 아직도 매우 어려운 작업이다. 모델 파라미터를 정할 때에 여러 가지 형태의 철심에 따라서 다른 모델과 방법이 필요하다.

- **모의계산 영역** : 전력계통의 일부로서 반드시 고려해야 하는 것으로는 계통등가 임피던스, 송전선로 또는 배전선로(케이블 포함), 변압기와 정전용량 등이다. 전력계통이 비선형성을 가지고 있지 않다면 계통의 등가 임피던스는 일반적으로 예민한 부분이 아니며 정상상태의 테브난 임피던스와 전압원으로 충분히 나타낼 수 있다. 가공송전선로와 케이블은 상호결합된 RLC의 pi 등가회로로, 장거리인 경우에는 이 회로를 중첩시켜서 나타낼 수 있다. 직렬 및 병렬 정전용량은 병렬저항을 적절하게 사용하여 표준의 정전용량으로 나타낼 수 있다. 부유정전용량은 변압기 델타권선의 개방단이나 권선사이에 넣을 수 있다. 기타의 정전용량으로는 변압기의 붓싱, 권선간의 정전용량 그리고 모선의 정전용량이 있다.

- **단상 변압기** : 전형적인 단상변압기 모델은 그림 2.12와 같다. 이 모델은 구조적으로 1차 권선과 2차권선이 동심원상에 같이 감기지 않은 경우에만 맞는 것이다. 동심원상으로 권선한 경우에 L_{w2}의 값은 제로이다. 철심이 포화되지 않으면 누설자속의 표현은 분명하지 않고 오차가 생긴다. 2권선 변압기에서 선형적인 파라미터를 구하는 것은 쉽지 않다. 단락시험 시에 총 임피던스를 알 수 있는데 $(R_{w1}+R_{w2})+j(X_{w1}+X_{w2})$이다. 이것을 이용해서 1차권선과 2차권선을 분리해야 한다. 모델의 성능은 주로 비선형소자 R_c와 L_m을 표현하는 것에 달려있는데 R_c는 선형 저항으로 나타낸다. 철손 모델은 여자현상이 모의계산 될 때에 평균 손실로 표현되는데 충분히 합리적인 결과를 낼 수 있다. 와류손과 히스테리시스손은 비선형인데 저항손 R_c가 여자전류의 크기에 따라 각각 다른 값으로 표현되기 때문이다. R_c가 정격전압일 때의 값으로 대표한다면 충분히 좋은 계산값을 낼 수 있다. L_m은 보통 히스테리시스 인덕턴스 혹은 구간선형 인덕턴스(Piecewise linear inductance)로 표현한다[15, 16]. 이 커브의

항복점 이하의 선형구간은 계산결과에 거의 영향을 미치지 않으며 가장 큰 영향을 미치는 것은 항복점과 곡선의 최종 기울기이다.

- 변압기 제작사에서 제공하는 시험데이터는 철심의 특성을 얻는데 충분하지 않을 수 있다. 개방회로 시험전압이 높으면 높을수록 모의계산을 정확하게 할 수 있는데, 그렇지 않으면 최종에 시험한 L_m의 $\lambda - i$ 특성을 사용한다. 개방회로시험은 0.2~1.3 p.u. 정도가 되어야 한다. SATURATION 보조루틴은 EMTP 보조루틴에 있는 것으로 V-I 개방회로특성을 L_m의 $\lambda - i$ 특성으로 변환시키는데 사용된다. 이 방법을 성공적으로 사용하려면 가장 낮은 레벨의 포화는 정현파로 나와야하고 V-I 특성은 가능한 한 높은 범위까지 사용한다면 좋은 모의계산 결과를 얻을 수 있다. 이러한 방법으로 가장 높은 전압까지 확장하는 것은 R_c의 비선형 특성을 표현하는데 추천되는 방법인데, 쇄교 자속 대 여자전류의 루프가 철심의 손실을 정확하게 반영하는 것은 아니다. 최근의 저손실 변압기는 권선간의 정전용량이 비교적 큰데 여자곡선의 모양에도 영향을 미치고 있는데 이 경우에는 철심의 포화에 대한 공장시험 결과가 반드시 필요하다.

- 3권선 변압기의 Y결선 등가회로는 단락시험(한쪽 권선은 단락시키고 다른 권선은 개방함)결과로부터 얻을 수 있다. 실제의 단자간의 전송 임피던스는 항상 양(Positive)이지만, 이러한 수학적 모델의 임피던스는 부(Negative) 임피던스로 나타난다. 단락회로로 나타내는 것의 또 하나의 약점은 철심을 잘 등가화 할 수 없다는 점이다. 이러한 것에 대한 발표가 몇 개 있기는 하지만 어떠한 모의계산 패키지도 표준화된 비선형 모델을 가지고 있지 않으므로 아직도 어려움이 남아있다.

- **3상 변압기 모델** : 3각 철심인 경우는 위에 언급한 단상 모델을 이용하여 간략한 모델을 만들 수 있다. 그러나 단일 철심 3상변압기의 영상분은 명확하게 표현할 수 없다. 변압기 특성을 전체적으로 모의하는 방법은 권선의 특성을 상호결합 인덕턴스로 모의하고 철심의 등가회로를 덧붙이는 것이다. 인덕턴스 매트릭스는 모든 권선에 대한 단락회로시험 결과로부터 얻을 수 있다. 그러나 문제는 각 권선의 단락전류 데이터가 비정현파 인 것이다. 구조적으로 정확한 모델을 얻는 방법은 전자적 결합과 전기적 결합을 별도로 고려하는 것이다. 이러한 노력의 결과로 변압기 철심의 독립된 각(individual leg)에 따라서 다른 포화조건과 전자결합과 누설효과를 적용하는 것이

다. 그러나 어떤 기술계산 패키지에도 표준화된 방법이 없으며 문헌에 권고하는 시험을 항상 하고 있지는 않기 때문에 이 모델의 사용은 제한적이다.

3.7 TOV에 대한 정리

전력계통에서 정상 운전 중에 일어나는 TOV는 억제하기가 어려우며 이 과전압이 발생할 확률은 전력계통의 설계에 따라서 달라진다. 이렇게 나타나는 과전압은 전력계통의 설계와 운영에 대하여 중요한 영향을 미친다.

선형의 전력계통에서 TOV는 간단한 방법으로 분석할 수 있는데, 지상무효전력 보상을 통하여 대책을 세울 수 있다. 비선형 인자들은 다양한 TOV를 유발시키고 동일한 방법으로 그 크기를 가늠할 수는 없다. sub-harmonic이나 짝수 고조파 모드인 경우에만 댐핑이 가능하며, 그 이외에 다른 경우에는 지상 무효전력을 보상하는 것이 아직까지는 TOV를 억제할 수 있는 주요한 대안이다. 철공진에 대한 연구와 실증작업이 진행되기는 하였으나 더 많은 노력이 필요하다. 최근의 연구는 변압기 모델을 개선하고 전력계통 레벨에서의 철공진에 대한 연구가 있었다. 이론과 실험 기술을 통하여 비선형 계통의 모의계산이 어느 정도 내부적인 한계를 가지고 있음을 알 수 있다. 이것은 컴퓨터 기반의 수학적 연산을 통하여 시간영역에서 모의 계산을 하는 EMTP와 같은 프로그램이 가지는 한계이다.

발생 원인에 따른 과전압의 내용과 전형적인 값들은 다음과 같다.

- 대지간 지락에 의하여 발생하는 과전압의 크기는 약 1.2~1.3 p.u.이며 가장 가혹한 경우에 1.5 p.u. 정도이다. 지속시간은 0.1~2초 이내인데 드물게는 10초 이상이 될 수도 있다.

- 철공진에 의한 과전압의 크기는 1.5~2 p.u.이며 가장 가혹한 경우는 3 p.u.인데, 이 과전압은 몇 초에서 몇 분간 지속된다.

- 부하 차단으로 인한 과전압은 1.2 p.u. 정도이며 적절히 확장된 계통에서는 1.5 p.u. 또는 계통의 상황에 따라 페란티 효과나 공진 효과가 중첩되어 그 이상이 될 수도 있다. 그 지속시간은 전압 제어장치의 운전에 따라 달라지는데 몇 초에서 몇 분이

될 수도 있다. 차단된 부하 쪽에 선형부하만 있는 경우에는 동상 극간의 TOV는 상-대지간 지락과전압과 같은 크기가 된다. 만일 차단된 부하 쪽에 전동기와 발전기 등이 있으면 2상 지락 과전압 성분이 되어서 그 최대과전압이 보통 2.5 p.u. 정도 이하가 된다.

과전압의 원인에 따라서 과전압을 완화해 주는 방법이 달라진다.

- **지락과전압** : 지락과전압은 시스템 파라미터에 따라 달라지는데 전력계통을 설계할 때에 파라미터를 선정하는 것 이외에는 제어할 방법이 없다. 중성점이 접지된 계통에서는 과전압이 비교적 덜 가혹하다. 중성점이 접지되지 않은 변압기가 중성점이 접지된 계통에서 분리될 때에는 예외적인 상황이 될 수 있다. 이러한 경우에는 중성점에 피뢰기를 설치하여 지락으로 인하여 발생한 과전압을 신속하게 대지로 방전시키면 된다.

- **부하차단과전압** : 선형 특성을 가진 전력계통의 TOV에 영향을 미치는 요인은 계통의 변화나 전원전압의 변화에 의해서만 나타난다. 직접적인 무효전력 또는 제어가 가능한 무효전력 등에 의한 지상무효전력보상, 계통의 구조 변경에 의한 보상 그리고 속응형 전압조정기 등이 부하차단시에 TOV를 경감시킬 수 있는 방법이다.

- **공진 및 철공진** : 공진주파수를 피할 수 있도록 전력계통을 조정하거나 제동저항을 사용하여 이러한 과전압을 제한한다.

- **변압기 가압에 의한 과전압** : 변압기 가압에 의한 공진성 과전압을 억제하는 방법으로 제안된 방법은 변압기 가압하기 전에 가능한 한 많은 부하를 거는 것, 변압기를 가압하는 회로를 저 임피던스가 되도록 조정하는 것, 계통전압을 낮추는 것 그리고 투입시점을 제어하는 것 등이다.

4

개폐과전압 (Switching Overvoltage)

4.1 일반사항

전력계통에서 개폐과전압은 차단기나 스위치를 조작할 때 발생한다. 개폐 조작은 2개의 카테고리로 나누어지는데 투입과 차단이다. 첫 번째는 가공송전선로, 케이블, 변압기, 리액터 및 콘덴서 뱅크의 투입 등이고 다음은 고장이나 고장이 없는 조건에서 전류를 차단하는 경우이다.

개폐 과도현상의 연구 결과는 다음과 같이 이용된다.

(1) 기기에 가해지는 전압 스트레스의 결정

(2) 피뢰기 특성의 선정

(3) 차단기 극간에 가해지는 과도회복전압(TRV ; Transient Recovery Voltage)의 계산

(4) 투입저항이나 인덕터 등 과전압 완화장치의 유효성 분석

해석 모델에서 상세한 사항은 경우에 따라서 달라진다. 예를 들면, 어떤 송전선로 가압의 경우에는 등가 pi 회로로 표현되고 다른 경우에는 주파수의존 분포정수선로 모델이 필요할 수도 있다. 또한 어떤 파라미터에 대하여 계산결과가 매우 민감할 수도 있는데, 예를 들면 송전선로에서 차단기가 투입되는 시점이 정확하게 어느 시점인가에 따라서 최대 과전압이 크기가 달라진다. 최대 전압을 구하기 위하여 투입 시점을 각각 다르게 하여 통계적 분포를 구하거나 예측할 수 있는 순간에 투입하여 최대과전압을 구하는 방법이 있다.

4.2 모델링 가이드라인

4.2.1 가공송전선과 지중케이블

가장 정밀한 송전선/지중케이블 표현방법은 분포정수선로 모델이다. 집중정수회로 모델은(pi 회로) 덜 정밀하며 몇 개의 모델을 중첩하여 배치하여도 물리적으로 송전선/케이블이 가지는 분포특성을 표현하기 어렵다.

송전선로 파라미터에서 주파수의존성은 중요한 것인데, 특히 송전선의 지락 고장과 같

이 대지귀로 모드를 포함하여 영상분 회로를 표현할 때에 필요하다. 이러한 경우에 주파수의존 분포정수 선로모델은 과도현상의 광범위한 주파수를 매우 정확하게 표현할 수 있다. 주파수 독립 또는 주파수 의존 모델의 파라미터는 EMTP 내부에 있는 line/cable constants 서브루틴을 이용하여 송전선로나 케이블의 기하학적인 위치, 도체의 종류, 토양의 특성 등 물리적인 정보를 입력하여 얻을 수 있다.

pi 회로는 송전선로의 길이가 매우 짧아서 파동의 전파시간 τ가 모의 계산하는 time step Δt보다 짧은 경우에 제한적으로 사용된다[17, 18]. 그러나 송전선로의 가압 등과 같이 정밀도가 크게 필요하지 않은 경우에는 pi-회로를 중첩시켜서 사용하기도 하는데 이 때 pi 회로의 수는 필요로 하는 정밀도에 따라서 달라진다[6, 19, 20].

표 2.1 60 Hz에서의 송전선로 파라미터($\rho = 100\,\mathrm{ohm \cdot m}$)

	Voltage level			
	230 kV	345 kV	500 kV	765 kV
Number of circuits	2	1	1	1
Conductors/phase	1	2	3	4
Ground wires	1	2	2	2
$X_1\,(\mathrm{ohm/km})$	0.5000	0.3800	0.3800	0.3400
$R_1\,(\mathrm{ohm/km})$	0.0520	0.0320	0.0180	0.0170
$X_0\,(\mathrm{ohm/km})$	2.5000	1.3000	1.2000	1.0090
$R_0\,(\mathrm{ohm/km})$	0.4900	0.3410	0.3300	0.3300
$C_1\,(\mathrm{ohm/km})$	0.0088	0.0120	0.0130	0.0130
$C_0\,(\mathrm{ohm/km})$	0.0041	0.0083	0.0075	0.0093

가공송전선로의 pi section 파라미터는 조류계산에 사용되는 것과 같이 기본주파수의 정상분 및 영상분에서 구할 수 있다. 가공송전선의 대표적인 정상분 및 영상분 파라미터를 표 2.1에 나타내었다.

pi 회로에 사용되는 자기임피던스 및 상호임피던스는 다음의 수식으로부터 유도된다.

$$X_s = \frac{1}{3}(X_0 + 2X_1) \qquad X_m = \frac{1}{3}(X_0 - X_1) \tag{2.26}$$

$$C_s = \frac{1}{3}(C_0 + 2C_1) \qquad C_m = \frac{1}{3}(C_0 - C_1) \tag{2.27}$$

많은 경우의 케이블 정수계산에서 주파수 범위는 매우 넓고 이에 따라서 케이블 파라미터가 많이 변하기 때문에, 이것이 일정하다고 가정하는 것은 한계가 있으므로 주파수 의존 파라미터 모델을 사용하여야 한다.

4.2.2 변압기

개폐과전압의 해석에서 변압기 단자의 임피던스 특성은 집중정수모델을 이용하여 충분한 숫자의 RLC로 나타내면 관심있는 주파수 범위에서 충분하다. 철심의 비선형특성도 포함하여 모의하는데 철심의 주파수의존 특성은 무시하는 경우가 많다. 이렇게 하면 높은 주파수에서는 누설전류효과로 인하여 변압기 철심으로 들어가는 자속을 방해하여 마치 변압기가 철심이 없는 공심코일과 같이 된다. 주파수가 3~5 kHz 범위가 되면 이러한 효과가 두드러지게 된다.

가능하면 모델을 검증하는 것이 필요하다. 모의계산에서 얻은 주파수응답을 가능한 주파수 범위 내에서 실제로 비교해 보면 좋다. 개방임피던스와 단락임피던스를 이용하여 기본주파수 응답을 결정하는 것이 표준화된 방법이며 각각의 권선에서 개방 및 단락 임피던스를 점검하여야 한다. 정전용량을 측정할 수 있다면 계산결과와 측정결과를 비교하는 것이 유용하다[21].

4.2.3 차단기

개폐과전압의 해석에서 차단기는 종종 투입 상태에서는 임피던스가 제로인 이상적인 도체로 차단 상태에서는 임피던스가 무한대인 개방된 회로로 나타낸다. 기술계산 패키지에서는 투입시간에 대한 여러 가지 옵션이 있는데 한 번의 결정론적인 투입, 통계분석용 다중 투입 그리고 일정한 간격으로 다중 투입하는 방법이 있다.

차단(Opening)

과도현상 해석에서는 차단기는 전류 영점에서 차단되는 이상스위치로 표현된다. 아크의 다이나믹 특성은 중요하지 않으며 보통 고려하지 않는데 특별히 필요한 경우도 있다.

특정 시점에서 지상 소전류를 차단한 경우에는 자연적인 전류 영점보다 앞서 전류를 차단할 수 있다. 이 때 전류 재단 때문에 매우 가혹한 전압 진동이 발생하여 차단기에 스트레스를 가하게 된다[22-25].

통계적 스위칭(Statistical Switching)

과도전압과 전류는 차단기가 전기적으로 투입될 때의 순간에 의해서 결정된다. 통계적 스위칭은 보통 차단기의 각각 다른 투입시간을 정하여 수백 번의 독립적인 모의계산을 한다. 통계처리는 이 각각의 모의계산의 최대값을 사후 처리하여 만든다. 차단기는 상용주파 파형의 어느 시점에서든 투입될 수 있다. 단상회로에서는 상용주파수를 0도에서 360도 균일하게 나누어(uniform distribution) 차단기의 투입시간을 만들 수 있다.

3상 차단기는 3개의 단상 차단기로 모의할 수 있는데, 각각 360도를 범위로 하여 독립적인 uniform distribution으로 모의할 수 있다. 그러나 3상일괄 조작방식 등과 같이 3상이 기계적으로 동시에 개폐되는 차단기는 다른 모델을 사용하여야 한다.

3상의 스위칭은 각 상 사이에 pole span이 있는데 정규(Gaussian) 분포로 모의할 수 있다. 3개의 독립적인 pole은 uniform distribution을 이용하여 0도에서 360도까지 일정 간격으로 모의하거나 Gaussian 분포를 이용하여 각각 고유한 파라미터를 이용할 수도 있다. 투입저항(PIR: pre-insertion resister)이 있는 경우에는 투입저항의 스위칭에 대한 Gaussian 분포 스위치를 만들고 이것을 차단기의 주 접점과 연동하여 동작하도록 만들어야 한다.

Pre-striking

접점간의 간격이 가까워지면 내전압 강도도 저하된다. 접점의 전계 스트레스가 내전압보다 높아지면 pre-strike이 일어날 수 있다. 이러한 현상을 고려하면 투입위상의 분포에서 전압 파형의 최대값과 상승률을 고려하여야 한다. 최근의 개폐장치는 접점사이의 전압이나 투입시의 위상을 제로에 가깝게 하거나 제로로 할 수 있다. 이러한 장치들은 돌입전류와 과전압을 낮출 수 있다. 이 경우에 최대 투입 위상은 전압을 제로로 제어하는 허용한계로 정해지거나, 통계적인 스위칭 방법에서는 차단기의 time span이 전압의 영점 부근에서 정해지도록 한다[26].

고장(Faults)

고장은 이상적인 스위치로 표현되거나 필요시에 다른 요소를 취하기도 한다. 스위치는 정상상태에서 닫혀있거나 특정 시간이나 전압에서 투입되기도 있다. 개폐 과도현상에 영향을 줄 수 있는 최고 높은 전압을 구하기 위하여 몇 개의 투입 시점을 찾아서 계산을 한다.

고장은 전극의 간격을 표현하기 위하여 섬락제어스위치(Flashover controlled switch)로 모의하기도 한다. 이 스위치는 정해진 값보다 높은 과전압이 발생하면 전극이 닫히도록 동작된다. 보다 복잡한 모델로 전압-시간 특성을 포함할 수 있다. 고장은 일반적으로 아크를 수반하는데 다양한 가정조건으로 모의할 수 있는데, 이상적인 스위치 또는 가정한 조건대로 가변되는 전압이나 저항으로 나타낼 수 있다. 아크에 의한 전압강하는 일반적으로 그다지 크지 않으므로 이상적인 스위치로 모의하는 경우가 많으며, 단상 재폐로와 같은 경우에 발생하는 2차 아크 현상의 모의에는 아크모델이 매우 중요하다[27].

4.2.4 정전용량과 리액터

커패시터 뱅크는 보통 단상 집중정수로 모의한다. 그러나 어떤 과도현상 모의계산의 경우에는 직렬 인덕턴스와 저항 손실 등과 같은 2차 파라미터를 필요로 하는 경우가 있다. 커패시터 뱅크의 고장 해석이나 커패시터 뱅크의 Back-to-back 스위칭을 해석하는 데에는 모선의 인덕턴스가 중요하다. 이 인덕턴스의 제동 저항은 진동의 고유주파수(Natural frequency)로부터 추정할 수 있다. 리액터는 집중정수의 인덕턴스와 직렬저항으로 모의할 수 있다. 병렬 저항은 고주파의 댐핑을 실질적으로 모의하는데 이용되고, 철심의 포화특성을 모의할 경우도 있다. 소전류 차단이나 전류 재단을 모의하기 위하여 병렬 정전용량을 리액터에 추가하여 모의한다. 총 정전용량은 붓싱의 정전용량과 권선과 대지간의 등가 정전용량을 포함한다. 직렬 리액터는 콘덴서 뱅크와 직렬로 되고 대지에 접지시킨 형태로 된다.

4.2.5 피뢰기(Surge Arrester)

갭이 없는 금속산화물 피뢰기(Metal oxide arresters)는 비선형 저항으로 모의한다. 각각의 Time step에서 비선형 저항값이 있으면 수치 진동 없이 안정하게 계산이 된다.

$V-I$ 특성은 5~10개의 선형특성을 전체적으로는 지수함수의 특성을 가지도록 모의한다. 피뢰기 리드선의 길이나 이격거리는 보통 무시한다[5].

4.2.6 부하(Loads)

보통 전력계통의 부하는 저항과 인덕턴스를 병렬 연결한 등가회로로 표현한다. 부하의 역률에 따라서 임피던스의 저항성분과 유도성 성분이 결정된다. 역률 조정이 필요한 경우에는 저항과 인덕턴스의 병렬 회로에 정전용량을 병렬로 붙여서 모의한다. 부하 모선의 부하가 집중 파라미터이면 송전선로, 케이블 및 변압기에 연결된 모선의 부하도 고려하여야 한다. 이것은 특히 고주파수 과도현상을 모의하는데 중요하다. 이 경우 그림 2.14와 같이 병렬 RLC와 직렬인 임피던스 Z_s로 표현하는 것이 적절하다. 부하모선의 전원등가 임피던스와 결합된 직렬 임피던스는 통상 부하 임피던스의 10~20% 범위이다[5].

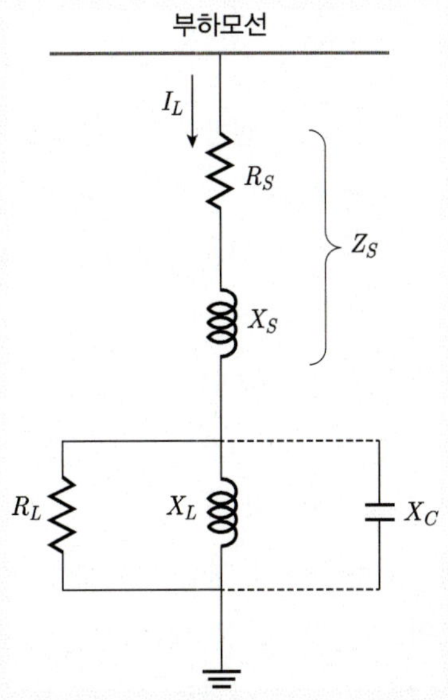

그림 2.14 스위칭 과도현상 모의를 위한 등가 회로도

예를 들어 유도전동기, 가변속도 드라이버 또는 형광등과 같이 어떤 형태의 부하는 특수한 방법으로 모의하여야 한다. 부하 모델은 특별히 필요한 경우가 아니면 가장 보수적인 방법으로 나타낸다.

4.2.7 전원(Power Supply)

전원 모델은 해석하고자 하는 현상에 따라서 달라지는데 일반적인 과도현상의 해석에서 발전기는 차과도 임피던스의 배후에 전압원을 연결하는 것으로 모의한다.

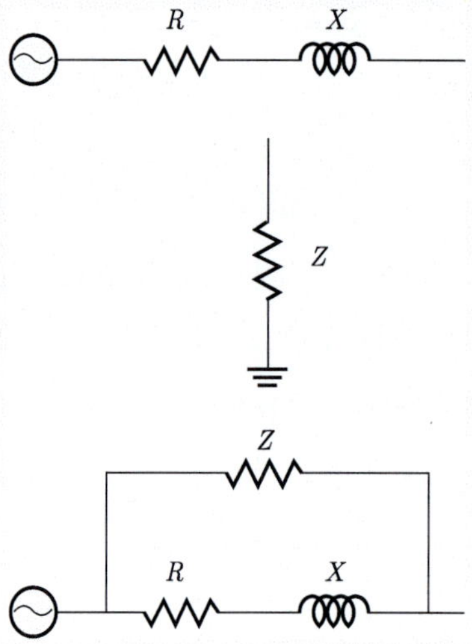

그림 2.15 일반적인 전원 모델 회로

해석하고자 하는 영역이 전력계통에 연결된 것이라면 전원은 등가 임피던스에 이상적인 정현파 전원을 연결하는 것으로 모의한다. 등가 계통은 모의하고자 하는 대상에서 제외된 전력계통을 간략화하기 위하여 사용되기도 한다. 그림 2.15는 간략화된 등가계통을 나타내고 있다. (a)는 테브난 등가 임피던스로서 댐핑을 표현하기 위하여 적절한 X/R비를 선정하는데 보통 댐핑각은 75~80° 범위이다. (b)는 연결된 송전선의 서지 임피던스로서 송전선로의 길이가 매우 길어서 해석 대상으로 하는 부분이 아닐 때에 이 등가회로를 이용하여 연결된 송전선로의 길이를 줄이는데 이용된다. 연결된 계통의 이미 알고 있는 테브난 등가 임피던스와 추가적인 송전선로로 이루어져 있다면, 그림 (c)와 같이 병렬로 나타낼 수 있다.

이러한 방법은 만일 병렬 연결된 임피던스가 계통 등가 임피던스와 유사한 값인 경우에는 정상상태의 해석결과가 왜곡되어 나타날 수도 있다는 점을 알아야 한다. 만일 정상상태에서 왜형이 나타난다면 송전선을 단일의 등가 임피던스로 표현하는 것이 불가능할 수 있다. 주파수 응답특성을 적절하게 표현하려면 더 복잡한 등가회로가 필요할 수 있다.

4.3 개폐과전압(Switching Overvoltages)

4.3.1 가공송전선과 지중케이블의 가압

가공 송전선로나 지중케이블을 가압할 때 차단기는 과전압을 발생시킨다. 이 때 투입과 재투입을 구분하는 것이 중요한데 투입시에는 trapped charge가 없고, 재투입의 경우에는 차단기가 차단하는 순간에 trapped charge가 생기게 된다. 이 재투입의 경우에 과전압은 4.0 p.u.까지 올라갈 수도 있다. 이러한 해석의 목적은 절연체가 고장 확률을 초과하지 않도록 과전압 스트레스를 결정하는 것이다. 전원, 변압기, 가공 송전선, 절연 케이블, 차단기 및 trapped charge는 투입시 과도현상을 해석하는데 필요하다. 다양한 송전선로와 케이블 모델이 이러한 해석에 사용되는데 pi 회로와 분포정수선로 모델 등이다. 케이블을 모의계산 하는 경우에 주파수독립 분포정수선로 모델과 pi 회로 모델의 계산 결과는 유사한 결과를 나타낸다. 그러나 파이프타입 케이블은 주파수가 1 kHz를 넘는 경우에 철 파이프에서 발생되는 와류손이 개폐 과도현상에 상당한 영향을 미치므로, 주파수의존 분포정수선로모델을 사용하는 것이 좋다.

4.3.2 과도회복전압(TRV : Transient Recovery Voltage)

과도회복전압은 차단기가 차단을 시작할 때 차단기의 극간에 나타난다. 이 전압을 TRV라 하는데 전류 영점의 직후에 나타나고 실계통에서 그 지속시간은 밀리세컨드(ms) 단위이다. 과도전압은 2개의 성분으로 되어있는데 과도성분은 전류 영점 직후에 발생하고 정상상태 성분은 과도현상이 소멸된 후에 남아있는 전압이다. 전압 진동의 실제 파형은 전력계통의 파라미터에 의해서 정해진다. 차단장치에서 전압의 상승률과 크기가 주요한 인자이다. 만일 전류 영점에서 차단될 때 접점 간격의 회복전압 상승률이 차단기의 회복전압상승률(RRRV : Rate of Rise of Recovery Voltage)보다 빠르면 열적 영역에서 차단이 성공적으로 이루어진다. 이때 절연측면에서도 회복전압을 성공적으로 차단하게 되어 전체적인 회복전압에 잘 견디게 된다. 그러나 만일 RRRV가 차단기의 회복전압보다 빠르면 열적 영역이나 절연 영역에서도 차단실패가 일어난다. 전력계통에서 차단기의 동작과 과도회복전압을 잘 이해함으로써 차단기의 시험과정을 개선하여 보다 신뢰성이 있는 기기를 만들 수 있다.

TRV를 모의계산 하는데 필요한 특성은 국제표준규격에 정해져있다[28-30].

송전선이 1회선일 때 모선고장(Single-line fed bus fault)

그림 2.16의 회로를 보면 송전선 1회선으로 공급되는 모선에 몇 개의 장거리 송전선로가 연결되어 있고 모선에 존재하는 정전용량이 있다. 송전선로의 말단에 발생한 고장이 차단되면 송전선 말단의 전압은 송전선로의 전파시간의 절반 주기로 진동하게 된다. 무손실 선로에서 과도전압의 최대값은 고장차단 시 송전단 전압의 2배로 올라간다. 이 전

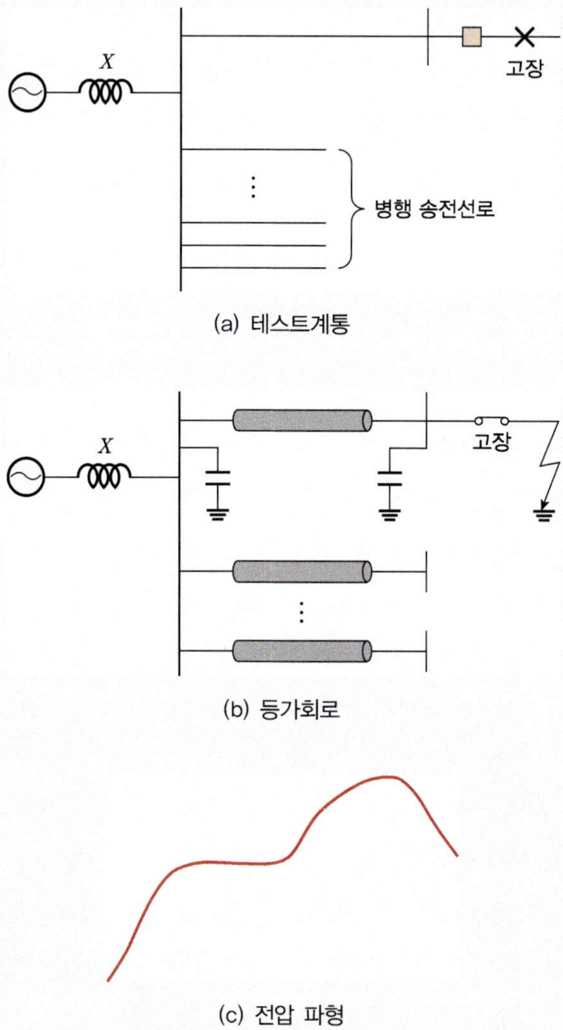

그림 2.16 1회선 모선 사고 예

압이 개방된 차단기의 극간에 TRV로 나타나게 된다. 실 계통에서 TRV의 최대값과 기울기는 전력계통에 존재하는 댐핑 성분에 의해 정해진다. 그림 2.16(b)는 이 케이스를 해석하는데 사용된 등가회로이다. 인덕턴스 값은 모선의 단락전류로부터 얻을 수 있다. 만일 그림 2.16(c)와 같은 등가임피던스를 구성하려면 고장이 발생하지 않은 선로의 서지임피던스를 병렬저항으로 표현한다. 이 방법은 송전선로가 매우 길어서 해석 대상으로 하는 모의계산 시간동안에 투반사가 일어나지 않는 경우에 적합하다. 만일 전원의 기본 주파수 임피던스가 송전선로의 병렬등가임피던스보다 상당히 작은 경우에는 정상상태의 해석결과에 크게 영향을 미치지 않는다. 만일 송전선로가 장거리가 아니라면 각각의 송전선로의 전파시간과 서지임피던스를 고려하여야 한다.

변압기 2차 측 고장(Transformer Secondary Fault)

그림 2.17과 같이 변압기 2차 측에서 고장을 차단한 후에 1차 측 차단기의 TRV를 보는 것이 목표이다. 변압기의 2차 측에서 고장이 발생한 경우에 변압기의 비교적 큰 인덕턴스로 인하여 1차 측 보호회로로 유입되는 고장전류를 제한하게 된다. 여기에 더하여 변압기의 누설인덕턴스와 유효한 전원 임피던스에 의하여 전원측 모선의 전압강하가 결정된다. 이와 동시에 변압기 2차측 전압은 제로로 붕괴되고 변압기의 누설인덕턴스에 걸리는 모선전압은 저하된다. 고장이 제거되면 전원측 전압은 전원임피던스와 등가 정전용량에 의해서 정해지는 주파수의 형태로 진동하면서 회복된다[31].

만일 변압기가 송전선로의 말단에 위치한다면 전원측 모선 전압은 ramp 파형으로 과도진동하면서 고장이전의 전압으로 복귀하려고 할 것이다. 이로 인하여 정상 및 영상회로의 전파시간에 따라 정해지는 시간 동안 전원측의 보호장치에 제동된 진동파형을 나타낸다. 짧은 송전선에서는 전원 임피던스가 지배적이 되어 높은 주파수로 진동하는 파형의 크기를 감소시킨다. 변압기측의 차단기에 나타나는 전압은 변압기의 누설리액턴스와 변압기 단자의 정전용량에 의해서 정해지는 주파수로 진동하면서 제로로 떨어진다. 그림 2.17(c)와 같이 차단기의 과도회복전압의 상승률은 가파르게 나타난다.

변압기 등가회로는 그림 2.17(b)와 같이 나타낼 수 있다. 고장이 변압기의 한 쪽에서 일어나고 차단은 다른 쪽에서 일어나는 경우에 변압기 단자의 정전용량을 포함하여 모의한다. 정전결합의 크기 $C_{HL}/(C_{HL}+C_L)$은 일반적으로 0.4보다 작다. 변압기 단자의 유효 정전용량은 각 권선의 진동주파수에 의하여 다음과 같이 정해진다.

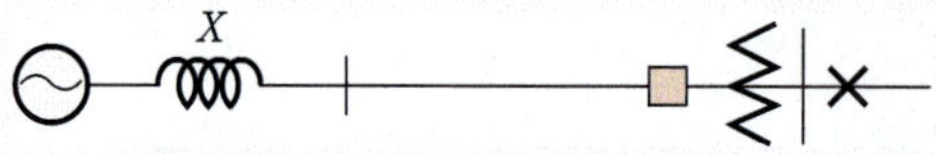

(a) 테스트계통

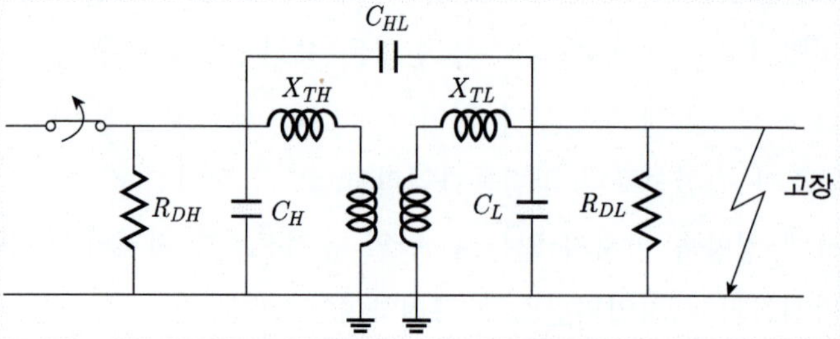

(b) 등가회로

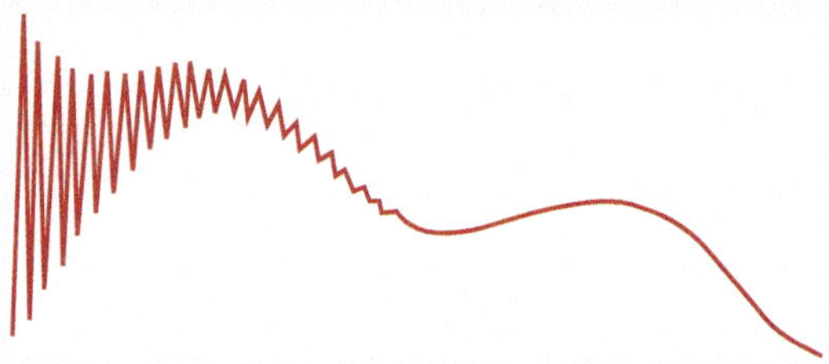

(c) 파형

그림 2.17 변압기 2차 고장 예

$$C = \frac{1}{(2\pi f)^2} L_T \tag{2.28}$$

여기서 f는 각 권선의 진동주파수, L_T(Henries)는 변압기의 누설 인덕턴스 그리고 C(Farads)는 유효정전용량이며 여기서

$$C = C_H + C_{HL} \text{ ; 고압 권선측} \tag{2.29}$$

$$C = C_L + C_{HL} \text{ ; 저압 권선측} \tag{2.30}$$

고주파 권선저항과 와전류손에 의하여 진동파형은 제동이 된다. 이 제동은 등가회로에서 대지에 연결된 저항으로 표현된다.

근거리 고장(Short-line Fault)

그림 2.18과 같이 변전소에서 가까운 송전단에 고장이 발생하는 것을 근거리고장이라 한다. 근거리 고장을 차단할 때에 아크의 경로는 차단 직후 처음의 수 μs 동안은 매우 높은 열적 스트레스를 받으며, 변전소단과 차단기사이에 전자기파의 투반사로 인하여 5~10 kV/μs 정도의 상승률을 가지는 TRV가 발생한다. 그림 2.18(c)는 근거리 고장 제거 시에 발생하는 전형적인 톱니파를 보여주고 있다. 어느 차단기에서는 초기 TRV가 가장 중요한 시점이 되며 근거리 고장에 의한 스트레스가 가장 가혹한 경우가 된다. 송전선측 상승률의 값은 가공송전선의 특성임피던스와 차단되는 단락전류에 의해서 정해진다. 관심 대상은 TRV의 최대값이 아니라 초기 상승률이다.

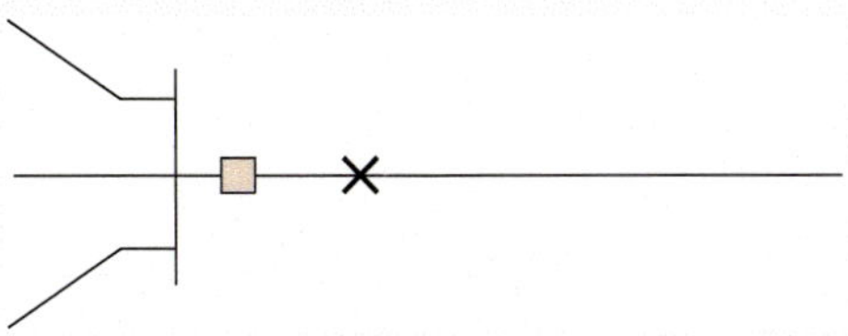

(a) 테스트계통

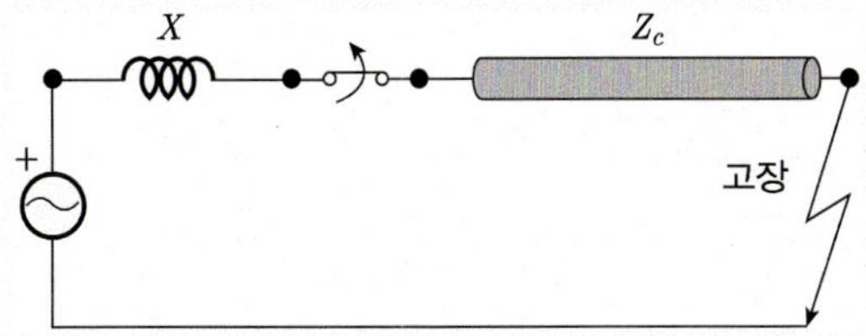

(b) 등가회로

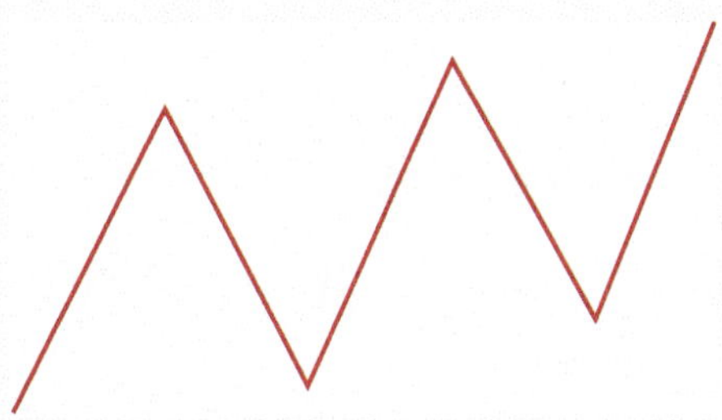

(c) 전압 파형

그림 2.18 근거리 고장 예

그림 2.18(b)에서 RRRV는 다음과 같이 표현된다.

$$RRRV \approx \sqrt{2}\, V\omega \frac{S_{sh}}{SIL} \quad (\omega = 2\pi f) \tag{2.31}$$

여기에서 S_{sh}는 차단기 설치점에서 단락용량이고 SIL은 송전선의 서지임피던스부하 (SIL : Surge Impedance Load)이다.

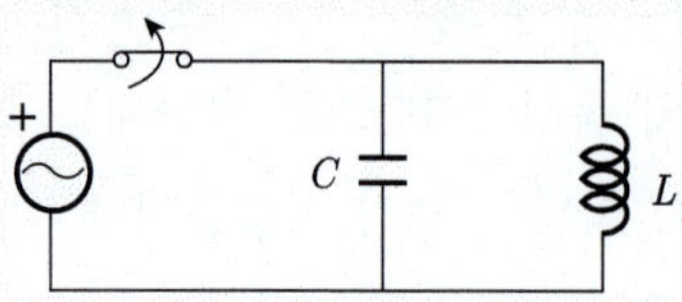

(a) 등가회로

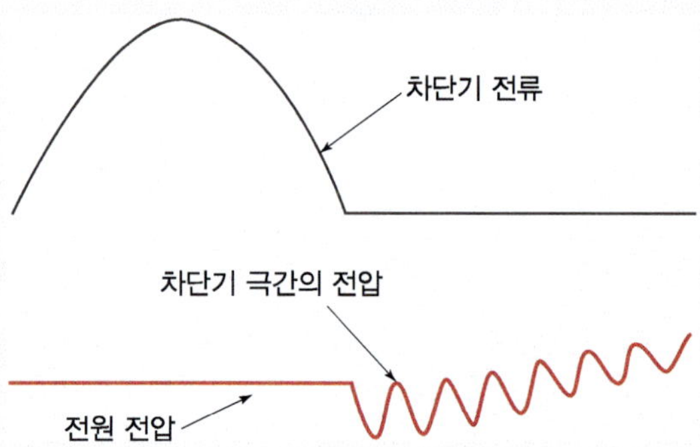

(b) 전류 영점에서 차단시 파형

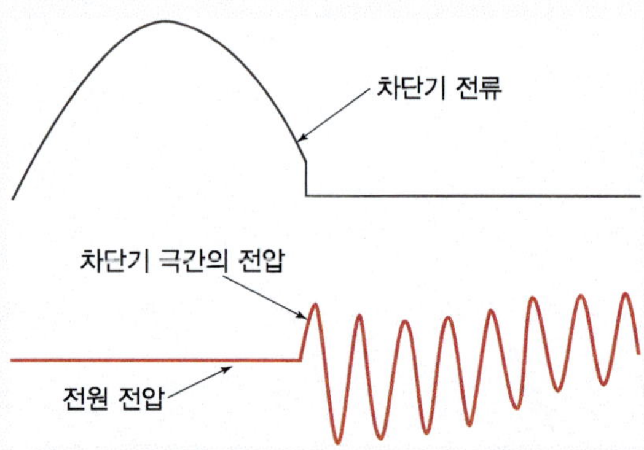

(c) 전류 영점 이전에 차단시 파형

그림 2.19 지상소전류 차단 예

지상소전류차단(Interruption of small inductive currents)

지상소전류차단은 전류재단(current chopping)이나 가상 재산(virtual chopping)을 일으킬 수 있다. 만일 전류가 전류 영점에서 차단되면 차단은 정상상태로 되고 회복전압은 보통 규격 이하로 나타난다. 그러나 선행 차단이 되면 전류의 재단현상 때문에 차단은 비정상으로 되고 고주파의 재발호와 과전압을 발생시킨다. 차단기가 최대전류를 재단하면 전압은 순간적으로 상승하고, 만일 과전압이 차단기의 정해진 절연강도를 초과하게 되면 재발호가 일어난다. 이 현상이 몇 차례 반복되면 고주파 재발호로 인하여 전압은 지속적으로 급격하게 상승한다. 고주파진동은 관련된 회로, 차단기 설계와 회로의 구성에 의해서 제어가 되는데, 실제의 상용주파가 전류 영점이 되기 전에 차단될 수 있다.

그림 2.19는 전류 영점에서 아크 차단이 되는 경우와 전류 영점 이전에 차단되어 전류재단이 일어나는 경우의 과도회복전압을 각각 비교하였다. 이 사례에서 전류 재단이 되는 경우가 더 가혹한데 이것은 진동주파수가 $1/(2\pi\sqrt{LC})$이므로 상용주파수보다 매우 높아지며, 그림에서의 파형에 상용주파의 최대전압이 중첩되어 차단기의 TRV로 나타난다. 전류 재단의 경우에는 전류의 영점 부근에서 아크의 불안정성에 의하여 높은 주파수가 발생하고 인근의 계통으로 흘러 들어가게 된다. 이 높은 주파수의 전류가 상용주파전류와 중첩되어 진동을 일으키며 인근회로에 전류재단을 일으킬 수 있다.

4.3.3 정전용량의 개폐(Capacitor Switching)

정전용량의 개폐는 개폐되는 커패시터는 물론 원격지에도 현저한 과도현상을 일으킨다. 정전용량의 개폐시에 가장 일반적인 문제들은 (1) 개폐되는 커패시터에 가압되는 동안의 과전압, (2) 커패시터를 가압시키는 동안 저전압 커패시터의 전압 증폭문제, (3) 송전선로 단자의 정전용량을 가압하는 동안의 변압기 상간의 과전압, (4) 커패시터가 가압되는 동안 같은 모선에 연결된 정전용량에 흐르는 돌입전류로 인한 차단기의 전류 문제, (5) 인근 회로의 고장시에 정전용량에서 공급하는 전류로 인한 차단기 전류 문제, (6) 커패시터용 차단기의 재발호 문제 등이다. 이러한 모든 고장이 커패시터 뱅크 인근에 고장이 나거나 커패시터의 개폐에 의해서 발생하지만 각각 다른 과도현상을 유발하고 다른 전력계통의 기기에 대하여 악영향을 미친다[32, 33].

커패시터의 가압(Capacitor Energization)

유도성 성분이 지배적인 전원에서 분로 커패시터를 가압하면 커패시터의 모선에서는 가압하기 전 전압의 최대값의 2배 크기의 전압이 커패시터 모선에 발생하게 된다. 가압시 과도현상의 특성주파수는 다음과 같다.

$$f = \frac{1}{2\pi\sqrt{L_s C}} \tag{2.32}$$

여기서 L_s는 전원 인덕턴스이고 C는 커패시터 뱅크의 정전용량이다. 이 가압시의 과도현상은 계통의 공진을 일으키거나 변압기 단자의 고주파 과전압을 발생시킨다.

가압시 과전압의 크기와 지속시간은 계통의 강도, 송전선로의 수, 계통 정전용량 및 개폐장치의 특성 등 몇 가지의 요인에 따라 달라진다. 과전압의 크기는 정전용량의 크기에 비하여 계통의 강도가 약해지는 것에 비례하여 커진다. 계통의 강도를 강하게 하고 계통의 서지임피던스를 줄일 경우 송전 계통을 잘 제동시킬 수 있다. 이러한 것들을 이용하여 커패시터의 가압시 과도현상을 낮출 수 있다. 개폐가 일어나는 커패시터 뱅크 주변에 다른 커패시터 뱅크가 있으면 서지 임피던스가 줄어들어 커패시터 가압시 과도현상을 낮출 수 있다.

개폐장치는 과도현상을 줄이기 위하여 개폐제어, 투입저항(PIR) 또는 투입 인덕터를 사용하도록 설계한다. 정전용량이 전압의 영점 부근에서 투입이 되면 과도현상은 많이 줄어든다. 투입저항의 가장 최적의 값은 다음의 수식과 같이 대략 서지임피던스의 크기와 같다.

$$R_{optimum} = \sqrt{\frac{L_s}{C}} \tag{2.33}$$

여기서 L_s는 전원 인덕턴스이고, C는 커패시터 뱅크의 정전용량이다.

전압의 증폭(Voltage Magnification)

통상의 커패시터뱅크 투입 과도현상은 커패시터가 투입되는 위치에 관계없이 개폐가 일어나기 직전의 모선전압의 2배로 제한이 된다. 투입 과도현상이 발생하는 케이블이나 커패시터의 원거리단에서 과도전압은 더 현저하게 나타나다. 그림 2.20의 간단한 회로는 전압 증폭현상의 예를 나타낸다.

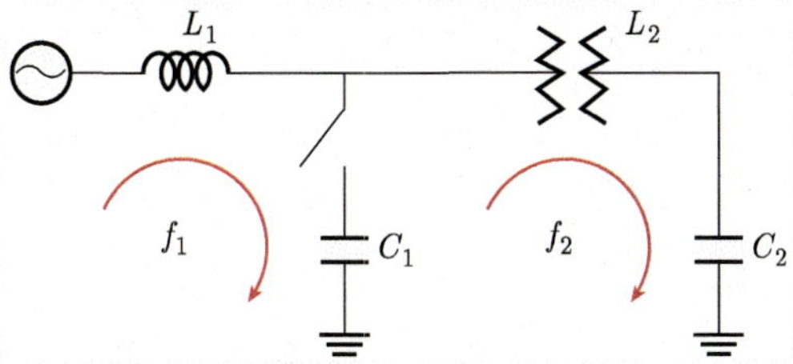

그림 2.20 전압의 증폭

가장 높은 과도전압은 (1) 정전용량 C_1의 Mvar 정격이 C_2 보다 현저하게 큰 경우, (2) 다음의 수식으로 표현되는 고유주파수 f_1과 f_2가 거의 같은 경우에 정전용량 C_1이 가압될 때 낮은 전압측의 C_2에서 나타난다.

$$f_1 = \frac{1}{2\pi\sqrt{L_1 C_1}},\ f_2 = \frac{1}{2\pi\sqrt{L_2 C_2}} \tag{2.34}$$

C_2에서 증폭되는 과전압의 크기는 개폐되는 정전용량의 크기, 전원 임피던스, 양 정전용량 사이의 임피던스, 계통의 부하와 인근에 있는 저전압 정전용량의 유무 등이다. 배전선로에서 약간의 부하가 증가되면 전압 증폭현상은 현저하게 줄어든다. 고주파에서 변압기의 손실이 증가되므로 변압기 손실을 주파수의존 모델로 하거나 단순하게 변압기의 X/R 비율을 고려하여 정전용량의 고유주파수를 모의하면 모의계산의 정밀도를 높일 수 있으며, 전압 증폭이 과도하게 표현되는 것을 줄일 수 있다. 투입제어 차단기에 의한 투입, PIR(투입저항) 또는 투입 인덕턴스가 관련된 과도전압을 낮추는데 사용된다. 전압의 증폭현상은 배전선로 보호용 피뢰기의 에너지 정격을 과도하게 크게 만들도록 한다. 만일 다른 방법이 없다면 높은 에너지 정격을 갖는 피뢰기를 사용할 수도 있다.

변압기단에서 상간 과전압(Transformer termination phase-to-phase overvoltage)

정전용량 투입 시에 변압기 단자에서 진행파가 반사되어 과전압을 증폭시킬 수 있다. 이 반사된 파형은 변압기에 설치된 대지간 피뢰기에 의하여 약 2.0 p.u. 정도로 억제가 된다. 동시에 다른 상에 역극성으로 가해진 서지에 의해서 상간 과전압은 4.0 p.u.가 될 수 있는데 이 과전압은 변압기의 개폐과전압 절연강도를 초과할 수 있다.

계통의 단락용량이나 정전용량이 개폐되는 지점에 연결된 송전선로의 수는 이 과도현상에 큰 영향을 미치지 않는다. 정전용량이 개폐될 때 개폐되는 정전용량의 크기가 진동 주파수에 영향을 미친다. 개폐되는 정전용량의 과도현상의 고유주파수가 장거리 송전선의 진행파 진동 최대값과 맞아떨어질 때에 높은 과도현상이 나타날 수 있다. 매우 짧은 선로에서 일어나는 진동도 변압기의 내부 진동을 유발할 수 있기 때문에 역시 중요하다. 이러한 과도현상은 동기투입제어, PIR(선투입 저항) 또는 선투입 리액터를 사용하여 낮출 수 있다.

Back-to-back capacitor switching(BTB 스위칭)

커패시터 개폐능력과 관련으로 back-to-back 개폐시에 투입전류를 평가하여야 한다. BTB 스위칭을 설명해주는 회로는 그림 2.21과 같다.

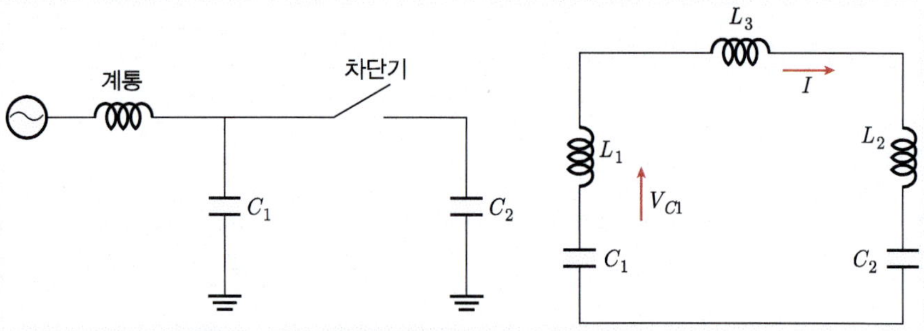

그림 2.21 BTB 스위칭

전류의 크기와 주파수를 계산하기 위한 수식은 다음과 같다.

$$I = \frac{V_{c1}}{Z} \qquad f = \frac{1}{2\pi\sqrt{L_{eq}C_{eq}}} \qquad I \times f = \frac{V_{c1}}{2\pi L_{eq}} \tag{2.35}$$

여기서,

$$Z = \sqrt{\frac{L_{eq}}{C_{eq}}} \qquad L_{eq} = L_1 + L_2 + L_3 \qquad C_{eq} = \frac{C_1 \times C_2}{C_1 + C_2} \tag{2.36}$$

V_{c1}은 차단기가 투입된 상태에서 C_1에 걸리는 전압, L_1, L_2는 커패시터 뱅크의 자기 인덕턴스, 그리고 L_3는 커패시터뱅크 사이의 인덕턴스이다. 투입되는 정전용량과 차단되

는 정전용량 사이의 모든 인덕턴스를 포함하는 간단한 모델이면 BTB 스위칭시의 돌입 전류를 충분히 모의할 수 있다. 만일 돌입전류가 과도하면 전류제한 인덕턴스를 이용하여 어느 정도로 전류를 제한해야 한다. 돌입전류를 적정 범위로 제한하기 위한 전류제한 리액터의 크기는 다음과 같이 표현할 수 있다.

$$L_{eq} = \frac{V_{c1}}{2\pi(I \times f)} \tag{2.37}$$

인근의 고장점으로 흘러나가는 전류(Current outrush into a neraby fault)

차단기의 근처에서 고장이 발생 할 경우에 커패시터에서 흘러 나가는 전류에 대한 예시를 그림 2.22에 나타내었다.

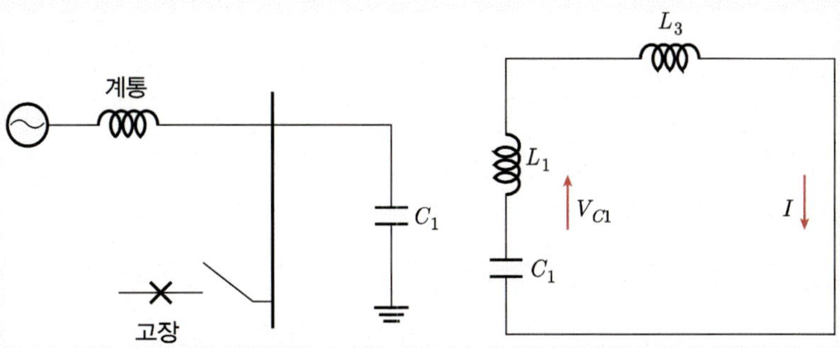

그림 2.22 인근 고장점으로 흘러 나가는 전류

전류의 계산식은 다음과 같다.

$$I = \frac{V_{c1}}{Z} \qquad f = \frac{1}{2\pi\sqrt{L_{eq}C_{eq}}} \qquad I \times f = \frac{V_{c1}}{2\pi L_{eq}} \tag{2.38}$$

여기서

$$Z = \sqrt{\frac{L_{eq}}{C_{eq}}} \qquad L_{eq} = L_1 + L_3 \qquad C_{eq} = C_1 \tag{2.39}$$

V_{c1}은 차단기가 투입된 상태에서 C_1에 걸리는 전압, L_1은 커패시터 뱅크의 자기 인덕턴스, 그리고 L_3는 커패시터 뱅크와 고장점 사이의 인덕턴스이다. 고장점으로 흘러 들

어가는 전류를 제한하려면 리액터를 사용하는데 다음의 수식을 이용하여 비교적 정확하게 구할 수 있다.

$$L_{eq} = \frac{V_{c1}}{2\pi(I \times f)} \tag{2.40}$$

Arrester energy duty during capacitor breaker restrike(커패시터 차단기 재발호시 피뢰기의 에너지 정격)

진상전류 차단시 차단기의 재발호가 일어나면 돌입전류가 흐르고 이로 인하여 커패시터의 전압이 계통의 순시값에 따라서 진동하게 되는데 이때의 전압은 최초의 전압과 대략 같은 크기이나 역극성이 된다. 만일 재발호가 계통전압의 피크에서 일어나면 커패시터의 전압은 3.0 p.u. 정도 올라간다. 이러한 조건 하에서 고주파수의 돌입전류를 전류 영점에서 차단하게 되면, 커패시터는 3.0 p.u.의 전압으로 충전된 상태로 남아있고 다시 반주기 이후에 차단기의 접점 사이에는 4.0. p.u.의 전압이 걸리게 된다. 이러한 과정이 반복되면 커패시터 전압은 5.0 p.u.로 올라간다. 댐핑이 무시된다면 커패시터의 전압은 무한 반복하여 올라갈 것이다.

비록 재발호가 일어나지 않는 차단기라도, 차단기의 재발호시에 대용량의 분로 커패시터에 설치된 피뢰기의 에너지등급을 검토하여야 한다. 피뢰기의 에너지 내량을 설계할 때에 보통 차단기의 첫 번째 재발호를 가정하여 결정을 하고 순차적으로 재발호가 일어나는 경우는 고려하지 않는다.

피뢰기의 에너지 내량을 정밀하게 계산하기 위해서는 상세한 과도현상 모델을 이용하여 재발호를 모의계산 하여야 한다. 최소한 커패시터에 연결된 2개 이상의 모선을 포함하여 계통을 상세하게 모의하여야 한다.

커패시터의 재발호시 피뢰기의 에너지는 식 (2.41)과 같이 계산할 수 있다.

$$E = \frac{C \times V_p}{2(V_p - V_s)} \cdot [4V_s^2 - (V_p - V_s)^2] \tag{2.41}$$

여기서 C는 커패시터의 정전용량, V_p는 피뢰기의 보호레벨 그리고 V_s는 대지간 전압의 최대값이다. 여기에는 계통의 손실, 부하 또는 송전선로가 포함되어있지 않으므로 피뢰기 에너지의 계산 결과는 상당히 높게 나타난다.

Series capacitor switching(직렬 커패시터의 개폐)

직렬 커패시터는 송전선로의 송전능력을 높이기 위하여 송전선로에 설치된다. 기존의 계통에 직렬 보상을 할 경우에 신뢰성 있는 운전을 위해서는 다음과 같은 관점에서 과도 현상에 대한 검토가 필요하다.

- **피뢰기의 규격** : 커패시터 뱅크의 보호시스템과 관련된 피뢰기의 정격
- **선로용 차단기의 TRV** : 송전선로용 차단기의 TRV 규격 결정
- **송전선 가압** : 직렬 보상된 송전선로 가압시 계통의 응동 해석
- **커패시터 뱅크의 투입과 바이패스** : 커패시터 뱅크가 투입되거나 바이패스 될 경우의 현상 해석
- **단상 재폐로** : 단상 재폐로시 송전선로 말단의 피뢰기 정격
- **선로 보호** : 보호계전기의 필요사항 조사

직렬 커패시터는 보통 정상상태에서 그 크기가 정해지기는 하지만 설치 위치와 용량을 변경하여 과도안정도와 SSR(Subsynchronous resonance)을 모의계산 하고 보호계전기의 필요사항을 정한다. 계통의 모의계산은 최소한 차단이 발생하는 위치보다 하나 이상의 원거리 모선에 있는 송전선로나 변압기를 모의하는 것이 일반적이다. 송전선로 모델은 분포정수선로 모델을 사용하고 변압기는 포화변압기 모델을 사용한다. 등가 전원 모델은 정상회로와 영상회로가 상호 결합된 모델을 이용한다. 직렬 커패시터와 다른 계통 모델은 Quality factor를 고려한 집중정수로 모의한다. 또한 커패시터에 연결된 피뢰기와 직렬 리액터 및 바이패스 차단기를 포함하여 모의한다. 선로용 차단기의 TRV 최대값은 직렬 커패시터와 송전선로의 다양한 지점에 단상 또는 3상 고장을 가정하여 모의계산을 한다. 어떤 경우에는 TRV를 적절한 레벨로 낮추기 위하여 PIR이나 피뢰기가 필요한 경우도 있다. 직렬보상 선로에 커패시터가 있는 경우와 커패시터를 바이패스 시킨 경우를 가정하여 투입시 현상을 모의하는데, 전력 조류를 변화시키면서 다른 운전 조건을 고려하여 커패시터가 있는 경우와 바이패스 된 경우를 모의계산 한다. 커패시터가 투입된 경우에는 바이패스용 차단기의 TRV를 검토하며 바이패스 할 경우의 돌입전류를 모의계산 한다.

5

뇌과전압(Lightning Overvoltage)

5.1 일반사항

낙뢰는 전력계통에 급준파 과도현상을 일으키는 1차적인 원인중의 하나이다. 송전선로와 변전소를 설계하고 전력계통의 기기들을 보호하기 위하여 낙뢰의 모의 계산을 한다. 이러한 모의계산의 목적은 절연강도에 대하여 뇌과전압이 어느 정도 크기인가를 알아내고 절연체에 섬락을 일으키는 뇌격전류의 임계값을 찾는데 그 목적이 있다. 송전선로에서는 송전철탑의 애자를 결정하기 위하여 뇌섬락률(LFOR : Lightning flashover rate)을 구하는 목적으로 이용된다. 변전소에서는 피뢰기의 정격, 피뢰기의 최적 설치 위치, 상-대지간 절연거리 및 상간 절연거리를 결정하여 고장재현주기(MTBF : Mean time between failures)를 계산하는데 이용된다.

송전선로에 떨어지는 뇌격에 의하여 급준파과도전압(Fast front overvoltage)이 발생되어 영향을 미치는데 상도체에 직접 뇌격이 되면 차폐실패(shielding failure)가 되고 철탑이나 가공지선에 뇌격이 되면 역섬락(Back flashover)이 일어난다. 변전소에 직접 뇌격이 되는 경우는 고려하지 않는데 이것은 변전소 설계시에 차폐선이나 철구 등을 세워서 변전소를 완전차폐 시킨다고 가정하기 때문이다. 변전소 내부 기기의 절연에 영향을 미치지 않는 정도의 작은 뇌격전류에 의해서는 차폐실패가 일어날 수 있다[34, 35].

상도체에 직접 뇌격(Direct stroke to phase conducttor)

상도체에 뇌격을 직접 맞는 경우는 뇌격전류의 크기가 수 kA 정도로 작아서 가공지선을 뚫고 들어오는(차폐실패) 경우이다. 전통적으로 차폐선을 통과하여 뇌격할 수 있는 뇌격전류의 크기를 정하는 것은, 예상되는 최대 뇌격전류의 크기에 따라서 뇌격흡인거리가 결정되는 EGM법(Electro-Geometric Model)이 사용되어왔다.

역섬락(Backflashovers)

역섬락은 송전선로의 철탑이나 가공지선에 낙뢰가 침입하여 철탑 최상단부의 전압이 송전철탑에서 상도체로 섬락을 일으키기에 충분한 값을 가질 때에 일어난다. 역섬락이 일어나면 서지 전류의 일부가 상도체로 전이되고 애자련의 아크를 통하여 대지로 흐른다. 그 결과로 상-대지간 지락고장을 일으켜 차단기가 차단되고 차단기가 재투입될 때까지 선로는 정전상태로 된다. 상도체 직격에 의한 전압파형은 비교적 완만하지만 역섬락에 의한 서지전압은 매우 급준하기 때문에 모의계산에서 더 중요하게 취급된다. 송전선로 정수에 따라서 전압의 크기와 준도는 선로를 진행하면서 완화된다. 코로나도 침입한 전압 서지 전압의 준도를 완화시키는 주요한 인자이다.

송전선로의 내뢰성능은 고장률에 의해서 결정되는데 송전선로의 절연 사양을 나타낸다. 설계를 위한 모의계산에서 애자의 역섬락을 일으키는 최소뇌격전류(임계뇌격전류)가 결정된다. 어떤 크기의 뇌격전류가 발생할 확률은 정규분포(Log-normal distribution)로 나타낼 수 있다. 송전선로에 1년간 떨어지는 뇌격의 수는 송전선로 경과지의 연간뇌우일수(IKL : Isokeraunic level)에 비례한다. 선로의 뇌사고율은 가공지선에 떨어지는 뇌격의 수와 섬락이 발생할 확률을 곱하여 계산할 수 있다.

변전소의 절연설계에서는 낙뢰가 인근의 철탑에 맞거나 인입부의 가공지선에 맞아서 역섬락이 되는 경우를 상정한다. 그 결과로 뇌서지는 변전소로 침입하여 내부로 전파되게 된다. 기기의 단자나 모선의 교차점 또는 모선의 높이가 달라지는 점에서는 진행파의 불연속이 일어난다. 변전소 내부에서 이 불연속점은 차단기나 스위치가 투입 또는 차단상태 인지의 여부와 피뢰기의 설치위치가 변전소의 과전압을 특징 짓는데 매우 중요하다. 이 과전압은 피뢰기의 사양을 정하는데 필요한 데이터를 제공하며 변전소 기기의 절연계급(특히 BIL : basic lightning impulse insulation level)과 피뢰기의 보호레벨을 조율하는데 필요하다.

5.2 모델링 방법(Modeling Guidelines)

낙뢰를 모의하기 위하여 필요한 파라미터와 전형적인 값에 대하여 설명을 하고 일반적인 경향과 해석 모델의 개발에 필요한 기본적인 원칙들을 설명할 것이다. 낙뢰 현상은 매우 복잡하고 쉽게 측정하거나 증명할 수 없기 때문에 특정한 주파수 범위 내에서 전력계통의 소자의 특성을 표현하는 방법을 추천한다[36].

5.2.1 가공송전선(Overhead Transmission Lines)

낙뢰 모의계산에 사용되는 가공송전선 모델은 상도체와 전선, 철탑과 탑각저항(TFR : Tower footing resistance)을 포함하여야 한다. 상도체와 차폐선(가공지선)은 철탑사이에 분명하게 모의되어야 하며 보통 몇 개의 구간만으로 표현한다. 철탑 모델은 철탑의 기하학적 좌표와 탑각저항 그리고 특히 토양의 이온화에 의한 특성을 나타내야 한다. 애자련도 그 섬락특성을 모의하여야 한다. 그림 2.23에 낙뢰의 모의계산에 대하여 나타내었다[35].

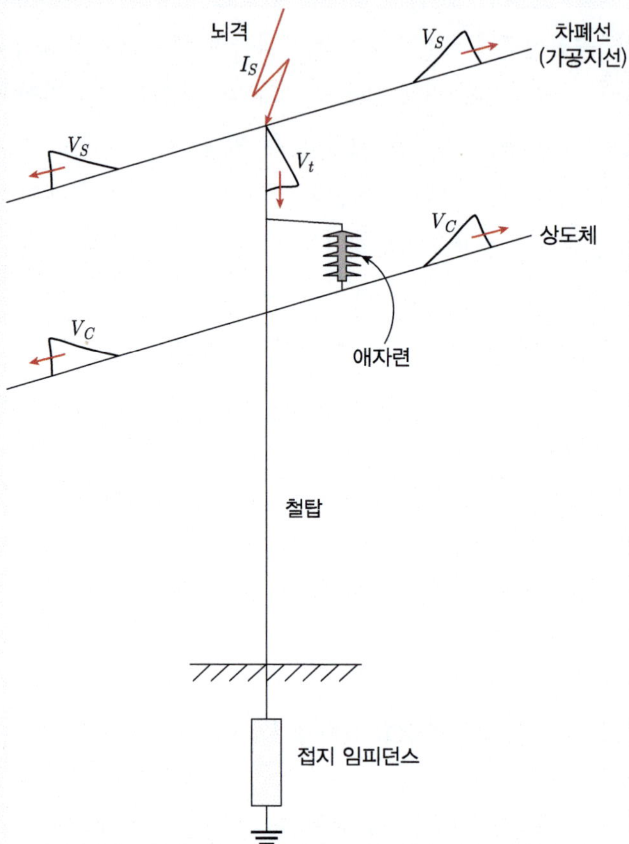

그림 2.23 낙뢰 모의계산에 사용되는 가공송전선

상도체와 차폐선(Phase conductors and shield wires)

가공송전선은 각각의 경간을 다상 비연가 분포정수선로로 나타낸다. 다도체는 등가의 단도체로 나타낼 수 있으며 선로정수는 철탑의 기하학적인 구조와 도체의 데이터를 이용해서 Line Constants routine으로 구할 수 있다. 보통은 표피효과(Skin effects)를 고려하여 400/500 kHz로 계산된다. EMTP를 이용한 1회선 선로의 비교검토에서 주파수 의존 선로정수 모델과 주파수 독립 선로정수 모델의 모의계산 결과는 유사하였다. 선로 모드에서 전형적인 서지임피던스는 250~500 Ω이고 대지귀로의 서지임피던스는 보통 700 Ω 부근이다. 공기중에서 전파속도는 빛의 속도와 유사하며 지중에서는 속도가 매우 느리다.

선로의 길이와 말단(Line length and termination)

송전선로를 설계하기 위한 연구에서 낙뢰를 맞은 철탑의 전압은 인근의 철탑에서 투과 및 반사파에 영향을 받게 된다. 낙뢰를 맞은 철탑 주변의 철탑의 수를 충분히 모의하여야 과전압을 정확하게 계산할 수 있다. 뇌격 철탑과 가장 먼 철탑사이의 진행파의 전파속도가 낙뢰 서지의 파두장보다 1.5배 이상이 되도록 주변 철탑을 모델링하여야 한다. 낙뢰 서지의 파미장을 고려할 경우, 피뢰기의 방전 에너지 또는 애자의 섬락특성을 보기 위하여 리더진전법(Leader propagation method)을 사용하고자 할 경우에는 모의할 송전선로 경간의 수를 충분히 늘려야 한다. 변전소 설계의 경우에도 비슷한 방법이 사용되는데 뇌격 철탑과 변전소 사이의 모든 경간을 상세하게 모의한다. 변전소 내부에서 첫 번째의 반사 과전압을 정밀하게 모의하는 것이 매우 중요하다. 이것은 뇌격철탑과 변전소 사이의 거리에 따라서 변전소에서 어느 철탑까지를 정밀하게 모의할 것인가를 결정하는 기준이 된다. 모의하고자 하는 철탑의 배후는 송전선로 서지임피던스의 자기 및 상호 임피던스 매트릭스로 표현할 수 있다. 이 매트릭스는 Line Constants Routine을 이용하여 구할 수 있다[17].

철탑(Towers)

철탑은 회로로 등가화 한다. 가장 간단한 모델은 단상 무손실 분포정수선로로 나타낼 수 있으며 이 서지임피던스는 철탑의 구조에 따라서 달라진다. 전형적인 서지임피던스 값은 100~300 Ω 범위이며 전파속도는 빛의 속도와 같다고 가정한다. 철탑의 서지임피던스는 진행파가 탑정과 대지에서 투과 및 반사될 때에 변하기 때문에 철탑을 몇 개의 구간으로 나누고 회로를 추가하여 표현하는 방법이 개발되었다. 이러한 모델은 집중 정수 회로와 분포정수 회로를 조합하여 만들었는데, 애자가 지표면에서 각기 다른 높이에 위치해 있을 때 애자련 사이에 걸리는 전압을 계산하는 것이 매우 중요하기 때문이다. 특히 같은 철탑 구조물에 다른 전압 계급의 송전선로가 병가되는 경우에 더욱 중요하다.

접지 임피던스(Grounding impedance)

철탑 과전압의 최대값은 접지 임피던스에 따라 달라지는데 접지의 반응 시간과 전류의 크기에 따라서 영향을 미치는 정도가 결정된다. 철탑의 탑각에 설치한 매설지선의 길이가 30 m를 넘는 경우에는 응답시간을 고려하여야 하며 주파수의존 분포정수선로 모델을 사용하여야 한다. 30 m 이하의 경우에는 반응 시간은 일반적으로 무시하고 접지저항에 흐르는 전류만을 고려한다.

$$R_T = \frac{R_0}{\sqrt{1 + I/I_g}} \tag{2.42}$$

여기서 R_T는 탑각의 접지저항, R_0는 저주파 및 저전류 영역에서 탑각의 접지저항, I_g는 토양을 충분히 이온화 시킬 수 있는 한계전류, 그리고 I는 접지임피던스를 통하여 흐르는 뇌격전류이다. 토양의 이온화를 일으키는 한계전류는 다음과 같다.

$$I_g = \frac{1}{2\pi}\frac{E_0\rho}{R_0^2} \tag{2.43}$$

여기에서 ρ는 대지고유저항율(Ω.m), E_0는 대지이온화 전위경도(약 300~400 kV/m)이다.

대부분의 경우에 매설지선이나 철탑의 기초에 따라서 파형을 고려하는 것이 좋다. 집중정수회로를 이용한 저항은 매설지선 방식의 접지를 모의계산 하는데 적절하지 않을 수도 있다. 매설지선은 비선형 저항이나 분포정수선로가 대지에 분산되어 연결된 저항으로 나타낼 수 있다. 전형적인 탑각저항의 범위는 10~100 Ω 범위이다.

애자(Insulators)

애자는 철탑에서 모의하고자 하는 해당 상의 정전용량과 병렬로 전압의존 섬락 모델로 표현할 수 있는데 정전용량은 도체와 철탑 사이의 결합을 나타낸다. 현수애자의 전형적인 정전용량값은 수 십 pF 단위이며, 핀 애자의 경우는 약 100 pF/unit이다. 자기 애자가 아닌 경우의 정전용량은 자기애자의 경우보다 상당히 작은 값이다. 간략한 분석에서는 섬락현상의 상세한 모델이 필요 없으며 이상적인 모델로도 충분하다. 이 경우 애자의 섬락 구조는 전압-시간 곡선으로 나타내는데 실험적인 파라미터에서 추출한 애자련 길이의 함수로만 나타낸다. 애자련의 표준 전압-시간 특성 곡선은 다음의 식으로 나타낸다 [35-38].

$$V_{v-t} = K_1 + \frac{K_2}{\rho^{0.75}} \tag{2.44}$$

여기에서 V_{v-t}는 섬락전압이고 단위는 kV이며, $K_1 = 400 \times l$, $K_2 = 710 \times l$, l은 애자련의 단위 m 당 길이, 그리고 t는 낙뢰가 침입한 후의 경과시간이다. 섬락을 모의하기 위한 전압-시간 곡선은 커패시터 사이에 있는 섬락전압이 애자의 전압보다 높아지면 닫히는 섬락 전압제어 스위치로 표현할 수 있다. 아크의 파두장은 20 ns 정도로 매우 급준하며 갭 섬락의 물리적 특성에 따라 결정된다.

코로나(Corona)

낙뢰가 송전선로에 침입시 코로나는 과전압에 현저한 영향을 미친다. Wagner, Cross 및 Lloyd 등이 다음과 같이 결론을 내었다.

- 정극성의 높은 서지에서 코로나는 도체의 사이즈 및 기하학적 위치와 무관하다.
- 낮은 전압에서는 코로나개시전압에 따라서 효과가 달라진다.
- 일기의 상태는 코로나의 왜형에 크게 영향을 주지 않는다.
- 상간의 결합인자는 서지 전압이 올라가면 동반하여 올라간다.
- 서지의 파미는 코로나의 영향을 받지 않는다.

도체 주변의 코로나 공간 충전(Corona space charge)을 일으키는데 필요한 에너지 손실에 따라서 임펄스의 파두는 코로나에 의한 시간지연이 일어난다. 이 시간지연은 코로나 개시전압에 영향을 미치며 서지의 크기에 따라 달라진다.

5.2.2 변전소(Substations)

변전소 전체를 모델링하려면 변전소 레이아웃, 모선이 구조, 애자 및 다른 변전소 내부의 기기들을 고려하여야 한다.

모선 및 도체(Buswork and conductors)

변전소 내부의 모선과 도체의 불연속점, 변전소 기기와의 접속점 들은 실제의 기기배치와 동일하게 모의하여야 한다. 그 길이가 3 m 이상이면 비연가 분포정수선로 모델로 모의하거나 약 1.0 uH/m의 집중정수 인덕턴스로 나타낼 수 있다. 선로는 Line Constants Routine으로 계산 할 수 있다. 모의할 수 있는 분포정수선로의 최소 길이는 모의계산 Time step에 도달할 수 있는 거리의 2배 이상이 되어야 한다.

변전소의 기기(Substation equipment)

변전소 내부에 있는 차단기, 변압기 및 변성기 등과 같은 기기는 일반적으로 그 대지간의 정전용량으로 나타낸다. 그림 2.24는 차단기의 경우를 예시로 표현 방법을 나타내고 있으며 표 2.2는 실제의 측정값을 모르는 경우에 낙뢰현상을 모의하기 위한 변전소 기기들의 정전용량의 최소값들을 보여주고 있다.

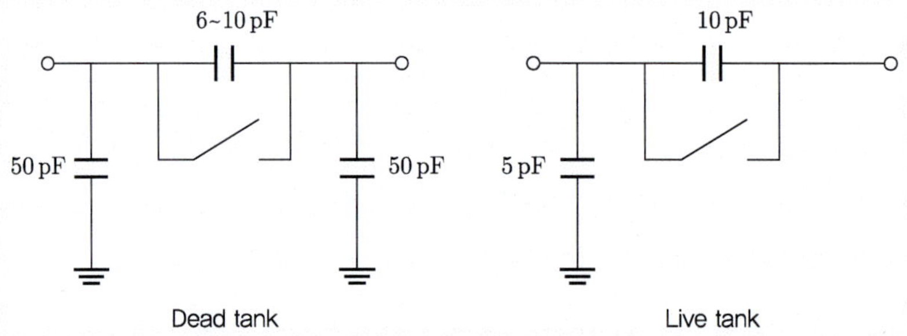

그림 2.24 차단기 예시

만일 단로기나 차단기의 지지구조가 하나 이상이면 그에 맞도록 적정한 모델을 만들어야 한다. 만일 변전소의 기기간격이 3~5 m 이내이면 정전용량을 간략화하여 같은 그룹으로 만든다. 차단기의 투입 또는 차단상태는 그 상태대로 모의하여야 한다.

낙뢰의 모의계산에서 급준파 과전압에 대한 변압기의 모의 방법은 변압기를 차단한 회로로 만드는 것이었는데 최근에는 계산의 정밀도를 높이기 위하여 권선의 정전용량을 고려하고 있다. 모의하는 방법은 변압기의 인덕턴스 모델에 변압기의 붓싱은 물론 권선과 대지간, 권선과 철심간 및 권선간의 정전용량을 추가하는 것이다. 이러한 해석모델은 변압기를 통과하여 발전기 등에 전파되는 서지의 크기를 가늠할 수 있다. 정전용량은 권선과 철심의 기하학적 구조로부터 얻을 수 있는데 관련문헌에서도 대략의 값을 구할 수 있다.

어떤 변압기 모델은 변압기의 한쪽 단자에 발생한 서지가 어떻게 다른 단자로 옮겨가는지를 정밀하게 모의할 수 있다. 이러한 모델은 변압기에 발생한 다양한 범위의 주파수에 의한 응동을 중첩시켜서 때로는 필터로서 작용하여 어떤 주파수는 걸러내고 어떤 주파수는 통과시킨다. 발전기 승압용 변압기의 고압측 단자에 가해지는 급준파 서지가 발전기에 나타나는 현상을 정밀하게 결정하려면 주파수의존 변압기 모델을 사용하는 것이 중요하다[36].

표 2.2 변전소 기기들의 대지간 정전용량의 최소값

	Capacitance-to-ground		
	115 kV	400 kV	765 kV
Disconnector swithch	100 pF	200 pF	160 pF
Circuit breaker(Dead tank)	100 pF	150 pF	600 pF
Bus support insulator	80 pF	120 pF	150 pF
Capacitive potential transformer	8000 pF	5000 pF	4000 pF
Magnetic potential transformer	500 pF	550 pF	600 pF
Current transformer	250 pF	680 pF	600 pF
Autotransformer[a]	3500 pF	2700 pF	5000 pF

[a]Capacitance also depends on MVA.

애자와 모선지지 구조물(Insulators and bus support structure)

모선 지지물은 송전철탑의 모델을 만드는 것과 동일하게, 지지 구조물의 파동의 전파속도를 빛의 속도로 하고 구조물의 기하학적 형태로부터 계산한 서지임피던스를 분포정수모델로 나타낸다. 그림 2.25에 전형적인 모선 지지물의 해석 모델을 나타내었다. 변전소의 등가 접지저항은 통상 0.1~1 Ω으로 한다. 몇 가지의 비교계산결과 구조물의 형태에 따라서는 계산 결과에 크게 영향을 미치지 않는 것으로 나타났다.

모든 애자에 대한 대지간 정전용량을 표현하여야 하는데, 이는 변전소의 정전용량이 뇌격에 의한 서지파형에 지대한 영향을 미치기 때문이다.

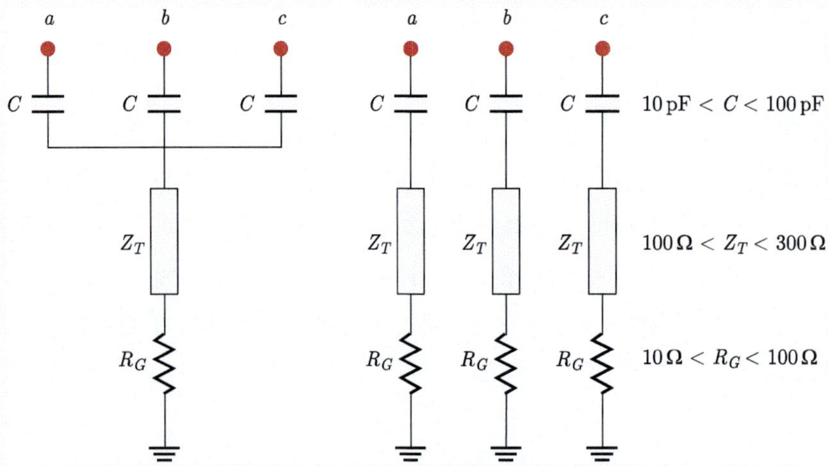

(a) 3상 공통 접지모델　　(b) 각 상 개별 접지 모델

그림 2.25 절연물 및 모선 지지물 해석 모델

5.2.3 피뢰기(Surge arresters)

금속산화물 피뢰기(Metal oxide arresters)의 전압-전류 특성은 침입하는 서지의 준도에 따라 달라진다. 피뢰기의 방전전압과 보호특성은 피뢰기 제작사로부터 구할 수 있다. 피뢰기의 단자전압과 전류는 동시에 최대값이 되지 않기 때문에 급준파 과도 서지를 모의할 경우에 피뢰기의 주파수의존 특성은 매우 중요하다[39-46].

피뢰기는 8×20 μs 최대전압-전류특성을 비선형 저항으로 모의할 수 있다. 낙뢰에 의한 역섬락이 발생하는 경우 피뢰기의 방전전류는 10 kA를 넘을 수 있으므로 피뢰기의 비선형 특성은 최소 20~40 kA 이상을 모의하여야 한다. 피뢰기의 인하도선의 인덕턴스에 의하여 추가적인 전압상승을 일으키므로 피뢰기 상단에서 하단까지 피뢰기 인하도선의 길이를 고려하여야 한다. 집중정수회로를 이용하여 1.0 uH/m를 고려하면 충분하다. 모든 계산의 경우에서 피뢰기의 에너지를 모니터링하고 최대 에너지 내량을 초과하는지를 검증하여야 한다.

5.2.4 전원(Sources)

낙뢰의 모의계산은 상용주파수의 전압과 낙뢰의 침입으로 인한 뇌과전압을 모두 고려하여야 한다.

초기조건(Initial conditions)

가장 가혹한 조건을 상정하기 위하여 정상상태 교류전압의 순시치와 뇌격 순간을 고려하여야 한다. 이것은 3상의 정현파 교류 전원이 송전선의 단자에 가해진 상태에서 뇌과전압의 순시치를 중첩하여 얻을 수 있다.

송전선로 설계 연구에서 중요한 목적의 하나는 애자의 역섬락을 일으키는 임계뇌격전류의 최대 크기를 찾아서 송전선로의 뇌사고확률을 결정하는 것이다. 교류전압의 스트레스가 가장 높은 순간에 낙뢰가 선로에 맞는다면 작은 뇌격전류로도 역섬락을 일으킬 수 있다.

변전소 절연설계에서 변전소로 침입하는 상-대지간 전압 서지의 크기와 준도를 최대로 상정하는 것이 바람직하다. 파형의 준도는 역섬락에 의하여 탑정에서 상도체로 섬락이 일어나는 애자의 아크 mechanism과 직접적으로 연관이 있으며, 역섬락을 일으키기 전에 충분히 상승할 수 있는 시간이 되면 가장 가혹한 과전압의 경우가 발생 할 수 있다. 부극성 낙뢰가 침입시에 상용주파전압을 +0.5 p.u.로 가정한 경우에는 애자련에 가해지는 전압의 스트레스가 최저로 되고 역섬락은 시간지연이 되는데 이로 인하여 전압이 상승할 수 있다. 이 때 다른 상에서 상용주파전압에 의한 역섬락이 먼저 일어날 수 있다. 이러한 조건에서는 애자련에 비슷한 크기의 전압이 걸리므로 2개의 상에서 동시에 역섬락이 발생할 수 있다.

낙뢰(Lightning stroke)

낙뢰는 전류원으로 표현할 수 있다. 파두장, 파두준도, 지속시간 및 극성 등 낙뢰의 파라미터는 통계적인 방법을 사용하는데 그 이유는 낙뢰의 특성이 자연계에서 통계적인 특성을 가지고 있으며 보통 정규분포로 나타낸다. 또한 피크 전류는 뇌격전류 파형의 파두장과 준도에 통계적으로 상관관계를 갖는다.

낙뢰의 파형을 정밀하게 모의하는 것이 필요한데, 보통은 최대 전류에 도달하기까지 선형으로 증가하는 모델로도 실용상 충분하다. 이중지수함수로 표현하기도 하는데 이 또한 실제의 뇌격전류를 정확하게 표현한다고 말하기는 어렵다. 일반적으로 역섬락 및 직격뢰를 모의계산 하는데 필요한 값들은 다음과 같다.

- 역섬락(Back flasfover) : 역섬락을 유발하는 뇌격전류의 크기는 20 kA부터 200 kA를 넘는 경우도 있다. 이 전류 범위에서 median front time(30~90%)은 20 kA에서는

약 3μs, 200 kA에서는 8μs이다. 전류의 준도는 20 kA에서 20 kA/μs, 200 kA에서 48 kA/μs이다[46, 47].

- **차폐실패(Shielding failure)** : 뇌격 시 차폐선을 투과하여 상도체에 직격을 일으키는 임계차폐 뇌격전류는 일반적으로 20 kA 이하이다.

6

급준파과도전압(VFTO: Very Fast Transient Overvoltages in Gas Insulated Substations)

6.1 일반사항

급준파 과도현상은 가스절연변전소 내에서 고장이나 단로기의 조작에 의하여 발생하거나 차단기와 연결된 변압기나 전동기의 선로가 매우 짧을 경우에 일어난다. GIS에서 VFT는 아주 짧은 동안에 전압의 변동이 있으면 언제든지 발생할 수 있다. 이 전압변동은 단로기나 차단기의 조작, 접지스위치의 투입동작 또는 고장의 발생으로 인하여 유발될 수 있다. 이러한 과도현상은 파두장이 4~100 ns, 진동의 주파수 범위는 1~50 MHz이다. 그 크기는 상-대지간 최고전압의 1.5~2.0 p.u. 범위이다[48-51].

6.2 GIS에서 VFTO의 발생

GIS에서 VFTO는 단로기나 차단기의 조작이나 상-대지간 지락고장시에 발생한다. 단로기가 동작하는 동안 가동접점이 비교적 느리게 움직이기 때문에 pre-strike나 re-strike가 여러 차례 일어난다. 그림 2.26은 정전용량 부하의 단로기 조작시에 일어나는 일반적인 개폐시의 현상과 전압 패턴을 설명하기 위한 간략화된 그림을 보여주고 있다.

투입되는 동안 접점이 서로 가까워지면 접점간의 전계는 스파크가 일어날 때까지 상승한다. 첫 번째의 스파크는 보통 상용주파전압의 최고점에서 일어난다. 그렇게 되면 스파크를 통하여 전류가 흐르고 전원 전압으로 정전용량부하를 충전하게 된다. 그렇게 되면 접점간의 전위차는 떨어지고 스파크는 결국 소멸된다. 차단시의 현상은 이러한 과정의 거의 반대되는 현상이다.

상-대지간 고장의 경우에 고장점의 전압 붕괴는 단로기의 접점간에 섬락현상과 유사하다. 계단형의 진행파 서지가 발생하여 전압이 붕괴된 지점의 GIS에 주입된다.

그림 2.27은 단로기의 동작에 따라서 VFT가 발생하는 것을 설명하고 있다. 단로기가 투입될 때 발생되는 전압 서지 V_L과 V_S의 크기는 다음과 같이 주어진다.

$$V_L = \frac{Z_L}{Z_S + Z_L}(V_1 - V_2) \qquad V_S = -V_L \tag{2.45}$$

여기서 Z_S와 Z_L은 각각 전원측 및 부하측의 서지임피던스이다. V_1은 접점간의 스파크 전압, V_2는 부하측의 Trapped charge 전압이다.

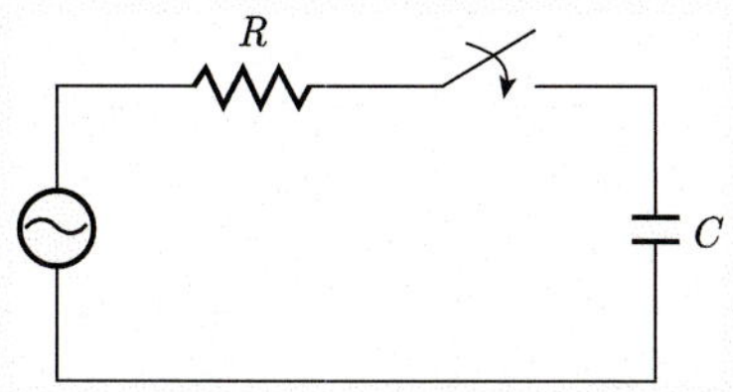

(a) 정전용량 차단 등가회로

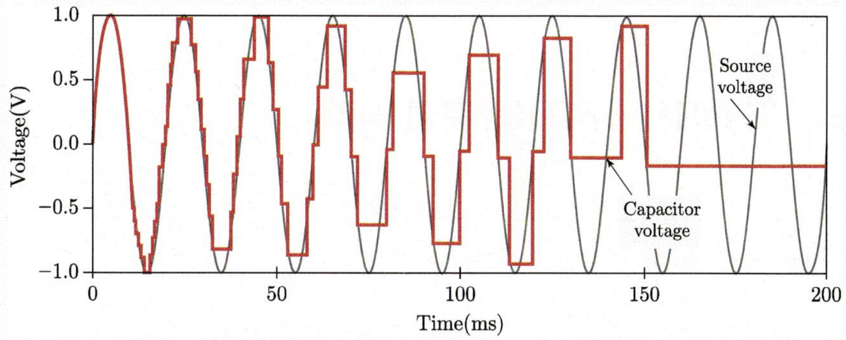

(b) 차단동작시 파형

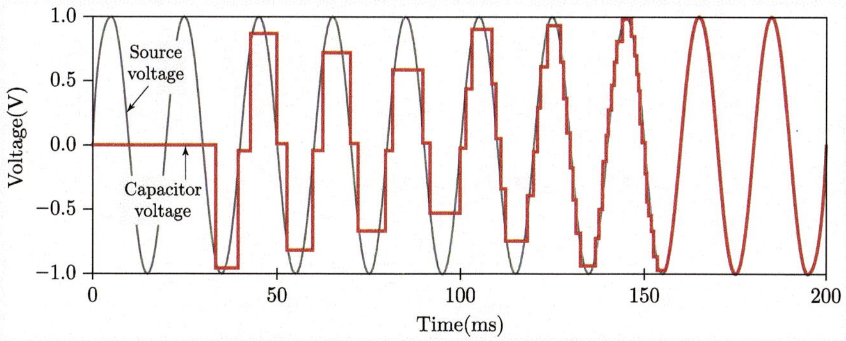

(c) 투입동작시 파형

그림 2.26 단로기를 조작시 전원 측 전압과 부하변동

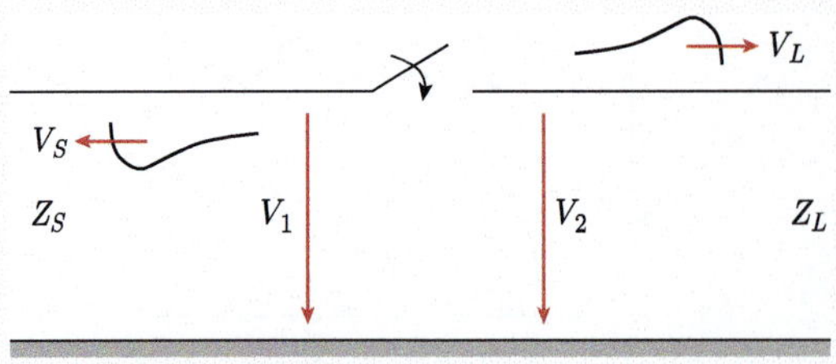

그림 2.27 GIS 에서의 VFT 발생

6.3 GIS에서 VFTO의 측정 사례

그림 2.28 및 그림 2.29는 1000 kV UHV 변전소에서 VFTO를 측정한 사례로서 각각 측정 대상 회로 및 현장 사진이다[52].

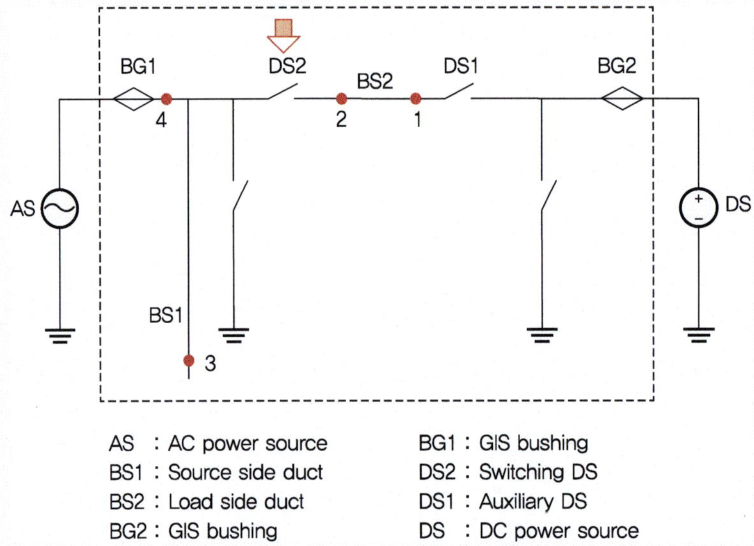

그림 2.28 UHV GIS에서의 VFT 측정 등가회로

그림 2.29 UHV GIS에서의 VFT 측정 사례(중국)

중국 국가전망은 UHV GIS의 DS를 투입할 때 기기의 안전성을 입증하기 위하여 3개소의 UHV 변전소에서 약 3개월간 변전소의 모든 DS의 투입시 VFTO를 모니터링 하였다. 측정 방법은 GIS 내부에 VFTO를 측정하기 위한 금속 링을 디스크형 스페이서에 내장하여 측정 하였으며, 추가로 변압기 부싱과 리액터 부싱의 최종 차폐부에 센서를 설치하여 VFTO를 측정하였다.

모의계산과 측정에 대한 자세한 내용은 참고문헌을 참고하기 바라며 그림 2.30은 GIS 모선에서 DS를 개폐하는 경우에 발생하는 VFTO를 IEC 62271-102에 의하여 측정한 값과 모의계산한 파형의 예이다. 여기에서 GIS 모선이 사전에 충전되어 있지 않은 경우가 그림 2.30(a)이고 모선이 사전에 충전되어 있는 경우가 그림 2.30(b)의 경우이다. 발생되는 파형은 유사하나 발생전압의 크기는 사전에 모선이 충전되어 있는 경우가 더 높게 나타났다.

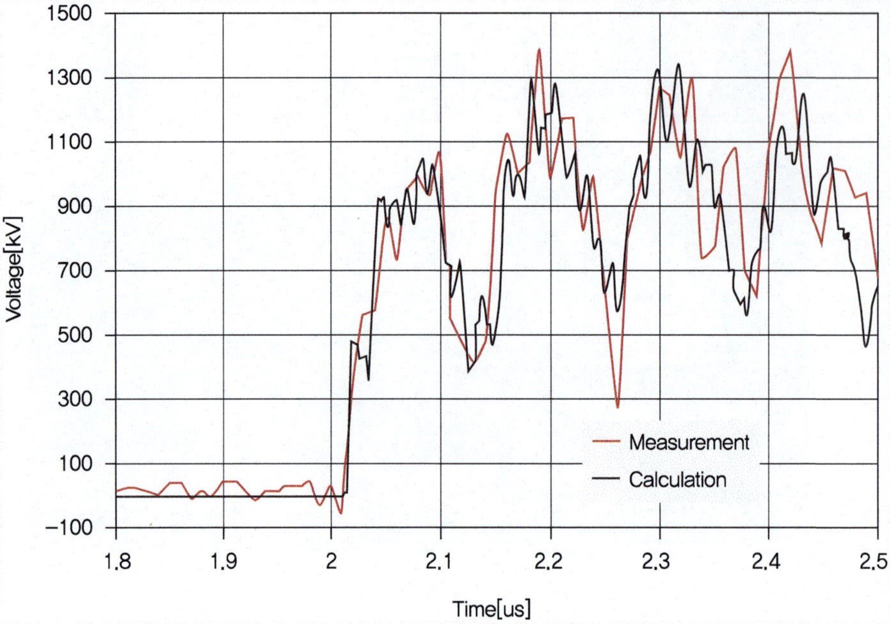

(a) 모선이 충전되지 않은 경우

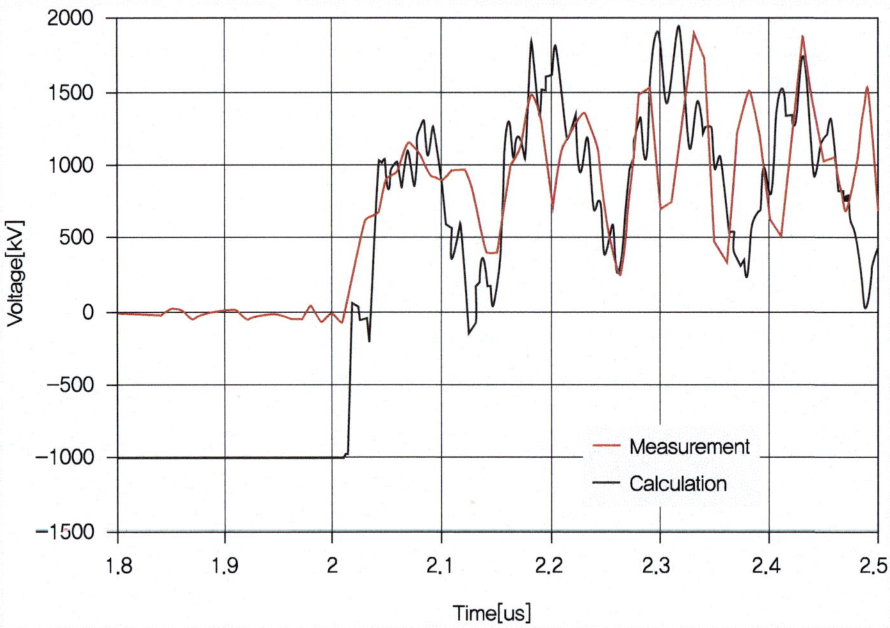

(b) 모선이 충전되어 있는 경우

그림 2.30 UHV GIS에서의 VFT 측정 및 모의계산 비교

참고문헌

[1] IEC 60071-1 (2010) Insulation co-ordination – Part 1: Definitions, principles and rules. Part 1.

[2] IEC 60071-2 (1996) Insulation co-ordination, Part 2: Application guide.

[3] IEEE Std 1313.1 (1996) IEEE Standard for Insulation Coordination – Definitions, Principles and Rules.

[4] IEEE Std 1313.2 (1999) IEEE Guide for the Application of Insulation Coordination.

[5] IEC TR 60071-4 (2004) Insulation Co-ordination – Part 4: Computational Guide to Insulation Co-ordination and Modeling of Electrical Networks.

[6] CIGRE WG 33.02 (1990) Guidelines for Representation of Network Elements when Calculating Transients. CIGRE Brochure 39.

[7] EPRI Report (2005). Effects of Temporary Overvoltage on Residential Products: System Compatibility Research Project, Report 1008540, Palo Alto, CA.

[8] Adibi, M.M., Alexander, R.W., and Avramovic, B. (1992) Overvoltage control during restoration. IEEE Transactions on Power Systems, 7(4), 1464-1470.

[9] CIGRE WG C4.307 (2014) Transformer Energization in Power Systems: A Study Guide, CIGRE Brochure 568.

[10] 한국전력공사, 한전표준규격(ES-6120-0003), 345 kV 단상단권변압기, 2011.

[11] Brunke, J.H. and Fr¨ohlich, K.J. (2001) Elimination of transformer inrush currents by controlled switching – Part I: Theoretical considerations. IEEE Transactions on Power Delivery, 16(2), 276-280.

[12] Brunke, J.H. and Fr¨ohlich, K.J. (2001) Elimination of transformer inrush currents by controlled switching – Part II: Application and performance considerations. IEEE Transactions on Power Delivery, 16(2), 281-285.

[13] Iravani, M.R., Chaudhary, A.K.S., Giewbrecht, W.J. et al. (2000) Modelling and analysis guidelines for slow transients: Part III: The study of ferroresonance. IEEE Transactions on Power Delivery, 15(1), 255-265.

[14] Mork, B.A. and Stuehm, D.L. (1994) Application of nonlinear dynamics and chaos to ferroresonance in distribution systems. IEEE Transactions on Power Systems, 9(2), 1009-1017.

[15] Martinez,J.A. and Mork, B. (2005) Transformer modelling for low-and mid-frequency transients – A review. IEEE Transactions on Power Delivery, 20(2), 1625-1632.

[16] Martinez, J.A., Walling, R., Mork, B. et al. (2005) Parameter determination for modeling systems transients. Part III: Transformers. IEEE Transactions on Power Delivery,

20(3), 2051-2062.

[17] Dommel, H.W. (1986) ElectroMagnetic Transients Program Reference Manual (EMTP Theory Book), Bonneville Power Administration, Portland, OR, USA.

[18] Dommel, H.W. (1985) Overhead line parameters from handbook formulas and computer programs. IEEE Transactions on Power Apparatus and Systems, 104(2), 366-372.

[19] Truax, C.J., Brown, J.D. and Neugebauer, W. (1978) TNA study of reclosing transients on a 765 kV shunt compensated transmission line. IEEE Transactions on Power Apparatus and Systems, 97(4), 1447-1457.

[20] J. B. Kim, E. B. Shim, J, W, Shim (2000) Switching Overvoltage Analysis and Air Clearance Design on the KEPCO 765 kV Double Circuit Transmission System. IEEE Transactions on Power Delivery, 15(1), 381-386.

[21] de Le′on, F. and Semlyen, A. (1994) Complete transformer model for electromagnetic transients. IEEE Transactions on Power Delivery, 9(1), 231-239.

[22] CIGRE Working Group 13.01 (1988) Practical application of arc physics in circuit breakers. Survey of calculation methods and application guide. Electra (118), 64-79.

[23] CIGRE Working Group 13.01 (1993) Applications of black box modelling to circuit breakers. Electra (149), 40-71.

[24] Martinez,J.A., Mahseredjian,J. and Khodabakhchian,B. (2005) Parameter determination for modeling systems transients. Part VI: Circuit breakers. IEEE Transactions on Power Delivery, 20(3), 2079-2085.

[25] CIGRE WG 13.02 (1995) Interruption of Small Inductive Currents (ed. S. Berneryd), CIGRE Brochure 50.

[26] Woodford, D.A. and Wedepohl, L.M. (1997) Transmission line energization with circuit breaker pre-strike. IEEE WESCANEX 97, Canada, June 22 26, 1997.

[27] Goldberg, S., Horton, W. and Tziouvaras, D. (1989) A computer model of the secondary arc in single-phase operation of transmission lines. IEEE Transactions on Power Delivery, 4(1), 586-595.

[28] IEC 62271-1(2017) High voltage switchgear and control gear-Part1-common specifications for alternating current switchgear and control gear standards.

[29] IEEE Std C37.09-1999 IEEE Standard Test Procedure for AC High-Voltage Circuit Breakers Rated on a Symmetrical Current Basis.

[30] IEEE Std C37.011-2005 IEEE Application Guide for Transient Recovery Voltage for AC High-Voltage Circuit Breakers.

[31] Harner, R.H. and Rodriguez, J. (1972) Transient recovery voltages associated with power-system three-phase transformer secondary faults. IEEE Transactions on Power

Apparatus and Systems, 91(5), 1887-1896.

[32] Greenwood, A. (1991) Electrical Transients in Power Systems, 2nd edn, John Wiley & Sons, Ltd.

[33] Reid, W.E., McGranaghan, M.F., Law, S.W. and Gresham, D.W. (1984) Overvoltage protection of shunt capacitor banks using MOV arresters. IEEE Transactions on Power Apparatus and Systems, 103(8), 2326 2333.

[34] Hileman, A.R. (1999) Insulation Coordination for Power Systems, Marcel Dekker.

[35] Transmission Line Reference Book, 345 kV and Above, 2nd edn, Electric Power Research Institute, Palo Alto, California, 1982.

[36] IEEE TF on Fast Front Transients(1996) Modeling guidelines for fast transients. IEEE Transactions on Power Delivery, 11(1), 493-506.

[37] IEEE WG on Lightning Performance of Transmission Lines (1985) A simplified method for estimating lightning performance of transmission lines. IEEE Transactions on Power Apparatus and Systems, 104(4), 918-932.

[38] IEC 60060-1 (1989) High-voltage test techniques – Part 1: General definitions and test requirements.

[39] Martinez, J.A. and Durbak, D. (2005)Parameter determination for modeling systems transients. Part V: Surge arresters. IEEE Transactions on Power Delivery, 20(3), 2073-2078.

[40] Schmidt, W. et al. (1989) Behaviour of MO-surge-arrester blocks to fast transients. IEEE Transactions on Power Delivery, 4(1), 292-300.

[41] Hileman,A.R., Roguin,J. and Weck,K.H. (1990) Metal oxide surge arresters in AC systems. Part V: Protection performance of metal oxide surge arresters. Electra (133), 132-144.

[42] IEEE Working Group on Surge Arrester Modeling (1992) Modeling of metal oxide surge arresters. IEEE Transactions on Power Delivery, 7(1), 302-309.

[43] Kim, I. et al. (1996) Study of ZnO arrester model for steep front wave. IEEE Transactions on Power Delivery, 11(2), 834-841.

[44] Pinceti, P. and Giannettoni, M. (1999) A simplified model for zinc oxide surge arresters. IEEE Transactions on Power Delivery, 14(2), 393-398.

[45] Caserza Magro, M., Giannettoni, M. and Pinceti, P. (2004) Validation of ZnO surge arresters model for overvoltage studies. IEEE Transactions on Power Delivery, 19(4), 1692-1695.

[46] Anderson, R.B. and Eriksson, A.J. (1980) Lightning parameters for engineering application. Electra (69), 65-102.

[47] CIGRE WG 33.01 (1991) Guide to Procedures for Estimating the Lightning Performance of Transmission Lines. CIGRE Brochure 63.

[48] CIGRE Working Group 33/13.09 (1988) Very fast transient phenomena associated with gas insulated substations. CIGRE Session, Paper No. 33-13, Paris, 1988.

[49] Meppelink, J., Diederich, K., Feser, K. and Pfaff, D.W. (1989) Very fast transients in GIS. IEEE Transactions on Power Delivery, 4(1), 223-233.

[50] IEEE TF on Very Fast Transients (D. Povh, Chairman) (1996) Modelling and analysis guidelines for very fast transients. IEEE Transactions on Power Delivery, 11(4).

[51] Rao, M.M., Thomas, M.J. and Singh, B.P. (2005) Frequency characteristics of very fast transient currents in a 245-kV GIS. IEEE Transactions on Power Delivery, 20(4), 2450-2457.

[52] CIGRE Working Group C4.306(2013) Insulation Coordination for UHV AC Systems Technical Brochure 542

CHAPTER 3

전력계통의 정수

저자 : 심응보, 우정욱

1
가공송전선로

1.1 가공송전선의 선로정수 이론

송전선의 정상 및 과도특성을 계산하는데 필요한 임피던스 및 어드미턴스 등의 선로 정수는 선로의 기하학적 및 물리적 정수에 의해 정해지는 선형소자이다. 그런데 도체의 표피효과에 의해 선로임피던스 요소 $R = R(\omega)$, $L = L(\omega)$은 주파수의 함수로 표현된다[1].

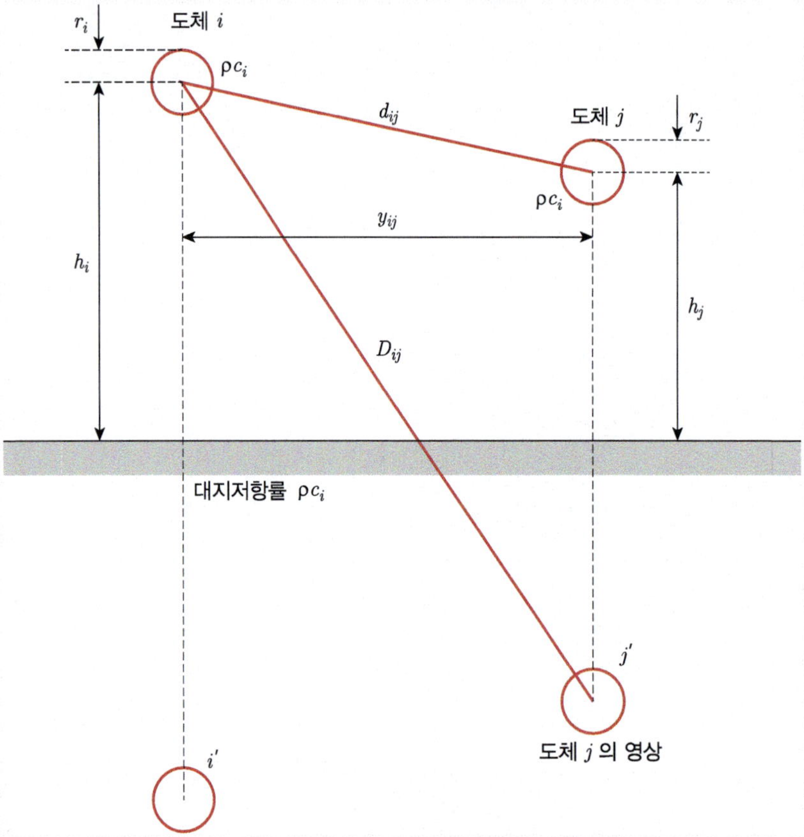

그림 3.1 다상회로

상용주파수의 전기회로에서 무시되는 선로임피던스의 주파수의존효과(Frequency dependent effect)는 수 MHz 이상의 고주파 영역에서는 주파수의 함수인 전파정수, 특성임피던스 등에 나타나며, 전력계통의 과도현상 등에 중대한 영향을 미친다[2, 3, 4, 5].

선로도체, 공기층, 대지와 함께 일정한 모양의 매질로 되어 있는 n상의 다상선로를 나타낸 그림 3.1의 i번째 및 j번째의 선로에서 원형의 선로도체 단면에 대한 이론식과 임의단면에 대한 근사계산식을 설명한다.

1.1.1 임피던스

선로 직렬임피던스 Z는 전선자체의 도체 내부임피던스 Z_C 및 전선의 귀로전류가 통과하여 나타나는 대지귀로 임피던스 Z_e의 합으로 식 (3.1)과 같이 주어진다[1, 5].

$$[Z] = [Z_c] + [Z_e]\,[\Omega/\mathrm{m}] \tag{3.1}$$

여기서, [ ]는 $n \times n$의 정방행렬을 나타낸다.

1) 도체내부 임피던스

전선도체의 단면은 그림 3.2와 같이 내부가 꽉 차있는 원주형태 또는 ACSR과 같이 내부에 강심이 있는 속이 빈 원통형이 있다. 이 두 종류의 전선에서 표피효과를 고려한 임피던스는 다음의 변형Vessel 함수 식 (3.2) 및 식 (3.3)로 주어진다[1, 5].

$$Z_{cii} = Z_c,\ Z_{cij} = 0,\ ;\ i \neq j \tag{3.2}$$

$$Z_c = \frac{j\omega\mu_c}{2\pi x_2}\frac{I_0(x_2)}{I_1(x_2)} \text{ : 속이 꽉 차 있는 원주형 도체}$$

$$Z_c = \frac{j\omega\mu_c}{2\pi x_2}\frac{I_0(x_2)K_1(x_1)+K_0(x_2)I_1(x_1)}{I_1(x_2)K_1(x_1)-K_1(x_2)I_1(x_1)} \text{ : 속이 빈 원통형 도체} \tag{3.3}$$

여기서, $x_1 = r_1/p_c,\ x_2 = r_2/p_c,\ p_c = \sqrt{\rho_c/j\omega\mu_c}$

ρ_c = 도체 i의 저항률[Ω/m]

μ_c = 도체 i의 투자율($\mu_{cr}\ \mu_0$)

μ_{cr} = 비투자율, $\mu_0 = 4\pi \times 10^{-7},\ \omega = 2\pi f$

$r_1,\ r_2$ = 도체 i의 내·외 반경

$I_n(x),\ K_n(x)$ = 제1종 및 제2종 변형 Vessel 함수

n : 제n계

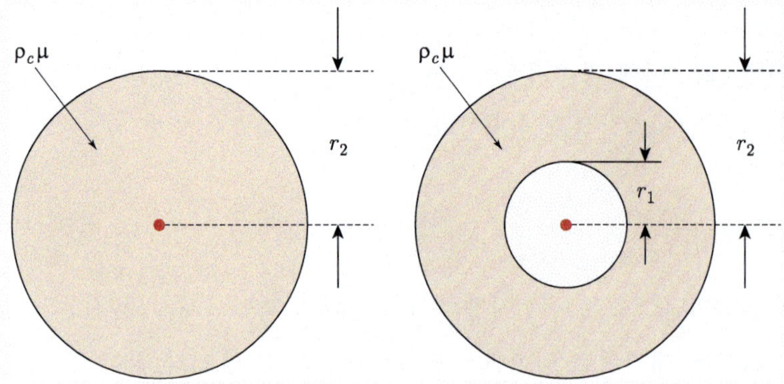

그림 3.2 전선의 단면

중공도체에 대한 식은 $r_1 = 0$에서 $I_1(0) = 0$가 되고, $K_1(0)$은 발산되어 내실도체의 식과 일치한다. 그리고 p_c는 표피효과에 의해 전류가 도체표면에 분포되는 깊이를 나타내는 것으로 복소(複數) 침투깊이가 되며, $|p_c| = \sqrt{\rho_c/\omega\mu_c}$는 침투깊이(Penetration depth)가 된다.

이 식은 정밀하기는 하나 계산이 매우 복잡하므로, Gary, Deri 등이 Carson의 식을 단순화시킨 식 (3.4)이 EMTP에서 가공송전선로의 정수를 구하는 보조프로그램인 LINE CONSTANTS에 사용되었다[1].

$$Z_{cii} = R_i + j\omega\left(\frac{\mu_0}{2\pi}\ln\frac{2(h_i + p_c)}{r_i} + X_i\right)[\Omega/\text{m}] \tag{3.4}$$

여기서, $X_i = \dfrac{\mu_0}{8\pi}$는 도체 i의 내부 인덕턴스이며 전체 인덕턴스에 비하여 매우 작은 값이므로 EMTP의 선로정수 계산에서는 무시되었다. 또한 이 내부임피던스의 근사식으로는 식 (3.5)를 이용할 수 있다[5, 6].

$$\begin{aligned} Z_c &\fallingdotseq R_{dc}\sqrt{1 + \frac{j\omega\mu_c S}{R_{dc} l^2}} \\ &= R_{dc}\sqrt{1 + \frac{j\omega\,\mu_c\{1 - (r_1/r_2)^2\}}{4\pi R_{dc}}} \end{aligned} \tag{3.5}$$

여기서 $R_{dc}=\dfrac{\rho_c}{S}$: 직류저항

$S=\pi(r_2^2-r_1^2)$: 도체단면적

$l=2\pi r_2$: 도체의 바깥 둘레

위의 Z_C의 최대오차는 높게는 10[%] 정도로 f가 o이나 ∞에 가까이 가면 식 (3.3)과 일치한다. 또, 식 (3.5)는 임의단면도체를 적용할 수 있다. 저주파에서의 값을 구하면 식 (3.6)과 같이 되고[5], 종래 이용되고 있는 임피던스의 근사식과 일치한다[7, 8].

$$Z_{clf}=R_{dc}+j\omega L_i=R_{dc}+\frac{j\omega\mu_c}{8\pi} \tag{3.6}$$

여기서, L_i =도체의 내부 인덕턴스

그러나 실제의 전선은 다수의 소선으로 되어 있으므로 그 영향을 무시할 수 없다. 이 경우는 보정한 식 (3.7)이 사용된다[5].

$$Z_c \fallingdotseq R_{dc}\sqrt{1+\frac{jK_1\omega\mu_c}{4\pi R_{dc}}},\ K_1=\frac{4.52}{(m+2)r_0} \tag{3.7}$$

여기서 m : 전선 최외층의 소선수, r_0 =소선의 반경

전력주파수 영역에서는 임피던스만을 보정하는 식 (3.8)이 이용된다[9].

$$Z_{clf} \fallingdotseq R_{dc}+j\frac{K_2\omega\mu_c}{8\pi} \tag{3.8}$$

여기서 보정계수 K_2는 표 3.1과 같은 값이 이용된다.

표 3.1 ACSR의 보정치 K_2

전선종류	7본	19본	37본	61본	강 1본 Al 6본	강 7본 Al 30본	강 7본 Al 54본
K_2	1.282	1.11	1.058	1.034	2.28	0.822	0.872

또 실제의 전선 사용온도는 $T=40$[℃] 정도로서 이론식 (3.8)에서 상정하고 있는 표준온도 $T_0=20$[℃]와는 다르므로 저항의 온도보정계수 α에 의한 $R_T=R_{T0}\{1+\alpha(T-T_0)\}$의 보정이 필요하다.

온도보정계수 α는 경동선의 경우 0.00381, 경알루미늄선의 경우는 0.0040이다.

2) 대지귀로 임피던스

대지귀로 임피던스의 주파수 의존효과를 고려한 정밀해는 Carson, Pollaczek[14]에 의한 무한적분형으로 주어지고 있으나, 그 해는 컴퓨터에 의한 수치계산이 필요하다. 이에 대하여 Deri 등의 임피던스 계산식은 탁상계산기로 계산이 가능하고 그의 오차도 최대 4% 정도로서 매우 실용적이다[1, 5, 9].

$$Z_{eij}=\frac{j\omega\mu_0}{2\pi}\ln\frac{\sqrt{(h_i+h_j+2p_e)^2+y_{ij}^2}}{d_{ij}}\,[\Omega/\text{m}] \tag{3.9}$$

여기서 $d_{ij}=\sqrt{(h_i-h_j)^2+y_{ij}^2}$

$p_e=\sqrt{\dfrac{\rho_e}{j\omega\mu_0}}$: 대지의 침투깊이

h_i : 도체 i의 높이, r_i : 도체 i의 반경

위의 식 (3.9) 중 변수 p_e는 표피효과에 의한 대지의 침투깊이이다. 이 식은 p_e를 실수로 하고, 또 실험에서 정해지는 일정한 값을 사용하는 경우가 많으며 저항분이 무시되고 있는 등의 문제점을 가지고 있다. 즉 $p_e=0$라 하면 위의 식은 완전도체대지를 가정한 임피던스가 된다.

$$Z_{eij}=Z_{cij}=\frac{j\omega\mu_0}{2\pi}\ln\frac{\sqrt{(h_i+h_j)^2+y_{ij}^2}}{d_{ij}}$$

$$=\frac{j\omega\mu_0}{2\pi}\ln\frac{D_{ij}}{d_{ij}}\,[\Omega/\text{m}] \tag{3.10}$$

위의 식 (3.10)은 공간임피던스(Space impedance)라 하며, 대지귀로 임피던스의 근사식이다.

1.1.2 어드미턴스

전류와 전압의 관계는 식 (3.11)과 같다.

$$[I]=[Z]^{-1}[V]=[Y][V] \tag{3.11}$$

여기서, 어드미턴스 $[Y]=[G]+j\omega[C]$

코로나 방전이나 애자의 누설전류에 의해 생기는 콘덕턴스 성분은 보통 무시되는데, 이는 매우 낮은 주파수에서 ωL과 ωC가 무시할 수 있을 정도로 작아서 선로의 특성이 R과 G에 따라 결정되는 경우를 제외하고는 가공송전선에 거의 영향을 미치지 않기 때문이다. 매우 높은 주파수에서는 커패시턴스도 대지통전효과의 영향을 받으나 보통 100[kHz]에서 1000[kHz] 이하에서는 무시할 수 있다[1]. 따라서 가공송전선로의 어드미턴스 Y는 식 (3.12)이 된다.

$$[Y] \fallingdotseq [Y_s]=j\omega[C_s]=j\omega[P]^{-1}\ \text{[S/m]} \tag{3.12}$$

그림 3.1의 다상회로에서 전위계수 행렬 P는, 대각요소 P_{ii}와 비대각요소 P_{ij}의 식 (3.13) 및 식 (3.14)를 이용하여 구할 수 있다[1].

$$P_{ii}=\frac{1}{2\pi\epsilon_0}\ln\frac{2h_i}{r_i} \tag{3.13}$$

$$\begin{aligned} P_{ij}=P_{ji}&=\frac{1}{2\pi\epsilon_0}\ln\frac{D_{ij}}{d_{ij}} \\ &=\frac{1}{2\pi\epsilon_0}\ln\frac{\sqrt{(h_i+h_j)^2+{y_{ij}}^2}}{\sqrt{(h_i-h_j)^2+y_{ij}^2}} \end{aligned} \tag{3.14}$$

1.1.3 선로정수에 영향을 미치는 인자

임피던스 및 어드미턴스의 이론식을 실용적으로 사용하는 경우 선로조건보다 큰 값으로 차이가 나는 경우가 있다. 다음에 설명하는 인자는 특히 큰 영향을 미치는 것으로 고려하지 않으면 안 된다.

1) 다도체 선로

초고압 이상의 선로에서는 그림 3.3에 나타낸 바와 같이 1상의 선로를 복수의 소도체로 만든 다도체 선로가 널리 이용되고 있다.

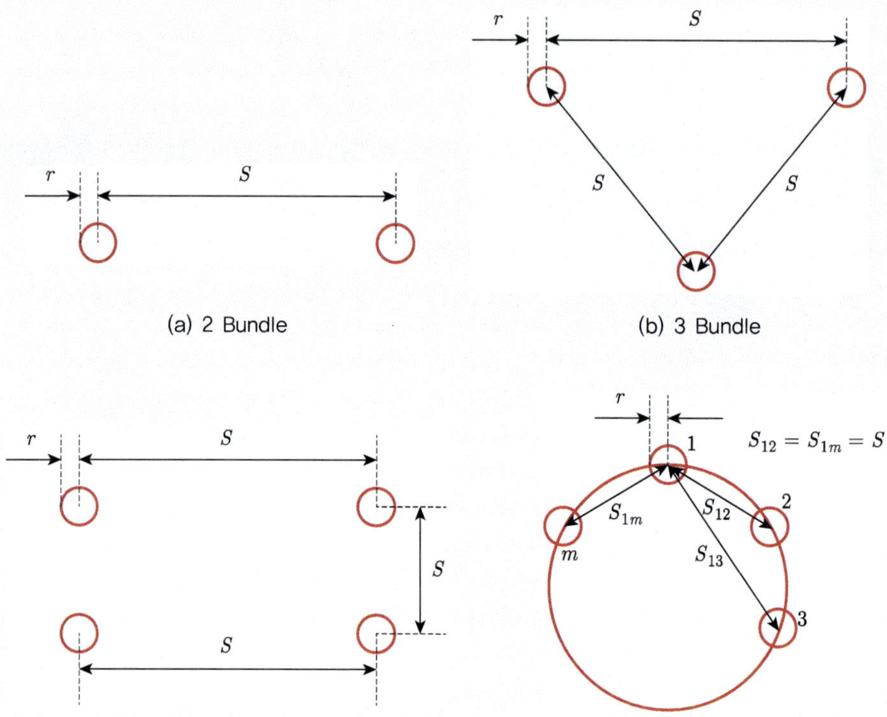

(a) 2 Bundle (b) 3 Bundle (c) 4 Bundle (d) m Bundle

그림 3.3 다도체 선로

이 다도체 선로는 단도체 선로보다 다음과 같은 이점이 있다.

(1) 허용전류의 증가에 의한 대용량 송전에 적용할 수 있다.

(2) 전선 임피던스의 감소 및 정전용량의 증가에 따라 송전용량이 증가한다.

(3) 전선표면의 전위경도가 저하되고 코로나 개시전압이 높아져 코로나 방전에 따른 잡음장해 방지에 효과적이다.

(4) 안정도 증진에 유리하다.

그림 3.3에 나타낸 1상이 m도체에 의해 구성된 다도체 선로의 경우, 도체 내부임피던

스는 1상분 m본의 평행회로가 되고 그 값은 $1/m$로 된다. 대지귀로 임피던스 및 공간 어드미턴스는 n상 x m도체 $= nm$본의 소도체에 관하여 계산하고, 다음에 선로양단에서 각 상별로 m본의 소도체가 단락되어 동전위가 되는 것으로 하여 nm차 행렬을 n차 행렬로 축소하여 n상 선로의 임피던스 및 어드미턴스를 구할 필요가 있다.

이상의 계산은 매우 복잡하여 m본 소도체 선로를 식 (3.15)으로 주어지는 등가반경 r_e를 가진 단도체 선로로 바꾸어 놓는다. 즉, 그림 3.1의 다상 선로에서 상도체 i의 반경을 r_i라 하고 등가반경 r_e를 이용하여 임피던스, 어드미턴스를 계산하는 것이 보통이다.

$$r_e = \sqrt[m]{r s_{12} s_{13} \cdots s_{1m}}\ [\mathrm{m}] \tag{3.15}$$

여기서 r : 소도체 반경, $s_{1k} = s \sin\{(k-1)\pi/m\}/\sin(\pi/m)$

s : 소도체 간격

2) 가공지선의 영향

가공지선은 송전선에 대한 직격뢰를 방지하고 전력선 사고 시 대전류에 의한 통신선 유도장해를 경감하기 위하여 그림 3.4와 같이 전력선의 상부에 1~2조의 접지된 선을 가설한다. 이 가공지선은 보통 철탑에 접지되어 있으며 그 대지전압은 거의 0이라고 생각해도 된다. 이 때문에 가공지선은 대지에 유사한 영향을 전력선에 미치고, 전력선의 임피던스는 가공지선의 유무에 따라서 크게 달라진다. 그 영향을 정밀하게 고려하기 위해 그림 3.4의 경우 4×4 행렬로 임피던스를 구하고, 각 철탑별로 가공지선이 접속되어 있는 분포정수회로의 종속접속 회로로서 취급하면 좋은데 매우 번거롭다.

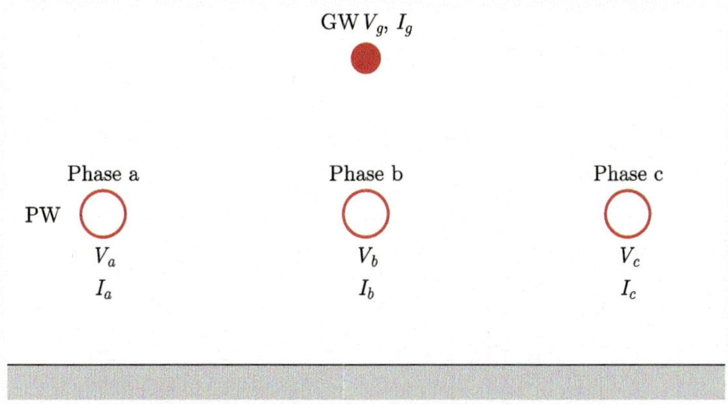

그림 3.4 1조의 가공지선이 있는 3상선로

주파수 $f <$ 수백 [kHz]에서 가공지선의 전위는 $V_g = 0$이 되어 4×4 행렬은 3×3 행렬로 축소하여도 된다. 지금 선로 임피던스행렬을 Z, 전압 V, 전류 I라 하면

$$\begin{bmatrix} V_a \\ V_b \\ V_c \\ V_g \end{bmatrix} = \begin{bmatrix} Z'_{aa} & Z'_{ab} & Z'_{ac} & Z'_{ag} \\ Z'_{ab} & Z'_{bb} & Z'_{bc} & Z'_{bg} \\ Z'_{ac} & Z'_{bc} & Z'_{cc} & Z'_{cg} \\ Z'_{ag} & Z'_{bg} & Z'_{cg} & Z'_{gg} \end{bmatrix} \begin{bmatrix} I_a \\ I_b \\ I_c \\ I_g \end{bmatrix}$$

또는

$$\begin{bmatrix} (V) \\ V_g \end{bmatrix} = \begin{bmatrix} [Z'] & (Z'_g) \\ (Z'_g) & Z'_{gg} \end{bmatrix} \begin{bmatrix} (I) \\ I_g \end{bmatrix} \tag{3.16}$$

식 (3.16)은 전류 I로 나타내면 식 (3.17)이 된다.

$$\begin{aligned} \begin{bmatrix} (I) \\ I_g \end{bmatrix} &= \begin{bmatrix} [Z'] & (Z'_g) \\ (Z'_g) & Z'_{gg} \end{bmatrix}^{-1} \begin{bmatrix} (V) \\ V_g \end{bmatrix} \\ &= \begin{bmatrix} [Y] & (Y_g) \\ (Y_g)_t & Y_{gg} \end{bmatrix} \begin{bmatrix} (V) \\ V_g \end{bmatrix} \end{aligned} \tag{3.17}$$

위의 식에서 $V_g = 0$가 되는 조건을 대입하면 식 (3.18)이 된다.

$$(I) = [Y](V), \ I_g = (Y_g)_t (V) \tag{3.18}$$

첨자 t는 전치행렬이며 식 (3.18)을 전력선 전압 V에 대하여 바꾸어 쓰면 식 (3.19)로 된다.

$$(V) = [Y]^{-1}(I) = [Z](I)$$

$$\begin{bmatrix} V_a \\ V_b \\ V_c \end{bmatrix} = \begin{bmatrix} Z_{aa} & Z_{ab} & Z_{ac} \\ Z_{ab} & Z_{bb} & Z_{bc} \\ Z_{ac} & Z_{bc} & Z_{cc} \end{bmatrix} \begin{bmatrix} I_a \\ I_b \\ I_c \end{bmatrix} \tag{3.19}$$

식 (3.19)는 가공지선의 영향을 고려하여 이것을 소거한 선로 임피던스 행렬이다. 어드미턴스의 경우에는 4×4로 주어지는 행렬의 상부 3×3 행렬이 가공지선을 소거할 때의 어드미턴스 행렬이 되는 것을 확실히 알 수 있다.

일반적으로는 다음의 형식으로 가공지선을 소거하는 것이 보통이다. 지금 선로의 전압, 전류가 식 (3.20)로 주어진다고 한다.

$$\begin{bmatrix} (V_p) \\ (V_g) \end{bmatrix} = \begin{bmatrix} [Z_{pp}] & [Z_{pg}] \\ [Z_{gp}] & [Z_{gg}] \end{bmatrix} \begin{bmatrix} (I_p) \\ (I_g) \end{bmatrix} \tag{3.20}$$

여기서, (V_P), (I_P) : 전력선 전압, 전류 벡터

(V_g), (I_g) : 가공지선 전압, 전류 벡터

식 (3.20)은 식 (3.21)으로 나타낼 수 있다.

$$\begin{aligned} (V_p) &= [Z_{pp}](I_p) + [Z_{pg}](I_g) \\ (V_g) &= [Z_{gp}](I_p) + [Z_{gg}](I_g) \end{aligned} \tag{3.21}$$

가공지선 전압은 $(V_g) = (0)$ 및 식 (3.21)에 의해 식 (3.22)이 된다.

$$(I_g) = -[Z_{gg}]^{-1}[Z_{gp}](I_p) \tag{3.22}$$

식 (3.22)을 전력선의 전압에 대한 식 (3.21)에 대입하면 식 (3.23)이 된다.

$$\begin{aligned} (V_p) &= ([Z_{pp}] - [Z_{pg}][Z_{gg}]^{-1}[Z_{gp}])(I_p) \\ &= ([Z_{pp}] - [\Delta Z_g])(I_p) = [Z](I_p) \end{aligned} \tag{3.23}$$

따라서, 가공지선 소거 후 임피던스행렬 $[Z]$는 식 (3.24)로 주어진다.

$$[Z] = [Z_{pp}] - [\Delta Z_g] \tag{3.24}$$

여기서 $[\Delta Z_g] = [Z_{pg}][Z_{gg}]^{-1}[Z_{gp}] = [Z_{pg}][Z_{gg}]^{-1}[Z_{pg}]_t$

즉, 가공지선 소거 후 임피던스행렬 $[Z]$는 원래의 전력선 임피던스행렬 $[Z_P]$에서 가

공지선 전류에 의한 보정항 $[\Delta Z_g]$를 빼므로서 주어진다.

3) 연가선로(Transposed line)

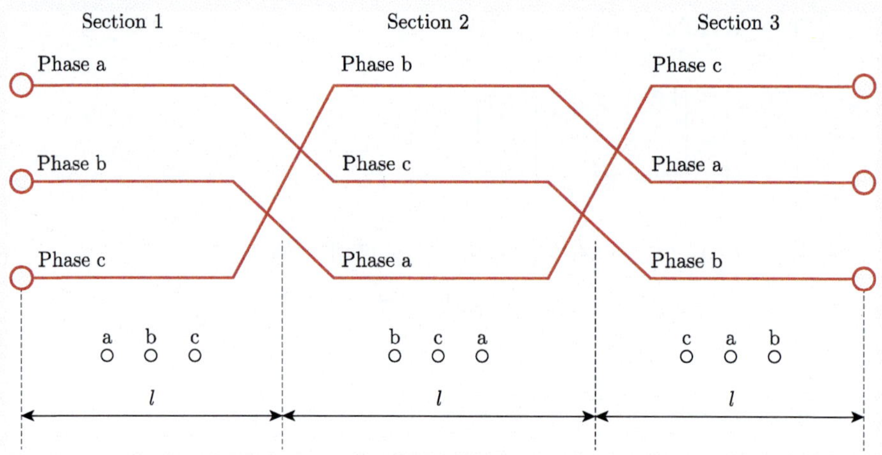

그림 3.5 연가선로

500 kV 이하의 송전선에서는 임피던스, 어드미턴스를 평형시켜 전력선 특성을 향상시킴과 동시에 통신선에의 유도장해를 저감할 목적으로 그림 3.5와 같이 송전선의 각 상을 일정 거리마다 연가를 한다. 그림 3.5에서 알 수 있는 바와 같이 연가를 2번 하면 3상 선로는 각상이 거의 평형이 된다. 이 연가를 다수회(3의 배수) 반복하면 3상 선로는 완전 평형이 되고 이러한 선로를 완전연가선로라 한다. 지금 어떤 구간의 선로 임피던스 및 어드미턴스 행렬이 식 (3.19)와 같이 주어진다면 완전 연가한 경우는 식 (3.25)의 대칭행렬이 된다.

$$[Z]=\begin{bmatrix} Z_s & Z_m & Z_m \\ Z_m & Z_s & Z_m \\ Z_m & Z_m & Z_s \end{bmatrix},\ [Y]=\begin{bmatrix} Y_s & Y_m & Y_m \\ Y_m & Y_s & Y_m \\ Y_m & Y_m & Y_s \end{bmatrix} \tag{3.25}$$

여기서, Z_s : 자기임피던스, Z_m : 상호임피던스

Y_s : 자기어드미턴스, Y_m : 상호어드미턴스

식 (3.25)의 각 요소는 식 (3.19)의 각 요소를 이용한 식 (3.26)로 주어진다.

$$Z_s = \frac{Z_{aa} + Z_{bb} + Z_{cc}}{3}, \quad Z_m = \frac{Z_{ab} + Z_{bc} + Z_{ca}}{3}$$

$$Y_s = \frac{Y_{aa} + Y_{bb} + Y_{cc}}{3}, \quad Y_m = \frac{Y_{ab} + Y_{bc} + Y_{ca}}{3} \tag{3.26}$$

여기서, Z_{aa}, Z_{bb}, Z_{cc} : a, b, c상의 자기임피던스

Z_{ab}, Z_{bc}, Z_{ca} : a-b상간, b-c상간 및 c-a상간의 상호임피던스

Y_{aa}, Y_{bb}, Y_{cc} : a, b, c상의 자기어드미턴스

Y_{ab}, Y_{bc}, Y_{ca} : a-b상간, b-c상간 및 c-a상간의 상호어드미턴스

이러한 요소는 이상의 연산을 하지 않고 기하학적 평균거리(geometrical mean distance : GMD)를 이용하여 구해진다.

선로의 높이 $h = \sqrt[3]{h_a\, h_b\, h_c}$

선로반경 $r = \sqrt[3]{r_a r_b\, r_c}$

선로간격 $d = \sqrt[3]{d_{ab}\, d_{bc}\, d_{ca}}$

영상과의 간격 $D = \sqrt[3]{D_{ab}\, D_{bc}\, D_{ca}}$ (3.27)

여기서 h_a, h_b, h_c는 a, b, c상 도체의 높이

r_a, r_b, r_c는 a, b, c상 도체의 반경

d_{ab}, d_{bc}, d_{ca}는 a-b상간, b-c상간 및 c-a상간 도체의 간격

D_{ab}, D_{bc}, D_{ca}는 a-b상간, b-c상간, c-a상간 영상과의 간격

위의 GMD를 임피던스 및 어드미턴스를 구하는 식에 적용하여 식 (3.25)의 각 요소가 직접 구해지며 그 결과는 식 (3.26)과 일치한다. 즉, 그림 3.1에서 식 (3.28)과 같이 놓으면 된다.

$$h_i = h_j = h, \; r_i = r_j = r, \; d_{ij} = d, \; D_{ij} = D \tag{3.28}$$

4) 임의단면도체

전력송전용 가공선 및 케이블의 도체단면은 원형이 일반적이나 배전용 도체 또는 계측통신용 도체는 원형단면이 아닌 경우가 많다. 임의의 단면을 가진 도체의 임피던스, 어드미턴스의 정밀한 이론식은 존재하지 않는다. 따라서 이러한 경우에는 유한요소법에 기초한 수치계산에 의해 정밀해를 구하지 않으면 안 된다. 그러나 유한요소법에 의한 계산은 어느 특정주파수의 임피던스를 구하는데도 방대한 계산시간과 메모리가 필요하여 실용적이라고 할 수 없다. 그래서 여기서는 임의단면을 가진 도체의 임피던스 및 어드미턴스를 중공원통도체로 근사화하여 이용한다.

지금 도체의 단면적을 S[m^2], 도체의 둘레길이를 ℓ[m]라 하면, 이 도체는 중공원통도체로 보아, 식 (3.29)에서 주어지는 외반경 r_2 및 내반경 r_1을 가진 도체로 등가화 할 수 있다.

$$r_2 = \frac{\ell}{2\pi}, \ r_1 = \sqrt{\left(\frac{\ell}{2\pi}\right)^2 - \frac{S}{\pi}} \text{ [m]} \tag{3.29}$$

여기서 $\ell = 2\pi r_2, \ S = 2\pi(r_2 - r_1)^2$

이 등가 도체를 이용하여 임피던스 및 어드미턴스 이론식을 적용하면 임의단면도체의 임피던스 및 어드미턴스를 구할 수 있다. 즉 도체내부의 임피던스만을 구하는 경우는 식 (3.5)를 직접 적용하면 된다. 이 근사 계산법에 의한 임피던스 계산결과의 오차는 유한요소법에 의한 계산결과에 대비하여 자기 및 상호임피던스 모두 $f < 10$[kHz]에서 2[%] 이하, $f < 1$[MHz]에서 10~20[%] 정도이다[5].

1.2 EMTP를 이용한 선로정수 구하기

선로정수는 표, 공식 또는 EMTP를 이용하여 구할 수 있다. EMTP에는 선로정수를 계산하는 자체적인 루틴 "LINE CONSTANTS"가 있는데 주어진 공식을 이용하여 모든 인덕턴스와 정전용량을 계산한다. EMTP 내에서 사용되는 공식은 표피효과와 대지고유저항에 의해 발생되는(Carson의 공식을 이용) 주파수 의존 특성을 충분히 고려하고 있다. "LINE CONSTANTS"에 필요한 정보는 다음과 같다[10, 11].

- 각 도체의 상대적인 위치
- 각 도체와 대지의 저항율
- 각 도체의 size : 도체의 형상 및 전기적인 정수
- 각 도체가 상도체 또는 "대지"에 연결되었는지 여부

1.2.1 선로모델의 형태와 특징

선로 모델은 pi 모델, 완전연가 분포정수선로 모델, 비연가 분포정수선로 모델 및 주파수 의존 모델로 구분할 수 있다. 각각의 모델에 따른 표현 범위와 사용 사례는 예제를 통하여 알아본다.

1) 집중 파이정수 모델(Lumped pi sections model)

이 모델로 모의를 하는 것은 데이터를 만드는데 시간이 많이 소요되어 비능률적이며, 주파수에 따른 제반 현상을 모의할 수 없기 때문에 60 Hz의 정상상태에서 계산이 가능하다. 진행파를 무시할 수 있는 정도의 짧은 선로에 이용할 수 있다. 그러나 높은 주파수에서는 실제의 현상과는 다른 수치진동이 발생할 가능성이 있다.

2) 완전연가 분포정수선로 모델(Constant parameter, transposed traveling wave model)

이 모델로는 영상분 및 정상분 선로정수 표현이 가능하며 K. C. LEE 모델이 가장 많이 알려져 있다. 주파수의존 손실 또는 주파수의존 대지귀로 효과를 표현할 수 없으며 저주파수의 해석에 적합하다.

3) 비연가 분포정수선로 모델(Constant parameter, untransposed traveling wave model)

이 모델로는 정상분 및 영상분 선로정수 표현이 가능(K. C. LEE 모델)하나 주파수의존 손실 또는 주파수의존 대지귀로 효과는 표현할 수 없다. 선로 불평형이 중요시되는 저주파수 또는 정상상태 해석에 적절하다고 할 수 있다. 낙뢰 현상과 같이 주파수의 변화에 따라서 선로정수의 변화가 적은 경우에 사용이 가능하다.

4) 주파수의존 모델(Frequency dependent model)

이 모델은 연가 및 비연가 선로 모델에 모두 적용이 가능하며 대표적인 것으로 Semlyn 모델과 JMARTI 모델이 있는데 보통 JMARTI 모델이 많이 사용되고 있다. 이 모델은 주

파수의존 손실 또는 주파수의존 대지귀로 효과를 표현할 수 있으므로 선로의 개폐서지 해석을 정밀하게 할 경우나 고주파수 영역의 해석에 이용한다.

주파수의존이란 대지를 귀로로 하는 영상 임피던스가 주파수에 따라 달라지는 것을 말하며 정상분 및 역상분의 경우는 주파수의 변화에 따라 크게 달라지지 않는다. LINE CONSTANTS에 여러 가지로 주파수를 변화시켜 영상분 및 정상분의 인덕턴스를 계산하여 그래프로 그리면 그림 3.6과 같이 영상분 임피던스의 변화를 확인할 수 있다. 개폐서지의 영역인 1~5 kHz 범위에서는 그 차이가 많으나 뇌서지의 영역인 수 MHz의 범위에서는 그 차이가 적으므로 뇌서지의 해석시에는 주파수독립 모델인 K. C. LEE모델도 널리 쓰이고 있다.

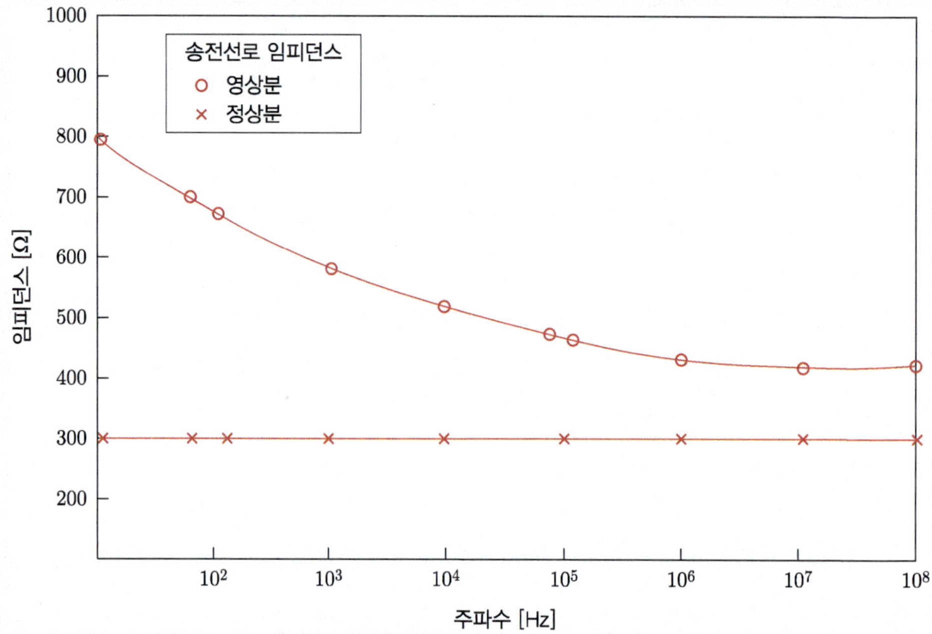

그림 3.6 영상분 임피던스의 변화

1.2.2 주파수의존 선로모델의 사용 필요성

1) 도체의 표피효과와 선로정수값의 변화

"LINE CONSTANT"를 이용하여 단일 주파수 성분의 선로정수를 구하면 표피효과 때문에 저항과 인덕턴스의 값이 주파수에 따라 달라지는 현상을 표현할 수 없다. 일반적으로 정전용량과 콘덕턴스는 주파수에 따라 변하는 정도가 그다지 심하지 않다. 이는 도체의 표면이 공기절연으로 되어있기 때문이다. 그림 3.7은 DC 및 교류 주파수에서 전선의 표피효과를 나타내고 있다.

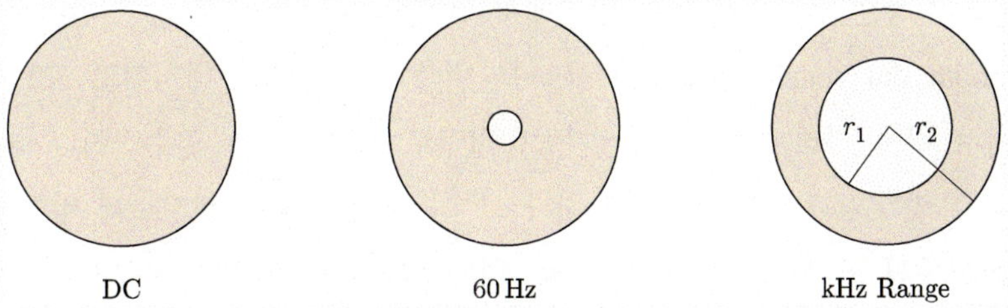

그림 3.7 도체의 표피효과

2) 주파수 의존의 영향

표피효과를 고려하면 저항과 인덕턴스는 $R(\omega)$ 및 $L(\omega)$로 나타낼 수 있다. 그러면 특성임피던스는 $Z_c(\omega) = \sqrt{\dfrac{L(\omega)}{C}}$로, 전파속도는 $v(\omega) = \dfrac{1}{\sqrt{L(\omega)C}}$, 그리고 전파시간은 $\tau(\omega) = \dfrac{d}{\nu}$나타낼 수 있다. 송전선로의 정수는 그림 3.8에서 나타낸 바와 같이 대지귀로는 상도체보다 주파수에 강한 의존 특성을 가진다. 따라서 모드변환도 이러한 주파수 의존성을 표현하여야 하며 모드변환 행렬은 $[Z'(\omega)][Y']$으로 표현된다.

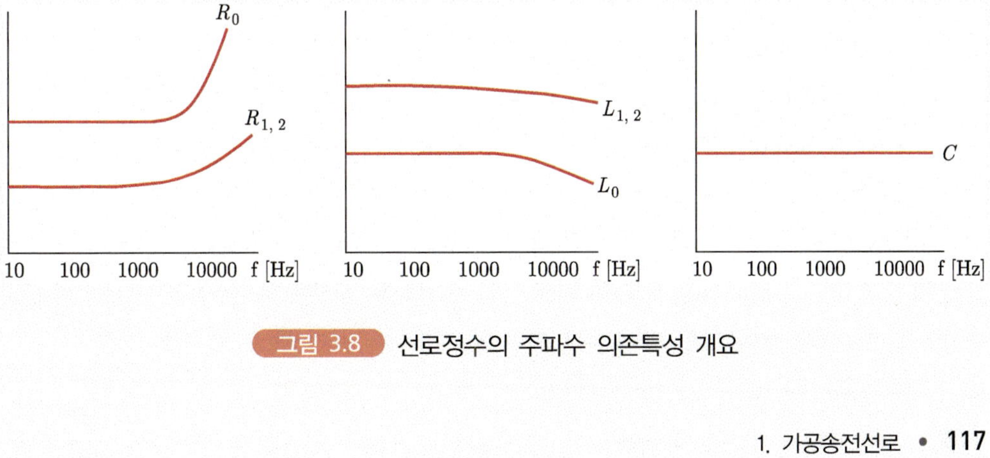

그림 3.8 선로정수의 주파수 의존특성 개요

3) 왜 주파수의존 효과를 표현하여야 하는가?

선로정수의 영상분 및 정상분의 값은 개략적으로 그림 3.8과 같은 주파수의존 특성을 갖는다. 높은 주파수에서 선로정수의 값이 크게 변하므로 주파수 독립 모델(Constant Parameter Line Model)은 정확한 결과 예측이 어렵고 과도상태에서의 특성을 정확하게 나타낼 수 있는 모델이 필요하다[1].

주파수의존성은 주파수가 높은 영역에서 전파속도가 달라지므로 일반적으로 부드러운 천이(Smooth out rough transitions)를 나타낸다. 이 현상은 대지귀로 모드에서(Ground Mode)에서 더욱 강하게 나타나며 가공송전선로 모델에서는 필수적이다. 케이블에서도 역시 $C(\omega)$ 및 $G(\omega)$의 표현이 필요하나 그 의존성은 가공송전선로에 비하여 매우 약하다. 주파수 독립 모델(Constant Parameter Line Model)을 적절히 활용하여도 유사한 결과를 얻을 수 있다.

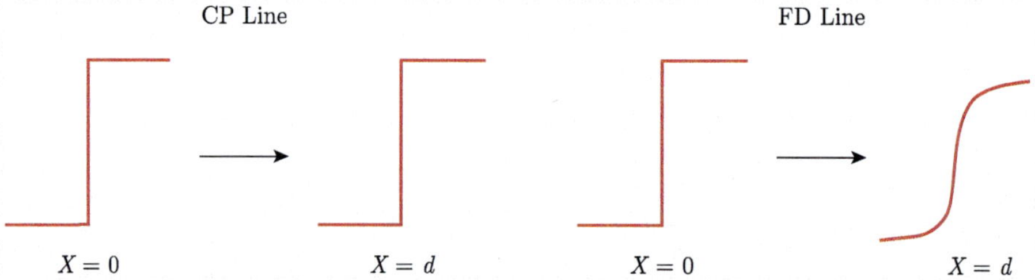

그림 3.9 주파수 독립(CP) 및 주파수 의존(FD) Line 모델

1.2.3 주파수 의존 송전선로 모델의 종류와 J. MARTI 모델

1) 주파수의존 효과를 표현할 수 있는 송전선로 모델

- Semlyn Model
- Jose Marti Model(가장 널리 쓰임)
- Noda Setup(ATP only)

2) ATP의 기본적인 송전선로 모델

그림 3.10은 Bergeron법에 의한 대표적인 송전선로 모델로서 전압과 전류는 식 (3.30) 및 식 (3.31)과 같이 단일 주파수에 의한 선로정수만 나타낼 수 있다[1].

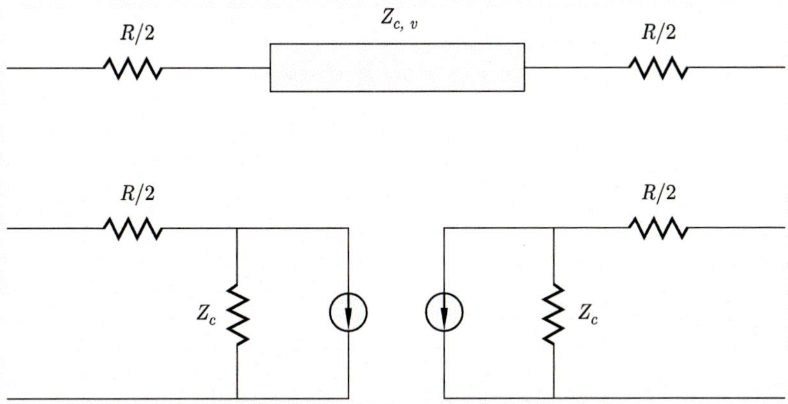

그림 3.10 ATP 기본 송전선로 모델

$$\frac{\partial i}{\partial x} = -C\frac{\partial v}{\partial t} - G'v \tag{3.30}$$

$$\frac{\partial v}{\partial x} = -L\frac{\partial i}{\partial t} - R'i \tag{3.31}$$

3) Jose Marti Model

식 (3.30) 및 식 (3.31)을 Fourier Transform을 하면 식 (3.32) 및 식 (3.33)과 같이 주파수를 포함하는 형태로 바꿀 수 있다[1].

$$\frac{\partial I}{\partial x} = -Y'(\omega)V(\omega) \tag{3.32}$$

$$\frac{\partial V}{\partial x} = -Z'(\omega)I(\omega) \tag{3.33}$$

$$Z_c(\omega) = \sqrt{\frac{Z'(\omega)}{Y'(\omega)}} \tag{3.34}$$

$$\gamma(\omega) = \sqrt{Z'(\omega)Y'(\omega)} \tag{3.35}$$

여기에서 $\gamma(\omega)$는 propagation constant

$$Y'(\omega) = G' + \omega C', \quad Z'(\omega) = R' + \omega L' \tag{3.36}$$

4) Solving for Forward/Reverse Travelling Waves

먼저 주파수 영역에서 풀면(F=전진파, B=후진파):

$$
\begin{aligned}
F_k(\omega) &= V_k(\omega) + R_1 I_k(\omega) \\
F_m(\omega) &= V_m(\omega) + R_1 I_m(\omega) \\
B_k(\omega) &= V_k(\omega) - R_1 I_k(\omega) \\
B_m(\omega) &= V_m(\omega) - R_1 I_m(\omega)
\end{aligned}
\tag{3.37}
$$

여기에서 $R_1 = \lim_{f \to \infty} (Z_c(\omega))$

다음으로 B_k를 F_k로, F_m과 B_m을 F_k, F_m이라 하면 결과는

$$
\begin{aligned}
B_k(\omega) &= A_2 F_k + A_1 F_m \\
B_m(\omega) &= A_1 F_k + A_2 F_m
\end{aligned}
\tag{3.38}
$$

여기에서 A_1과 A_2는 weighting function 임

EMTP의 나머지 부분에서 Fourier 역변환을 이용하여 상 영역(phase domain)으로 옮기면, convolution이 필요하게 된다.

$$
\begin{bmatrix} b_k \\ b_m \end{bmatrix} = \begin{bmatrix} a_2 \, a_1 \\ a_1 \, a_2 \end{bmatrix} * \begin{bmatrix} f_k \\ f_m \end{bmatrix} \tag{3.39}
$$

이제 등가회로는 그림 3.11과 같이 되어 그림 3.6과 같이 주파수에 따라서 송전선로의 임피던스가 달라지는 값을 구할 수 있게 된다.

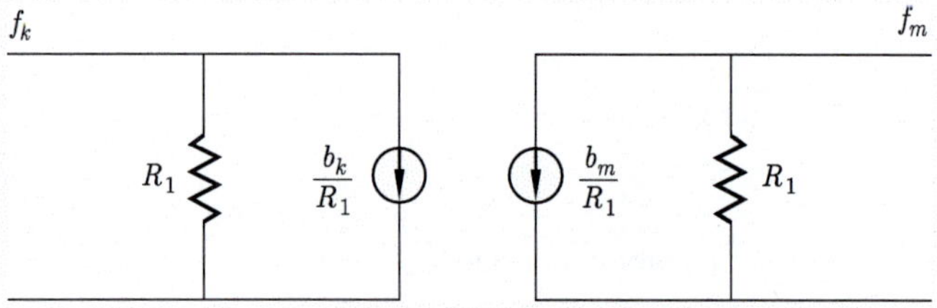

그림 3.11 등가회로도

1.2.4 ATPDraw를 이용한 선로정수 구하기

1) Line/Cable 보조루틴의 시작

ATPDraw를 실행하고 기본 화면에서 오른쪽 마우스를 클릭하여 그림과 같이 LCC의 기본 템플릿을 실행하면 아래의 그림 3.12와 같이 LCC 아이콘이 나타나다. 이 아이콘을 더블클릭하면 입력할 조건들의 창이 표시된다.

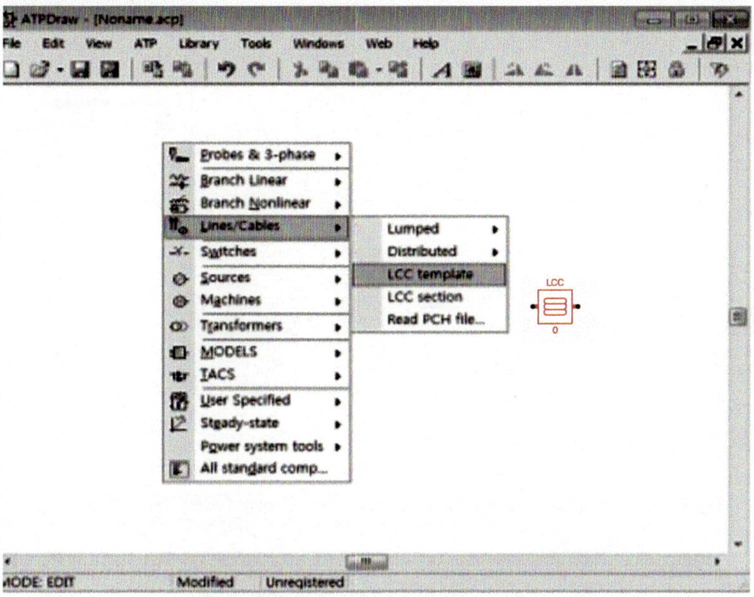

그림 3.12 LCC 기본 템플릿 및 아이콘

시스템 타입에서 Overhead Line을 선택하고 모의할 도체수, 연가 혹은 비연가, 다도체일 경우 해당 옵션 체크, 표피효과를 고려할 것인지 여부, 출력 단위계 등을 입력한다.

Standard Data는 대지고유저항율, 주파수, 선로의길이 등을 입력한다. 주파수카드에서 대지고유저항은 평지의 양호한 지역을 100[Ω·m], 산악지를 300[Ω·m]를 표준으로 하며, 주파수는 발생되는 서지의 주파수 중 가장 지배적인 주파수를 기준으로 계산한다.

모델 타입에서는 모의하고자 하는 선로 모델을 선택하는데, 주파수 독립모델은 Bergeron(K.C.LEE)과 pi 모델이 있고, 주파수의존모델은 JMarti, Semlyn 및 Noda법을 선택할 수 있는데 이 중에서 Noda 모델은 지중케이블에만 사용된다. pi 모델을 사용할 경우에는 출력 리스트에 임피던스 행렬을 옵션으로 지정할 수 있다. 지정한 주파수에 대한 임피던스 값으로 출력하거나 정전용량 값으로 출력할 수 있다. 이 옵션은 서지의 투반사를 방지하기 위한 Matching impedance 행렬 등을 표현할 경우에 유용하다.

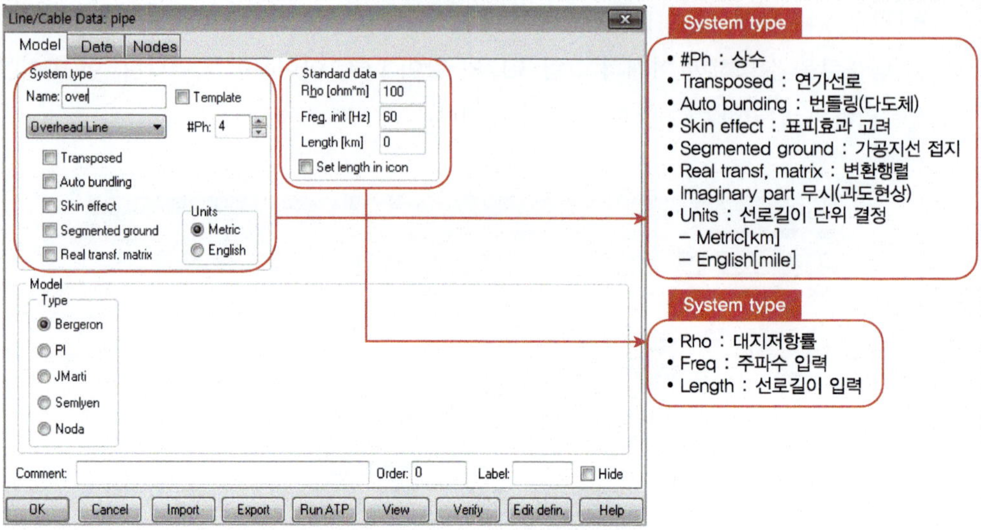

그림 3.13 Line/Cable 선로모델 선택 화면

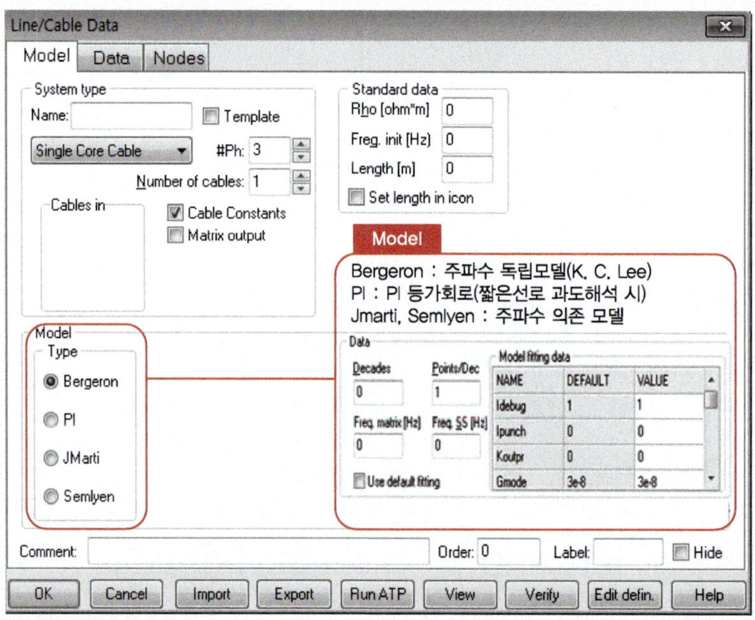

그림 3.14 Line/Cable Model Type 선택 화면

그림 3.15와 같이 Data 입력은 송전선로의 철탑과 도체의 기하학적 상대 위치와 전기적 특성 등을 입력한다. 도체의 저항은 20℃에서의 직류저항값을, Horiz은 철탑의 중심에서 도체의 중심까지 거리, Vtower는 철탑에서 도체 지지점의 높이, Vmid는 도체의 최저점 높이, Separ은 소도체의 간격을, 각도(Alpha)는 소도체의 중심에서 평행한 선과 도체가 이루는 각을 표시하며 4도체의 경우 45도이다.

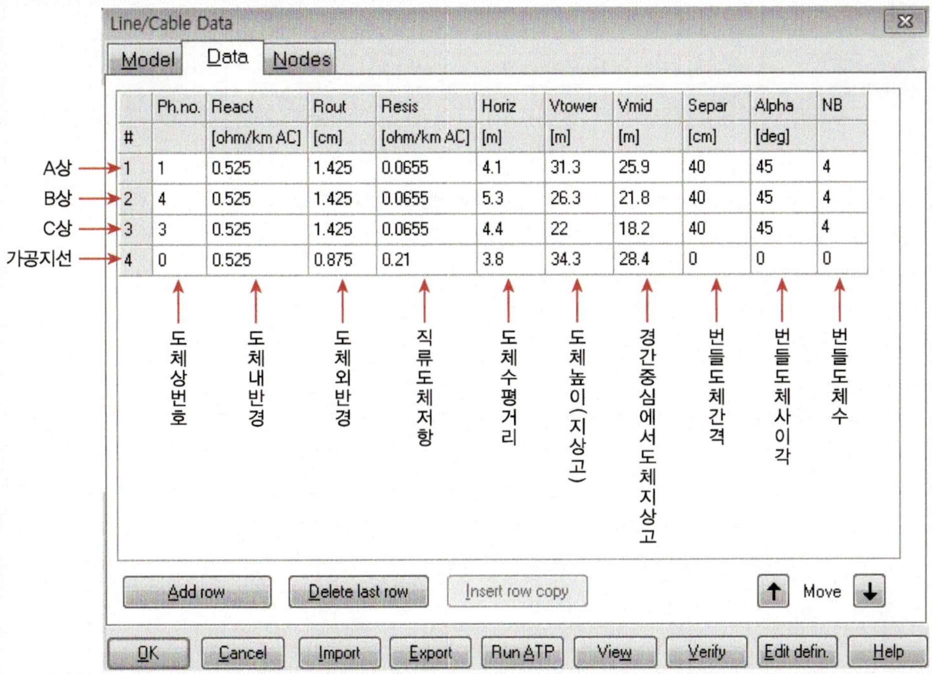

#	Ph.no.	React [ohm/km AC]	Rout [cm]	Resis [ohm/km AC]	Horiz [m]	Vtower [m]	Vmid [m]	Separ [cm]	Alpha [deg]	NB
1	1	0.525	1.425	0.0655	4.1	31.3	25.9	40	45	4
2	4	0.525	1.425	0.0655	5.3	26.3	21.8	40	45	4
3	3	0.525	1.425	0.0655	4.4	22	18.2	40	45	4
4	0	0.525	0.875	0.21	3.8	34.3	28.4	0	0	0

그림 3.15 Line/Cable 데이터 입력 화면

도체의 데이터는 EPRI가 발간한 “Transmission Line Reference Book, 200 kV and Above”나 한전의 구매규격 등을 참조하면 된다. 그림 3.16은 345 kV 및 765 kV 송전선에 사용되는 Rail 도체 및 Cardinal 도체의 특성이며, 한전에서 사용중인 도체의 내경과 외경을 계산하여 표 3.2로 정리한 것이다.

Conductor Name	Stranding Ratio	# of Aluminum Layers	Outside Diameter		Aluminum Crossectional Area		Diameter of OL Strands	# Strands in Outer Layer (OL)	Rdc@25C DC	Rac@25C 60Hz	Rac@75C 60Hz	GMR	Xa	X'a
			inches	mm	kcmil	sq mm	inches		Ohm/mi	Ohm/mi	Ohm/mi	ft	Ohm/mi	Mohm-mi
Mallard/ACSS	30/19	2	1.140	29.0	795.0	402.8	0.1628	18	0.1114	0.1125	0.1349	0.0392	0.393	0.09040
Ruddy/ACSS	45/7	3	1.131	28.7	900.0	456.	0.1414	21	0.1002	0.1023	0.1232	0.0374	0.399	0.09060
Canary/ACSS	54/7	3	1.162	29.5	900.0	456.	0.1291	24	0.09938	0.1012	0.1245	0.0392	0.393	0.08980
Corncrake/ACSS	20/7	2	1.165	29.6	954.0	483.4	0.2184	13	0.09448	0.09681	0.1156	0.0381	0.396	0.08970
Redbird/ACSS	24/7	2	1.196	30.4	954.0	483.4	0.1994	15	0.09376	0.09564	0.1144	0.0400	0.391	0.08900
Rail/ACSS	45/7	3	1.165	29.6	954.0	483.4	0.1456	21	0.09448	0.09681	0.1164	0.0385	0.395	0.08970
Towhee/ACSS	48/7	3	1.175	29.8	954.0	483.4	0.1410	22	0.09425	0.09642	0.1152	0.0391	0.393	0.08950
Cardinal/ACSS	54/7	3	1.196	30.4	954.0	483.4	0.1329	24	0.09376	0.09564	0.1176	0.0404	0.390	0.08900
Canvasback/ACSS	30/19	2	1.248	31.7	954.0	483.4	0.1783	18	0.09282	0.09422	0.1128	0.0430	0.382	0.08769

그림 3.16 ACSS의 전기적 특성

표 3.2 ACSR 특성표(참조용)

공칭 단면적 (mm^2)	내경 (mm)	외경 (mm)	직류도체저항 (ohm/km)
95	4.5	13.5	0.285
97	9.6	16	0.295
120	10.5	17.5	0.210
160	9.6	18.2	0.169
240	9.6	22.4	0.111
330	9.3	26.3	0.0842
410	10.5	28.5	0.0665
480	10.22	29.61	0.05994
AWS100	0	13	0.4334
OPGW200	7.04	19.5	0.218(40%) 0.287(30%)

그림 3.17은 다도체 송전선을 입력하기 위한 설명도이다. Horiz은 철탑의 중심축에서 도체가 위치한 수평거리를 나타내는 것으로 다도체인 경우는 도체의 기하학적 중심점을 나타낸다. 소도체 간격(Separ)과 배치 각도(Alpha)를 입력하면 기하학적 중심점을 이용하여 각각의 도체의 위치가 계산되고 각각의 도체의 선로정수와 상별로 평균값으로 나타

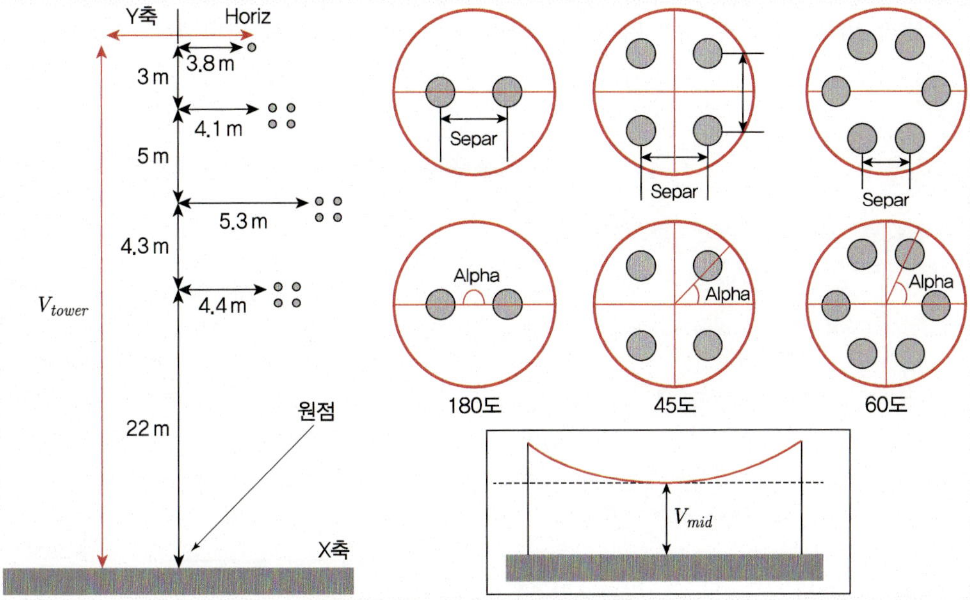

그림 3.17 도체위치 및 번들링

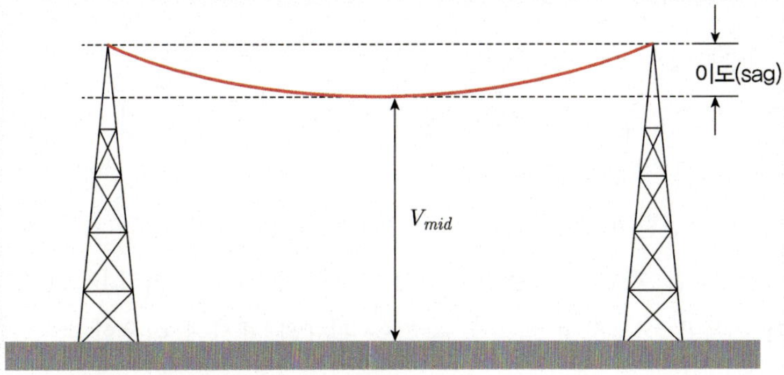

V_{mid} : 이도(sag)

$h = V_{mid} + \frac{1}{3}\text{sag}$ (도체의 평균 높이)

그림 3.18 도체의 평균 높이

낼 수 있다. 각 도체의 위치는 수평축을 기준으로 반시계방향으로 회전하며 첫 번째 도체와 만나는 각도로 입력하여야 한다. 전선의 높이는 철탑 최고점의 높이(Vtower)와 경간 중간지점의 높이(Vmid)를 입력하면 그림 3.18과 같이 프로그램 내부에서 평균값으로 자동으로 계산된다. 도체의 위치는 입력파라미터의 View 옵션을 클릭하여 확인할 수 있다.

그림 3.19와 같이 입력된 파라미터의 정밀도는 verify를 클릭하여 해당모델을 exact pi 모델과 비교하여 주파수에 따른 임피던스의 변화를 그래프로 나타낼 수 있다.

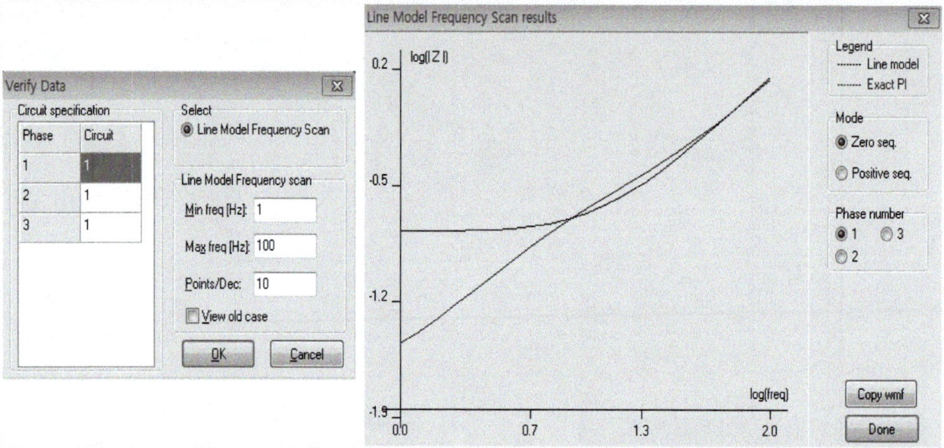

그림 3.19 입력 파라미터 확인창

완성된 선로모델은 *.alc의 형태로 지정된 위치에 저장할 수 있다. 선로정수의 생성은 RUN ATP를 클릭하면 EMTP 프로그램에서 선로정수에 대한 계산을 완료한 후 지정된 위치에 선로정수가 저장된다. 이 때 계산된 상세 내역은 *.lis 파일에 저장이 되고 EMTP 계산에 사용되는 변환 matrix는 확장자명 *.pch 파일에 저장이 된다. 저장된 파일은 해당 디렉토리에서 직접 파일을 열어서 보거나 그림 3.20과 같이 LINE/CABLE 화면에서 Read PCH 기능을 이용하여 파일을 불러와 필요한 계산에 이용할 수 있다.

개폐서지를 모의하는 경우에는 가공지선을 별도의 상으로 분류하여 모델링 할 필요가 없지만 낙뢰 현상을 모의하는 경우에는 가공지선도 별도의 상으로 분류하여 모의하여야 낙뢰가 가공지선에 침입하여 전력선으로 유도되는 과정을 모의계산 할 수 있다.

그림 3.21과 같이 LINE/CABLE 화면의 model type에서 상도체 이외에 가공지선을 별도의 상으로 구별하여 추가하여야 한다. 즉 3상과 가공지선이 1조인 경우에 [4×4]의 매트릭스로 표현이 된다.

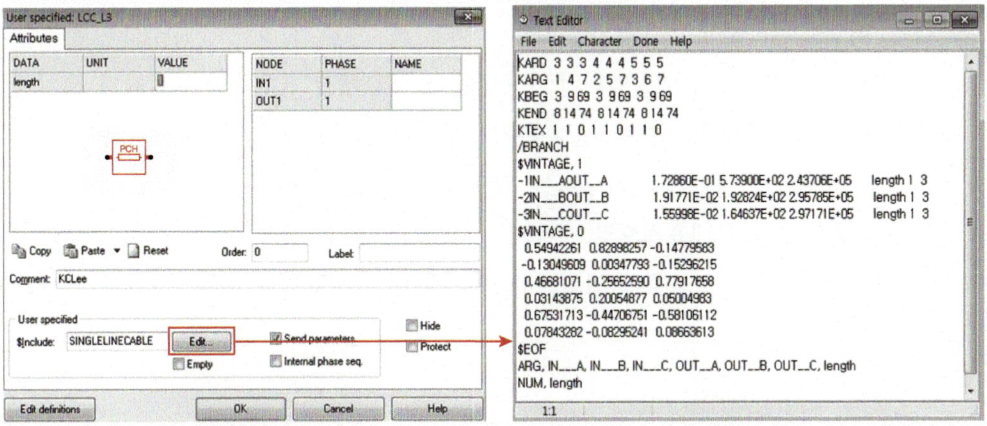

그림 3.20 Read PCH 기능으로 선로정수 불러오기

- #PH '3' → '4'
- Ph.no '0' → '4'

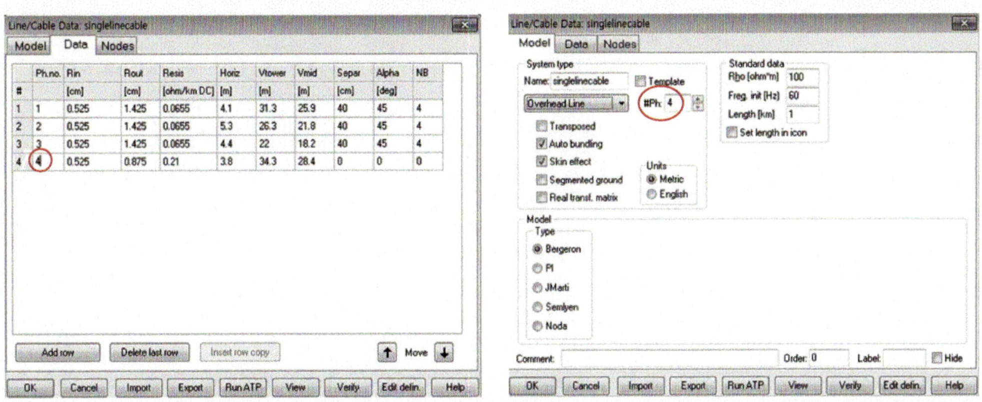

그림 3.21 낙뢰현상 모의시 가공지선은 별도의 상으로 모델링

2) Bergeron 모델, pi 모델, 주파수 의존 모델

주파수를 일정한 값으로 지정하여 계산하는 대표적인 방법이다. 그림 3.22와 같이 모의 계산할 주파수를 standard 데이터에 입력하면 된다.

pi 모델을 사용할 경우에는 그림 3.23과 같이 매트릭스의 출력 옵션을 지정해 주어야 한다. 임피던스와 서셉턴스 행렬을 정상분 및 영상분, 대칭분, 역행렬 등의 옵션으로 결과물을 지정할 수 있다.

이 옵션은 송전선로의 매칭임피던스를 만들어 선로에서 진행파의 투반사가 생기기 않도록 모델링하거나 단위 길이당 선로정수를 구하는데 유용하게 사용할 수 있다. 또는 가공지선과 상도체의 결합계수를 구하는 경우에도 필요하다.

주파수의존 모델로 대표적으로 사용되는 JMarti 모델의 사용시에는 그림 3.24와 같이 최저 및 최고 대역의 주파수를 입력하고 또한 반드시 선로의 길이를 사전에 입력하여야 한다.

- 주파수 독립모델(Bergeron)
  - 대지저항률 : 300 Ωm, 주파수 60 Hz

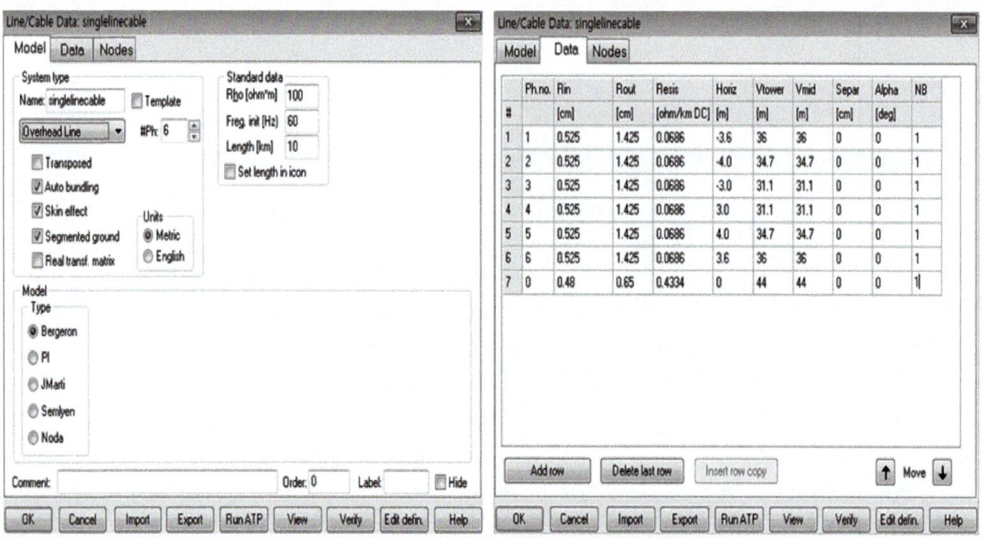

그림 3.22 주파수독립 모델(Bergeron 모델)

- PI 모델(PI)
  - 대지저항률 : 300 Ωm, 주파수 60 Hz

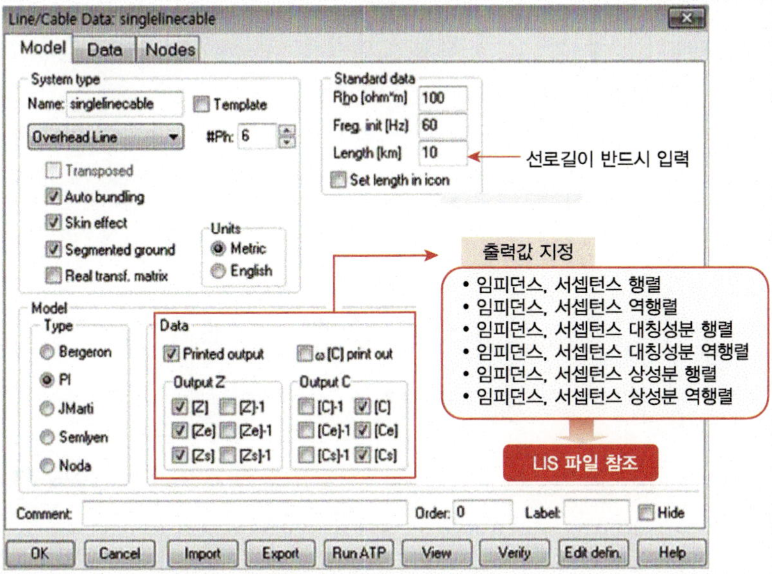

그림 3.23 PI 모델의 옵션 사용방법

- Jmarti 모델
  - 대지저항률 : 300 Ωm, 주파수 0.01 Hz~5000 Hz

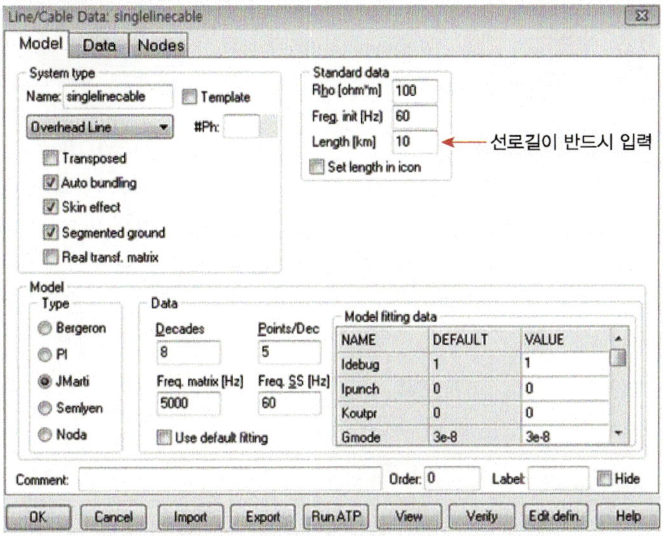

그림 3.24 JmartI 모델의 옵션 사용방법

1.2.5 선로정수 계산 예제

1) 선로정수 예제 1

Line constants를 이용하여 아래 그림 선로의 선로정수 ZE, YE 및 모드정수를 구하는 입력 DATA를 작성하시오. (LINE0001.DAT)

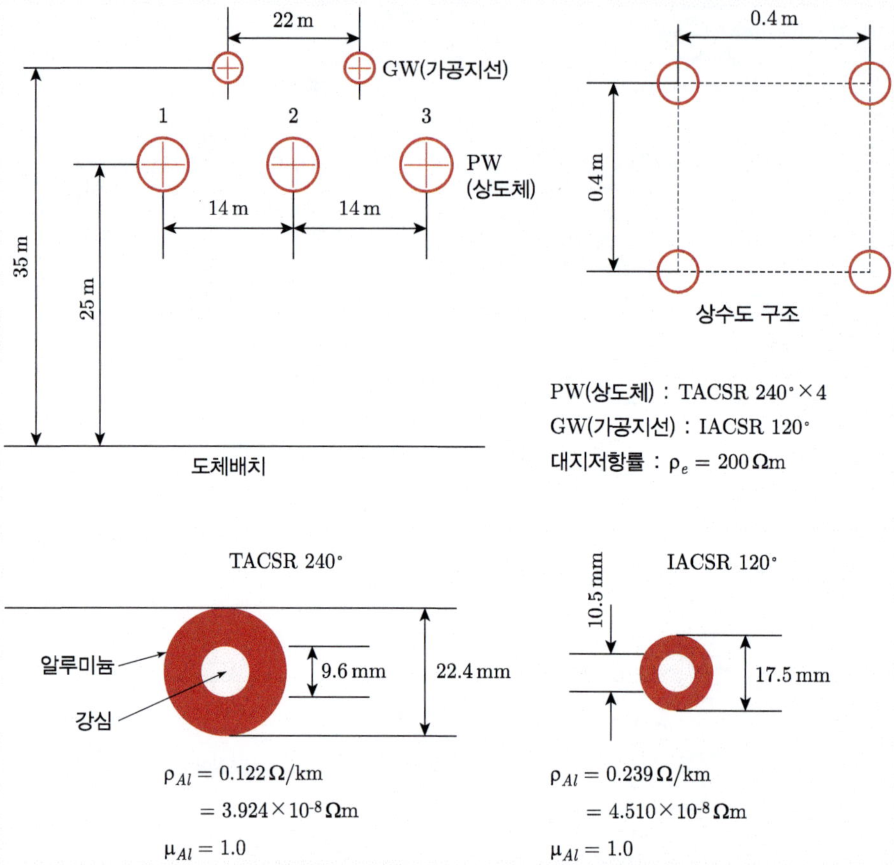

그림 3.25 선로정수 예제 1

Point

- 선로정수 이용방법

  $f_1 = 50$ Hz, $f_2 = 750$ Hz, $f_3 = 750$ kHz

2) 선로정수 예제 2

Line constants를 이용하여 다음과 같은 154 kV 송전선로의 선로정수를 구하는 입력데이터를 작성하시오.(파일명:1L_2C_01.DAT)

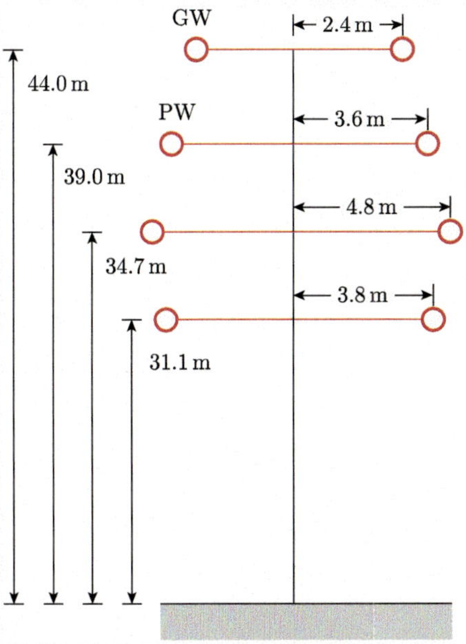

DIP = 14.0 m(GW)

DIP = 16.0 m(PW)

전선종류 :

ACSR 410mm²(PW)×2B

ACSR 97mm²(GW)×1B

소도체간격 : 40 cm

전선규격은 한전표준규격 ESA

121 = 113~160 참조

대지고유저항 : 300 Ωm

주파수 : 60 Hz

그림 3.26 선로정수 예제 2

Point

(1) 계산결과 파일(*.LIS)에서 단상분포선로 입력을 위한 데이터를 찾으시오. (템플릿 작성 및 데이터 입력) (1L_2C_01.LIS 참조)

(2) 계산결과 파일에서 완전연가 송전선을 모의하기 위한 데이터를 찾으시오. (템플릿 작성 및 데이터 입력) (1L_2C_01.LIS 참조)

(3) Pi 등가회로를 만들기 위한 파일을 "PUNCH" 하시오. (파일명 1L_2C_PI.INC)

(4) 3상 비연가 K. C. LEE 모델을 "PUNCH" 하시오.(파일명 1L_2C_01.INC)

3) 선로정수 예제 3

예제 2의 154 kV 송전선로를 이용하여 개폐서지 및 뇌서지 계산을 위한 선로정수를 작성하시오.(전선의 종류 및 선로 기본자료는 같음.)

- 주파수 : 750 Hz(개폐서지), 500 kHz(뇌서지)
- 선로긍장은 100 km

Point

(1) 계산결과 파일에서 영상분의 저항, 인덕턴스, 정전용량을 구하여 예제 2의 (f = 60 Hz) 결과와 비교하시오.

모델명	R(Ω/km)	L(mH/km)	C (μF/km)	비 고
f =60 Hz				
f =750 Hz				
f =500 kHz				

(2) 개폐서지 계산을 위한 3상 비연가 K. C. LEE 모델을 "PUNCH" 하시오.
(파일명 1L_2C_02.DAT → 1L_2C_02.INC)

(3) 뇌서지 계산을 위한 8상 비연가 K. C. LEE 모델을 "PUNCH" 하시오.
(파일명 1L_2C_03.DAT → 1L_2C_03.INC)

(4) 뇌서지 계산을 위한 2상 비연가 K. C. LEE 모델을 "PUNCH" 하시오.
(파일명 1L_2C_04.DAT → 1L_2C_04.INC)

2
지중케이블

특고압 이상의 전력계통에는 대부분 단심 동축케이블이 사용되고 있으며, 현재 사용되고 있는 ATP EMTP에도 지중, 지상 또는 금속 파이프 내에 위치한 동축케이블 시스템을 취급하고 있으므로, 이에 대한 기초적인 정수를 도출하기 위한 이론을 간략하게 기술한다.

2.1 지중케이블의 선로정수

2.1.1 단심 동축케이블의 직렬 임피던스

단심 동축케이블의 해석적 모델을 구하기 위한 일반적인 케이블의 단면은 그림 3.27과 같이 나타낼 수 있으며, 해저케이블과 같이 특수한 경우를 제외하고는 금속외장(Armor)이 없는 구조가 일반적이다.

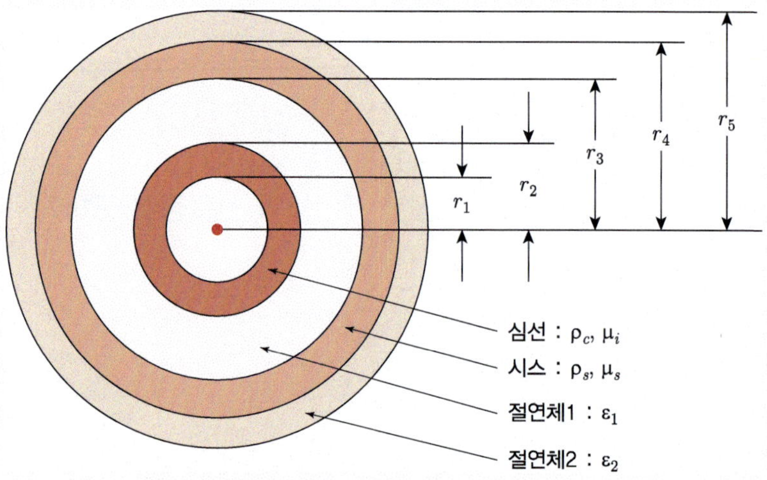

그림 3.27 단심 동축케이블의 일반적인 구성

그림 3.28과 같은 동축 배치의 케이블 파라미터는 동축 폐회로의 방정식으로부터 유도된다. 그림 3.29에서 폐회로(I_1)은 코어(Core) 도체(C)와 금속 시스(S)가 귀환 회로로 이루어지고, 폐회로 (I_2)는 금속 시스 (S)와 금속 외장 (A)가 귀환회로로 이루어지며, 폐회로 (I_3)는 외장(Armor) (A)와 대지가 귀환회로로 이루어진다.

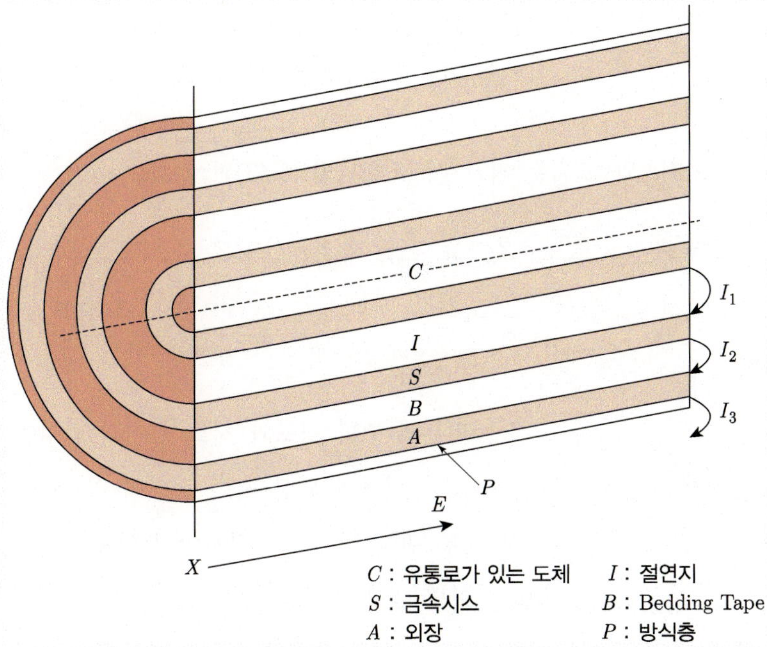

그림 3.28 단심 케이블의 파라미터를 구하기 위한 회로

단심 동축케이블의 직렬 임피던스를 구하기 위한 3개의 폐회로에 대한 직렬 임피던스는 3개의 결합 방정식 (3.40)로 표현된다[1].

$$-\begin{bmatrix} dV_1/dx \\ dV_2/dx \\ dV_3/dx \end{bmatrix} = \frac{d}{dx}\begin{bmatrix} Z_{11}^{'} & Z_{12}^{'} & 0 \\ Z_{21}^{'} & Z_{22}^{'} & Z_{23}^{'} \\ 0 & Z_{32}^{'} & Z_{33}^{'} \end{bmatrix}\begin{bmatrix} I_1 \\ I_2 \\ I_3 \end{bmatrix} \tag{3.40}$$

폐회로 I_1의 자체분 임피던스 $Z_{11}^{'}$은 3개의 부분으로 구성된다.

$$Z_{11}^{'} = Z_{core-out}^{'} + Z_{core/sheath-insulation}^{'} + Z_{sheath-inn}^{'} \tag{3.41}$$

여기서, $Z_{core-out}^{'}$: 튜브 외부에 귀환 경로가 있는 튜브형태 코어 도체의 내부임피던스(여기서는 시스와의 사이)

$Z_{core/sheath-insulation}^{'}$: 코어와 시스간 절연의 임피던스

$Z'_{sheath-inn}$: 내부 임피던스 또는 튜브 내부의 귀환 경로와 튜브형태의 시스 임피던스(여기서는 코어 도체 사이)

마찬가지로 Z'_{22}와 Z'_{33}는 각각 식 (3.42) 및 (3.43)과 같다.

$$Z'_{22} = Z'_{sheath-out} + Z'_{sheath/armor-insulation} + Z'_{armor-inn} \tag{3.42}$$

$$Z'_{33} = Z'_{armor-out} + Z'_{armor/earth-insulation} + Z'_{earth} \tag{3.43}$$

여기서, $Z'_{sheath-out}$: 시스 외부의 귀환 경로와 시스 사이의 임피던스

$Z'_{sheath/armor-insulation}$: 시스와 외장 사이 절연의 임피던스

$Z'_{armor-in}$: 외장 내부 귀환 경로와 외장사이의 임피던스

$Z'_{armor-out}$: 외장 외부 귀환 경로와 외장사이의 임피던스

$Z'_{armor/earth-insulation}$: 외장과 대지 사이 절연의 임피던스

Z'_{earth} : 대지의 임피던스

식 (3.41)의 아날로그적인 정의에 의하면 상호 임피던스 $Z'_{12} = Z'_{21}$ 와 $Z'_{23} = Z'_{32}$ 는 전류 방향이 반대이므로 부극성이다.(전류 I_2는 폐회로 1의 반대방향, I_3는 폐회로 2의 반대 방향임)

$$Z'_{12} = Z'_{21} = -Z_{sheath-mutual} \tag{3.44}$$

$$Z'_{23} = Z'_{32} = -Z_{armor-mutual} \tag{3.45}$$

여기서, $Z'_{sheath-mutual}$: 튜브형 시스 내부 폐회로 1과 외부 폐회로 2 사이의 상호 임피던스

$Z'_{armor-mutual}$: 튜브형 외장 내부 폐회로 2와 외부 폐회로 3 사이의 상호 임피던스

결국 $Z'_{13} = Z'_{31} = 0$가 되는데, 이것은 폐회로 1과 폐회로 3사이에 공통부분이 없기 때문이다.

케이블 절연체의 임피던스 $Z'_{insulation}$를 간단히 나타내면 식 (3.46)와 같다.

$$Z'_{insulation} = jw\frac{\mu_0}{2\pi}\ln\frac{r}{q} \tag{3.46}$$

여기서, μ_0 : 절연체의 투자율

r : 절연체의 외경

q : 절연체의 내경

만일 케이블 절연체가 없으면 외장과 대지사이의 임피던스 $Z'_{insulation} = 0$이 된다.

단심 동축케이블의 직렬 임피던스를 구하기 위한 3개의 폐회로에 대한 직렬 임피던스 식 (3.40)은 폐회로의 전압과 전류 대신에 코어, 시스 및 외장에 나타나는 전압과 전류가 있기 때문에 EMTP 모델에 사용하기에 적합하지 않다. 단자 조건(Terminal condition)을 도입하면 전압 및 전류에 대한 변환식 (3.47)와 식 (3.48)이 얻어진다.

$$\begin{aligned} V_1 &= V_{core} - V_{sheath} \\ V_2 &= V_{sheath} - V_{armor} \\ V_3 &= V_{armor} \end{aligned} \tag{3.47}$$

$$\begin{aligned} I_1 &= I_{core} \\ I_2 &= I_{sheath} + I_{core} \\ I_3 &= I_{armor} + I_{sheath} + I_{core} \end{aligned} \tag{3.48}$$

여기서, V_{core} : 도체와 대지간 전압

V_{sheath} : 시스와 대지간 전압

V_{armor} : 외장과 대지간 전압

식 (3.40)에서 도입하면 식 (3.49)을 구할 수 있다.

$$-\frac{dV_1}{dx} = \frac{d}{dx}(Z'_{11}I_1 + Z'_{12}I_2)$$

$$-\frac{dV_2}{dx} = \frac{d}{dx}(Z'_{21}I_1 + Z'_{22}I_2 + Z'_{23}I_3)$$

$$-\frac{dV_3}{dx}=\frac{d}{dx}(Z_{32}' I_2 + Z_{33}' I_3) \tag{3.49}$$

식 (3.48)을 식 (3.49)에 대입하여 정리하면 식 (3.50)과 같다.

$$\begin{aligned}
-\frac{dV_1}{dx} &= \frac{d}{dx}(Z_{11}' I_1 + Z_{12}' I_2) \\
&= \frac{d}{dx}\left\{(Z_{11}' + Z_{12}')I_{core} + Z_{12}' I_{sheath}\right\} \\
-\frac{dV_2}{dx} &= \frac{d}{dx}(Z_{21}' I_1 + Z_{22}' I_2 + Z_{23}' I_3) \\
&= \frac{d}{dx}\left\{(Z_{12}' + Z_{22}' + Z_{23}')I_{core} + (Z_{22}' + Z_{23}')I_{sheath} + Z_{23}' I_{armor}\right\} \\
-\frac{dV_3}{dx} &= \frac{d}{dx}(Z_{32}' I_2 + Z_{33}' I_3) \\
&= \frac{d}{dx}\left\{(Z_{23}' + Z_{33}')I_{core} + (Z_{23}' + Z_{33}')I_{sheath} + Z_{33}' I_{armor}\right\}
\end{aligned} \tag{3.50}$$

V_{core}의 전압은 식 (3.47)의 V_1, V_2, V_3를 모두 더하면 구할수 있으며, 그 결과는 식 (3.51)와 같다.

$$\begin{aligned}
-\frac{dV_{core}}{dx} = \frac{d}{dx}\{&(Z_{11}' + 2Z_{12}' + Z_{22}' + 2Z_{23}' + Z_{33}')I_{core} \\
&+ (Z_{12}' + Z_{22}' + 2Z_{23}' + Z_{33}')I_{sheath} + (Z_{23}' + Z_{33}')I_{armor}\}
\end{aligned} \tag{3.51}$$

V_{sheath}의 전압은 식 (3.47)에서 V_2와 V_3를 더하여 정리하면 식 (3.52)과 같다.

$$\begin{aligned}
-\frac{dV_{sheath}}{dx} = \frac{d}{dx}\{&(Z_{12}' + Z_{22}' + 2Z_{23}' + Z_{33}')I_{core} \\
&+ (Z_{22}' + 2Z_{23}' + Z_{33}')I_{sheath} + (Z_{23}' + Z_{33}')I_{armor}\}
\end{aligned} \tag{3.52}$$

V_{armor}의 전압은 식 (3.53)과 같다.

$$-\frac{dV_{armor}}{dx} = \frac{d}{dx}\left\{(Z_{23}' + Z_{33}')I_{core} + (Z_{23}' + Z_{33}')I_{sheath} + (Z_{33}')I_{armor}\right\} \tag{3.53}$$

코어와 대지간의 전압, 시스와 대지간의 전압 및 외장과 대지간의 전압을 구하기 위하여 임피던스 행렬과 코어, 시스 및 외장에 흐르는 전류의 행렬로 나타내면 식 (3.54)와 같다. 이 식은 EMTP에 적용이 가능한 형태가 된다.

$$-\begin{bmatrix} dV_{core}/dx \\ dV_{sheath}/dx \\ dV_{armor}/dx \end{bmatrix} = \frac{d}{dx}\begin{bmatrix} Z_{cc}^{'} & Z_{cs}^{'} & Z_{ca}^{'} \\ Z_{sc}^{'} & Z_{ss}^{'} & Z_{sa}^{'} \\ Z_{ac}^{'} & Z_{as}^{'} & Z_{aa}^{'} \end{bmatrix}\begin{bmatrix} I_{core} \\ I_{sheath} \\ I_{armor} \end{bmatrix} \tag{3.54}$$

여기서, $Z_{cc}^{'} = Z_{11}^{'} + 2Z_{12}^{'} + Z_{22}^{'} + 2Z_{23}^{'} + Z_{33}^{'}$

$Z_{cs}^{'} = Z_{sc}^{'} = Z_{12}^{'} + Z_{22}^{'} + 2Z_{23}^{'} + Z_{33}^{'}$

$Z_{ca}^{'} = Z_{ac}^{'} = Z_{sa}^{'} = Z_{as}^{'} = Z_{23}^{'} + Z_{33}^{'}$

$Z_{ss}^{'} = Z_{22}^{'} + 2Z_{23}^{'} + Z_{33}^{'}$

$Z_{aa}^{'} = Z_{33}^{'}$

2.1.2 단심 동축케이블의 병렬 어드미턴스

그림 3.29에서 케이블에 나타나는 전류를 구하는 경우 폐회로 방정식에는 상호결합이 없으므로 식 (3.55)이 형성되어 분로 어드미턴스를 구할 수 있다.

$$-\begin{bmatrix} dI_1/dx \\ dI_2/dx \\ dI_3/dx \end{bmatrix} = \frac{d}{dx}\begin{bmatrix} Y_1^{'} & 0 & 0 \\ 0 & Y_2^{'} & 0 \\ 0 & 0 & Y_3^{'} \end{bmatrix}\begin{bmatrix} V_1 \\ V_2 \\ V_3 \end{bmatrix} \tag{3.55}$$

여기서, $Y_1^{'} = G_1^{'} + jwC_1^{'}$

$Y_2^{'} = G_2^{'} + jwC_2^{'}$

$Y_3^{'} = G_3^{'} + jwC_3^{'}$

$G_n^{'}$: 콘덕턴스($n = 1,\ 2,\ 3$)

$C_n^{'}$: 정전용량($n = 1,\ 2,\ 3$)

식 (3.48)의 전류 관계식을 이용하여 전개할 경우 식 (3.56)와 같이 구해진다.

$$-\frac{dI_1}{dx}=-\frac{dI_{core}}{dx}=\frac{d}{dx}(Y_1^{'}\ V_1) \tag{3.56a}$$

$$-\frac{dI_2}{dx}=-\frac{d(I_{sheath}+I_{core})}{dx}=\frac{d}{dx}(Y_2^{'}\ V_2) \tag{3.56b}$$

$$-\frac{dI_3}{dx}=-\frac{d(I_{core}+I_{sheath}+I_{armor})}{dx}=\frac{d}{dx}(Y_3^{'}\ V_3) \tag{3.56c}$$

식 (3.56b)에서 식 (3.56a)를 빼서 시스에 흐르는 전류를 구하면 식 (3.57)이 된다.

$$-\frac{dI_{sheath}}{dx}=\frac{d}{dx}(Y_2^{'}\ V_2-Y_1^{'}\ V_1) \tag{3.57}$$

식 (3.56c)에서 식 (3.56b)를 빼서 외장에 흐르는 전류를 구하면 식 (3.58)이 된다.

$$-\frac{dI_{armor}}{dx}=\frac{d}{dx}(Y_3^{'}\ V_3-Y_2^{'}\ V_2) \tag{3.58}$$

코어, 시스 및 외장에 대한 전류는 식 (3.56), 식 (3.57) 및 식 (3.58)을 전압의 관계식 식 (3.47)에 대입하여 정리하면 식 (3.59)가 구해진다.

$$-\frac{dI_{core}}{dx}=\frac{d}{dx}(Y_1^{'}\ V_1)=\frac{d}{dx}\{Y_1^{'}\ (V_{core}-V_{sheath})\}$$

$$\begin{aligned}-\frac{dI_{sheath}}{dx}&=\frac{d}{dx}(Y_2^{'}\ V_2-Y_1^{'}\ V_1)\\&=\frac{d}{dx}\{Y_2^{'}(V_{sheath}-V_{armor})-Y_1^{'}(V_{core}-V_{sheath})\}\\&=\frac{d}{dx}\{Y_1^{'}\ V_{core}+(Y_1^{'}+Y_2^{'})V_{sheath}-Y_2^{'}\ V_{armor}\}\end{aligned}$$

$$\begin{aligned}-\frac{dI_{armor}}{dx}&=\frac{d}{dx}(Y_3^{'}\ V_3-Y_2^{'}\ V_2)\\&=\frac{d}{dx}\{Y_3^{'}(V_{armor})-Y_2^{'}(V_{sheath}-V_{armor})\}\end{aligned}$$

$$= \frac{d}{dx}\left\{- Y_2' V_{sheath} + (Y_2' + Y_3') V_{armor}\right\} \tag{3.59}$$

코어, 시스 및 외장의 전류를 구하기 위하여 어드미턴스 행렬과 코어, 시스 및 외장의 전압의 행렬로 나타내면 다음 식 (3.60)과 같다.

$$-\begin{bmatrix} dI_{core}/dx \\ dI_{sheath}/dx \\ dI_{armor}/dx \end{bmatrix} = \frac{d}{dx}\begin{bmatrix} Y_1' & -Y_1' & 0 \\ -Y_1' & Y_1' + Y_2' & -Y_2' \\ 0 & -Y_2' & Y_2' + Y_3' \end{bmatrix}\begin{bmatrix} V_{core} \\ V_{sheath} \\ V_{armor} \end{bmatrix} \tag{3.60}$$

여기서, $Y_i' = G_i' + jwC_i' \ (i = 1,\ 2,\ 3)$

그림 3.28과 같은 단심 동축케이블을 표현하기 위한 'CABLE CONSTANTS' 루틴은 A. Ametani에 의해 개발되었으며, 그림 3.29의 파이프 타입 케이블과 3상 SF6 모선의 전기적 정수를 구할 수 있다.

EMTP의 서브루틴 'CABLE CONSTANTS'에서 파이프 타입 케이블에 대한 전위계수 행렬은 식 (3.61)과 같다.

$$[P_{phase}'] = \begin{bmatrix} [P_a'] & & \\ & [P_b'] & \\ & & [P_c'] \end{bmatrix} + \begin{bmatrix} [P_{aa}'] & [P_{ab}'] & [P_{ac}'] \\ [P_{ba}'] & [P_{bb}'] & [P_{bc}'] \\ [P_{ca}'] & [P_{cb}'] & [P_{cc}'] \end{bmatrix} \tag{3.61}$$

여기에서 $[P_a']$, $[P_b']$ 및 $[P_c']$는 각각 단상 동축 케이블의 3×3 행렬이다. 식 (3.60)에서 $G' = 0$라 하면 행렬 $[P_a']$는 식 (3.62)와 같이 정리된다.

$$[P_a'] = \begin{pmatrix} C_1' & -C_1' & 0 \\ -C_1' & C_1' + C_2' & -C_2' \\ 0 & -C_2' & C_2' + C_3' \end{pmatrix}^{-1} \tag{3.62}$$

여기서, $P_i' = 1/C_i'$

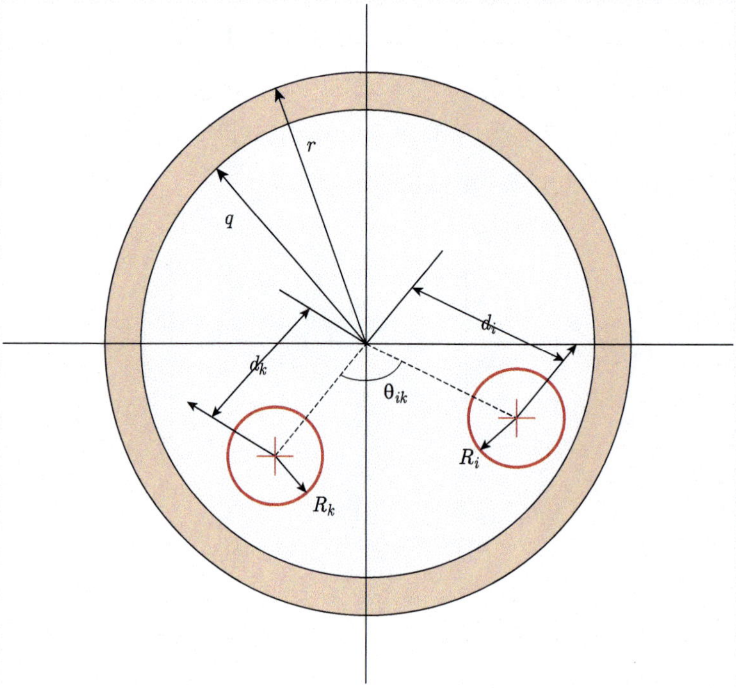

q : 파이프의 내반경 　　 r : 파이프의 외반경

R_i, R_k : 단심케이블 i, k의 외반경 　　 d_i, d_k : 중심점에서 이격거리

그림 3.29 파이프타입 케이블의 기하학적 구조

외장과 파이프간의 전위계수는 식 (3.61)로 나타내어지며, 각 서브 매트릭스 $\left[P'_{ii}\right]$와 $\left[P'_{ik}\right]$는 3×3 행렬의 9개 요소로 구성되며 식 (3.63)과 같다.

$$P'_{ii} = \frac{1}{2\pi\epsilon_0\epsilon_r}\ln\left\{\frac{q}{R_i}\left[1-\left(\frac{d_i}{q}\right)\right]^2\right\} \tag{3.63a}$$

$$P'_{ik} = \frac{1}{2\pi\epsilon_0\epsilon_r}\ln\frac{q}{\sqrt{d_i^2 + d_k^2 - 2d_i\, d_k \cos\theta_{i\,k}}} \tag{3.63b}$$

어드미턴스 행렬은 $\left[P'_{phase}\right]$의 역행렬로 구한다.

$$\left[Y'_{phase}\right] = jw\left[P'_{phase}\right]^{-1} \tag{3.64}$$

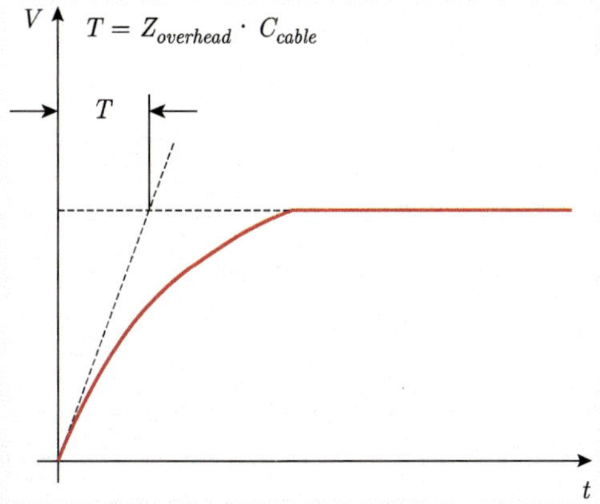

(a) 집중 정전용량으로 표현

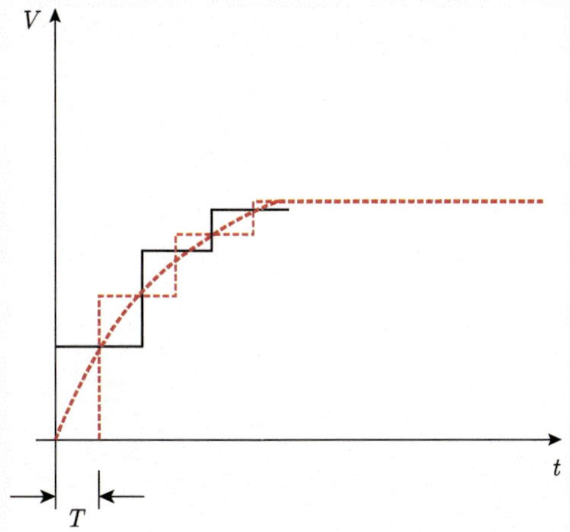

(b) 무손실 송전선로로 표현

그림 3.30 가공송전선로에 연결된 케이블에서 전압의 증가

정상 상태의 현상을 모의하는 경우 케이블도 가공송전선로와 동일하게 π 또는 등가 π로 표현할 수 있다. 만일 가공송전선로를 π 회로로 모의하였을 때 주파수 60[Hz], 송전거리 100[km]를 넘지 않는 범위로 하고, 지중케이블에서는 30[km]가 일반적인 제한치가 되고, 파이프형 케이블 모델은 1[km]가 한계가 된다. 지중케이블은 보통 가공송전선보다 매우 짧으며, 이 때 직렬 임피던스는 매우 적은 영향을 미치게 되므로 케이블은 집중 정전용량으로 모의될 수 있다[1].

과도상태를 모의하는 경우 진행파의 투과 및 반사에 의하여 다른 현상이 나타날 수도 있다. 만일 가공 송전선에서 구형파가 진행하여 상대적으로 거리가 짧은 지중케이블 종단으로 들어간다면 케이블은 기본적으로 집중정수로 간주할 수 있다. 집중정수로 모의하는 경우에 전압은 그림 3.30(a)와 같이 지수함수적으로 증가하게 되고 시정수는 $T = Z_{overhead} \cdot C_{cable}$이 된다. 만일 케이블을 매우 정밀한 무손실 분포정수선로로 표현한다면, 전압은 그림 3.30(b)와 같이 계단형태의 모양을 가지며 그 평균값은 그림 3.30(a)와 거의 같은 곡선이 된다. 만일 케이블에서 진행파의 도달 시간이 시정수보다 짧다면 집중정수 회로에 의한 표현도 상당히 높은 정밀도를 가진 결과로 나타난다[1].

2.2 EMTP를 이용한 케이블의 선로정수 구하기

2.2.1 파이프가 없는 단심 동축케이블

ATPDraw를 이용한 Lines/Cables의 사용방법은 가공송전선로와 유사하다.

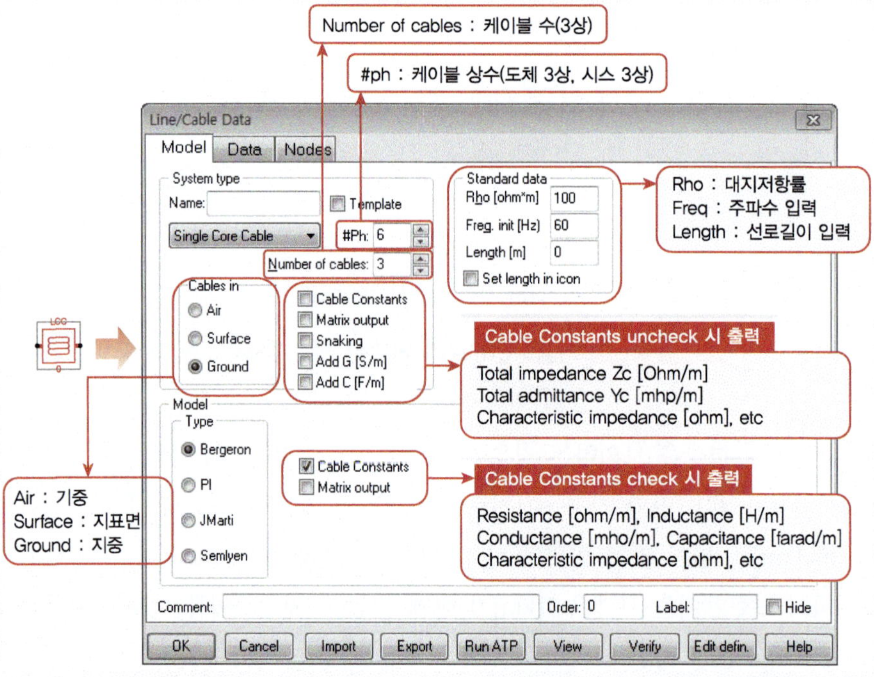

그림 3.31 Single core cable의 system type 데이터 입력

그림 3.31과 같이 LCC에서 기본 화면을 불러오고 system type에서 single core cable을 선택한다. 케이블의 위치를 지중, 가공, 지표면 중에서 선택하고, 케이블의 수와 모의 계산 할 상수를 선택한다. 만일 3상 케이블에서 도체의 정수만 보고 시스나 접지를 무시한다면 케이블의 수(數) 3, 상수(相數)를 3으로 입력한다. 도체와 시스의 상호 유도작용에 의한 값을 확인하려면 이때에 상수는 6으로 설정한다.

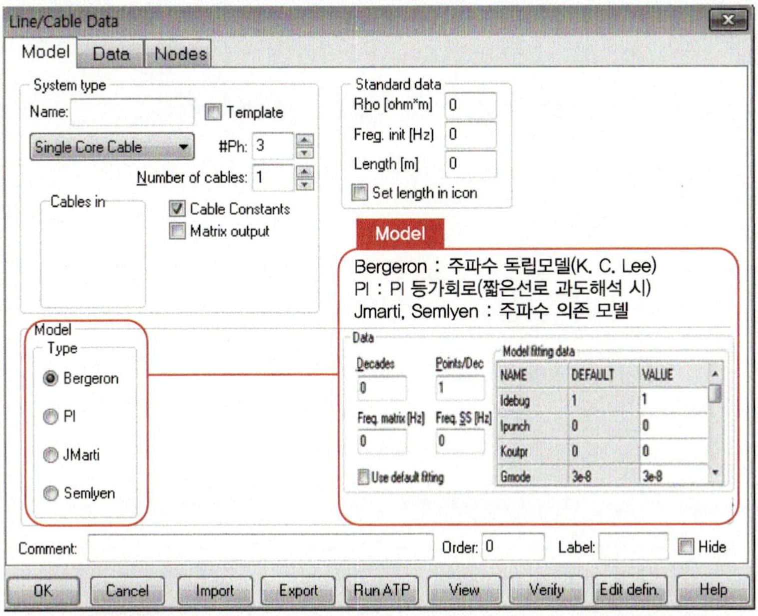

그림 3.32 Single core cable에서 주파수의존 모델의 지정

모델 타입에서는 가공송전선로에서 주파수 독립모델과 주파수 의존 모델을 지정한 것과 같이 모의하고자 하는 해석 대상의 특성에 맞는 모델을 선택한다. Bergeron 모델에서는 선로정수가 단위 m 당의 값으로 출력된다. 가공손전선로 모델이 단위 km 당의 값으로 출력되는 것과 단위가 다르니 사용시 주의하여야 한다. Jmarti 모델의 경우는 주파수 수렴 조건을 default로 지정하여 계산할 수 있다. 케이블의 위치와 도체 및 절연체의 size와 전기적 특성을 입력한다.

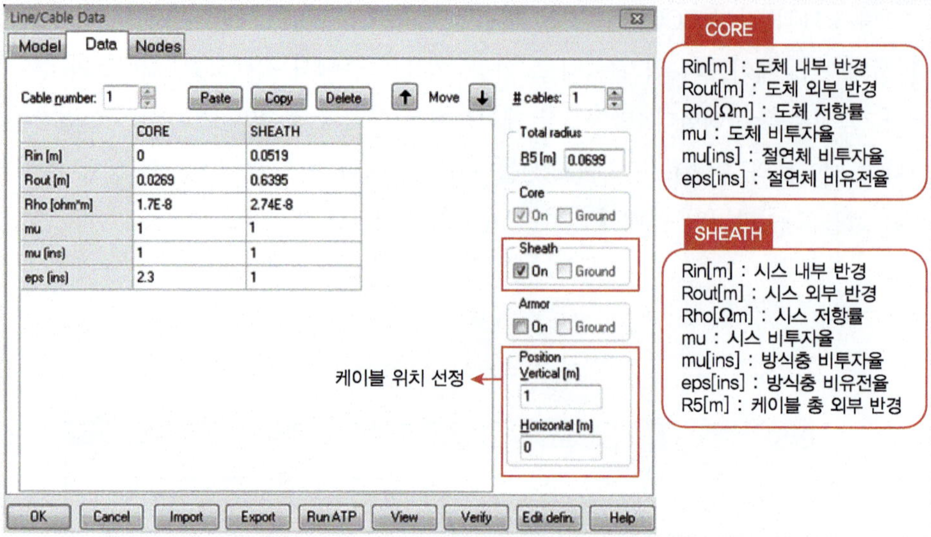

그림 3.33 케이블의 위치와 도체 데이터의 입력

2.2.2 파이프내의 단심 동축케이블

System type에서 Enclosing Pipe을 선택하여 파이프의 내경, 외경, 절연체의 특성 등을 입력한다.

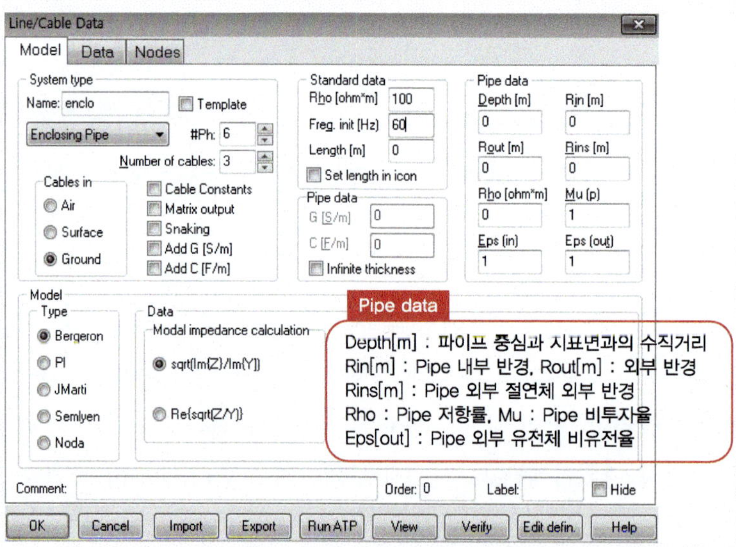

그림 3.34 파이프 내의 단심 동축케이블 정수 입력

각 상의 케이블의 정수 입력은 single core cable과 같은 방법으로 입력한다. 여기서 각 상 도체의 위치는 파이프의 중심점을 기준으로 거리와 각도로 표현된다. 그림 3.35는 파이프 내의 단심 동축케이블의 위치를 입력하고 view기능을 이용하여 케이블이 포설된 위치를 확인하는 화면이다.

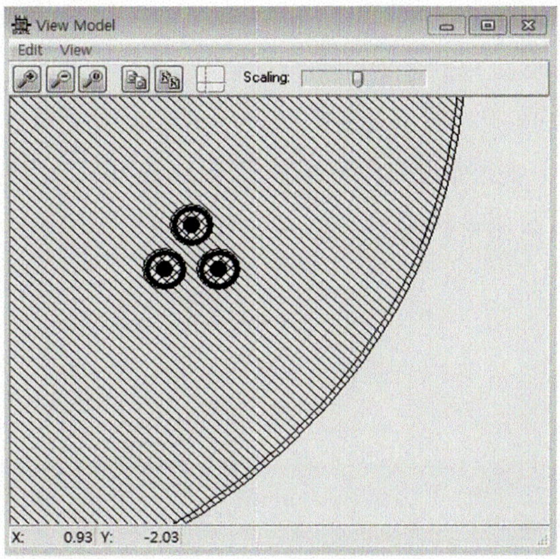

그림 3.35 파이프 내의 동축케이블의 위치 확인

표 3.3 파이프 및 케이블의 재질 특성

항 목		값
케이블	단면치수	$r_1=11$, $r_2=30.6$, $r_3=63.8$ $r_4=65.8$, $r_5=71$, $r_6=71.8$ $r_6=76.8$
	심선	저항률 = 1.8365E-8 Ωm, 비투자율 = 1.0
	절연체	비투자율 = 1.0, 비유전율 = 2.3
	차폐층	저항률 = 1.8365E-8 Ωm, 비투자율 = 1.0
	충진층	비투자율 = 1.0, 비유전율 = 1.0
	외장	저항률 = 10.00E-8 Ωm, 비투자율 = 1.0
	피복	비투자율 = 1.0, 비유전율 = 8.0
	파이프내 위치	A상 : d=1.17183738 m, θ=-29.935489° B상 : d=1.18391480 m, θ=-38.191203° C상 : d=1.32171262 m, θ=-33.629952°
파이프	단면치수	$R_1=1.85$, $R_2=1.86$, $R_3=1.87$
	금속부	저항률 = 1.00E-7 Ωm, 비투자율 = 1.0
	피복	비투자율 = 1.0, 비유전율 = 1.0

2.2.3 가스절연개폐장치(GIS)의 모의

가스절연 개폐장치는 파이프 내의 동축케이블 모델과 유사한 형태로 모의가 가능하다. System type에서 Enclosing Pipe을 선택하여 파이프의 내경, 외경, 절연체의 특성 등을 입력한다. 각상 도체의 위치는 GIS 단면의 형태에 따라 GIS 인클로저의 중심점에서 각 상의 도체의 위치를 거리와 각도로 입력한다.

여기서 실제의 GIS는 내부에 지지애가가 설치된 부분과 가스를 구획하기 위한 스페이서가 설치되어 있는데 각각의 유전율이 다르다. 그러나 이 부품들의 유전율을 별도로 산정하는 것이 어렵기 때문에 EMTP의 계산에서는 이를 별도로 구분하지 않고 가스 및 지지애자와 스페이서를 평균한 단위 길이 당 유전율의 값으로 나타낸다.

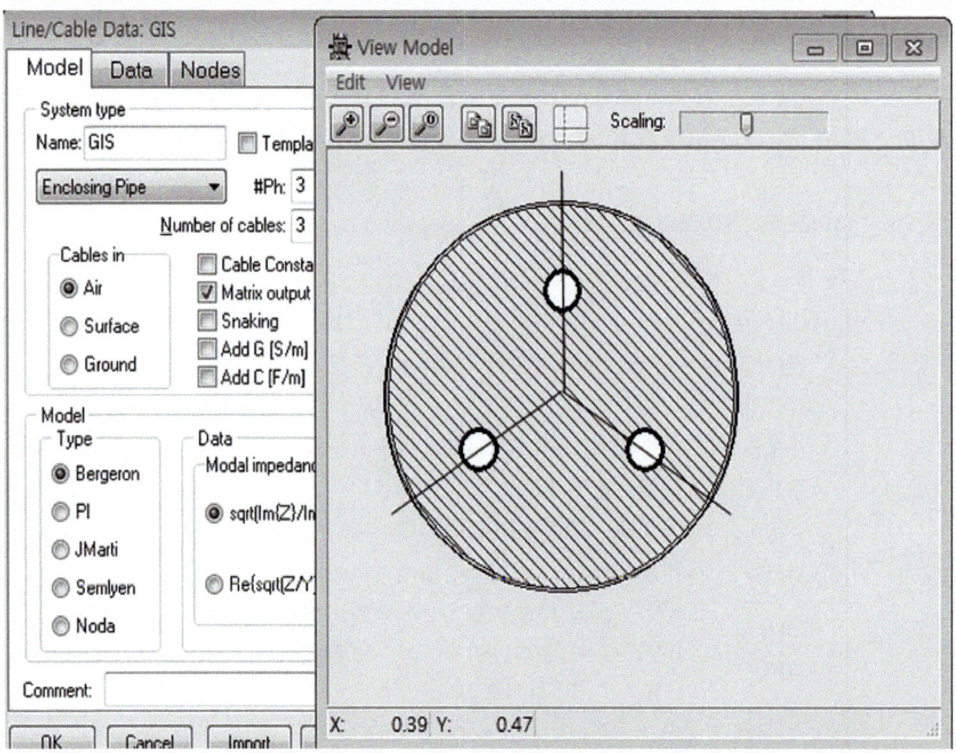

그림 3.36 가스절연 개폐장치의 정수 입력

2.2.4 케이블정수 예제

1) 파이프가 없는 단심 동축 케이블 시스템

- 케이블 배치 및 단면 ; 그림-예제 1
- 케이블 재질 특성 ; 표-예제 1
- 출력 사항 ; 60 Hz, 5 kHz 및 100 kHz에서의 케이블 정수

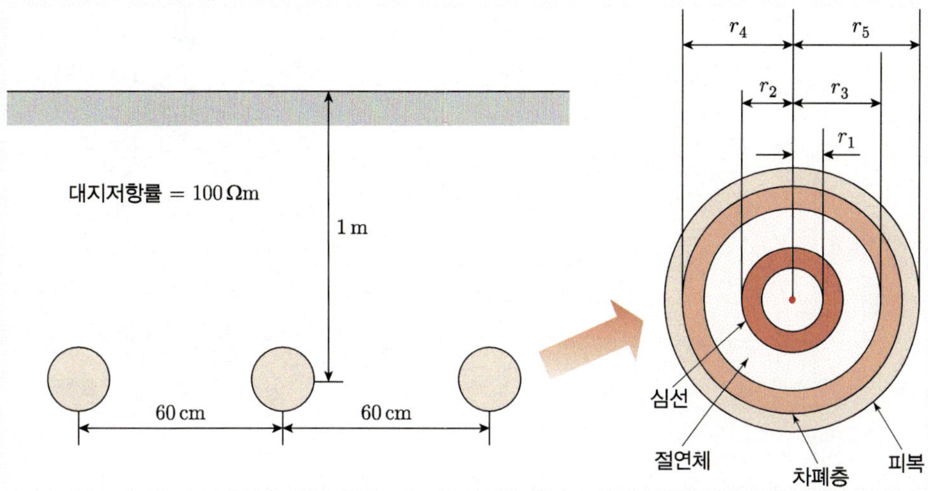

그림 3.37 예제 1 케이블 배치 및 단면도

표 3.4 예제 1 케이블 재질 특성

항 목	값
단면치수(단위 ; mm)	r_1 =7, r_2 =28.95, r_3 =42.45, r_4 =45.15, r_5 =49.65
심선	저항율 = 1.7241E-8 Ωm, 비투자율 = 1.0
절연체	비투자율 = 1.0, 비유전율 = 3.4
차폐층	저항율 = 2.84E-8 Ωm, 비투자율 = 1.0
피복	비투자율 = 1.0, 비유전율 = 3.5

2) 파이프 내의 단심 동축 케이블 시스템

- 파이프 및 케이블 배치와 단면 ; 그림-예제 2
- 파이프 및 케이블 재질 특성 ; 표-예제 2
- 출력 사항 ; 60 Hz, 5 kHz 및 100 kHz에서의 케이블 정수

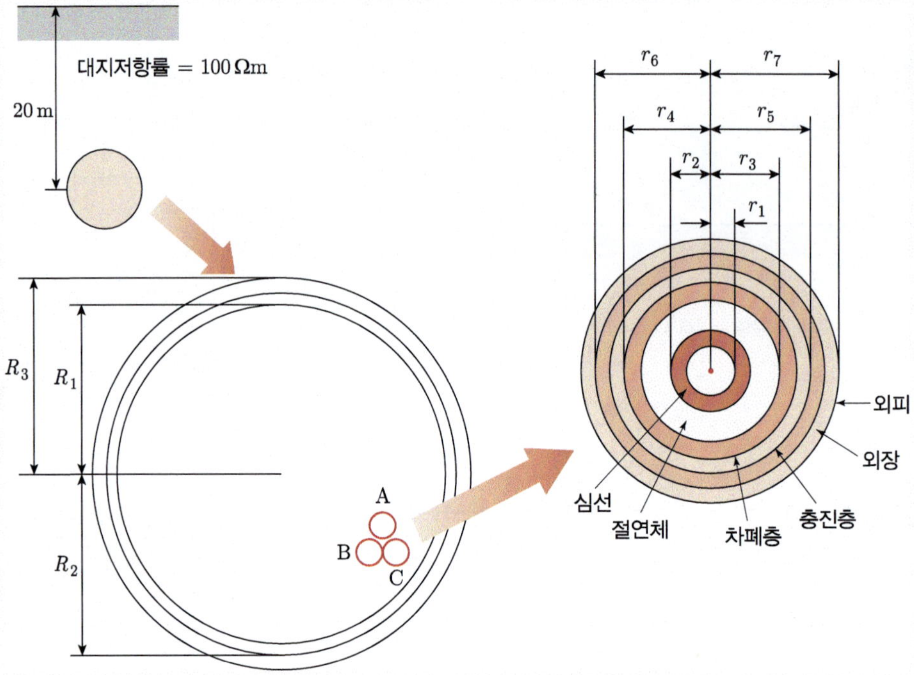

그림 3.38 예제 2 케이블 배치 및 단면도

표 3.5 예제 2 파이프 및 케이블 재질 특성(계속)

항 목		값
케이블	단면치수 (단위 ; mm)	$r_1=11$, $r_2=30.6$, $r_3=63.8$ $r_4=65.8$, $r_5=71$, $r_6=71.8$ $r_6=76.8$
	심선	저항률 = 1.8365E-8 Ωm, 비투자율 = 1.0
	절연체	비투자율 = 1.0, 비유전율 = 2.3
	차폐층	저항률 = 1.8365E-8 Ωm, 비투자율 = 1.0
	충진층	비투자율 = 1.0, 비유전율 = 1.0
	외장	저항률 = 10.00E-8 Ωm, 비투자율 = 1.0

표 3.5 예제 2 파이프 및 케이블 재질 특성

항 목		값
케이블	피복	비투자율 = 1.0, 비유전율 = 8.0
	파이프내 위치	A상 ; d=1.17183738 m, θ=-29.935489° B상 ; d=1.18391480 m, θ=-38.191203° C상 ; d=1.32171262 m, θ=-33.629952°
파이프	단면치수 (단위 ; m)	R_1=1.85, R_2=1.86, R_3=1.87
	금속부	저항률 = 1.00E-7 Ωm, 비투자율 = 1.0
	피복	비투자율 = 1.0, 비유전율 = 1.0

3) GIS(특수한 형태의 케이블 모델)

- GIS 모선 모델 (도체 배치와 단면) ; 그림-예제 3
- 재질 특성 ; 표-예제 3
- 출력 사항 ; 60 Hz, 5 kHz 및 100 kHz에서의 모선 정수

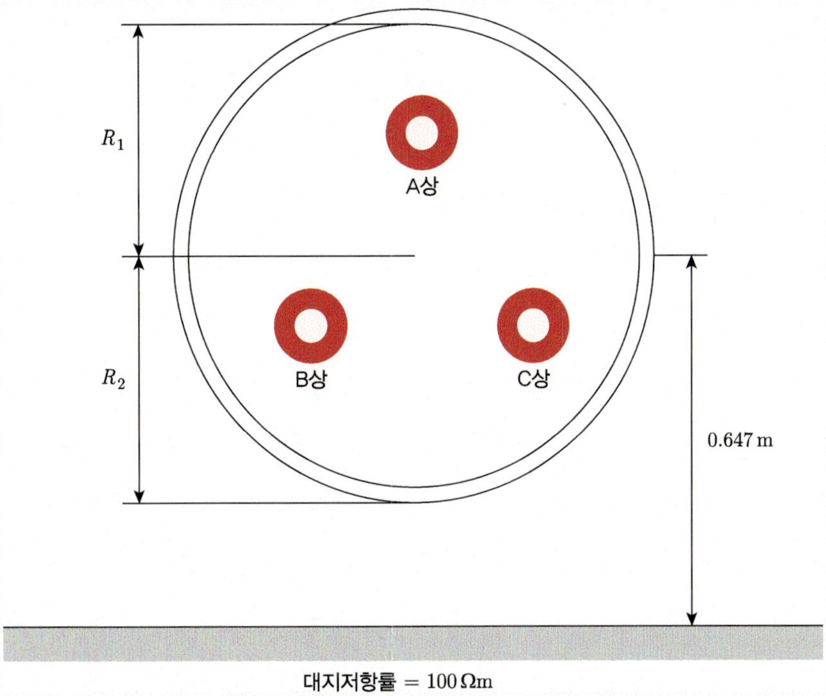

그림 3.39 예제 3 GIS 모선 단면도

표 3.6 예제 3 GIS 모선 도체 및 탱크 재질 특성

항 목		값
도체	단면치수	내반경 = 47.5 mm, 외반경 = 62.5 mm
	물리적 특성	저항률 = 2.65E-8 Ωm, 비투자율 = 1.0
	탱크 내 위치	반경 191 mm의 정3각 배열
탱크	단면치수	R_1 =365 mm, R_2 =374 mm
	물리적 특성	저항률 = 9.71E-8 Ωm, 비투자율 = 300, SF_6 가스의 비유전율 = 1.21

3

변압기 및 피뢰기

변압기는 피뢰기와 함께 대표적인 비선형 특성을 갖는 기기이다. 이상변압기는 손실이 없고 자로의 포화현상이 없으므로 비선형 특성을 고려할 필요가 없으나 대부분의 변압기는 손실과 포화특성을 고려하여야 한다. 간단하게는 권선간의 상호 결합을 R-L 결합으로 모의할 수 있으며, 대부분의 변압기는 개방시험 및 단락시험 결과를 이용하여 등가회로로 나타낼 수 있다.

변압기로 표현되는 기기로는 단상 및 다상의 변압기 이외에 분로리액터, 권선형 계기용 변성기 등이 있으며 변압기의 여자돌입전류 예측계산, 철공진의 예측계산 등에 사용된다.

3.1 변압기 모델링의 개요

3.1.1 변압기의 행렬식 표현

변압기를 양 권선간에 연결된 블랙박스로 생각하고 그림으로 표현하면 그림 3.40과 같다. 그림 3.40에서 양 권선간의 전압, 전류관계를 수식으로 표현하면 식 (3.65) 및 식 (3.66)과 같이 $[R]$, $[L]$ 혹은 $[A]$, $[B]$ 행렬의 형태로 나타낼 수 있다. 이와 같이 어떠한 방법을 사용하던 간에 변압기를 $[R]$, $[L]$ 혹은 $[A]$, $[B]$ 행렬의 형태로 표현할 수 있으면, 해당 변압기는 EMTP BRANCH CARD의 PI Circuit 혹은 Mutually Coupled R-L Elements를 활용하여 모의할 수 있다.

$$V_k - V_m = [R] i_{km} + [L] \frac{d i_{km}}{dt} \tag{3.65}$$

$$\frac{d i_{km}}{dt} = [A](V_k - V_m) + [B] i_{km} \tag{3.66}$$

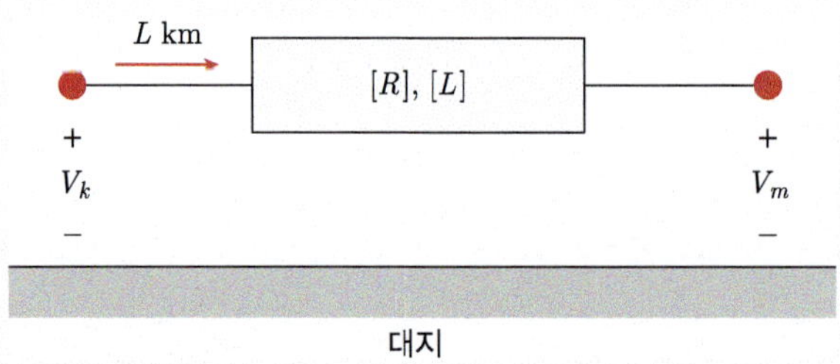

그림 3.40 Mutually Coupled R-L Elements

여기서 참고로 $[L]$ 행렬의 구성요소를 살펴보면 Self inductance L_{xx}와 Mutual inductance L_{xy}로 구분할 수 있는데, 각 요소는 다음과 같이 설명할 수 있다. 먼저, Self inductance L_{xx}는 변압기의 개방회로시험(Open circuit test)에 의하여 구할 수 있다. 즉, x 권선을 제외한 나머지 권선은 개방시키고, 권선 x에 전압 V_x를 인가하고 이때 흐르는 전류 I_x를 측정함으로써 Self inductance L_{xx}를 아래의 식과 같이 계산할 수 있다.

$$L_{xx} = \frac{V_x}{\omega I_x} \tag{3.67}$$

또한, Mutual inductance L_{xy}는 권선 y를 여자시켜 전류 I_y를 흘릴 때 권선 x에 걸리는 전압 V_x를 계측하여 산정할 수 있으며, 아래 식과 같이 나타낸다. 이때 권선 y를 제외한 다른 권선들은 개방상태 임은 물론이다.

$$L_{xy} = \frac{V_x}{\omega I_y} \tag{3.68}$$

즉, Self inductance L_{xx}는 해당 권선 x의 누설임피던스와 변압기 철심의 여자임피던스를 합친 값이며, Mutual inductance L_{xy}는 여자임피던스 값이다.

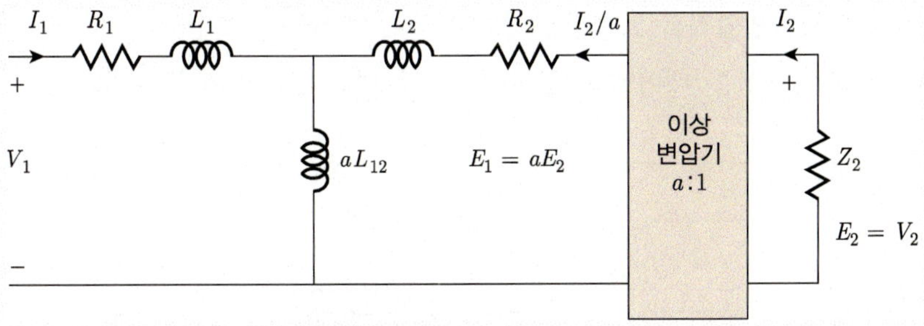

그림 3.41 변압기 등가회로

여기서 세부적인 계산을 할 때에는 변압기 양 권선간의 변압비를 반드시 고려해야 하는데, 2권선 변압기를 이상변압기(Ideal Transformer)를 포함한 등가회로로서 표현하면 그림 3.41과 같으며 전압, 전류 관계식은 다음과 같다. 식 (3.69)에서 L_1, L_2 및 L_{12}는 변압기에 대한 단락시험(Short circuit test)과 개방회로시험을 통하여 각각 구할 수 있다.

따라서 아래 계산식에 따라서 self 및 mutual inductance를 계산할 수 있다. 한 가지 유의할 점은 아래와 같이 변압기를 행렬로 표현할 경우 여자전류가 아주 적으면 L_{12} 값이 거의 ∞에 가까워지며, singular가 되어 역행렬을 구할 수 없게 되어 수치해석이 곤란해진다는 점이다. 따라서 이러한 경우 수학적 계산을 위하여 여자전류의 최소치에 대한 제한이 가해질 수도 있다.

$$\begin{bmatrix} V_1 \\ aV_2 \end{bmatrix} = \begin{bmatrix} L_{11} & aL_{12} \\ aL_{12} & a^2L_{22} \end{bmatrix} \frac{d}{dt} \begin{bmatrix} I_1 \\ I_2/a \end{bmatrix} \tag{3.69}$$

$$L_{11} = L_1 + aL_{12} \tag{3.70}$$

$$L_{22} = \frac{(L_2 + aL_{12})}{a^2} \tag{3.71}$$

3.1.2 내철형 변압기와 외철형 변압기

외철형(Shell-type) 변압기는 철심내에 영상분 자속통로가 제공되기 때문에 각상별 자기유도는 독립적이다. 따라서 3상 외철형 변압기는 각 상별로 상호간에 독립적이라고 고려할 수 있으므로, 권선수와 관계없이 3개의 단상 변압기로 모의하면 된다. 하지만, 내철형(Core-type) 변압기는 영상분 자속이 공극을 통하여 흘러야 하기 때문에 영상분이 여자되는 경우 3상 변압기를 3개의 단상변압기로 간단하게 모의하는 것은 약간의 모순이 있으며, 별도로 영상분 데이터를 입력하여 3상 변압기로 모의해야 한다.

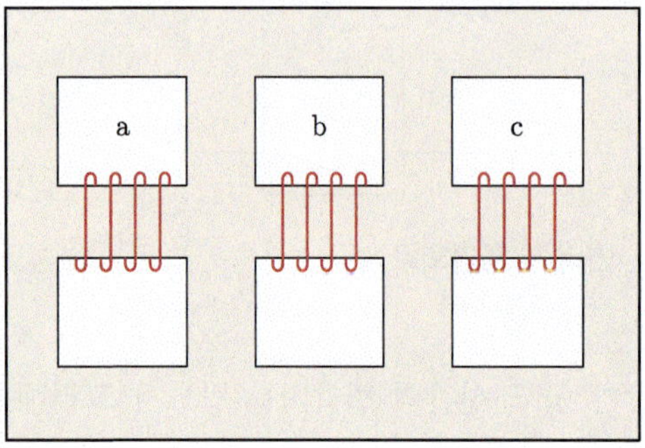

3-phase shell-type transformer

(a) 외철형 변압기

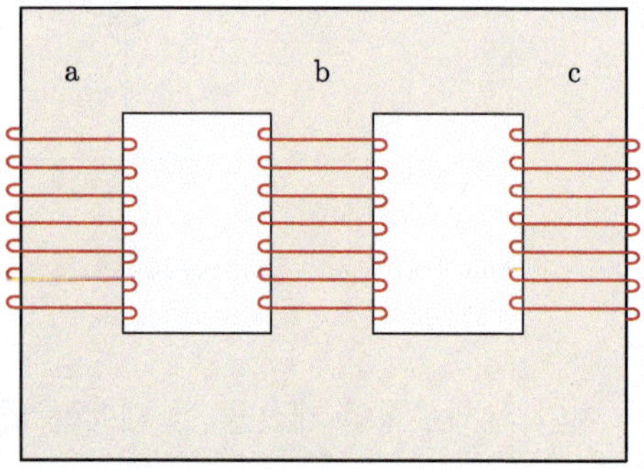

3-phase, 3-leg, core-type transformer

(b) 내철형 변압기

그림 3.42 외철형 및 내철형 변압기

3.1.3 단권 변압기의 등가모델

권선형 계기용변압기(PT : Potential Transformer)는 변압기로 표현할 수 있으며, 개방 및 여자시험 데이터를 이용하여 전기적인 등가회로로 표현할 수 있다. 그러나 대용량 변압기에 사용되는 단권변압기는 고압과 저압 권선을 공유하며 EMTP에서 직접 단권변압기 모델을 지원하지 않으므로 3권선 변압기와 등가가 되도록 변환하여야 한다. 즉, 보다 정확한 표현을 위해서 고압권선 H, 저압권선 L 대신에 직렬권선 1과 공통권선 2로 분리할 필요가 있으며, 이것은 권선 1과 2에 대하여 단락시험 데이터를 다시 정의하여야 한다. 또한 모든 단권변압기는 3차권선을 가지고 있으므로, 이 T 권선이 재정의에 포함되어야 한다.

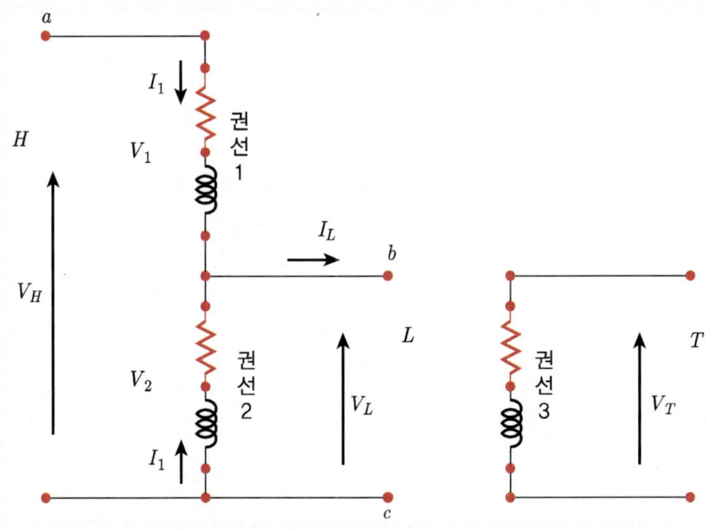

그림 3.43 3차 권선이 있는 단권변압기

각 단자전압은 식 (3.72)과 같다.

$$V_1 = V_H - V_L$$
$$V_2 = V_L$$
$$V_3 = V_T \tag{3.72}$$

H와 L사이의 시험에서 권선 2는 단락되어 있고, H에 걸리는 전압은 실제로 권선 1에 걸리기 때문에 권선 1-2 사이의 시험데이터를 직접 이용할 수 있다(b와 c는 단락되어

같은 전압임). 이 시험결과를 3권선 변압기로 등가 변환하기 위하여 1차측 전압을 V_H, a-b간의 전압을 $V_H - V_L$로 놓으면 권수비 α는 식 (3.73)과 같다.

$$\alpha = \frac{n1}{n2} = \frac{V_H}{V_H - V_L} \tag{3.73}$$

3권선 변압기 1-2차간의 임피던스를 Z_{12}라 하면, 단권 변압기 H와 L간의 임피던스 Z_{HL} 사이에는 전압비만 다르게 되어 식 (3.74)와 같다.

$$Z_{12} = Z_{HL} \cdot \alpha^2 = Z_{HL}\left(\frac{V_H}{V_H - V_L}\right)^2 [\text{p.u.}] \tag{3.74}$$

권선 2와 권선 3사이의 시험결과는 교정이 필요 없으므로 식 (3.75)와 같다.

$$Z_{23} = Z_{LT}\,[\text{p.u.}] \tag{3.75}$$

권선 3을 단락시켜서 1.0[p.u.]의 전류 I_3가 Z_3에 흐르게 한다. 이때 전류 I_H는 고압측 권선에 V_H를 가했을 때, 권선 1과 2를 통해서도 1.0[p.u.]가 흐르게 된다. 전류 I_1, I_2를 전압 V_1, V_2로 변환하면 식 (3.76)과 같다.

$$I_1 = \frac{V_1}{Z_H} = \frac{V_H - V_L}{V_H / I_H} = \frac{V_H - V_L}{V_H} \qquad \because\ I_H = 1.0[\text{p.u.}]$$

$$I_2 = \frac{V_2}{Z_H} = \frac{V_L}{V_H} \tag{3.76}$$

3권선 변압기로 등가화하기 위하여 그림 3.44와 같은 3권선 변압기의 등가회로를 이용하여 전압 V_1, V_2을 구한다[13].

권선 3의 전류를 $i_3 = 1.0$[p.u.]로 환산한 식 (3.76)의 I_1, I_2로 환산한 전압 V_1과 V_2는 식 (3.77), 식 (3.78)와 같다.

$$\begin{aligned} V_1 &= Z_1 I_1 + Z_3 I_3 \\ &= Z_1 I_1 + Z_3 \\ &= Z_I\left(\frac{V_H - V_L}{V_H}\right) + Z_3 \end{aligned} \tag{3.77}$$

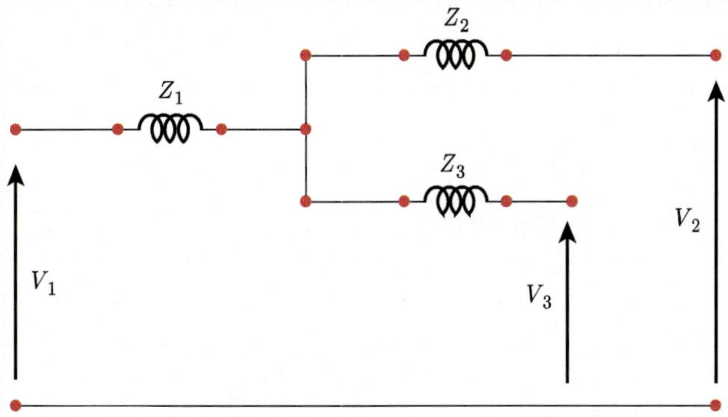

그림 3.44 3권선 변압기의 등가회로

$$
\begin{aligned}
V_2 &= Z_2 I_2 + Z_3 I_3 \\
&= Z_2 I_2 + Z_3 \\
&= Z_1\left(\frac{V_L}{V_H}\right) + Z_3
\end{aligned}
\tag{3.78}
$$

식 (3.77)에 $(V_H - V_L)$을 곱하고, 식 (3.78)에 V_L을 곱하여 얻은 두식의 좌·우항을 각각 더하고 $V_H - V_L = V_1$, $V_L = V_2$를 대입하여 정리하면 식 (3.79)가 된다.

$$
\frac{V_1^2 + V_2^2}{V_H} = Z_1\left(\frac{V_H - V_L}{V_H}\right)^2 + Z_2\left(\frac{V_L}{V_H}\right)^2 + Z_3 \tag{3.79}
$$

식 (3.79)의 좌변에서 $V_H \cdot 1 = P$이고 V_H에 의한 전류는 1.0[p.u.]이므로 $\frac{V_1^2}{V_H \cdot 1} + \frac{V_2^2}{V_H \cdot 1}$은 임피던스가 된다.

3차측을 단락시키고 H측에서 측정한 임피던스 전압은 % 임피던스와 같으므로 이를 Z_{HT}라 하면 식 (3.79)의 좌변은 권선 1과 권선 2의 임피던스의 합 Z_{HT}와 같아서 식 (3.80)로 다시 표현할 수 있다.

$$
Z_{HT} = Z_1\left(\frac{V_H - V_L}{V_H}\right)^2 + Z_2\left(\frac{V_L}{V_H}\right)^2 + Z_3 \tag{3.80}
$$

그림 3.44의 3권선 변압기 등가회로에서 Z_{12}, Z_{23} 및 Z_{13}는 다음과 같이 정의된다[1].

- Z_{12} : 2차측을 단락하고 1차 회로에서 측정한 임피던스(3차측은 개방)
- Z_{13} : 3차측을 단락하고 1차 회로에서 측정한 임피던스(2차측은 개방)
- $Z_{23}^{'}$: 3차측을 단락하고 2차 회로에서 측정한 임피던스(1차측은 개방)
- $Z_{23}^{'} = \left(\frac{n1}{n2}\right)^2 Z_{23}^{'}$ (전압비가 다르므로 1차측으로 환산)

그림 3.45에서 Z_{12}, Z_{13}, Z_{23}는 식 (3.81)와 같다.

$$Z_{12} = Z_1 + Z_2 \tag{3.81a}$$

$$Z_{13} = Z_1 + Z_3 \tag{3.81b}$$

$$Z_{23} = Z_2 + Z_3 \tag{3.81c}$$

식 (3.81)의 각각의 좌·우항에 대해 (3.81a)+(3.81b)-(3.81c)를 하면 식 (2-43)(a)와 같이 Z_1을 구할 수 있다. 같은 방법으로 식 (3.81)의 각 좌우항을 (3.81a)+(3.81c)-(3.81b)를 하면 식 (3.82b)와 같이 Z_2를 구할 수 있으며, (3.81b)+(3.81c)-(3.81a)를 하면 식 (3.82c)와 같이 Z_3를 구할 수 있다.

$$Z_1 = \frac{1}{2}(Z_{12} + Z_{13} - Z_{23}) \tag{3.82a}$$

$$Z_2 = \frac{1}{2}(Z_{12} + Z_{23} - Z_{13}) \tag{3.82b}$$

$$Z_3 = \frac{1}{2}(Z_{13} + Z_{23} - Z_{12}) \tag{3.82c}$$

식 (3.74)와 식 (3.81a)의 좌변이 Z_{12}로 같으므로 우변끼리도 같아 식 (3.83)과 같이 표현할 수 있다.

$$Z_1 + Z_2 = Z_{HL}\left(\frac{V_H}{V_H - V_L}\right)^2 \tag{3.83}$$

식 (3.75)와 식 (3.81c)의 좌변이 Z_{23}로 같으므로 우변끼리도 같아 식 (3.84)와 같이 표현할 수 있다.

$$Z_2 + Z_3 = Z_{LT} \tag{3.84}$$

식 (3.80), 식 (3.83), 식 (3.84)를 연립하여 풀면, 식이 3개이고 변수가 3개이므로 Z_1, Z_2, Z_3을 각각 구할 수 있다. 따라서 세 식을 연산하여 풀면 Z_{13}를 식 (3.85)과 같이 구할 수 있다.

$$Z_{13} = Z_{HL}\frac{V_H V_L}{(V_H - V_L)^2} + Z_{HT}\frac{V_H}{V_H - V_L} - Z_{LT}\frac{V_L}{V_H - V_L} \tag{3.85}$$

그러므로 그림 3.43의 단권변압기는 Z_{12}, Z_{23} 및 Z_{13}를 이용하여 Z_1, Z_2 및 Z_3로 변환할 수 있어, EMTP에서 사용이 가능한 그림 3.45와 같은 권선 1, 2, 3의 3권선 변압기로 취급할 수 있다.

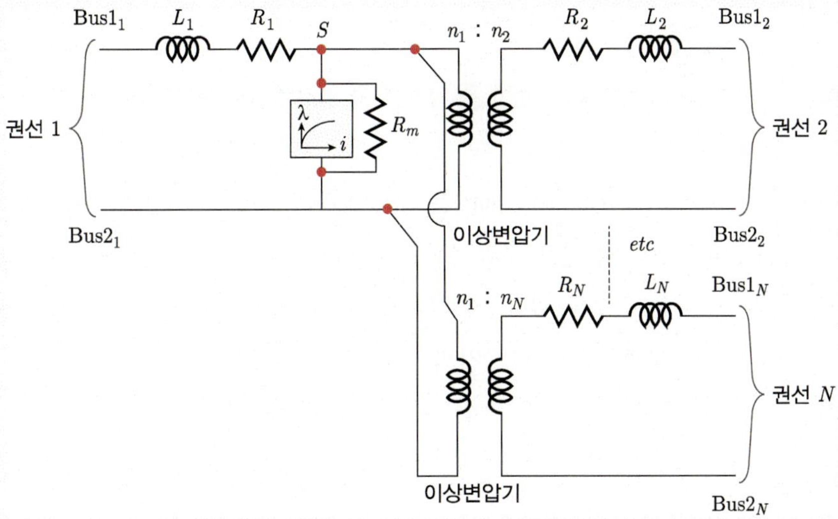

그림 3.45 N-권선 변압기의 성형결선 표현

3.1.4 변압기 철심의 포화특성

여자전류는 자화곡선의 포화점을 넘으면 $\lambda = L_m i$에서 전압증가와 무관하게 일정하다. 그림 3.46은 방향성 강판(Grain-oriented steel)을 이용한 변압기 철심의 포화특성을 나타낸 것이고 포화점은 정격 자속의 1.1~1.2[p.u.] 부근이다[12].

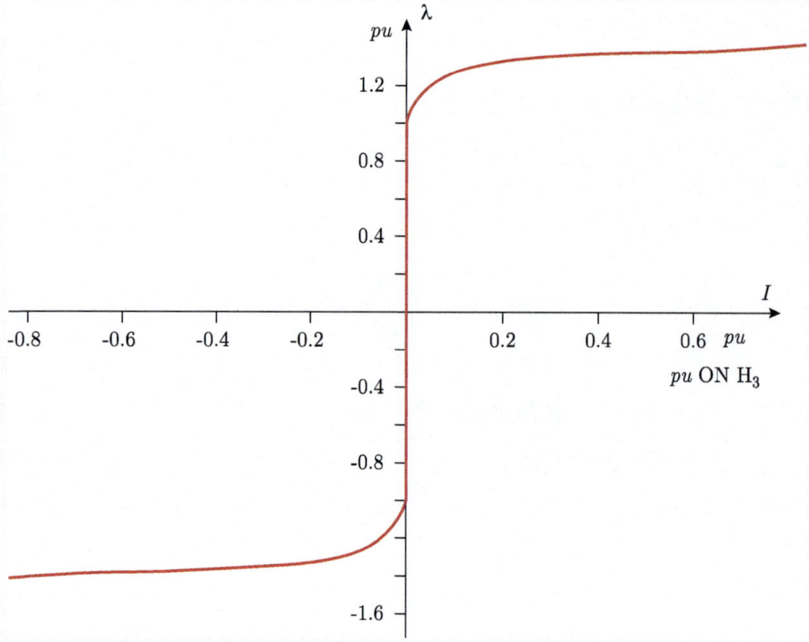

그림 3.46 전형적인 포화특성곡선

여자전류의 무효성분(Imaginary part)은 자화 인덕턴스 L_m에 관련된 자화전류이고 유효성분(Real part)은 여자손실로 무효성분의 10[%] 정도로 작고 용량에 비해 매우 작기 때문에 종종 무시되는 경우도 있다. 자화인덕턴스 L_m에 병렬로 분로 컨덕턴스 G_m을 삽입하면 합리적으로 모의할 수 있고, 자화컨덕턴스 G_{m-pu}를 [p.u.]로 나타내면 식 (3.86)과 같다.

$$G_{m-pu} = \frac{P_{exec}}{S_{rating}} \tag{3.86}$$

여기서, P_{exec} : 여자 시험시의 여자손실[W]

S_{rating} : 성격 용량[VA]

[p.u.]로 표시한 자화리액턴스를 X_{m-pu}의 역수는 식 (3.87)과 같다.

$$\frac{1}{X_{m-pu}} = \sqrt{\left(\frac{I_{exe}}{I_{rating}}\right)^2 - (G_{m-pu})^2} \tag{3.87}$$

여기서, I_{exe} : 여자 시험시의 여자전류 크기

I_{rating} : 정격 전류

G_{m-pu}은 $1/X_{m-pu}$에 비하여 매우 작은 값이므로 식 (3.87)은 식 (3.88)로 나타낼 수 있으며 오차는 1[%] 이하이다.

$$\frac{1}{X_{m\,pu}} \approx \frac{I_{exc}}{I_{rating}} \tag{3.88}$$

돌입전류, 철공진과 같은 차단기 동작시 발생하는 과도현상의 분석에는 변압기 철심의 포화 효과를 고려해야 한다. EMTP에서 STC(Saturable Transformer Component) 모델은 직접 포화곡선을 입력할 수 있다.

그림 3.46과 같은 비선형 형태의 인덕턴스는 2단 구간의 선형 인덕턴스로 모의하여도 충분한 정밀도를 얻을 수 있다. 그림 3.47은 그림 3.48에 나타낸 실계통 경우를 2단 및 5단의 구간 선형 인덕턴스로 나타낸 것이다. 항복점을 넘어서는 포화 구간의 기울기는 공심의 인덕턴스이며, 포화되지 않은 구간의 기울기와 비교하여 기울기가 매우 낮고 거

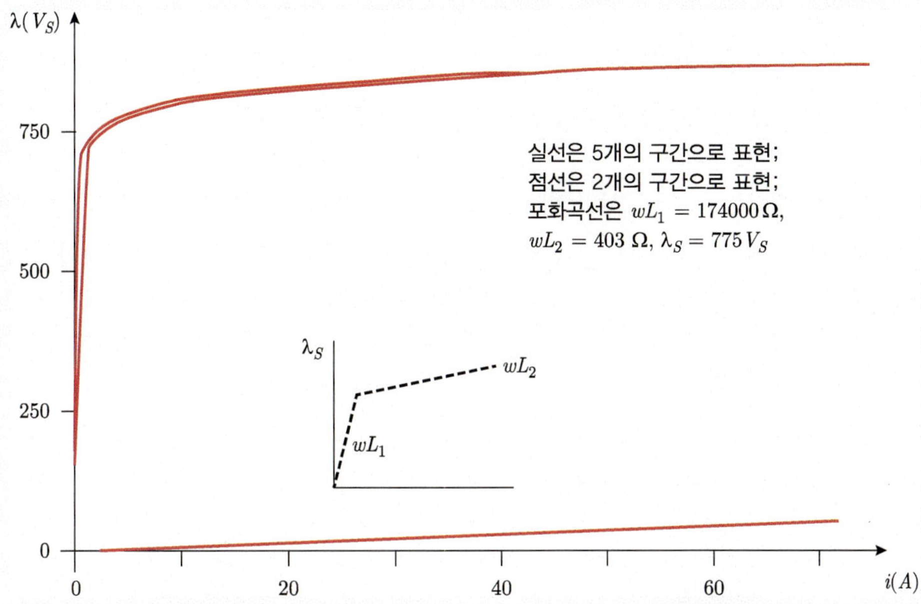

그림 3.47 2구간 및 5구간으로 표현한 구간선형 인덕턴스

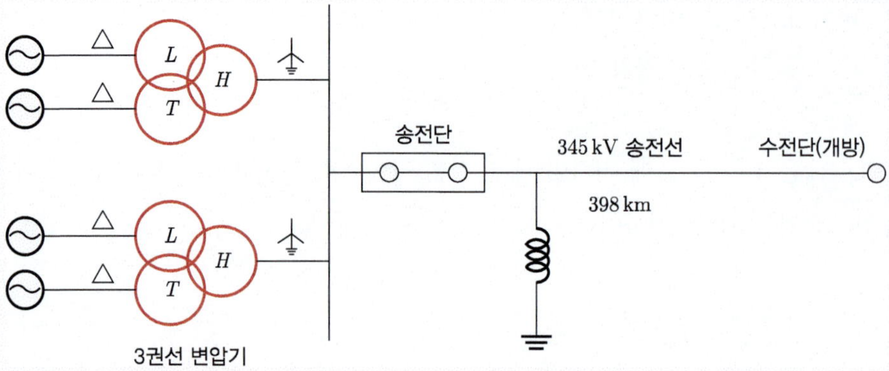

그림 3.48 브라질에서 여러 가지 실증시험에 사용된 계통도

의 선형이다. 전형적인 공심 인덕턴스의 값은 2권선 변압기에서 $2L_{short}(L_{short}$ =단락 인덕턴스) 정도이며, 단권변압기에서는 L_{short}의 4~5배이다. 포화 되지 않는 부분에서 대용량 변압기의 공심 인덕턴스는 매우 높다.

제작사에서 제공하는 포화곡선은 보통 RMS 전압과 RMS 전류의 형태로 제공된다. CONVERT 루틴은 V_{RMS}/I_{RM} 곡선을 다음과 같은 가정하에 자속(λ)/전류(i) 곡선 $\lambda = f(i)$로 변환하여 EMTP 루틴에 적용한다.

1. 철심의 히스테리시스 손실과 와전류손실은 무시한다.
2. 권선의 저항은 무시한다.
3. λ/i 곡선은 두 점간에 선형 내삽(interpolation)이 가능한 점에서 생성된다.

변환을 위해서는 자속이 시간 함수로 기본주파수에서 정현파로 변한다고 가정하는데, 이것은 정현파 단자전압을 V_{RMS}/I_{RM} 곡선으로 측정한 것과 유사하다. 전압이 정현파이므로 자속으로 변환한 값도 단순하게 환산할 경우 식 (3.89)와 같다.

$$\lambda = \frac{V_S\sqrt{2}}{w} \tag{3.89}$$

전류를 환산하는 것은 그림 3.49의 선형구간인 A-B 구간의 i_B점을 제외하고는 더 복잡하다.

$$i_B = I_{RMS-B}\sqrt{2} \tag{3.90}$$

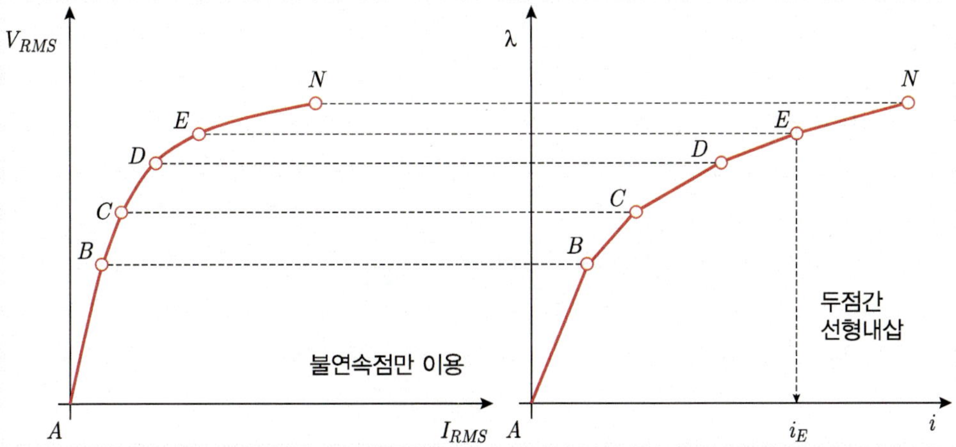

그림 3.49 V_{RMS}/I_{RM} 커브를 λ/i 커브로 반복적으로 변환

다음 구간의 점 i_C, i_D, $\cdots$이 반복되는 값이므로 i_E를 다음에 오는 값이라고 가정한다. 정현파 자속 λ이 그 최대값 λ_E에 도달한다고 가정하면 식 (3.84)로 나타내진다.

$$\lambda = \lambda_E \sin wt \tag{3.91}$$

각 곡선에서 다음의 끝나는 점이 정의되어 있으므로 구간 A-B, B-C 및 C-D에서 i는 λ의 함수로 이미 알고 있다. 그리고 또한 식 (3.90)과 같이 시간의 함수이다. 단지 마지막 구간의 전류 i_E는 아직까지 알 수가 없고 $i = f(t,\ i_E)$로 나타내진다.

RMS 값은 식 (3.92)으로 구해진다.

$$F = (I_{RMS-E})^2 = \frac{2}{\pi}\int_0^{\frac{\pi}{2}} i^2\, d(wt) \tag{3.92}$$

식 (3.92)을 사다리꼴 적분하면(적절한 스텝은 1° 간격임), F는 식 (3.93) 형태가 된다.

$$F = a + bi_E + ci_E^2 \tag{3.93}$$

F는 I^2_{RMS-E}과 같아야 하므로 i_E 값을 구할 수 있다. 이 과정을 마지막 점 i_N을 구할 때까지 귀납적으로 반복한다.

이렇게 생성된 λ/i 커브를 이용하여 EMTP로 개방 및 단락 시험 회로를 만들어 V_{RMS}/I_{RM} 커브를 다시 계산하는데 사용하면, 이것은 반올림 오차를 제외하고는 원래의 V_{RMS}/I_{RM} 커브와 일치한다.

3.2 EMTP를 이용한 변압기 모의

3.2.1 Saturable Transformer

기본 화면에서 오른쪽 마우스를 클릭하여 Transformer에서 모의하고자하는 변압기 모델을 지정한다. 예를 들어 saturable 3 phase를 선택하면 그림 3.50과 같이 변압기 아이콘이 나타난다. 이 아이콘을 더블클릭하면 변압기 특성을 입력하기 위한 화면이 나타난다.

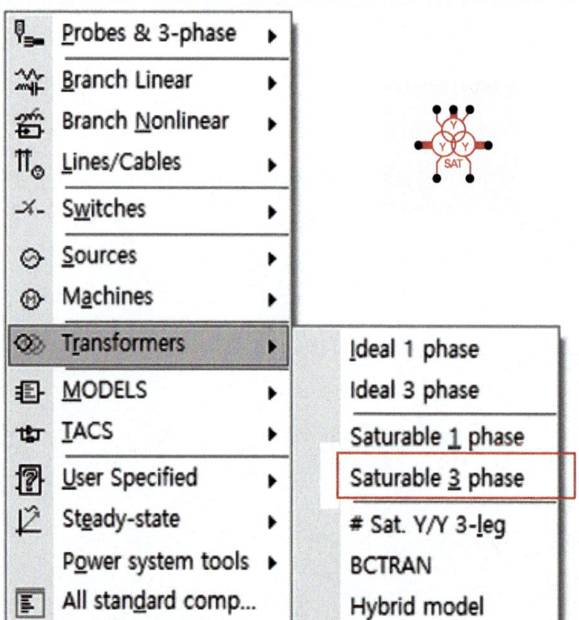

그림 3.50 변압기 모델–Saturable 3 phase 예제

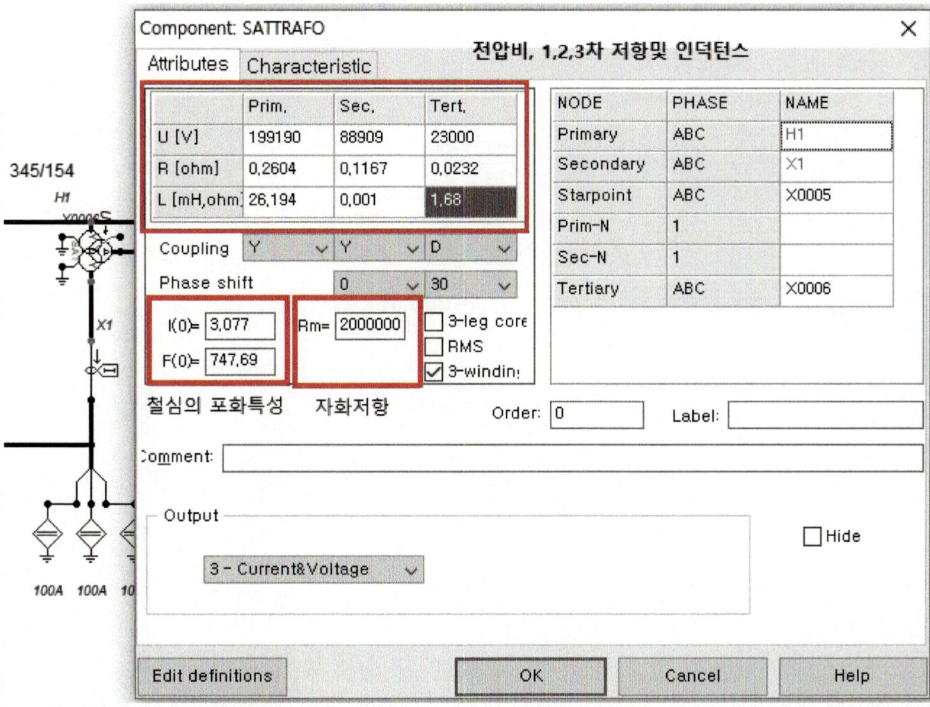

그림 3.51 Saturable 3 phase 변압기 입력 화면

그림 3.51은 변압기의 특성값을 입력하는 예를 보여준다. 첫 번째 탭(Attributes)에서는 1, 2, 3차 권선의 변압비, 저항 및 인덕턴스, 결선의 종류, 정상상태에서의 여자전류와 자속의 값, 자화저항 값 등을 입력한다.

3.2.2 변압기 철심의 포화특성

변압기철심의 포화특성은 변압기 개방 시험시에 정격의 100%를 초과한 범위에서 시험한 데이터가 있어야 한다. 이 포화특성은 변압기 모델에 직접 입력하여 사용할 수 있으며 type 96과 같은 별도의 보조루틴을 이용하여 사용할 수도 있다.

그림 3.52는 변압기 철심의 포화특성값을 입력하는 예를 보여준다. 두 번째 탭(Characteristic)을 클릭하여 I-Φ 특성데이터를 그림과 같이 수치로 입력하고, 정상적으로 입력되었는지 여부를 그림과 같이 확인할 수 있다.

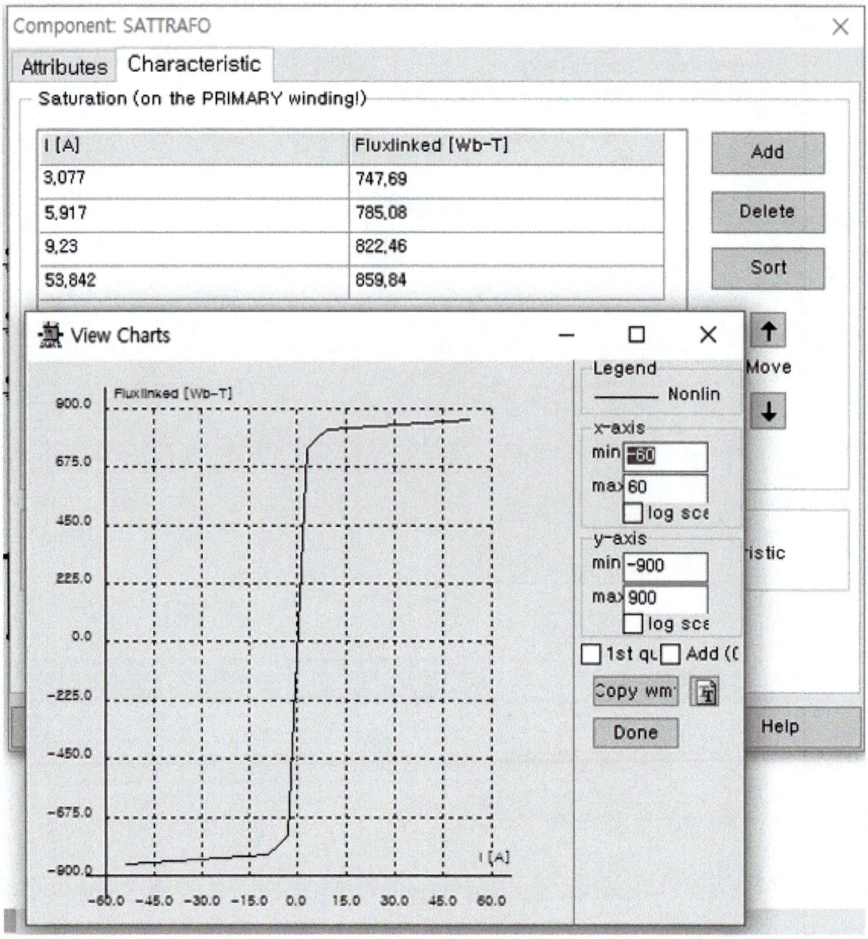

그림 3.52 345 kV/154 kV/23 kV 500 MVA 변압기 포화특성의 예

3.2.3 변압기 모델링 예제

1) BCTRAN 모델

아래와 같은 300MVA 3상 3권선 변압기 시험데이터를 활용하여 BCTRAN 보조루틴의 입력데이터를 나타내면 아래와 같다. 아래의 입력데이터를 해석하여 변압기의 $[R]$, $[L]$ 및 $[L]-1$ 행렬을 구하라. 또한, 정상분 1-2차 권선 단락 임피던스와 불포화 여자임피던스의 비율을 계산하라.

3상변압기 단락 및 개방시험 데이터

시험 형태		시험데이터
정상분 개방시험	여자전류(%)	0.31
	여자손(kW)	62.566
영상분 개방시험	여자전류(%)	0.31
	여자손(kW)	62.566
단락시험임피던스 (괄호속 MVA기준)	Z_{12}^{pos}(%) (166.7)	9.72
	Z_{13}^{pos}(%) (36.7)	13.2
	Z_{23}^{pos}(%) (36.7)	10.1
	Z_{12}^{zero}(%) (166.7)	-
	Z_{13}^{zero}(%) (36.7)	-
	Z_{23}^{zero}(%) (36.7)	-
권선저항	R1	260.44(mΩ)
	R2	116.68(mΩ)
	R3	23.230(mΩ)

변압기 포화특성

V_{rms}(%)	I_{rms}(%)
100.0	0.31
110.0	0.71

2) STC(Saturable Transformer Component)모델

아래와 같이 3상 변압기를 가포화 변압기(STC)로 모의하기 위한 입력 데이터를 작성하시오.

* 주 변압기는 345/154/23(kV) Y-Y-D 결선의 단권변압기(Auto-Transformer)로서 아래 그림과 같이 결선되어 있다. 이러한 단권변압기는 3대의 단상변압기가 독립적으로 3상변압기를 구성하고 있는데, 시험성적서의 자료를 기준으로 하여 STC변압기 모델의 입력데이터를 구성해보면 다음과 같다.

OOO S/S Transformer

1ϕ 166.7MVA 345/154/23 kV 3대로 3상 Bank 구성함.

정격용량(FAO_2) : 166.7×3=500 MVA

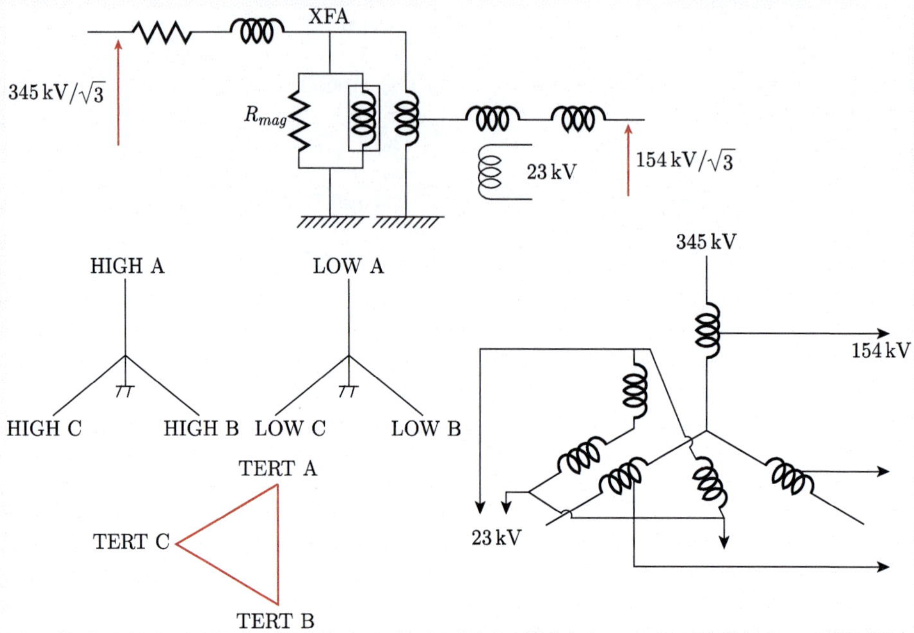

그림 3.53 345kV 변압기 결선상태

OOO S/S Auto Transformer 시험성적서 자료

1) 여자전류 : $I_e = 0.31\%$(166.7 MVA)

포화특성 : V_{rms}(%) I_{rms}(%)

V_{rms}(%)	I_{rms}(%)
100%	0.31%
110%	0.71%

2) 단락임피던스 : $Z_{12} = 9.72\%$ (166.7 MVA base)

$Z_{13} = 13.2\%$ (36.7 MVA base)

$Z_{23} = 10.1\%$ (36.7 MVA base)

3) 권선저항 : (28℃) (75℃)

$R_1 = 260.44(\text{m}\Omega)$ 307.07(mΩ)

$R_2 = 116.68(\text{M}\Omega)$ 137.57(mΩ)

$R_3 = 23.230(\text{m}\Omega)$ 27.38(mΩ)

※ 변압기 DATA 75℃ 기준(저항 및 손실변환기준)

$$\frac{234.5+75}{234.5+t}$$

4) 부하손실 : (28℃) (75℃)

$P_{12} = 283618(\text{W}),\ 274802(\text{W})$

5) 무부하 손실 :

$P_{e1} = 62566(\text{W})$

STC 입력데이터 계산 : (시험성적서 자료가공)

$$I_{steady} = \frac{500,000}{\sqrt{3}\times 345}\times 0.0031\times \sqrt{2} = 3.6683(A)$$

$$\psi_{steady} = \frac{\frac{345,000}{\sqrt{3}}\times \sqrt{2}}{377}(V-\sec) = 747.19(V-\sec)$$

$$I_{sat} = \frac{500,000}{\sqrt{3}\times 345}\times 0.0071\times \sqrt{2} = 8.4016(A)$$

$$\psi_{sat} = \frac{\frac{345,000}{\sqrt{3}}\times \sqrt{2}}{377}\times 1.2 = 821.91(V-\sec)$$

$$R_{mag} = \frac{\left(\frac{345000}{\sqrt{3}}\right)^2}{62566} = 634.13(\text{k}\Omega)$$

단락임피던스 산정을 위하여 Z_{12}, Z_{13}, Z_{23}를 166.7 MVA base로 환산하면,

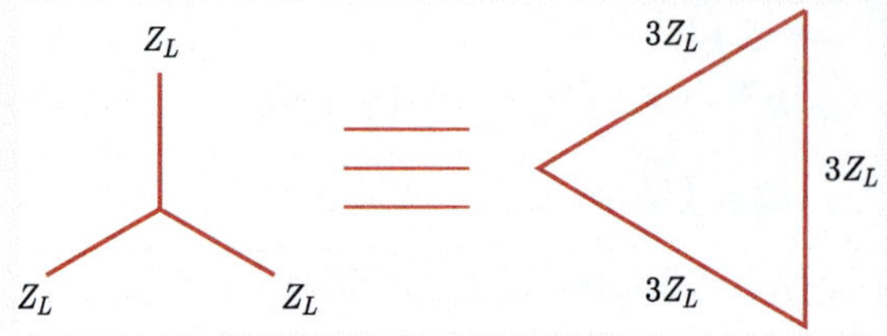

그림 3.54 와이-델타 변환

$$Z_{12} = 0.0972(\text{p.u.})$$

$$Z_{13} = 0.132 \times \frac{166.7}{36.7} = 0.5996(\text{p.u.}) \qquad \rightarrow$$

$$Z_{23} = 0.101 \times \frac{166.7}{36.7} = 0.45876(\text{p.u.})$$

$$Z_1 = \frac{1}{2}(0.0972 + 0.5996 - 0.45876) = 0.11902(\text{pu})$$

$$Z_2 = \frac{1}{2}(0.0972 + 0.45876 - 0.53) = -0.02182(\text{pu})$$

$$Z_3 = \frac{1}{2}(0.5996 + 0.45876 - 0.097) = 0.48058(\text{pu})$$

각 권선별 단락임피던스를 (pu)값에서 (Ω)값으로 변경하면,

$$Z_1 = \frac{0.11902 \times \left(\frac{345}{\sqrt{3}}\right)^2}{166.7} = 28.33(\Omega)$$

$$Z_2 = \frac{-0.02182 \times \left(\frac{154}{\sqrt{3}}\right)^2}{166.7} = -1.03497(\Omega)$$

$$Z_3 = 0.48058 \times \frac{(23)^2}{166.7} = 1.52506(\Omega) \text{이 된다.}$$

3.3 피뢰기

3.3.1 피뢰기 모델링의 개요

피뢰기는 반자기복귀절연(non-self restoring insulation) 특성을 갖는 발전기, 변압기, 리액터, 케이블 및 GIS 모선 등을 과전압으로부터 보호하기 위하여 사용하는 전력 기기이다. 과거에는 피뢰기가 뇌과전압 보호용으로만 사용되고 있었으나 현재는 일시과전압을 제외한 계통에서 발생 가능한 모든 서지에 대해 보호기기로 적용되고 있다. 이러한 피뢰기의 종류로는 갭부 SiC 피뢰기와 ZnO 피뢰기가 있는데 최근에는 비선형 특성이 훨씬 평활한 Gapless ZnO 피뢰기가 주로 사용되고 있다. 여기서는 EMTP에서 주로 사용되고 있는 ZnO 피뢰기에 대하여 설명한다. ZnO 피뢰기는 비선형저항 블록을 직접 연결한 형태로서 Gapless ZnO 피뢰기의 전압-전류특성은 갭부 SiC 피뢰기보다 훨씬 평활한 특성을 가지고 있으며 일반적으로 다음 식과 같이 표현한다.

$$i = p\left(\frac{V}{V_{ref}}\right)^q \quad p,\ q,\ V_{ref}\text{는 상수} \tag{3.94}$$

ZnO 피뢰기의 비선형저항은 V_{ref} 전압 이하에서는 무한대에 가까운 기울기를 가지므로 누설전류가 극히 적으나 V_{ref} 이상의 과전압 보호구간에서는 거의 '0'에 가까운 기울기를 가지므로 방전시 피뢰기의 단자전압을 일정수준 이하로 제한하게 된다. 이러한 ZnO 피뢰기의 종류에는 그림 3.55와 같은 3종류의 모델이 있는데 그림 3.55(a)의 Gapless 피뢰기가 주로 사용되고 있다.

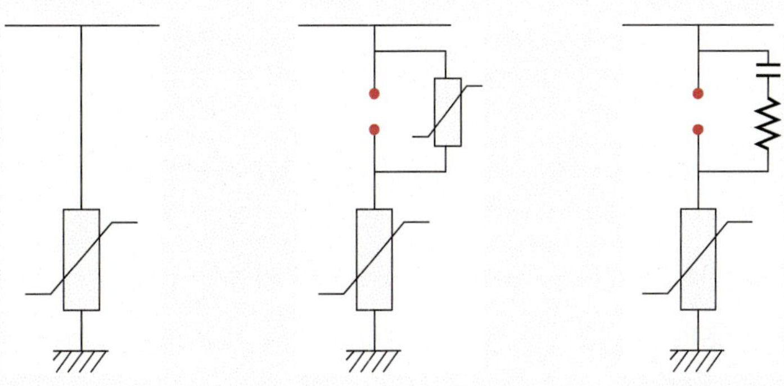

(a) Gapless (b) Shunt Gap (c) Series Gap

그림 3.55 ZnO 피뢰기의 종류

EMTP BRANCH CRAD에서 ZnO 피뢰기를 모의하는 방법은 비선형 V-I특성을 갖는 저항과 방전전압만으로 모의하는 Type 99 가상 비선형저항, 선형저항과 직렬 연결된 비선형저항[$R(i)$]을 사용하여 모의하는 TYPE 92(4444) 불연속 선형저항, Type 92(5555) 지수함수형 비선형저항이 있는데, 각 모델의 개략적인 특징을 그림 3.56에 나타내었다.

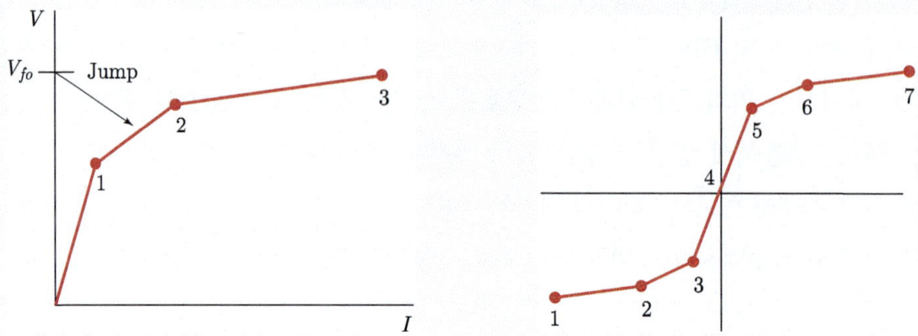

(a) Type 99 피뢰기 (b) Type 92(4444) 피뢰기

그림 3.56 Type 99 및 Type 92(4444) 피뢰기모델의 특징

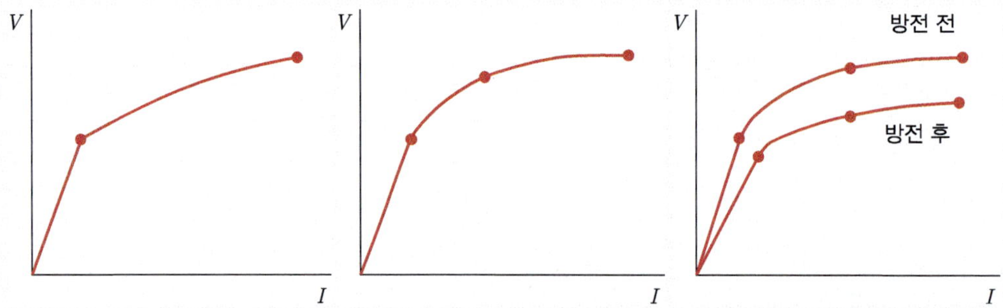

(a) Single Segment (b) Two Segments (c) Shunt-Gap Segments

그림 3.57 Type 92(5555) 피뢰기모델의 특징

Type 92(5555) 지수함수형 비선형저항 모델은 Type 92(4444) 불연속 선형저항모델과 유사한데 그림 3.57과 같이 초기 선형구간 이외의 부분을 지수함수로 표현한 점과 갭부 ZnO의 경우 방전전후의 특성 곡선을 별도로 모의 가능한 점이 다르다. 또한 이 모델 적용시에는 각 시점에서의 정확한 해를 구하기 위하여 보상정리 및 Newton-Raphson 방법을 적용하므로 피뢰기의 초기치는 선형구간 내에 존재해야 하고 시증분은 충분히 작게 설정해야 한다.

3.3.2 EMTP를 이용한 피뢰기 모의

피뢰기의 모의는 기본 화면에서 오른쪽 마우스를 클릭하여 Branch Nonlinear에서 MOV Type 92를 선택하여 피뢰기 입력 화면을 연다. 다음에 속성 화면에서 나머지는 default로 두고 V_{ref} 전압을 정격 전압 부근의 전압을 입력한다. 이 값은 피뢰기의 열적 능력을 계산하는데 큰 영향을 미치는데 정확한 값을 알기 어려우므로 몇 개의 값을 입력하여 비교하는 것이 좋으며, Output 옵션을 선택하여 피뢰기의 에너지내량을 구할 수 있다.

다음은 특성 화면에서 피뢰기의 전압, 전류값을 입력한다. 제작사에서 보증하는 브로셔의 값을 이용하여 입력하면 되는데 정격전압 부근에서는 누설전류 정도의 전류 크기를 상정하여 입력한다.

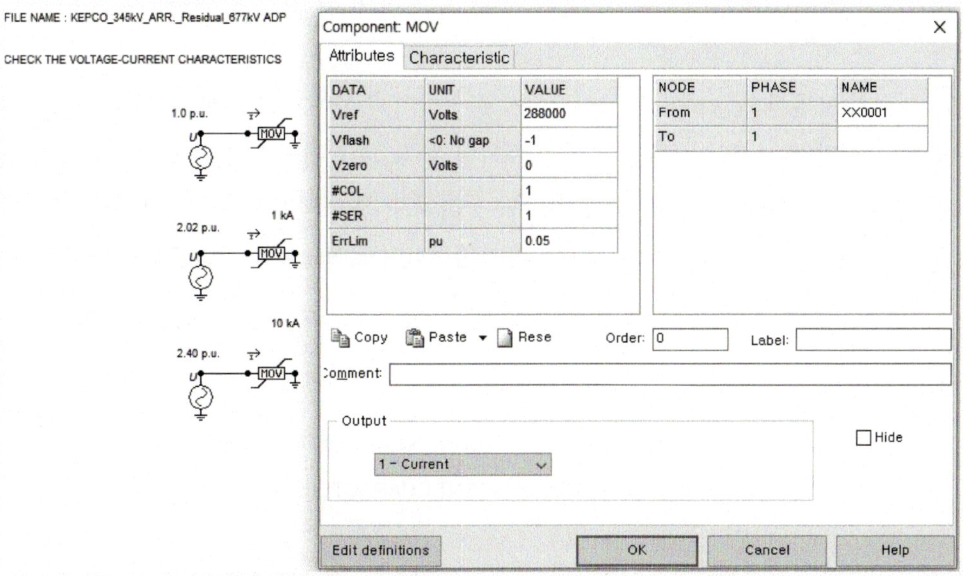

그림 3.58 MOV의 속성 화면에서 V_{ref} 입력하기

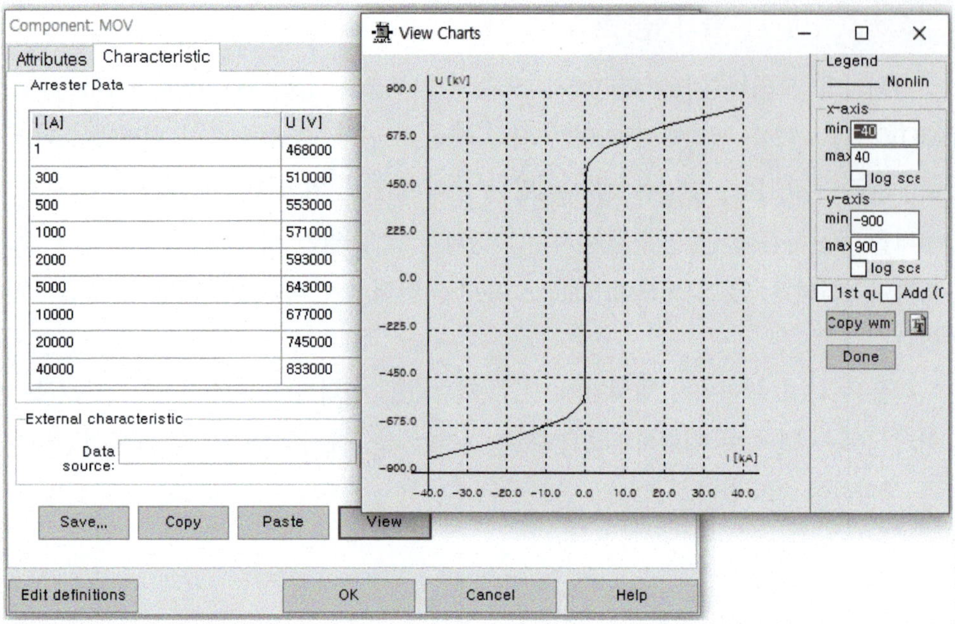

그림 3.59 전압-전류 특성 입력하고 그래프로 확인하기

피뢰기 모델이 적정하게 만들어졌는지 확인하기 위하여 그림 3.60과 같이 시험 전압을 피뢰기에 가하여 전압-전류의 특성을 재확인 한다. 피뢰기의 누설전류 영역, 개폐과전압 영역 및 뇌과전압 영역의 전압을 가하여 구하고자하는 전압-전류 특성이 일치하는지 확인한다. 피뢰기의 특성은 Positive 영역만 입력하여도 Negative 영역은 대칭의값으로 반영된다.

FILE NAME : KEPCO_345kV_ARR._Residual_677kV ADP

CHECK THE VOLTAGE-CURRENT CHARACTERISTICS

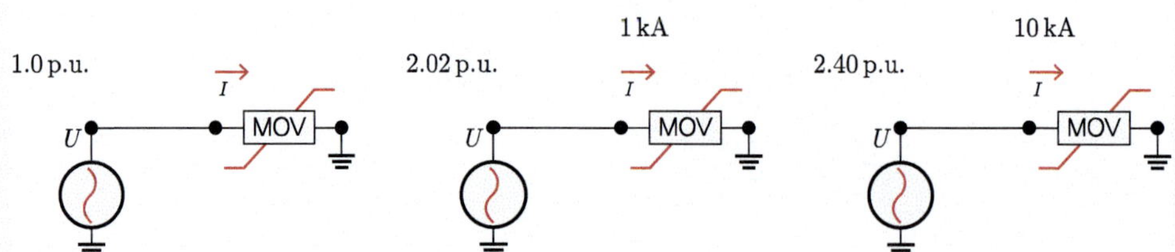

(a) 피뢰기 모델

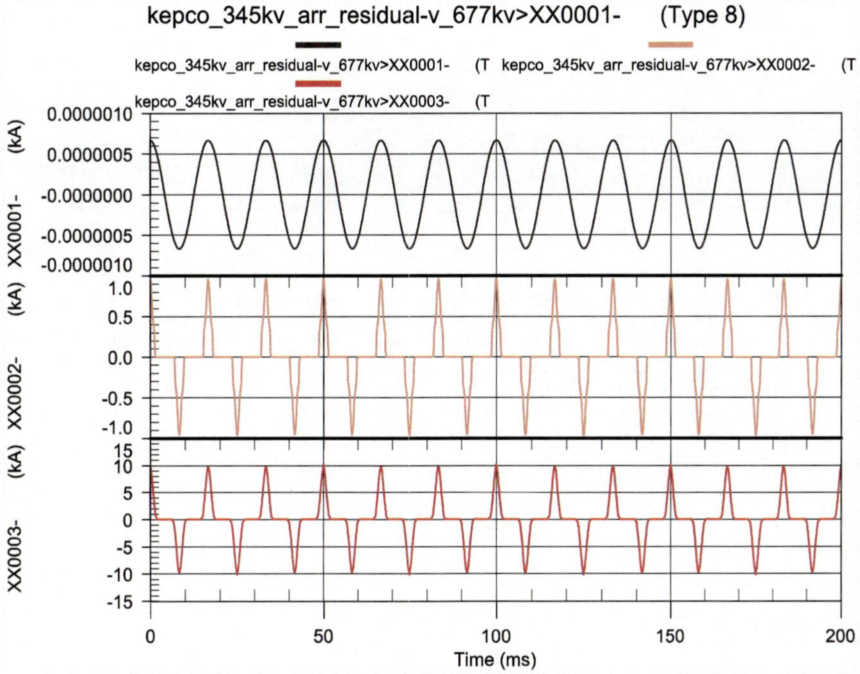

(b) 피뢰기의 전압-전류 특성 확인

그림 3.60 피뢰기 모델 및 결과파형

3.3.3 피뢰기 모델링 예제

아래와 같은 정격전압, 공칭방전전류, 제한전압 및 비선형특성을 가지고 있는 345 kV 용 피뢰기의 ARRDAT 입력데이터를 작성하시오.

1) 피뢰기 데이터

- 정격전압 : 288 kV
- 공칭방전전류 : 10 kA
- 제한전압 : 677 kV
- 비선형특성 : 제작사가 제공하는 아래의 표 참조

Guaranteed protective data

Max. System Voltage	Rated Voltage	Max. continuous operating voltage 1)		TOV capability 2)		Max. residual voltage with current wave						
		as per IEC	as per ANSI/IEEE			30/60 μs			8/20 μs			
U_m kV_{rms}	U_r kV_{rms}	U_C kV_{rms}	MCOV kV_{rms}	1 s kV_{rms}	10 s kV_{rms}	0.5 kA kV_{peak}	1 kA kV_{peak}	2 kA kV_{peak}	5 kA kV_{peak}	10 kA kV_{peak}	20 kA kV_{peak}	40 kA kV_{peak}
170	132	106	106	151	145	254	262	272	295	311	342	382
	144	108	115	165	158	277	286	297	322	339	373	417
	150	108	121	172	165	288	298	309	335	353	388	434
	162	108	131	186	178	312	321	334	362	381	419	469
	168	108	131	193	184	323	333	346	376	395	435	486
	192	108	152	220	211	369	381	396	429	452	497	555
362	258	206	209	296	283	496	512	532	576	607	667	746
	264	211	212	303	290	507	523	544	590	621	683	764
	276	221	221	317	303	530	547	569	617	649	714	798
	288	230	230	331	316	553	571	593	643	677	745	833

그림 3.61 피뢰기 데이터

2) 피뢰기 모델

Type 9999, Type 92(4444), Type 92(5555)로 모델을 만들고 이 피뢰기에 시험전류 파형을 가하여 만들어진 모델이 주어진 특성을 반영하고 있는지 검증하시오.

4

차단기

차단기는 변압기와 함께 변전소에서 중요한 기기의 하나이다. 절연협조에서는 차단기 자체의 물리적인 모델링 보다는 차단기나 단로기의 동작에 따른 전력계통의 과도현상에 더욱 관심이 많다. EMTP에서는 스위치 모델로 표현을 하며 차단기를 매우 이상적으로 전류 영점에서 차단하는 이상적인 차단기 모델 이외에 전류 재단 현상을 모의할 수 있는 옵션을 가지고 있다. 또한 차단기 주접점과 저항 접점의 투입시간을 통계적으로 해석하기 위하여 통계스위치가 사용된다. 차단기의 동작에 의하여 발생되는 과전압의 파형을 분석하여 차단기의 규격중의 하나인 TRV(Transient Recovery Voltage) 규격을 만드는 데에도 이용이 가능하다.

송전선로의 아킹혼 갭에서 일어나는 섬락현상은 아킹혼간의 전압이 섬락이 일어나는 특정 값 이상이 될 경우에 동작하도록 하는 전압제어 스위치로 모의가 가능하며, 보다 상세하게 전압-시간 특성을 모의하려면 TACS(Transient Analysis of Control System) 기능을 이용하여 아크 진전 현상 등을 보다 실제에 가깝게 모의할 수도 있다.

4.1 차단기 투입서지의 개요

아주 간단하게 과도현상 문제를 해석하는 방법은 부하를 연결하여 차단기를 투입시키는 것이다. 이러한 방법은 관심대상의 과도현상을 충분히 표현할 수 없으나 과도현상을 설명하기에 적합하다. 과도현상 모의에 필요한 것들을 열거하면 다음과 같다.

- 부하를 어떻게 표현할 것인가?
- 발전기와 송전선을 어떻게 표현 할 것인가?
- "정상분 시퀀스"만 사용한 모델이 가능한가?
- 해석에 필요한 데이터를 어디에서 얻을 수 있는가?

그림 3.62와 같은 회로를 고려한다.

전원은 부하에 비하여 임피던스가 매우 작아서 무시한다. 전원은 전압 v, 각 주파수 ω이다. 스위치 S가 닫힐 때 전류를 표현하는 방정식은

$$R_i + L\frac{d_i}{d_t} = V(t) = V_m \sin(\omega t + \theta) \tag{3.95}$$

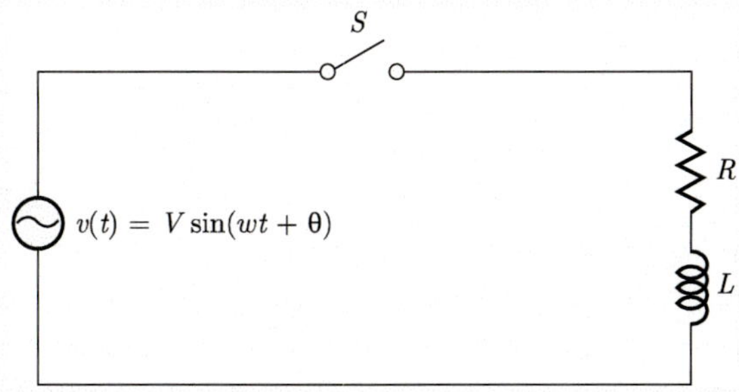

그림 3.62 RL 회로

전압 위상각 θ의 임의의 각에서 차단기가 투입된다. 이 방정식을 풀기 전에 기지의 값을 알기 위하여 정상상태의 전류값을 구하면

$$|I_{ss}| = \frac{V}{Z} \tag{3.96}$$

여기에서 $Z = \sqrt{R^2 + \omega^2 L^2}$

전류각은 전압에 비하여 뒤지게 되므로

$$\cos\Phi = \frac{\mathrm{R}}{\mathrm{Z}}(=\text{역률}) \tag{3.97}$$

특수한 경우를 제외하고는 이러한 정상상태의 전류값이 바로 얻어지지 않는데, 정상상태로 되기까지의 미분방정식의 해를 Laplace 변환 형태로 나타내면

$$i(t) = \frac{V}{Z}\{\sin(\omega t + \theta - \Phi) - \sin(\theta - \Phi)e^{-\alpha t}\} \tag{3.98}$$

여기서, $\alpha = \frac{R}{L}$

식 (3.98)에서 첫 번째 항은 정상상태의 최종값이 되며, 두 번째의 항은 과도상태를 나타낸다. 두 번째의 항은 exponential 형태의 시정수를 포함하고 있으며 $t = 0$에서는 정상상태의 반대 부호를 가지므로 전류는 제로에서 시작한다는 것을 알 수 있다. 그림 3.63은 이러한 응답을 설명한다.

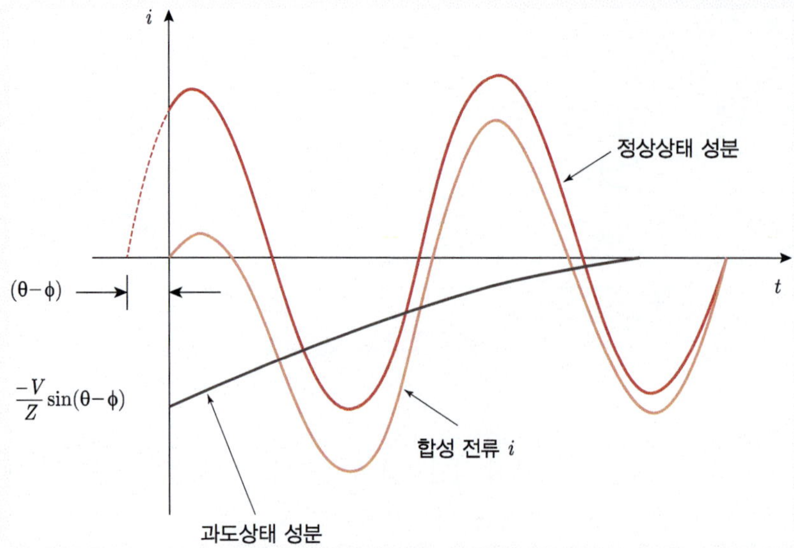

그림 3.63 RL 회로의 응답

매우 특별한 경우로서 $\theta = \Phi$인 순간에 스위치가 닫히면 과도항은 제로가 되고 전류는 대칭이 된다. 한편 과도항의 최대값에서 투입될 때 전류 성분의 첫 번째 피크는 정상상태 정현파 최대값의 2배가 된다.

이상은 RL 스위칭을 예로 들었으나 실제의 현상은 정전용량, 변압기 및 송전선의 효과를 포함하게 되므로 상세한 과도현상 응답 파형을 얻으려면 EMTP와 같은 프로그램이 필요하다.

4.2 개폐과전압 해석에 사용되는 스위치카드

다이오드, 밸브 또는 갭이 아닌 스위치는 다음의 다섯 가지의 다른 기본적인 형태로 되어 있다.

- Class 1 : 일반적인 시간제어 스위치
- Class 2 : 전압제어(섬락) 스위치

- Class 3 : "STATISTICS" 스위치
  투입 및 차단 시간이 임의로 변하는 시간제어 스위치
- Class 4 : "SYSTEMATIC" 스위치
  투입 및 차단 시간이 일정하게 변하는 시간제어 스위치
- Class 5 : "MEASURING" 스위치
  항상 닫혀있는 스위치로 전류, 전력 및 에너지의 모니터링에 이용

4.2.1 시간제어스위치(Time Controlled Switch)

이 스위치는 일반적으로 차단기의 pole을 모의할 수 있다. 투입시간을 지정해 주면 지정시간에 투입이 되고, 차단시간은 지정된 시간 이후에 전류가 영점이 되는 순간에 차단이 된다. 전류의 값을 일정한 값으로 지정하면 프로그램 내에서 매 계산 주기마다 전류의 값을 측정하여 전류의 값이 지정한 값보다 작을 경우에 차단이 된다. 성공적으로 차단이 된 후에는 차단된 상태로 남아있다.

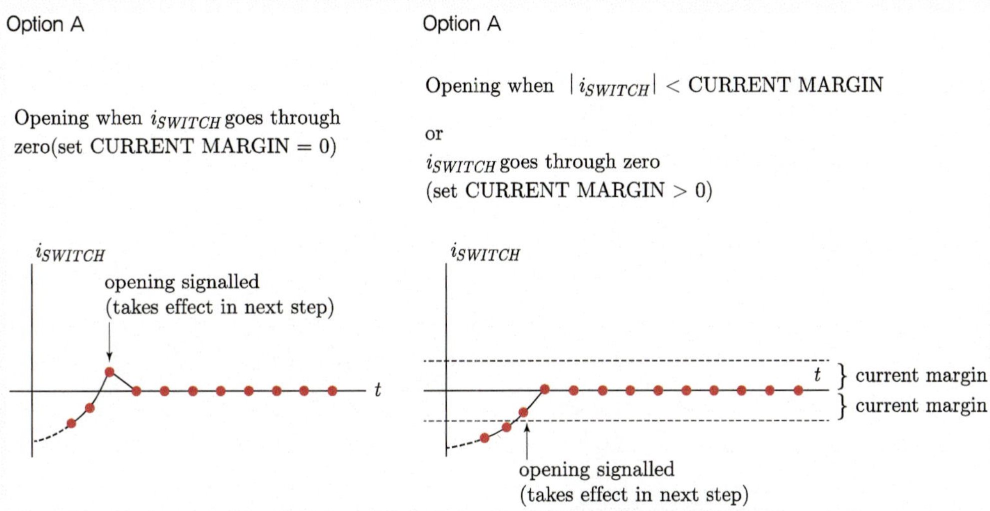

그림 3.64 시간제어스위치(Time Controlled Switch)

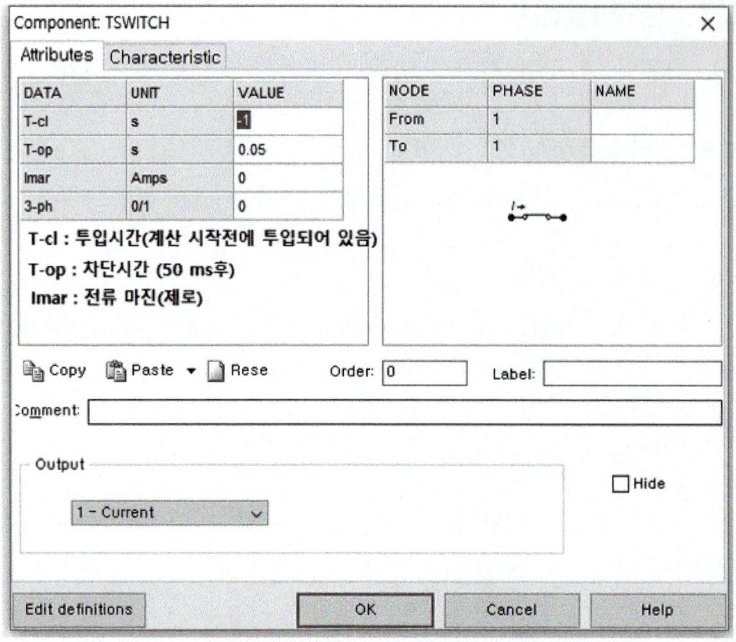

그림 3.65 스위치 데이터 입력창

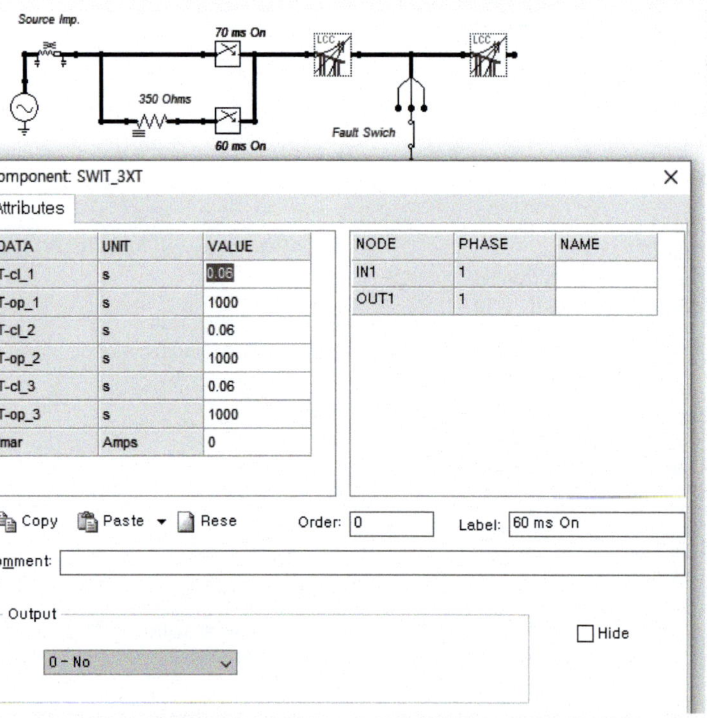

그림 3.66 시간제어스위치 입력 예

4.2.2 전압제어 섬락스위치(Voltage Controlled Flashover Switch)

이 스위치는 초기에 open 상태로 되어 있으며 투입 명령을 받은 시간 이후에 스위치에 걸리는 전압의 절대값이 설정값보다 높아지는 순간에 투입이 된다. 스위치가 닫힌 후에 스위치는 닫힌 상태로 있으며 시간 지연(T_delay)이 경과될 때까지 기다렸다가 차단 조건에 따라서 시간제어스위치의 option A 또는 B의 전류 설정조건에 따라 차단 동작을 한다.

이 스위치는 송전선로 애자련의 아킹혼 갭을 간략하게 모의할 경우 아킹혼의 단위 길이당 섬락전압을 계산하여 설정하면 유용한 아킹혼 모델로 사용할 수 있다.

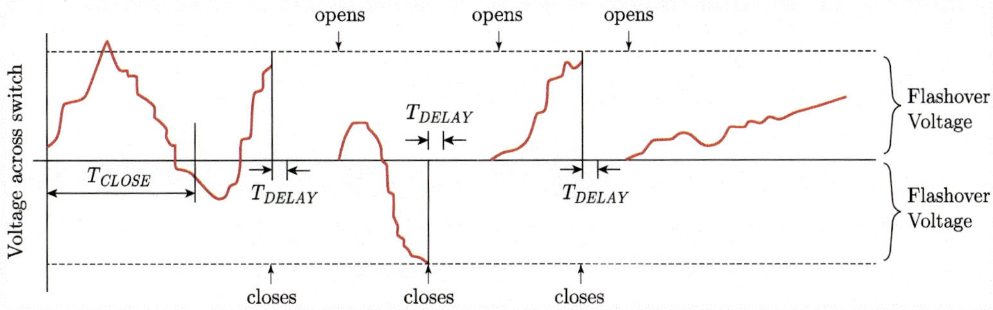

그림 3.67 전압제어 섬락스위치의 동작 설명도

그림 3.67과 같이 전압제어스위치를 이용하여 아킹혼의 특성을 간략하게 모의할 수 있다. 예를 들어 그림에서 철탑의 상단 상에 설치된 아킹혼이 345 kV용이라고 하면 아킹혼의 간격은 2.34 m가 표준이다. 아킹혼의 부극성 낙뢰에 대한 섬락내전압을 단위 m당 605 kV라고 하면 전압제어 섬락스위치(아킹혼)의 동작전압을 1,415 kV로 설정한다. 낙뢰가 송전철탑에 침입하여 철탑을 통하여 대지로 흘러가면 그 침입한 뇌격전류에 의하여 철탑의 대지간 전압은 상승이 되고, 상단상의 아킹혼 사이에 걸리는 전압이 1,415 kV를 넘는 순간에 전압제어 스위치는 투입이 되어 섬락이 되는 현상을 모의할 수 있다.

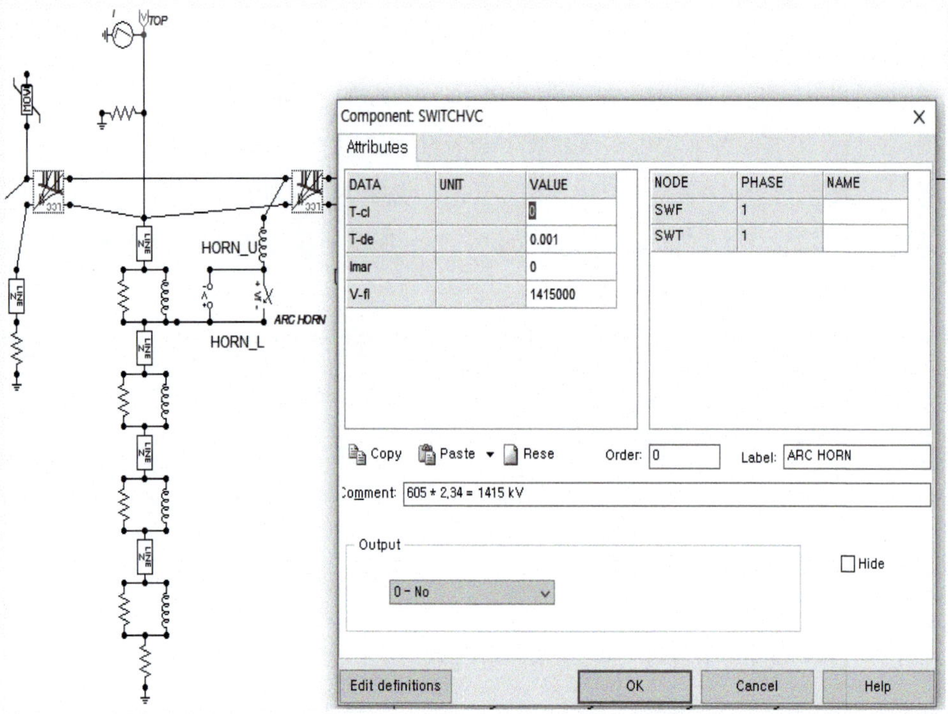

그림 3.68 전압제어 섬락스위치의 사용 예

4.2.3 Random "STATISTICS" Switch Closing

그림 3.69에 통계스위치의 확률분포에 대하여 나타내었다. 이 스위치는 EMTP 프로그램 내부에서 차단기 투입시 차단기의 주접점 및 보조접점의 투입시간을 임의의 난수로 발생시켜서 발생된 과전압을 통계적으로 처리할 수 있다. 통계스위치는 정상상태에서 Open된 상태이며 지정된 확률적 사양에 따라서 적정한 Random time에 투입되고 다시 개방되지 않는다. 확률 분포에 따라서 정규분포(Gaussian distribution) 또는 균등분포(Uniform distribution)로 구분되며 차단기의 각 상간의 투입 시간차와 차단기 주접점과 보조접점 사이의 투입시간차를 지정하여 모의계산 할 수 있다.

주 접점을 Master로 보조접점을 Slave로 지정하면 보조점점의 투입시간은 주접점의 투입시간에 따라서 보조적으로 동작하게 만들 수 있다. Random "STATISTICS" 스위치로 차단동작도 모의할 수는 있으나 스위치가 전류의 영점에서 차단되므로 차단시간에 비례하는 통계적인 특성을 얻을 수 없어서 잘 사용되지 않는다.

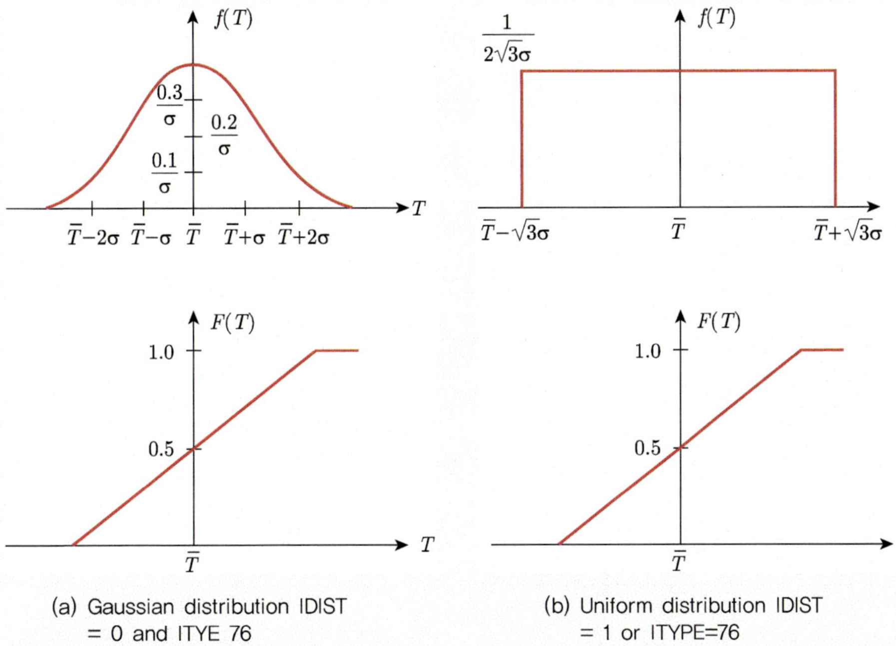

그림 3.69 통계스위치의 확률 분포(상단은 확률 밀도 $f(T)$, 하단은 누적분포함수 $F(T)$)

4.2.4 통계 스위치 "STATISTICS"

교류계통에서 차단기의 투입 시 투입 또는 재투입 서지는 투입시점의 교류전압의 위상에 따라 달라진다. 또한 3상의 경우는 각 상별로 부동시간이 존재하게 될 뿐만 아니라, 과전압을 억제시키기 위하여 저항투입을 실시할 경우에는 주접점과 보조접점(저항접점) 간의 시간차와 보조접점 자체의 3극 부동시간이 존재한다. 이와 같이 복잡한 스위칭 현상을 모의하기 위해서는 통계적 스위치를 이용하여 해석하고 통계적인 과전압 분포를 이용하여 최대과전압을 계산하여야 한다. 차단기의 투입시간은 투입 목표 시점이 정해져 있고 그 목표시간을 중심으로 분산이 나타나므로 그림 3.70과 같이 정규분포(Gaussian distribution)를 사용한다.

다음의 그림 3.70, 3.71 및 3.72에서 정규분포를 갖는 투입, 재투입시의 통계스위치를 예를 들어서 설명하였다. 여기서 μ_m은 투입 목표시간, μ_R은 주접점이 투입되기 전에 저항접점이 먼저 투입되는 평균 시간차를 나타내고, σ_M은 주접점 각 상별 표준편차, σ_A는 보조접점(저항접점) 각 상별 표준편차를 나타낸다. 그림 3.73은 ATP EMTP에서 스위치의 옵션을 설정하는 화면이다.

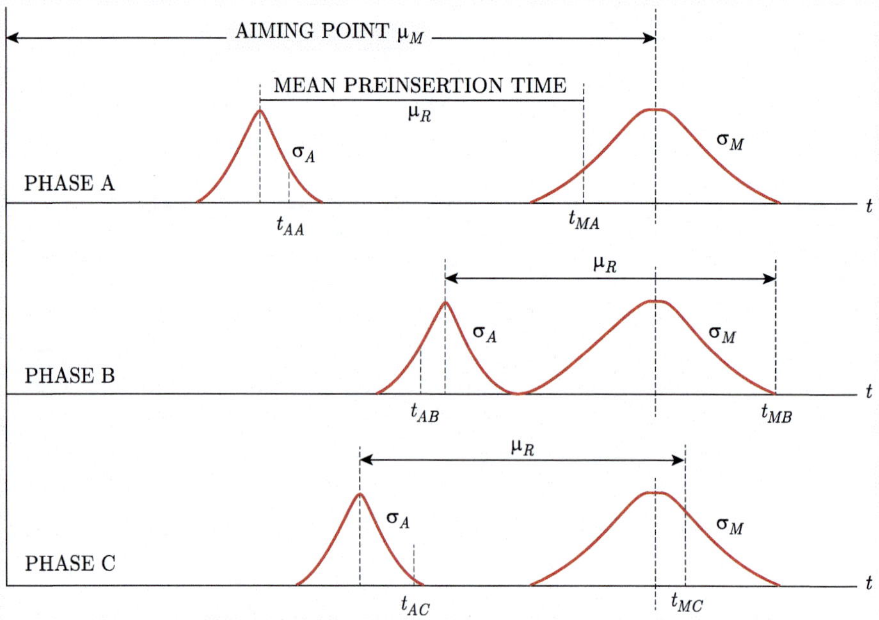

그림 3.70 통계스위치(Gaussian 분포)의 사용 예

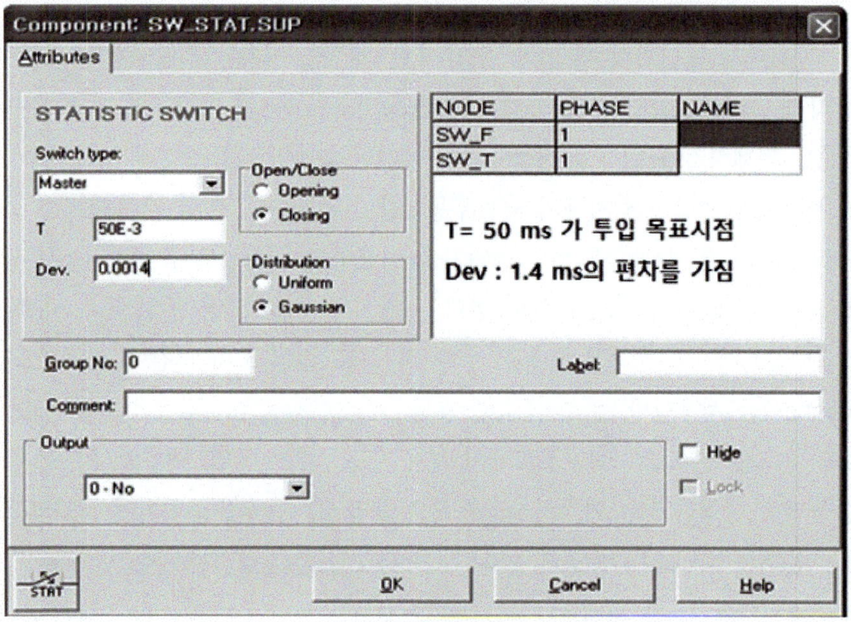

그림 3.71 통계스위치(Gaussian 분포, Master)

그림 3.72 통계스위치(Gaussian 분포, Slave)

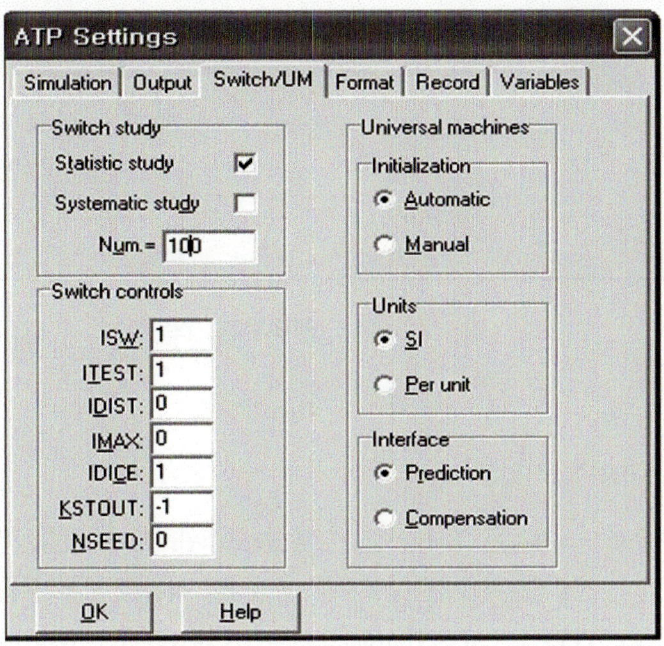

그림 3.73 스위치 동작횟수 및 조건 설정

4.2.5 통계 스위치 "SYSTEMATIC"

지락고장 시에도 지락 고장이 발생하는 교류전압의 위상에 따라 과전압의 크기가 달라진다. 투입 또는 재투입과전압을 모의하는 Gaussian 분포와는 달리 지락 고장시의 교류전압위상은 어느 특정 위상에서 고장이 나지 않기 때문에 균등한 시간 간격으로 지락 시점을 모의하면 된다. 따라서 통계스위치 중에서 균등분포(Uniform distribution)를 이용하여 계산한다.

그림 3.74에서 Tbeg는 계산이 시간 제로에서 시작되는 것을 의미하고, INCT는 시간 증분이 0.2 ms 간격으로 증가되는 것을 말하며 NSTEP은 총 100번 증가시키면서 계산이 되는 옵션이다. 즉 20 ms 동안 계산이 순차적으로 진행된다.

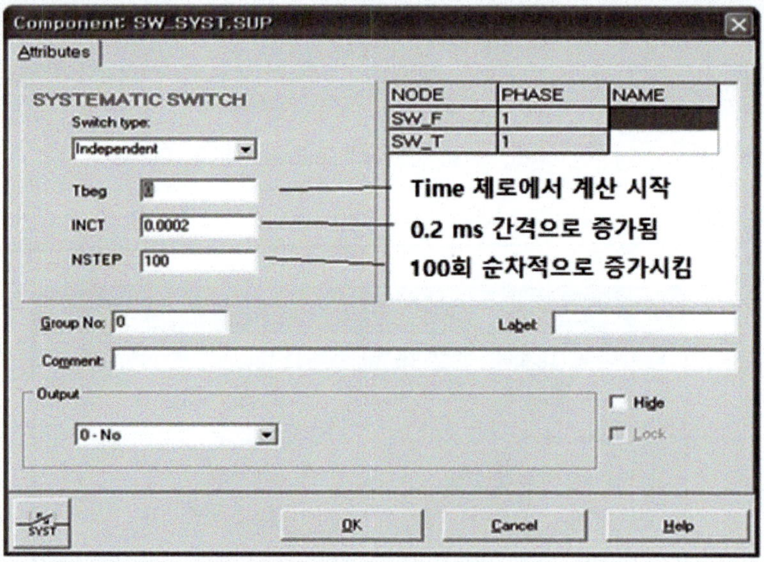

그림 3.74 SYSTEMATIC 스위치

4.2.6 "MEASURING" Switch

"MEASURING" 스위치는 영구적으로 닫혀있는 스위치이다. 정상상태 해석의 초기조건에도 닫혀있다. 전류, 전력 또는 에너지를 모니터링 하는데 사용되며 EMTP의 출력에 이용될 수 있고 TYPE-91 TACS(Transient Analysis of Control Systems) 신호원으로 사용할 수 있다.

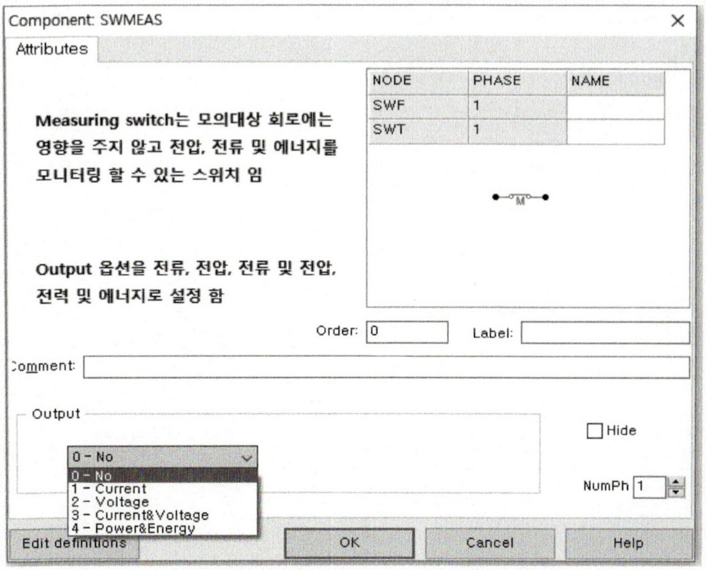

그림 3.75 Measuring 스위치

4.3 개폐과전압의 해석 사례

4.3.1 투입/재투입 과전압의 해석 사례

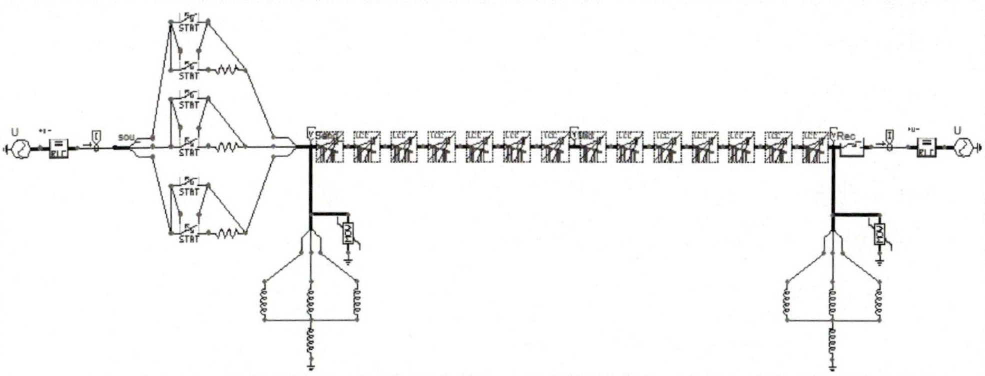

그림 3.76 장거리 송전선로의 재투입과전압 해석 회로

그림 3.76은 장거리 송전선로의 개폐과전압을 해석하기 위한 회로도이다. 차단기는 통

게스위치를 이용하여 주접점과 저항투입 접점을 모의하였으며 송전선로의 양단에는 분로리액터와 피뢰기 설치되어 있는 구조이다. 해석은 Gaussian 분포확률로 입력하고 100회의 통계계산에 의한 결과를 그림 3.77에 나타내었다. 출력파일에서 살펴보면 선로의 중간에서 투입과전압의 계산 결과는 그림 3.77과 같다. 그림 3.77을 이용하여 Gaussian 분포의 3σ값을 취하면 과전압 확률은 $1.46 + 3\times0.1 = 1.76$ p.u. 가 된다. 과전압 배수는 동일 회로에서 피뢰기와 분로리액터를 제거하고 모의하면 투입시에 약 3.0 p.u.가 되고 재투입시는 약 3.5 p.u.가 된다.

```
7 ) ----------------------------------------------------------------------------
Statistical distribution of peak voltage at node  "MID_A ".  The base voltage f
  Interval            voltage          voltage  in      Frequency     Cumulative
    number         in per unit      physical units      (density)      frequency
        27           1.3500000      5.26500000E+05              0              0
        28           1.4000000      5.46000000E+05             50             50
        29           1.4500000      5.65500000E+05              8             58
        30           1.5000000      5.85000000E+05             12             70
        31           1.5500000      6.04500000E+05              7             77
        32           1.6000000      6.24000000E+05              7             84
        33           1.6500000      6.43500000E+05              9             93
        34           1.7000000      6.63000000E+05              7            100
Summary of preceding table follows:       Grouped data       Ungrouped data
                               Mean = 1.45900000E+00       1.46483396E+00
                           Variance = 1.07515152E-02       9.59655968E-03
                 Standard deviation = 1.03689513E-01       9.79620318E-02
```

그림 3.77 선로 중앙에서의 과전압 통계 분포 예

4.3.2 지락 과전압의 해석 사례

교류회로에서는 어느 전압의 위상에서 고장이 발생 할지 알 수 가 없으며, 투입 현상과는 달리 어느 특정한 시점에서 스위치의 투입이 이루어지지 않는다. 따라서, 이 경우에는 교류의 한 주기를 100등분 하여 일정하게 반복 재투입 하여 통계적으로 처리하는 것이 편리하다.

그림 3.79의 경우에 Gaussian 분포의 3σ값을 취하면 과전압 확률은 $1.47 + 3\times0.19 = 2.04$ p.u.가 된다. 지락과전압은 인위적으로 억제할 수 없으므로 이 값을 기준으로 투입 및 재투입 과전압의 억제 수준을 결정하게 된다.

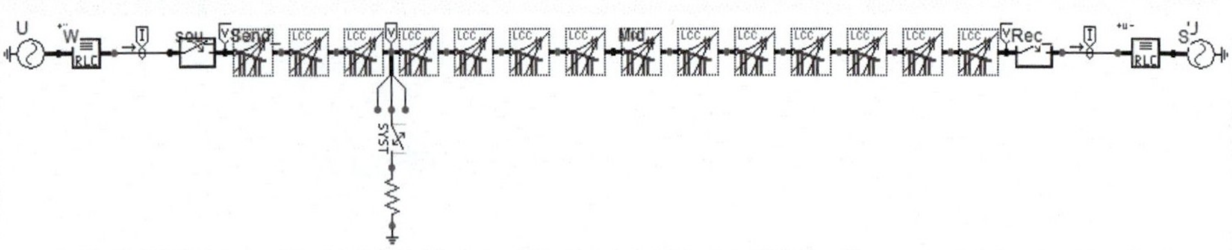

그림 3.78 지락과전압 계산 회로

```
4 ) ----------------------------------------------------------------------------------
Statistical distribution of peak voltage at node  "REC_A ".   The base voltage
  Interval          voltage          voltage  in     Frequency     Cumulative
   number         in per unit      physical units    (density)      frequency
       23           1.1500000      4.48500000E+05            0              0
       24           1.2000000      4.68000000E+05           10             10
       25           1.2500000      4.87500000E+05            6             16
       26           1.3000000      5.07000000E+05            6             22
       27           1.3500000      5.26500000E+05            4             26
       28           1.4000000      5.46000000E+05            4             30
       29           1.4500000      5.65500000E+05           16             46
       30           1.5000000      5.85000000E+05           18             64
       31           1.5500000      6.04500000E+05            4             68
       32           1.6000000      6.24000000E+05            4             72
       33           1.6500000      6.43500000E+05            4             76
       34           1.7000000      6.63000000E+05            6             82
       35           1.7500000      6.82500000E+05            8             90
       36           1.8000000      7.02000000E+05           10            100
Summary of preceding table follows:       Grouped data      Ungrouped data
                              Mean = 1.47400000E+00      1.47571552E+00
                          Variance = 3.49989899E-02      3.44121678E-02
                Standard deviation = 1.87080170E-01      1.85505169E-01
```

그림 3.79 지락과전압 계산 결과 예

4.4 개폐서지 계산 예제

4.4.1 일반적인 RLC 회로

$t = 0$[sec]에서 스위치를 닫았을 때 스위치에 흐르는 전류 I_0와 전압 V_B를 구하는 입력 DATA를 작성하시오. (Prob_001.dat)

(단, $R = 200[\Omega]$, $L = 100$[mH], $C = 1.0$ [μF]로 하고, 전원전압은 DC 1[V]로 한다.)

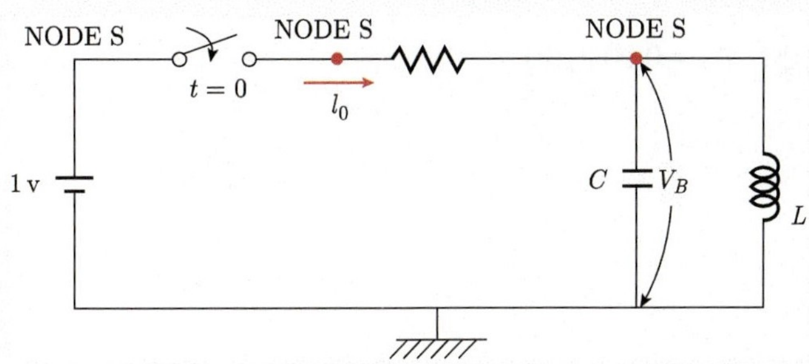

그림 3.80 RLC 회로 예

Point

(1) R, L, C Branch Card의 DATA입력 방법

(2) Switch Card의 입력방법

(3) Source Card의 입력방법

4.4.2 선로차단시 차단기의 과도회복전압 계산

그림 3.81에 표시한 것은 고장차단시 발생하는 과도회복전압 계산을 위한 간략한 회로이다. 이 회로를 이용하여 지락고장 차단 시에 차단기의 극간에 발생하는 전압과 전류 및 변압기 단자의 전압을 구하는 입력 DATA를 작성하시오. (Prob_002.dat)

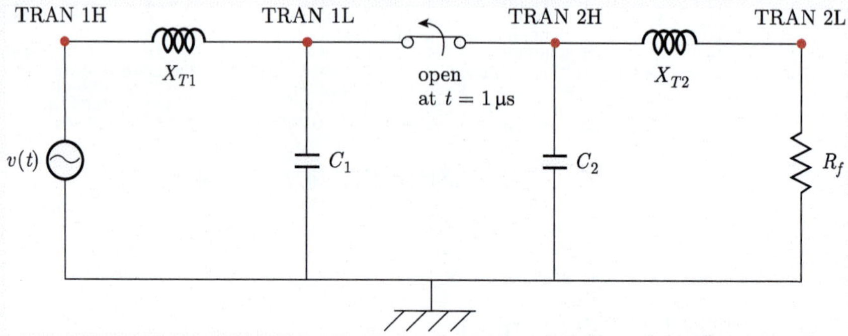

그림 3.81 과도회복전압 계산을 위한 회로 예

$$v(t) = 112.67 \times 103 \cdot \cos(2\pi \cdot 60 \cdot t - 5^\circ)$$

(단, 전원은 계산을 시작하기 전부터 동작하고 있다)

$X_{T1} = 0.589$[mH], $X_{T2} = 3.03$[mH]

$C_1 = 0.11[\mu F]$, $C_2 = 0.004[\mu F]$

$R_f = 0.1[\Omega]$

Point

(1) R, L, C의 Branch Card의 입력방법

(2) Switch Card와 스위치에 흐르는 전류와 전위차의 출력방법

(3) Source Card의 입력방법

4.4.3 분로리액터가 있는 송전선로의 개폐과전압 해석

그림 3.82와 같이 양단에 포화리액터가 설치된 선로를 $t = 10$[ms]에서 차단기를 투입할 때 선로의 송전단과 수전단에 발생하는 전압 및 포화리액터에 흐르는 전류를 구하는 입력 DATA를 작성하시오. (단, 포화리액터는 다음의 표에 표시한 특성을 갖고 있다) (Opn_0003.dat)

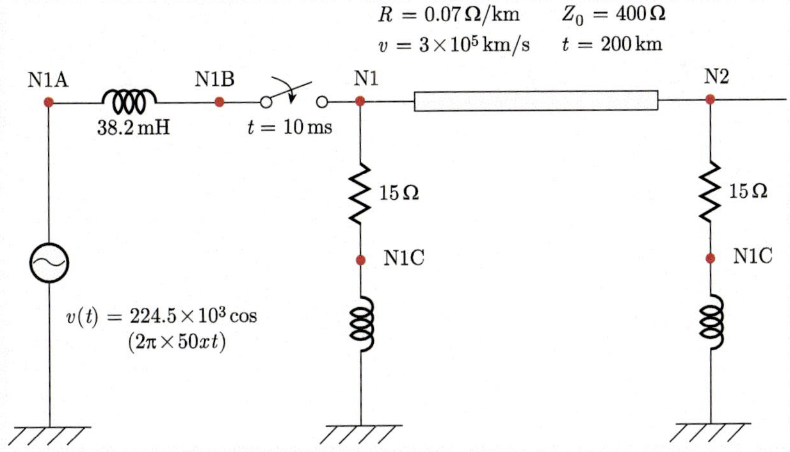

그림 3.82 개폐과전압 해석을 위한 회로 예

표 3.6 리액터의 특성

전류(i)	자속(φ : flux)	
75.71	1215.0	isteady = 75.71 φsteady = 1215.0
120.24	1458.0	
270.18	1792.0	
1202.45	1913.0	

Point

(1) R, L, C Branch Card 입력방법
(2) Type98의 비선형 리액터의 입력방법
(3) N1~N2의 분포정수회로의 DATA 입력방법

4.4.4 단상분포정수 송전선로의 투입서지

154 kV 송전선 선로정수에서 구한 $f=750$[Hz]의 단상분포정수선로의 입력 DATA를 완성하시오. $t=0$ sec에서 스위치를 닫았을 때, 송전단, 수전단에 발생하는 전압을 계산하시오. (Prob_004.dat)

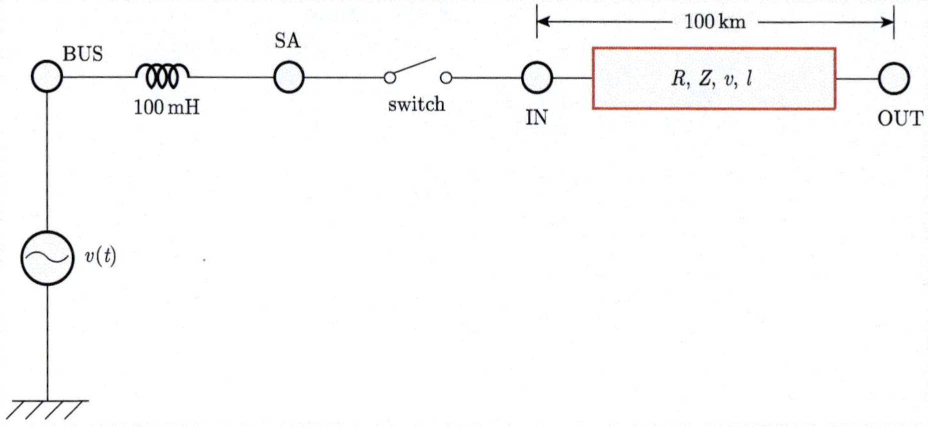

그림 3.83 단상분포정수 송전선로의 투입서지 해석을 위한 회로 예

전원

$v(t) = 125.7 \times 10^3 \cos \omega t \qquad \omega = 2\pi f \qquad f = 60\,\text{Hz}$

선로 파라미터

$R = 6.77 \times 10^{-2}$[Ω/km]

$Z = 2.4655 \times 10^2$[Ω]

$v = 2.95 \times 10^5$[km/sec]

4.4.5 3상분포정수 송전선로의 투입서지

154 kV 송전선 선로정수에서 구한 $f=750$[Hz]의 3상 비연가 분포정수선로의 입력 DATA를 완성하시오. $t=0$ sec에서 스위치를 닫았을 때, 송전단, 수전단에 발생하는 전압을 계산하시오. (Prob_005.dat)

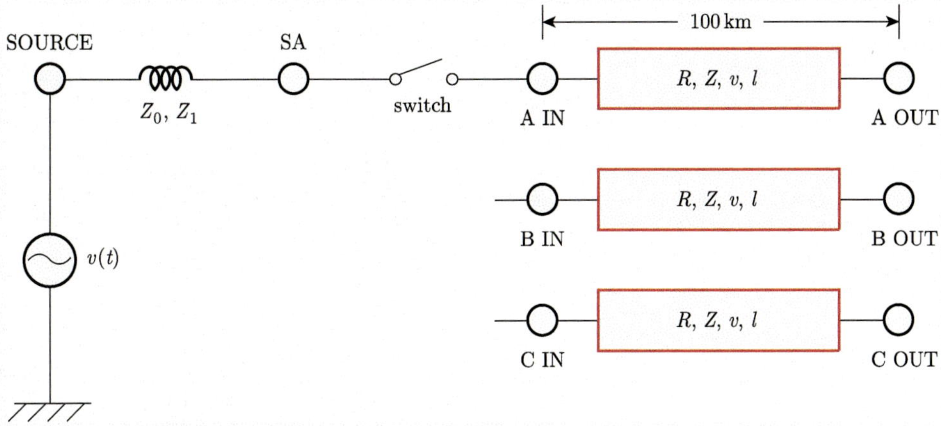

그림 3.84 3상분포정수 송전선로의 투입서지 해석을 위한 회로 예

전원

$$v(t) = 125.7 \times 10^3 \cos \omega t \qquad \omega = 2\pi f \qquad f = 60\,\text{Hz}$$

임피던스

$$Z_0 = +j\ 80\,\text{mH} \qquad Z_1 = +j\ 100\,\text{mH}$$

Point

(1) 3상 1회선 완전연가선로의 선로정수를 입력하여 $t=0$ sec에서의 투입과전압을 구하시오. (Prob_005.DAT)

(2) 3상 1회선 비연가 K. C. LEE 모델을 입력하여 $t=0$ sec에서의 투입과전압을 구하시오. (Prob_A05.DAT)

4.4.6 3상분포정수 송전선로의 수전단 전압상승 계산

345 kV 송전선 선로정수에서 구한 $f=750$[Hz]의 6상 비연가 분포정수선로를 이용하여 페란티 효과에 의한 전압상승을 계산하시오. 또 1회선 정지시 유도전압을 구하시오. (Prob_006.dat)

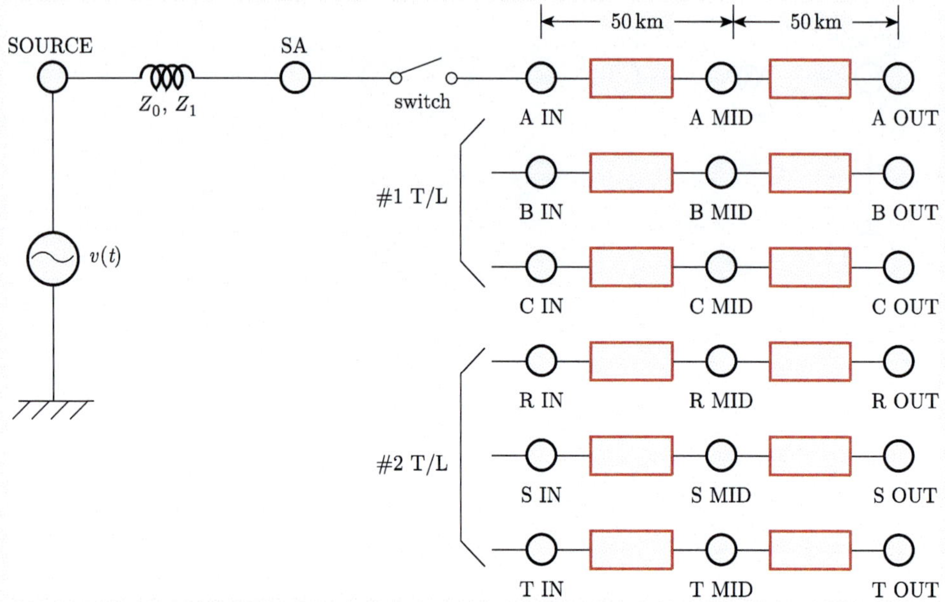

그림 3.85 3상분포정수 송전선로의 수전단 전압상승

전원

$v(t)=281.69\times10^3\cos\omega t \qquad \omega=2\pi f \qquad f=60\,\text{Hz}$

임피던스

$Z_0=+j\ 80\,\text{mH} \qquad Z_1=+j\ 100\,\text{mH}$

Point

(1) #1 T/L(A, B, C상) 휴전상태에서 #2 T/L(R, S, T상)에 의해 유도되는 전압을 구하시오. (수전단 전압 기준)

– #2 T/L은 "Measuring" 스위치를 이용하시오.

4.4.7 선로정수의 주파수에 따른 2회선 송전선의 투입 과전압

345 kV 송전선 선로정수에서 구한 6상 비연가 분포정수선로를 이용하여 송전선로의 투입과전압을 계산한다. 이때 #2 T/L은 가압되어 있는 상태에서 #1 T/L CB를 $t=30$ msec에 투입하였을 때, 선로정수의 주파수는 $f=60$ Hz, $f=750$ Hz일 때의 값을 비교하시오. (Prob_A07.dat)

- 선로모델 K.C.LEE 모델

4.4.8 지락고장시 건전상의 전위상승 계산

345 kV 송전선 선로정수에서 구한 $f=60$[Hz]의 K.C.LEE 모델을 이용하여 A상의 선로 중앙에서 영구지락이 발생하였을 때 건전상의 전위상승을 구하라. (Prob_008.dat)

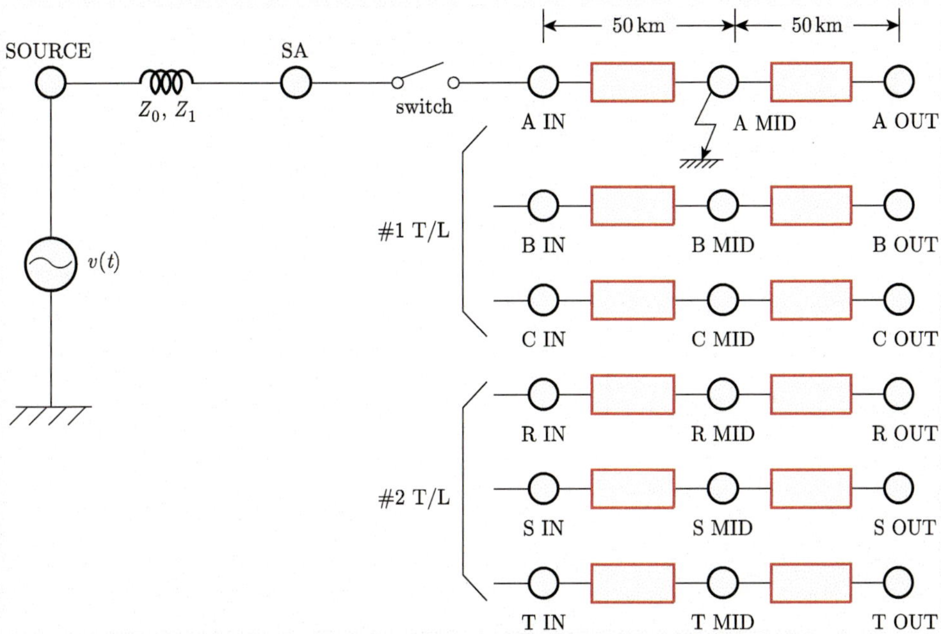

그림 3.86 지락고장시 건전상의 전압상승 계산을 위한 회로 예

전원

$$v(t)=281.69\times10^{3}\cos\omega t \qquad \omega=2\pi f \qquad f=60\,\text{Hz}$$

임피던스

$Z_0 = +j\ 80\,\mathrm{mH} \qquad Z_1 = +j\ 100\,\mathrm{mH}$

[1.0 p.u.=281.69 kV 기준]

	송전단	중간	수전단
A상			
B상			
C상			
R상			
S상			
T상			

5 기타(전원등가 임피던스)

모든 경우의 연구에서 연계된 모든 전력계통을 상세하게 표현하는 것은 실질적이지 못하다. 주요 관심 대상만 상세하게 표현하고 주변의 계통은 해석하고자 하는 목적에 따라 적절한 규모로 축약하여 모의한다. 어떤 경우에는 간략한 등가 계통으로 표현하는 것이 좋다. 선로 고장과 과도현상의 해석에는 다음의 3가지 모델이 사용된다.

- 전력계통을 모선에서 이상적인 전압원으로 등가
- 발전기를 모선에서 과도 리액턴스와 전압원으로 등가화하고, 전력계통을 Thevenin 등가로 표현
- 발전기를 모선에서 과도 리액턴스와 전압원으로 등가화하고, 해석 대상 송전선로를 상세하게 표현한 다음 나머지 전력계통은 Thevenin 등가로 표현

테브난 등가 임피던스를 구하기 위해서는 등가할 모선에서 단락 고장을 발생시켜 등가 임피던스로 환산한다. 이때 대상이 되는 송전선로의 값은 제외하고 계산하여야 한다. 이 등가 임피던스는 상용주파수에서만 유효하므로 다른 고주파 성분의 현상을 모의할 경우는 별도로 고려하여야 한다.

간단한 계통에서는 발전기 및 변압기의 차과도 리액턴스를 이용하여 간략하게 모의할 수 있으나, 복잡한 계통에서는 PSSE와 같은 해석 프로그램을 이용하여 테브난 등가 임피던스를 구하는 것이 보통이다.

5.1 고장전류 p.u.값을 ohm값으로 환산하기

고장전류가 p.u.로 주어진 경우 ohm 값으로 환산 예를 들면 다음과 같다.

100 MVA, 345 kV 계통에서 모선의 고장전류가

$I_{f(3PH)} = 7.85 \angle 86.8$ p.u.

$I_{f(SLG)} = 4.78 \angle 80.0$ p.u.이라면

Z^+ 및 Z^0는

$$Z^+ = \frac{1}{I_{f(3PH)}} = 0.1274 \angle 86.8 = 0.0071 + j0.1272 \text{ p.u.}$$

$$Z^0 = \frac{3}{I_{f(SLG)}} - \frac{2}{I_{f(3PH)}} = 0.3758 \angle 75.4 = 0.0947 + j0.3637 \text{ p.u.}$$

이 예제에서 실제의 ohm 값으로 환산하려면 기준 임피던스를 계산한다.

$$Z_{\triangle} = \frac{\mathrm{KV}_{\mathrm{L-L}}^2}{\mathrm{MVA}_{\triangle}} = \frac{345^2}{100} = 1190.25 \text{ ohms}$$

기준임피던스에 p.u. 값을 곱하여 실제의 ohm값으로 환산하면

$$Z^+ = 8.45 + j151.40 \text{ ohms}$$

$$Z^0 = 112.7 + j432.89 \text{ ohms}$$

5.2 PSSE의 고장계산을 이용한 계통등가임피던스 환산

표 3.7 PSSE의 고장계산을 이용한 계통등가 임피던스 환산 예

BUS 10820 삼정	154	AREA 9	CKT	MW	MVAR	MVA	%I 1.0112PU -14.58 10820 155.73KV
TO LOAD-PQ				149.0	72.2	165.6	
TO 10795 신월	154	9	1	21.4	-.7	21.4	11
TO 10795 신월	154	9	2	21.4	-.7	21.4	11
TO 10810 신김해1	154	9	1	-169.3	-70.7	183.4	41
TO 10810 신김해1	154	9	2	-169.3	-70.7	183.4	41
TO 10840 월림	154	9	1	62.4	37.0	72.5	16
TO 10890 완암	154	9	1	84.3	33.6	90.7	47

```
1.................................................................................................
.                                                                     .                    .
. PSS/E SHORT CIRCUIT OUTPUT                  Mon, Nov 01 1999   8:45 .   HOME BUS IS:     .
.                                                                     .                    .
. OVERLOAD FOR 2001 SUMMER PEAK STUDY /// MODIFIED BY G.P.S.P.        .       10820        .
. LOAD LEVEL //                                                       . [삼정        154]  .
.                                                                     .                    .
.      ***  FAULTED  BUS  IS : 10820 [삼정      154]  ***              .  0 LEVELS AWAY     .
.                                                                     .                    .
.      OUTPUT FOR AREA   9 [CHANGWON] ZONE  22 [            ]         .                    .
.................................................................................................

AT BUS 10820 [삼정        154]    AREA      9    (KV L-G) V+: /    .000/     .00

THEV. R, X, X/R: POSITIVE          .00204        .00975       4.784

                                              T H R E E   P H A S E   F A U L T
--------- FROM ----------AREA  CKT      I/Z        /I+/       AN(I+)    /Z+/    AN(Z+)  APP X/R
10795 [신월        154]   9    1      AMP/OHM     3098.3     -90.68     4.01    78.14    4.762
10795 [신월        154]   9    2      AMP/OHM     3098.3     -90.68     4.01    78.14    4.762
10810 [신김해1     154]   9    1      AMP/OHM    10056.0     -93.35     3.33    82.64    7.744
10810 [신김해1     154]   9    2      AMP/OHM    10056.0     -93.35     3.33    82.64    7.744
10840 [월림        154]   9    1      AMP/OHM     6674.6     -94.21     3.73    82.66    7.760
10890 [완암        154]   9    1      AMP/OHM     5068.1     -91.17     5.25    77.89    4.661
                      TO SHUNT        (AMPS)          .0        .00
       TOTAL   FAULT   CURRENT        (AMPS)     38042.1     -92.78
```

PSSE를 이용하여 계산한 해당 변전소 모선의 3상단락 고장전류는 $I_{fault} = 38.042$ kA 이다. 이것을 임피던스값으로 환산하면

$$Z = \frac{V_{source}}{I_{fault}} = \frac{154/\sqrt{3}}{38.042}[\Omega] = 2.35\,[\Omega]$$

이 된다.

이 임피던스를 다시 저항분 및 인덕턴스분으로 나누기 위하여 프로그램에서 추정한 인덕턴스/저항 비율을 이용하면

$$X/R = 4.784, \quad \therefore \; X = \; 4.784 \cdot R$$

$$Z = \sqrt{(R^2 + X^2)} = \sqrt{(R^2 + (4.784 \cdot R)^2)} = 4.887 \cdot R$$

$$R = \frac{Z}{4.887} = \frac{2.35}{4.887} = 0.48\,[\Omega]$$

$$X = 4.784 \cdot R = 4.784 \times 0.48 = 2.30\,[\Omega] = 6.1\,[\text{mH}]$$

$$Z = R + jX = 0.48\,[\Omega] + j6.1\,[\text{mH}]$$

5.3 변압기의 % 임피던스를 오옴값으로 환산

변압기의 % 임피던스가 주어진 경우 ohm 값으로 환산 예를 들면 다음과 같다. 765 kV 계통에서 변압기 등가회로를 구성하는 방법을 예를 들어 설명한다. 영상분, 정상분 임피던스는 PSS/E 데이터에 의해 $Z_0 = 100.25$ mH, $Z_1 = 150.00$ mH인 경우를 가정하여 본다. 이것은 계산을 위한 예제로서 실제로 운영중인 765 kV 변압기의 1-2차간 % 임피던스는 18%이다.

해석하고자 하는 변압기 부분을 아래와 같은 % 임피던스로 계산한다.

$$X_{HL} = 15\%, \quad X_{HT} = 35\%, \quad X_{LT} = 20\%$$

즉, 2,000 MVA 2Bank, 765/345 kV일 경우 기준임피던스는

$$X_n = \frac{V^2}{P} = \frac{765^2}{2 \times 2000} = 146.3\,[\Omega]$$

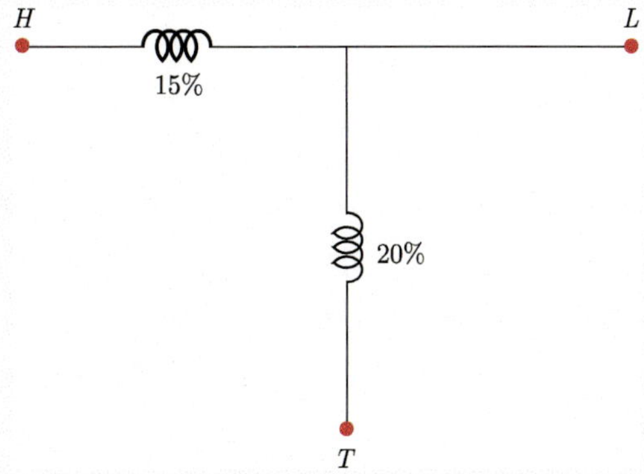

그림 3.87 변압기 % 임피던스

변압기 1-2차간의 임피던스는

$$X_{HL} = X_{15\%} = 146.3 \times 0.15 = 21.9\,[\Omega]$$

$$\therefore\ X_{HL} = \frac{X_{15\%}}{\omega} = \frac{21.9\,[\Omega]}{2\pi f} = 58.2\,[\mathrm{mH}]$$

가 된다. 그림 3.88에서 X_{HL}에 해당하는 값 $X_{HL}=58.2$[mH]가 구해진 다음, 아래 그림에 의해 정상분 데이터 150 mH를 58.2 mH와 91.8 mH로 나눌 수 있다.

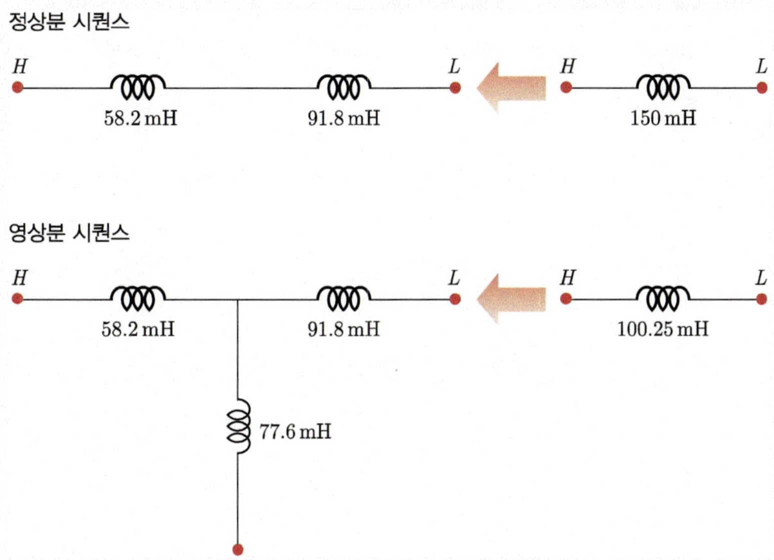

그림 3.88 변압기 % 임피던스의 전원등가임피던스 변환(예)

참고문헌

[1] W. Scott Meyer and Tsu-huei Liu, "BPA EMTP Theory Book", Branch of System Engineering, Bonneville Power Administration, Portland, Oregon, USA, 1987.

[2] L. V. Bewley, "Traveling Waves on Transmission Systems", 2nd Edition, Jhon Willy & Sons, inc., Great Britain, pp. 114~119, 1951

[3] EPRI, "Transmission Line Reference Book 345 kV and Above", 2nd Edition, pp. 549~572, 1982

[4] Allan Greenwood, "Electrical Transient in Power Systems", 2nd Edition, Jhon Willy & Sons, inc., Great Britain, pp. 232~286, 1991

[5] 雨谷昭弘, "分布定數回路論", コロナ社, pp. 58~72, 1990

[6] 青木, 雨谷, "架空線インピーダンス近似式の導出", 電氣關係學會關支大豫稿集 G, 4-16, 1987

[7] C. H. Durney, C. C. Johnson, "현대전기자기학개론", 청문각, pp. 277~283, 1986

[8] William H. Hayt, "전기자기학", 청문각, pp. 348~450, 1988

[9] A. Deri, G. Tevan, A. Semlyen & A. Castanheira, "The Complex Ground Return Plane : A Simplified Model for Homogeneous And Multi-layer Earth Return", IEEE Transactions on Power Apparatus and Systems, Vol. PAS-100, No 8, pp. 3686~3693, 1981

[10] Thomas E. Grebe and Huyen V. Nquyen, "EMTP Case Study Workbook I~IV", Electrotek Concept, Inc., January 1997

[11] J. V. Miische, "Elecrtomagnetic Transient Program(EMTP) Application Guide", Final Report, November 1986.

[12] Marti, J.R.; Soudack, A.C., "Ferroresonance in power systems: fundamental solutions", IEE Proceedings-Generation, Transmission and Distribution, Vol. 138, No. 4, pp. 321-329, 1991

CHAPTER 4

과도현상 해석사례

저자 : 심응보, 우정욱, 정채균, 최종기, 주병수

1. 송전계통의 개폐과전압 해석사례
2. 지중케이블의 과도현상
3. 전력용변압기의 여자돌입전류 해석사례
4. 지자기에 의한 변압기 철심의 포화현상
5. 정전용량 불평형에 의한 전압 불평형 발생 사례
6. 권선형 PT의 철공진 해석 사례
7. 차단기의 TRV 해석 사례
8. 23 kV 피뢰기의 TOV에 의한 열적 소손 해석
9. 고장전류에 의한 가공지선 단선 가능성 검토
10. 변전소침입 뇌서지의 해석

1

송전계통의 개폐과전압 해석사례

저자 : 심응보, 우정욱

1.1 해석대상 송전선로의 개요

765 kV 송전선로가 완성된 후 변전소가 완공되어 765 kV의 전압으로 운전되기 이전에, 완성된 765 kV 송전선로와 기설의 345 kV 송전선로가 함께 연결되어 임시적으로 운전되는 상황이 발생하였다. 이 상황에서 765 kV 송전선로의 자체 길이만 160 km에 달하고 다시 345 kV 송전선로가 양측에 각각 50 km가 연결되어 그림 4.1과 같이 총 길이 260 km의 송전선로를 일정기간 동안 345 kV로 운전하여야 하는 상황이었다.

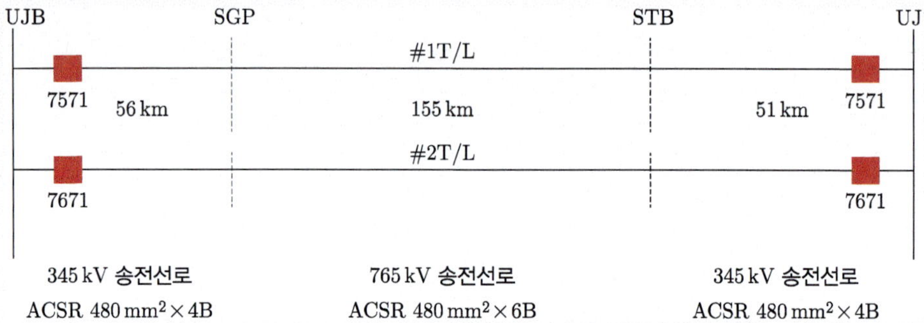

그림 4.1 해석대상 송전 계통도

260 km 길이의 345 kV 송전선로를 이전에 운전하여본 사례가 없을 뿐만 아니라 765 kV 송전선로와 동시에 연결하여 운전하는 경우는 처음 시도되는 것으로서 그동안 모의계산에만 의존하였던 개폐과전압에 대한 제반 현상을 현장 실측을 할 수 있는 좋은 기회이었다. 345 kV급 선로로서는 우리나라에서 가장 긴 345 kV UJ T/L의 운전에 따른 제반 문제점을 사전에 파악하여 검토할 목적으로,

- 실 계통에 송전선로에 대한 선로정수를 측정하고
- 가압시 유도전압과 충전전류 등을 측정하였으며
- 이 측정값을 EMTP 계산에 의한 정수들과 비교 검토하였다.

실제의 현장 실측은 총 송전선로 길이 260 km에 대한 측정이 이루어진 것이 아니고 일부 345 kV 송전선로가 제외된 총 212 km에 대한 현장 실측이 이루어졌다. 임시 가압시에는 송전선로 어드미턴스 측정, 유도전압 및 충전전류 측정이 이루어졌고, 본가압시에는 송전선로 어드미턴스 측정, 병행 선로에서 유도되는 전압의 측정, 충전된 선로 차단 시 잔류전압 측정, 가압된 상태에서 충전전류의 크기와 위상각 측정이 이루어졌다[1].

1.2 EMTP 모의 계산을 위한 철탑모델

대상 송전선로에는 수 백기의 철탑 중에서 다양한 형태의 철탑이 존재하고 같은 형태의 철탑이라 하더라도 대지간의 높이가 다르거나 철탑 암의 길이가 다를 수 있다. EMTP의 모의계산에서는 현장에 실제로 건설되어 있는 전체 철탑을 산술평균하여 전압별 대표철탑 의 특성으로 모의하였다. 시험 가압을 통하여 얻은 송전선로 모델을 이용하여 본 가압시의 현상을 예측 계산하여 상호 비교하였다.

표 4.1 765 kV 송전선로 충전전류 계산결과 비교(93 m)

철탑 높이	계산값 (A_rms)	측정값 (A_rms)	비고 (계산치/실측치)
93 m	상단 220.4	241.0	91.5%
	중단 240.3	255.4	94.1%
	하단 224.7	236.8	94.9%

실제로 현장에 설치된 대상 345 kV 송전선로의 산술평균으로 대지에서 탑정까지의 높이는 약 62 m이었으며 765 kV 송전선로는 약 93 m이었다. EMTP를 이용하여 이러한 대표철탑 모델로 충전전류를 계산하고 실측값과 비교한 결과 표 4.1과 같이 상별로는 최대 약 8.5% 정도의 오차가 발생하였다. 현장 실측시의 계절이 하절기임을 감안하여 수목의 성장에 따른 대지의 상승효과를 추론하여 철탑의 최하단상까지의 높이를 줄여서 모의계산 하였다.

즉 철탑의 상단부 형태는 그대로 두고 하단부의 높이만 줄여서 총 철탑 높이를 각각 85 m 및 80 m로 가정하여 모의계산 한 결과는 실측값에 더욱 근접하였다. 345 kV 철탑의 실제 평균 높이는 62 m이나 11 m를 줄여서 51 m로 모의하였고, 765 kV 철탑의 평균 높이는 80~85 m로 모의하여 실측치와 비교하였다.

765 kV 철탑자료를 산술 평균하면 93 m의 철탑이 되나 측정치를 역산하면 80 m의 철

탑이 가장 측정치에 근접한 값으로 된다. 이와 같은 원인은 산악지에 송전선로가 시공되어 수목의 성장에 따라 대지의 높이가 상승한 것과 같은 작용을 하기 때문으로 추정된다. 서해안 선로의 경우는 계산값과 측정값이 많이 일치하였는데, 이는 대부분의 송전선이 논과 밭과 같은 농지를 경유하기 때문으로 추정된다.

```
C ----------------------------------------------------------------------------------
C ---- ACSR CARDINAL 480mm SQR DATA
C ---- AL = 483 mm SQR, STEEL = 63mm SQR, TOTAL = 546mm SQR
C ---- DIAMETER = 30.42mm, TENSION STRENGTH = 15300kg,
C ---- CALCULATION OF SKIN = T/D
C ---- T = (OUTER RADIOUS - INNER RADIOUS)/2
C ----        AL + STEEL         STEEL
C ---- T = 30.42/2 - 4.478[mm] = 10.732[mm]
C ---- D = 30.42[mm]
C ---- SKIN = 10.732 / 30.42 = 0.3528[mm]
C ----------------------------------------------------------------------------------
C
C          GW        *------------- 31.0 -------------*  ------------------------------------
C                                    |                      5.0                |
C          UPPER ARM    *---------- 27.0 ----------*     ------------          |
C                                    |                                         |
C                                    |                     19.0                |
C                                    |                                         |
C          MID ARM      *---------- 20.0 ----------*     -------------         |
C                                    |                                         |
C                                    |                     19.0                |
C                                    |                                         |
C          LOWER ARM  *----------- 29.0 ------------*    ------------          |
C                     :              |                                         |
C                     :  8.0         |                     50.0              93.0
C                     *------        |                    (25.0)               |
C                                    |                   Mid Span              |
C                                    |                                         |
C                                    |                                         |
C                                    |                                         |
C                                    |                                         |
C           ------------------------------------------------------------------------------
C           ////////////////////////////////////////////////////////////
```

그림 4.2 765 kV 송전선로 입력 데이터의 예(높이 93 m)

표 4.2 765 kV송전선로 충전전류 계산결과 비교(85 m, 80 m)

철탑 높이	계산값 (A_rms)	측정값 (A_rms)	비고 (계산치/실측치)
85 m	상단 227.6	241.0	94.4%
	중단 248.4	255.4	97.3%
	하단 229.7	236.8	97.0%
80 m	상단 227.5	241.0	94.4%
	중단 247.9	255.4	97.1%
	하단 231.8	236.8	97.9%

주) 충전전류 측정값은 #1 T/L 및 #2 T/L의 측정치 산술평균이며 계산값은 EMTP의 계산 결과임.

1.3 병행 송전선로에 의한 정전유도전압의 계산과 실측

병행 2회선 송전선로 중에서 1회선은 가압되어 있고 다른 1회선은 무압인 경우에 유도되는 전압을 계산하여 실측치와 비교하였다. 상별로 약간의 차이는 있으나 대체로 계산값이 실측값보다 약간 높게 나타났다. EMTP에 의한 계산값은 상별로 유도전압의 차이가 크게 나타났고 실측값은 각상의 불평형이 낮게 나타났다. 철탑은 765 kV이나 전압은 345 kV를 가압한 경우를 상정하였다.

표 4.3 345 kV 가압시 정전유도전압 계산 및 실측

철탑 높이	계산값 (V_rms)	측정값 (V_rms)	비고 (계산치–실측치)
80 m	상단 16.9	13.76	3.14(kV_rms)
	중단 7.2	3.34	3.86(kV_rms)
	하단 9.55	9.66	-0.11(kV_rms)

주) 유도전압 측정값은 #1 T/L 및 #2 T/L의 측정치 산술평균임.

다음의 그림 4.3(a)과 그림 4.3(b)는 병행회선 가압시 무압된 선로에 유도되는 과도전압 파형이다.

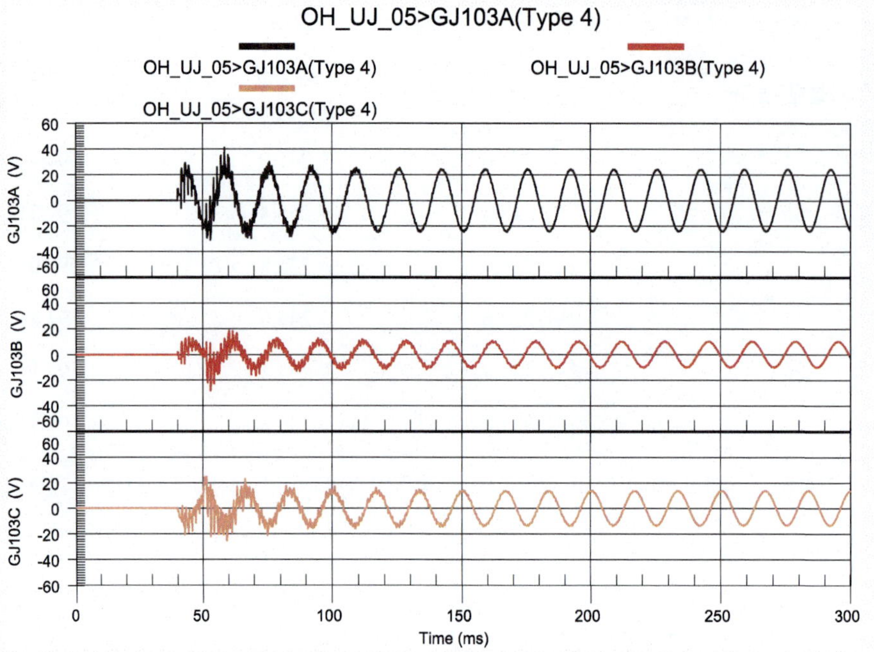

(a) #1 T/L(212 km) 시험가압시 유도전압파형(계산)

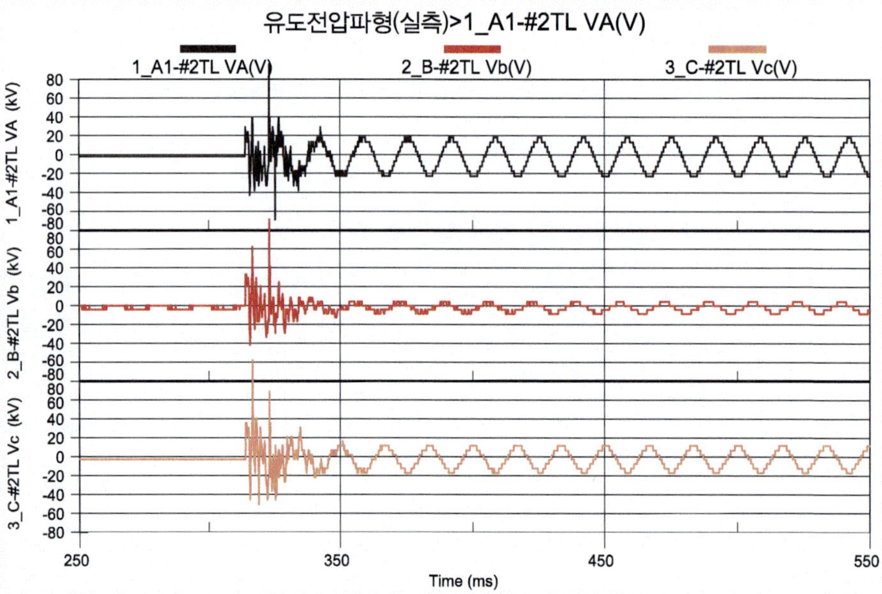

(b) #1 T/L(212 km) 시험가압시 유도전압파형(실측)

그림 4.3 #1 T/L(212 km) 시험가압시 전압파형

1.4 송전선로 가압시 충전전류의 계산과 실측

765 kV 송전선로 160 km 및 345 kV 송전선로 52 km 합계 212 km를 초기 가압시에 나타나는 충전전류를 예측계산하고 측정치와 비교하였다. 모의 계산보다 실계통 가압시의 과도현상이 다소 오래 지속되었으며 크기와 진동파형은 유사하게 나타났다.

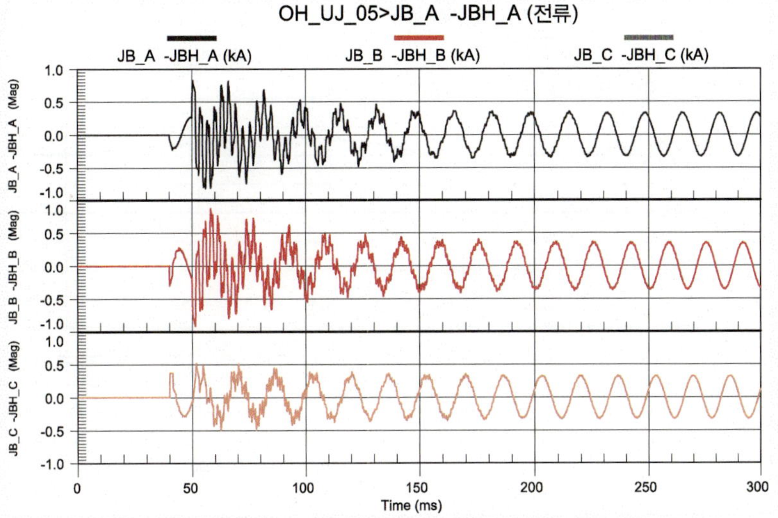

(a) 345 kV UJ #2 T/L 212 km 시험가압시 충전전류파형(계산)

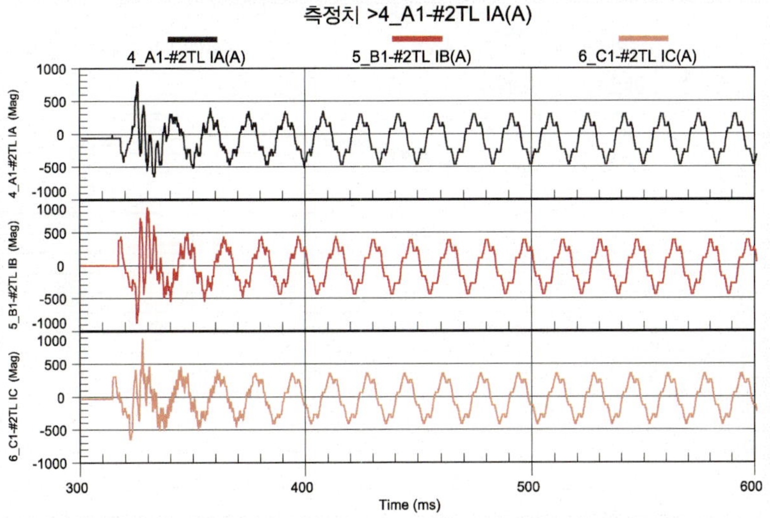

(b) 345 kV UJ #2 T/L 212 km 시험가압시 충전전류파형(실측)

그림 4.4 345 kV UJ #2 T/L 212 km 시험가압시 충전전류파형

1.5 송전선로 유도전압 차단시의 현상 모의

병행 2회선에서 #1 회선은 가압되어 있고 #2 회선은 병행회선에서 유도되는 전압만 나타나고 있다. 이 때 #1 회선을 차단할 경우에 #2 회선의 유도전압 파형이 감쇠하면서 소멸되는 현상을 모의하였다.

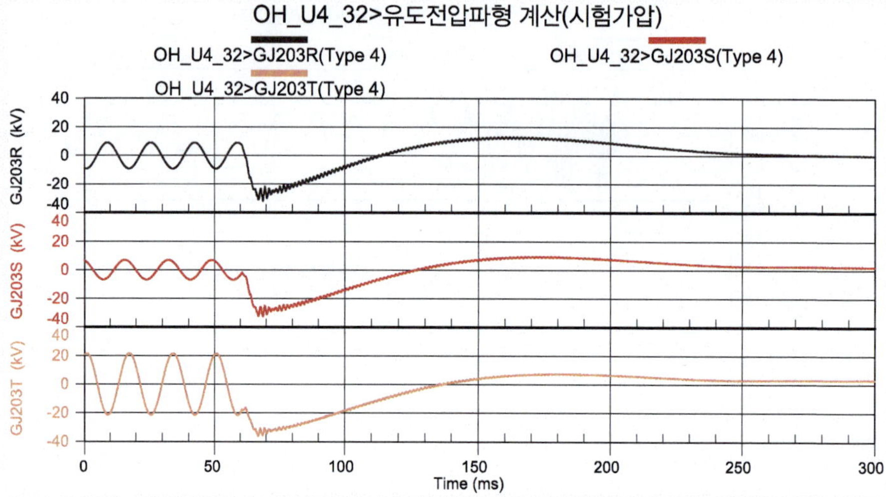

(a) #1 T/L 212 km 시험가압후 차단시 유도전압파형(계산)

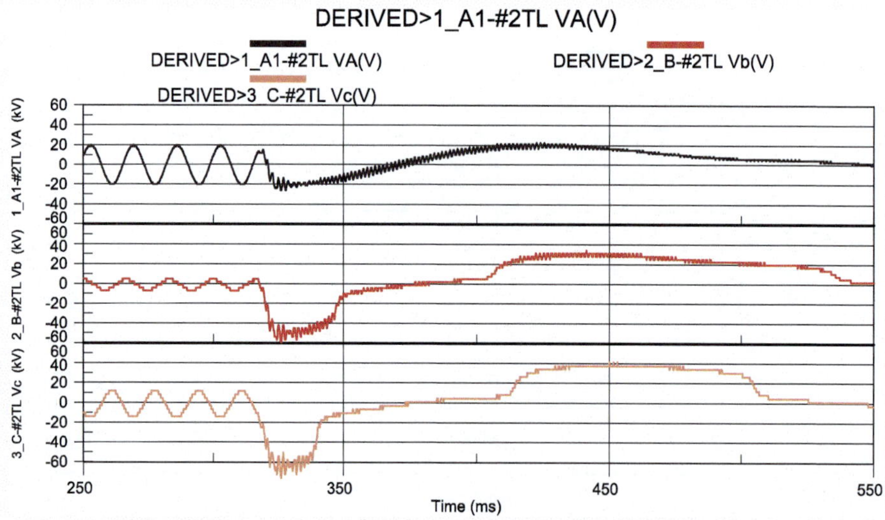

(b) #1 T/L 212 km 시험가압후 차단시 유도전압파형(실측)

그림 4.5 #1 T/L 212 km 시험가압후 차단시 유도전압파형

1.6 송전선로 차단시 잔류전압의 계산과 실측

송전선로의 차단시 선로에 트랩되는 전압의 형태와 영전압으로 수렴하는 과정을 모의계산하고 실측치와 비교하였다. 충전된 선로이므로 대략 전압의 피크점에서 차단되고 회로 내부의 정수에 따라서 감쇠하면서 영전압으로 수렴하게 된다. 실측치의 트랩전압이 모의계산치보다 낮게 나타났는데 이는 EMTP는 전류 영점에서 차단되는데 비하여 실 선로는 영보다는 큰 전류를 차단하였을 것으로 추정된다.

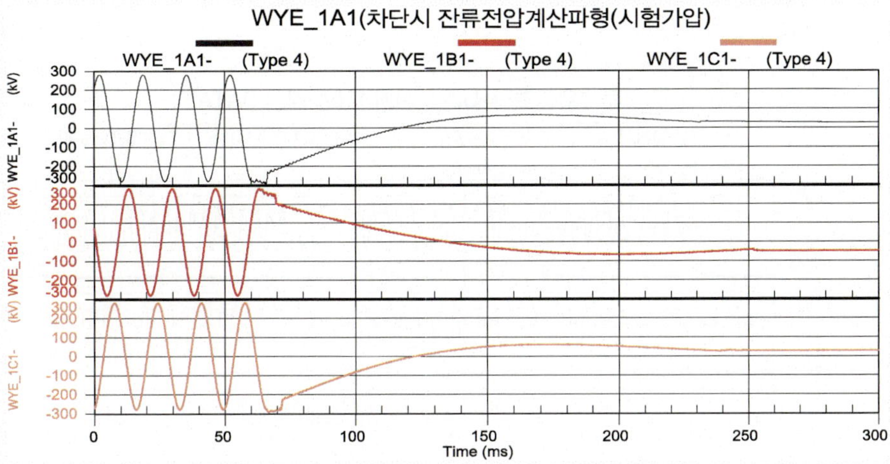

(a) #1 T/L 212 km 차단시 잔류전압파형(계산)

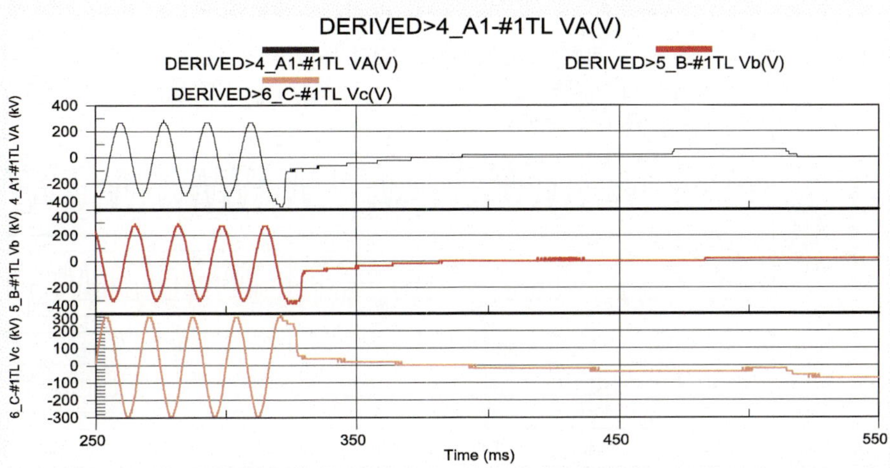

(b) #1 T/L 212 km 차단시 잔류전압파형(실측)

그림 4.6 #1 T/L 212 km 차단시 잔류전압파형

1.7 부하의 루프조작시 전류의 과도현상

선로 충전 후 부하공급을 위한 최초의 루프운전 조작 또는 병행회선이 운전중인 경우 루프 운전조작시의 과도현상을 모의한 결과 그림 4.7(a)과 같이 과전류가 발생하여 약 10주기 정도에서 정상상태로 되었다. 송수전단의 상차각을 30도로 한 경우, 전류는 최대값 기준으로 약 2600 Apeak로서 정상전류 1,300 A의 약 2.0배이었다.

루프운전이 되면서 부하전류가 흐르게 될 때 과도현상을 거쳐 부하전류로 안정되는 시간이 8~10주기정도 소요됨을 알 수 있다. 그림 4.7(b)는 동일한 조건에서 가압시험시의 측정파형이다.

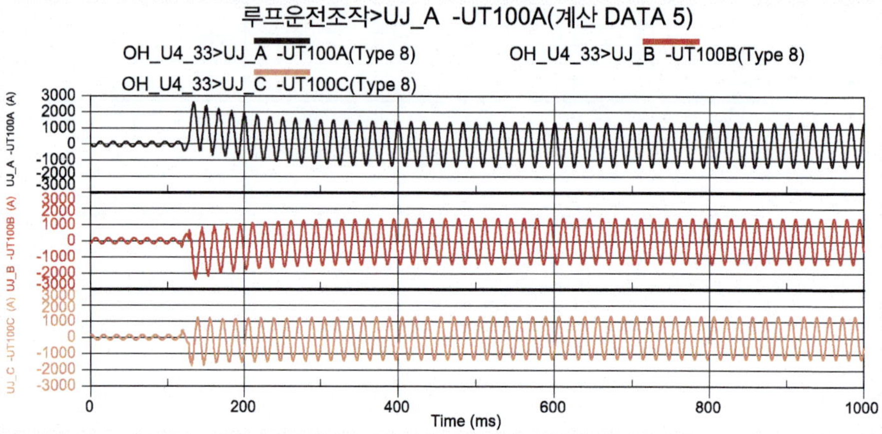

(a) 부하 루프시 투입전류의 과도현상 파형의 예(계산)

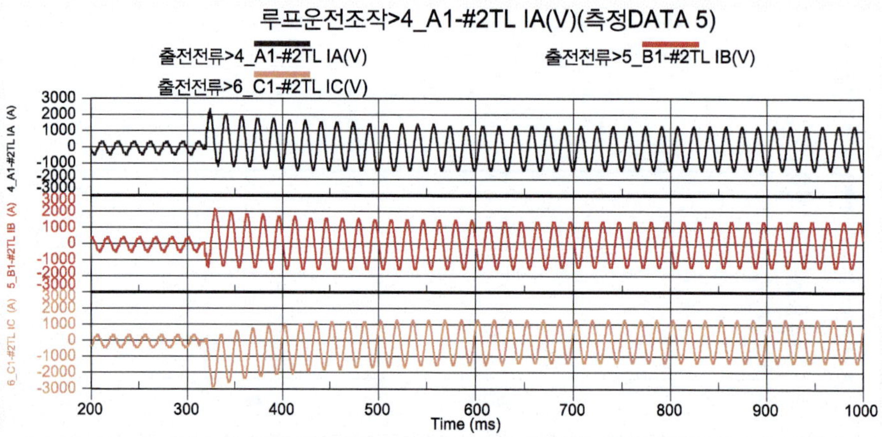

(b) 부하 루프시 투입전류의 과도현상 파형의 예(실측)

그림 4.7 부하 루프시 투입전류의 과도현상 파형의 예

1.8 가공송전선 개폐과전압 해석 사례 요약

EMTP를 이용하여 실제 현장에 설치된 가공송전선로의 기하학적인 배치와 전선의 제원 등을 이용하여 가공송전선로의 해석모델을 만들어 실측값과 비교하였다. 가압시 충전전류의 크기와 파형, 병행회선 운전시 무압된 선로에 유도되는 정전유도전압, 충전전류 차단시 직류분 오프셋에 의한 전류파형, 충전된 선로 차단시의 trapped charge 모의 계산과 현장 실측을 통하여 상당히 정밀한 수준의 예측 계산이 가능함을 확인하였다.

이 이외에 투입과전압이나 차단과전압을 실측하는 것은 휴전시간의 제한과 측정 장비의 한계로 불가능하였지만, 시험 가압과 본가압시의 측정 결과만으로도 절연설계에 반영하기에 충분한 결과의 일치를 확인할 수 있었다.

2

지중케이블의 과도현상

저자 : 정채균, 심응보

2.1 시스의 유기전압과 순환전류에 대한 설명

도체에 전류가 흐르면 주변에 자계가 형성되고 자계 내에 도체가 있어서 그 도체가 자계를 끊으면 전압이 유기된다. 그림 4.8과 같이 케이블의 도체에 전류가 흐르면 전류에 의해서 주위에 자계가 형성되고 이 자계 내에 케이블의 시스가 존재하기 때문에 케이블 시스에 전압이 유기된다.

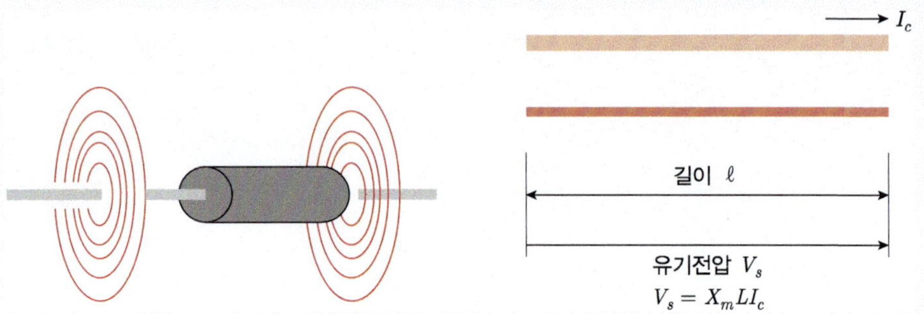

그림 4.8 전류의 흐름과 자계의 발생

케이블 시스템에서 각 상의 유기전압의 불평형을 해소시키기 위하여 일반적으로 사용하는 것이 크로스 본딩이다. 크로스 본딩을 한 경우에 크로스 본딩 시스템 내에 각 구간별로 유기되는 전압은 다음의 식으로 나타낼 수 있다[2, 3].

$$E_A = [jX_m I_c - (R_s + jX_s) i_{s1}] \cdot \ell_1$$
$$E_B = [ja^2 X_m I_c - (R_s + jX_s) i_{s1}] \cdot \ell_2$$
$$E_C = [jaX_m I_c - (R_s + jX_s) i_{s1}] \cdot \ell_3 \tag{4.1}$$

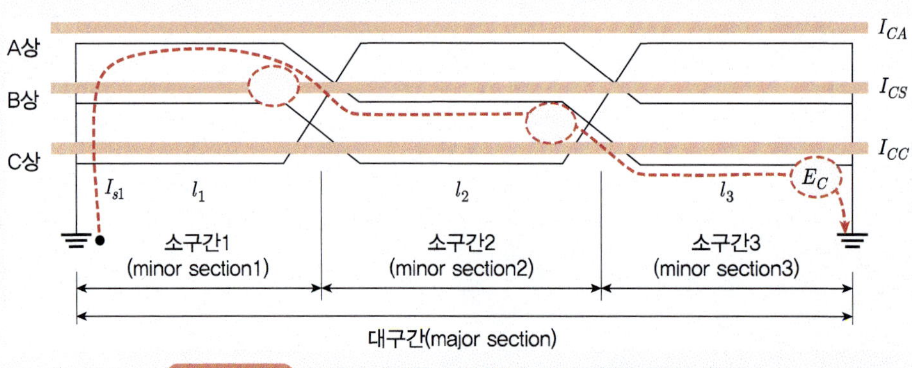

그림 4.9 크로스 본딩 시스템내 각 구간별 전압 유기

각 구간별로 유기된 시스의 전압은 접지를 통하여 대지간의 경로가 형성되고 시스에는 순환전류가 흐르게 된다. 크로스 본딩 시스템의 순환전류 등가회로는 그림 4.10과 같다.

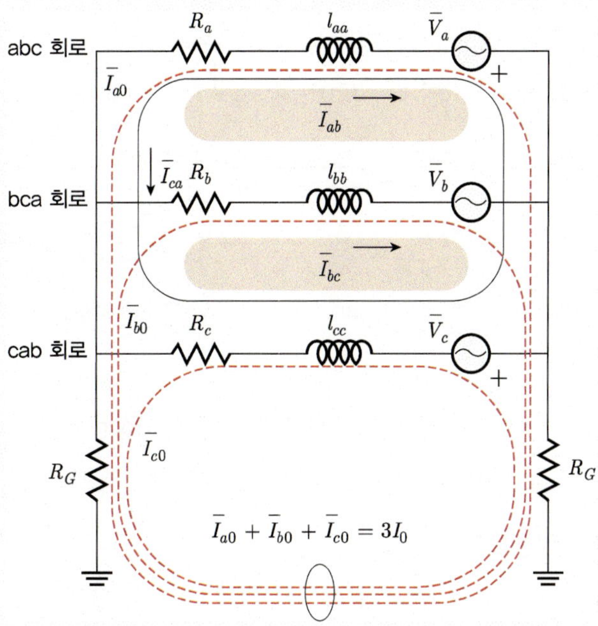

그림 4.10 크로스 본딩 시스템의 순환전류 등가회로

순환전류는 양단이 접지된 경우에 크게 나타나며 과다한 시스순환전류에 의하여 시스 손실이 증가하고 이는 결국 송전용량 저하의 요인이 된다. 시스의 순환전류가 증가하는 원인으로는 부하전류가 큰 경우, 크로스본드 대구간 내에 전력구방식과 관로방식이 혼합되어 포설이 된 경우 및 크로스본드 대구간 내 소구간 거리가 각각 다른 경우 등이 있다 [4]. 현재 국내에 설치된 지중케이블의 단일 포설과 혼합포설의 비율은 단일 포설이 30%, 혼합포설이 70% 정도이다.

2.2 시스의 접지방식

시스의 접지방식은 완전접지방식, 편단접지방식 및 크로스본딩 접지방식이 있다.

완전접지방식(Solid bonding)

완전접지방식은 케이블시스 양단을 접지하여 시스의 유기전압을 저감시키는 방법이다. 접지점의 전압은 영에 가까운 반면 접지를 통해 흐르는 순환전류에 의해 시스 내 손실을 발생시켜 케이블의 온도를 상승시키는 단점이 있다.

이 방식은 허용전류 면에서 여유가 있고, 시스회로 손실이 문제가 되지 않는 경우나 해저케이블과 같이 중간에 접지를 할 수 없는 경우에 사용된다.

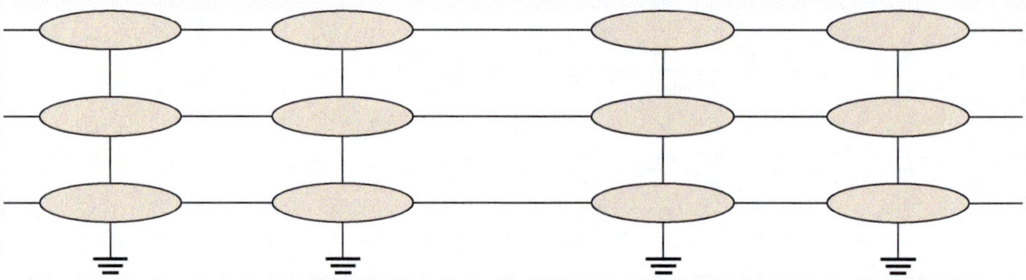

그림 4.11 완전접지방식(Solid Bonding)

편단접지방식(Single Point bonding)

편단접지방식은 시스 한쪽 단은 접지하고 반대 단을 개방하는 방식으로 시스 순환전류에 의한 손실은 없으나 케이블 길이가 길 경우 시스 개방단에서 최대전압이 유기된다.

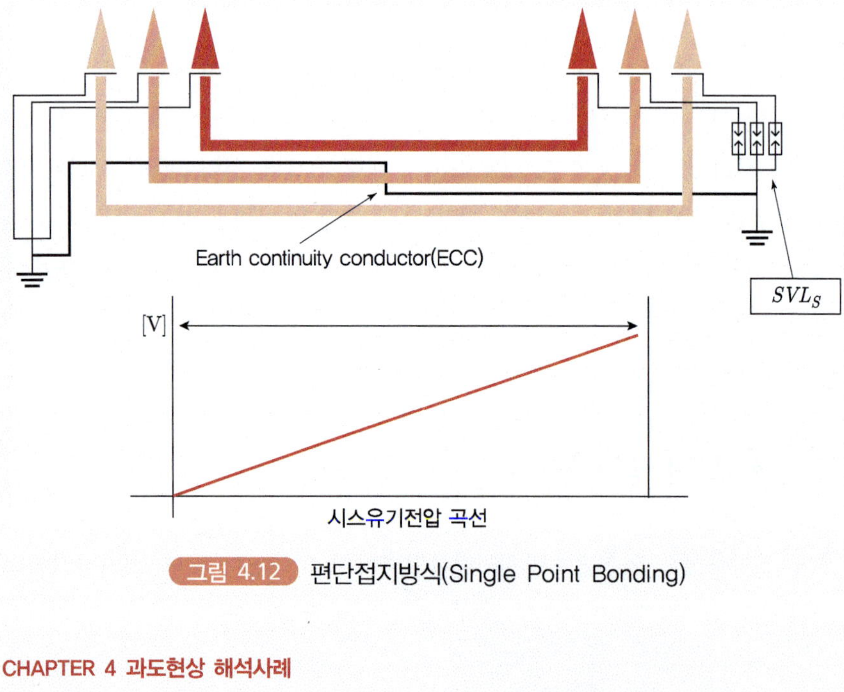

그림 4.12 편단접지방식(Single Point Bonding)

발변전소 구내와 같은 짧은 경간이나 시스를 크로스본드 할 경우에 단위 연가 구간이 구성되지 않을 경우 해당된다.

크로스본드 방식(Cross bonding)

현재 가장 널리 적용되는 시스유기전압 저감 방식으로 일정구간마다 시스를 연가하여 연가점에서의 시스전압을 일정치 이하로 제한하는 방법이다. 크로스본드 구간의 양끝 시스를 접지하여 시스 양단의 유기전압을 거의 영으로 유지시키는 방법으로 접속함간 길이가 동일할 경우 시스 양단 유기전압이 완전평형상태가 되어 이론상의 불평형 전류가 거의 영이나, 실제로는 완전평형상태가 되기 어렵기 때문에 불평형 전류가 흐른다[5].

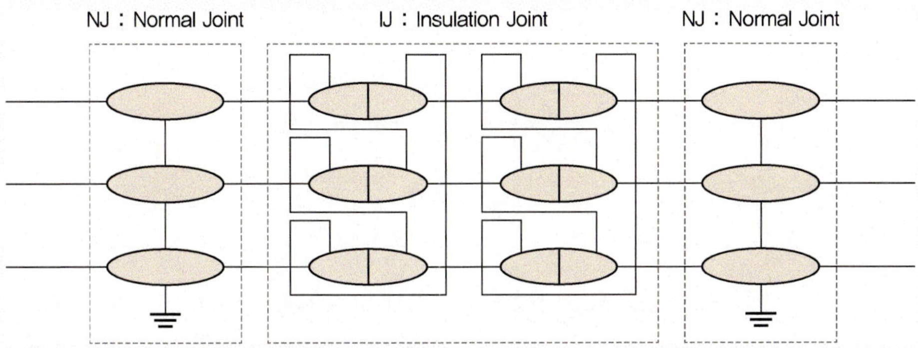

그림 4.13 크로스본딩 접지방식(Cross Bonding)

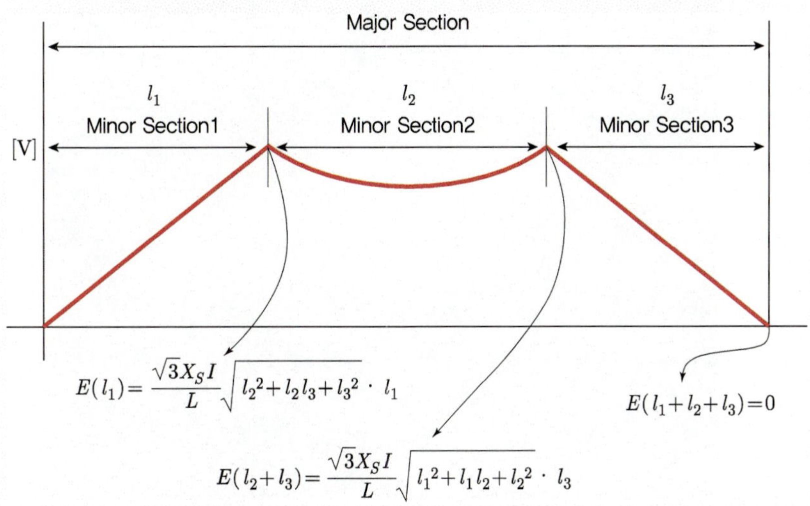

그림 4.14 크로스본딩 접지시 시스유기전압의 분포

2.3 SVL(절연통 보호장치)

서지에 의한 시스과전압을 억제하기 위하여 SVL(Sheath Voltage Limiter : 절연통 보호장치)이 사용된다[2, 3]. 종단 접속부, 중간 접속부 절연통 및 방식층 보호로 나눌 수 있는데 피뢰기의 특성과 같이 비선형 저항 성분의 V-I 특성곡선을 가지고 있다. 그림 4.16은 SVL의 외관이며 그림 4.17은 SVL의 전압 전류 특성을 설명한 것이다.

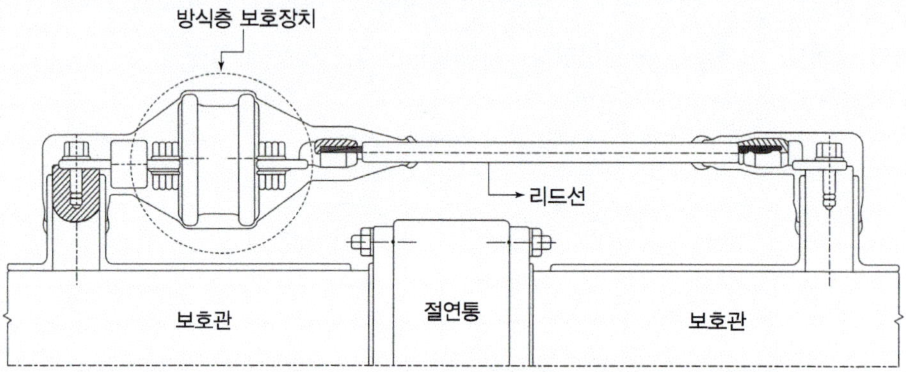

그림 4.15 절연통 보호장치 및 방식층 보호장치

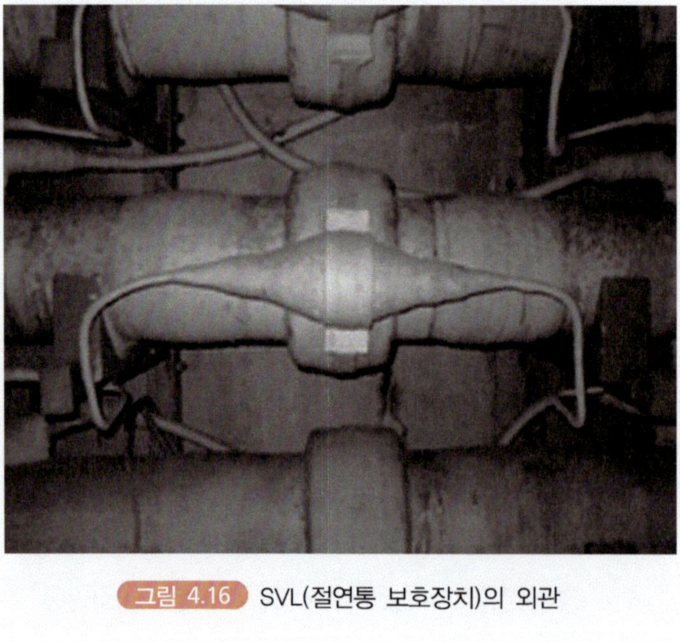

그림 4.16 SVL(절연통 보호장치)의 외관

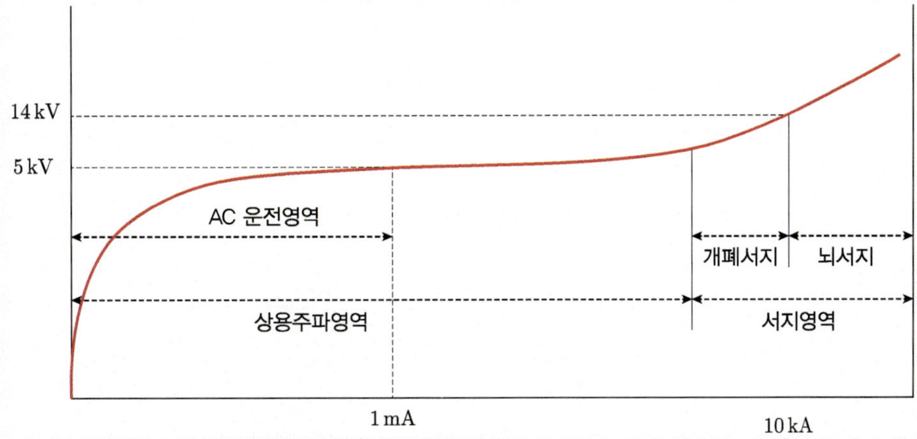

그림 4.17 SVL(절연통 보호장치)의 V–I 특성

SVL의 결선 방식에는 대지간방식, 교락비접지방식 및 교락접지방식 및 혼합방식이 있다.

대지간방식

중간접속부와 대지 사이에 SVL을 접속하는 방식으로 리드선은 일부 크로스본드 선을 겸하기 때문에 고주파서지에 대해서는 리드선 부분의 전압강하에 주의할 필요가 있다.

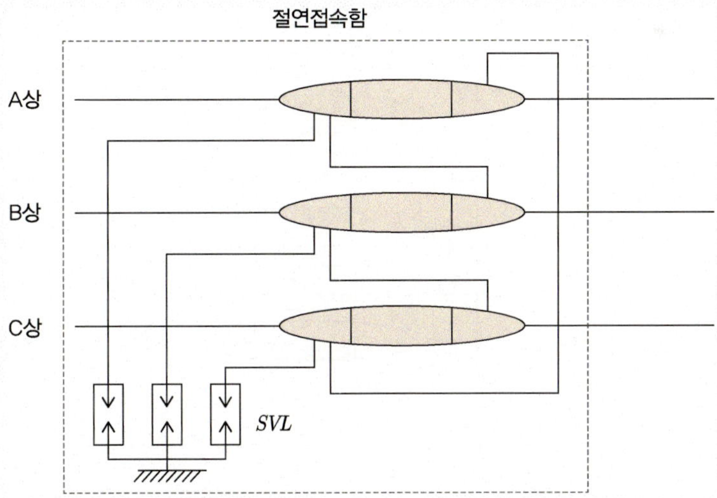

그림 4.18 대지간 방식의 결선도

교락비접지방식

절연통 사이에 SVL을 접속하는 방식으로 서지억제효과가 가장 좋으며 시스-대지간에 서지가 침입한다고 예상되는 선로에는 대지 사이에도 설치하면 보호효과가 더욱 좋아진다.

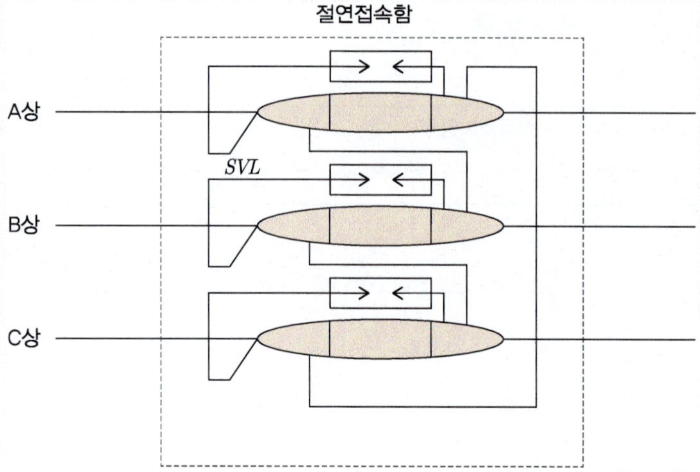

그림 4.19 교락비접지 방식의 결선도

혼합방식

혼합방식은 대지간방식과 교락비접지 방식을 혼합한 것이다.

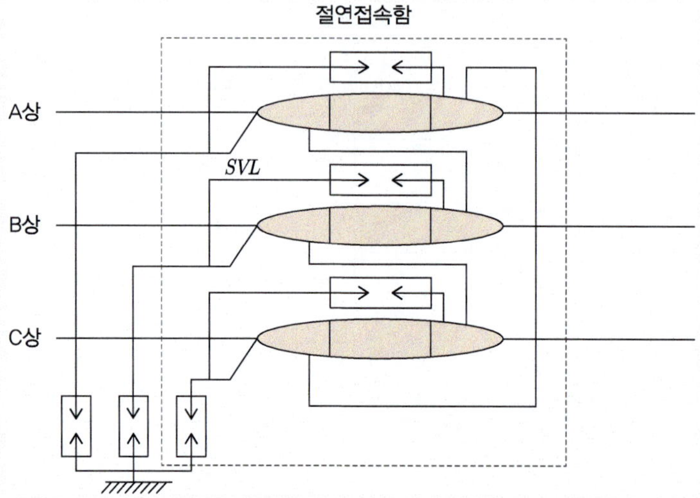

그림 4.20 혼합방식의 결선도

2.4 시스유기 전압, 전류 계산용 EMTP 모델

케이블 모델은 각 상별 도체 3개와 시스 3개 6상으로 만들어 도체에 흐르는 전류가 시스에 유도되도록 구성한다.

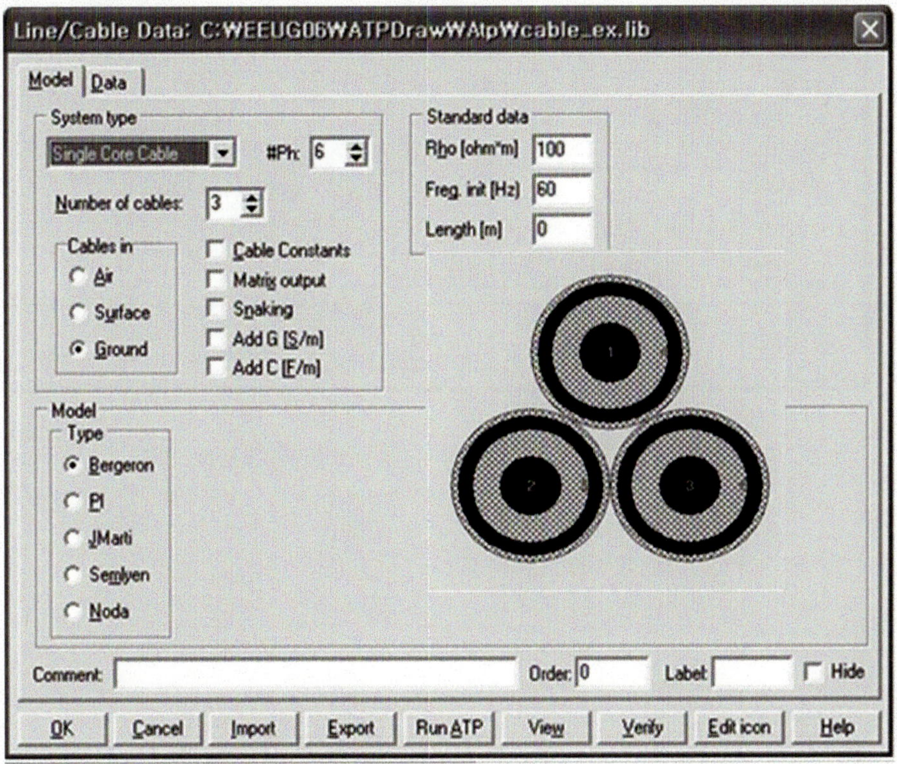

그림 4.21 케이블 모델(도체 1,2,3 + 시스 4,5,6)

SVL 모델은 피뢰기 모델중에서 가상비선형저항을 모의하는 Type 99 Component를 이용하여 그림 4.22와 같은 비선형 특성을 입력한다.

그림 4.23은 크로스본딩 구간의 시스순환전류를 모의하기 위한 회로도이며 3개의 크로스본딩 구간으로 구성하여 모의한다.

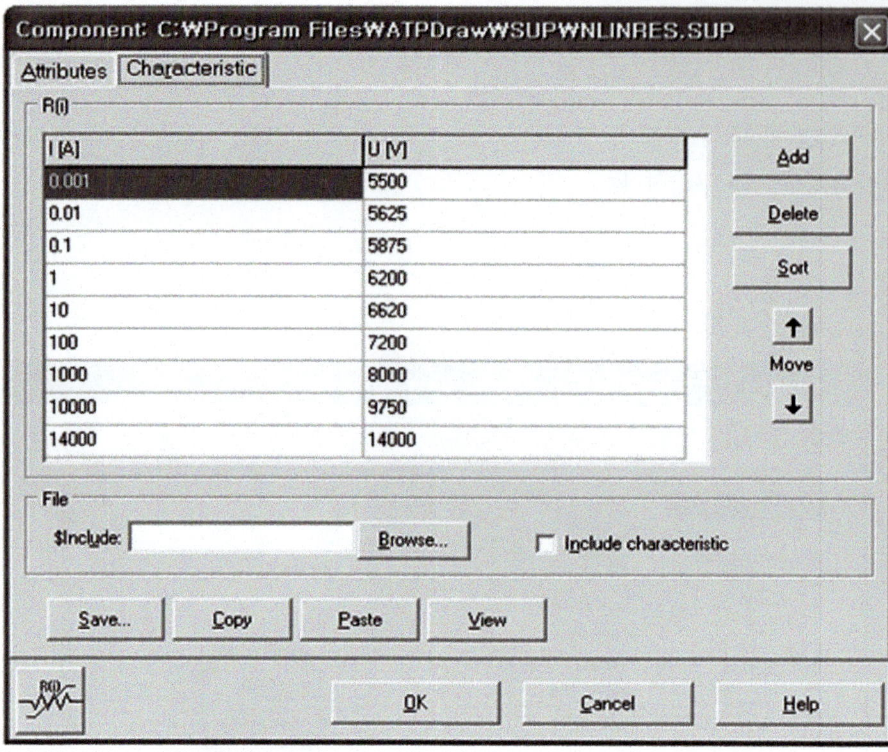

그림 4.22 SVL의 전압-전류 비선형 특성(Type 99)

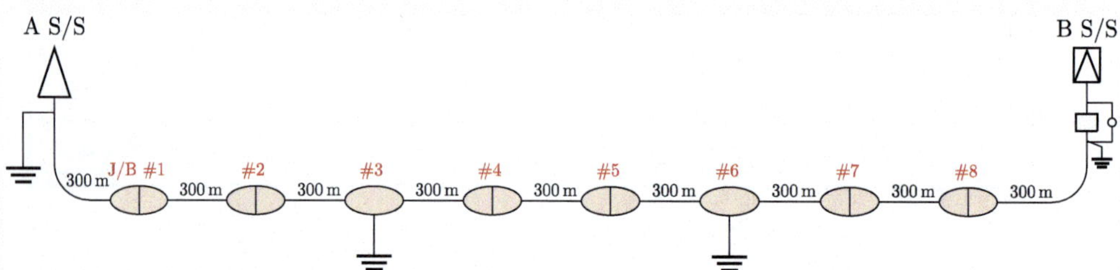

그림 4.23 크로스본딩 구간의 시스순환전류 모의 회로 예

그림 4.24는 시스유기전압을 계산하기 위한 EMTP 해석모델의 예이다. 그림 4.24에서 제 1번은 교락비접지 모델을 3번은 크로스본딩 직접접지를 모의한 사례이다.

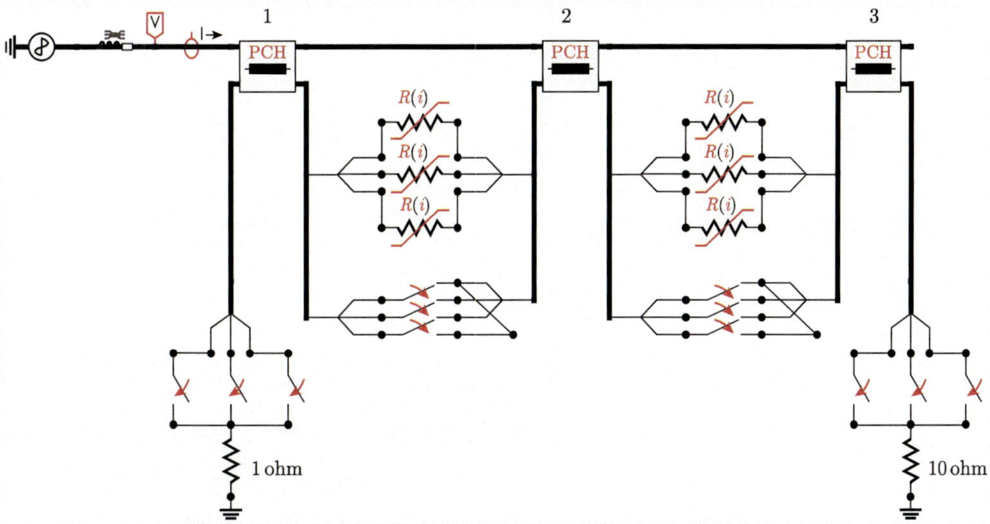

그림 4.24 시스유기전압 계산을 위한 EMTP 해석모델(제 1구간)

2.5 케이블의 시스 순환전류 해석 사례

본 해석 대상에서 다루고 있는 한국전력공사 A S/S~B S/S 구간의 실제 지중송전계통 포설방식은 전력구식과 관로식이 혼용되어 있으며, 케이블도 154[kV] 1200[mm^2] XLPE와 OF케이블이 함께 포설되어 있다. 또한 선로긍장은 7.518[km]이고 보통접속함(NJ)과 절연접속함(IJ)을 포함해 총 26개의 접속함이 있는데, 그림 4.25는 시스순환전류가 상승하는 18번 접속함(IJ-18)까지의 케이블 접속형태 및 구간길이를 나타낸 것이다.

그림 4.25에서 알 수 있듯이 NJ-16까지는 XLPE 케이블로, 그 이후에는 OF 케이블로 포설되어 있다. 또한 IJ-8까지는 전력구방식으로 포설되어 있으나, 일부 IJ-2~NJ-3의 150[m]와 NJ-3~IJ-4의 275[m]의 구간은 관로식으로 포설이 되어 있고, IJ-8 이후에는 관로식으로 포설되어 있는 등 계통이 복잡하게 구성되어 있다. 여기서 시스 접지저항은 종단접속함에서의 직접접지는 지중선공사의 지침을 고려하여 1[Ω]으로 하였고, 보통접속함(NJ)에서의 직접접지는 10[Ω]으로 하였다.

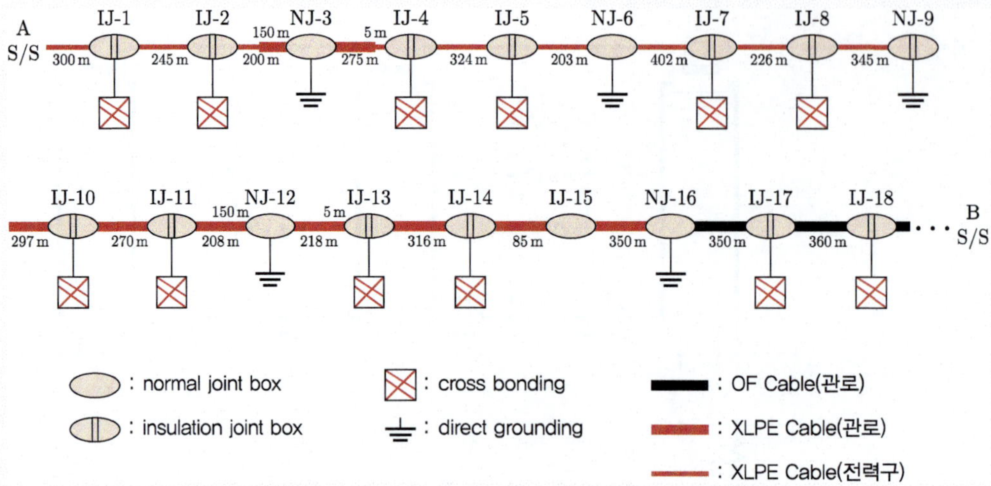

그림 4.25 해석 대상 케이블의 접속형태 및 구간길이

표 4.4 시스순환전류의 실측값과 계산값의 비교

NJ	상	실측값[A]	계산값[A]
NJ-6	A	117.78	126.57
	B	145.98	106.59
	C	124.45	123.09
	A+B+C	10.65	1.96

본 해석 사례에서 다루고 있는 지중송전 계통에서 시스순환전류를 측정한 결과 대부분의 계산값과 실측값이 비슷한 경향의 값을 보이고 있는데 그 중 가장 큰 값을 보이고 있는 NJ-6에서의 시스순환전류를 비교하면 표 4.4와 같다. 이 표에 나타난 약간의 오차 이유는 계산식에서 다루기 힘든 계통상의 여러 가지 복잡한 요소들의 영향으로 사료된다.

다음은 임피던스의 변화에 따른 시스순환전류가 변화하는 특성을 분석하기 위해 그림 4.26에서처럼 관로식으로 포설된 케이블의 보통접속함(NJ) 사이에서 교락 비접지 방식으로 크로스본딩 되어 있는 한 구간의 IJ-c와 NJ-d의 접속함은 일정하고 IJ-b 접속함의 케이블 도체중심점 간의 거리를 변화하였을 때 시스순환전류 분석하였다. 도체 중심점간의 거리변화에 따른 특성 분석을 위해 접속함 간의 거리는 300[m]로 일정하게 하였으며 부하전류는 실계통 전류인 320[A]로 하였다.

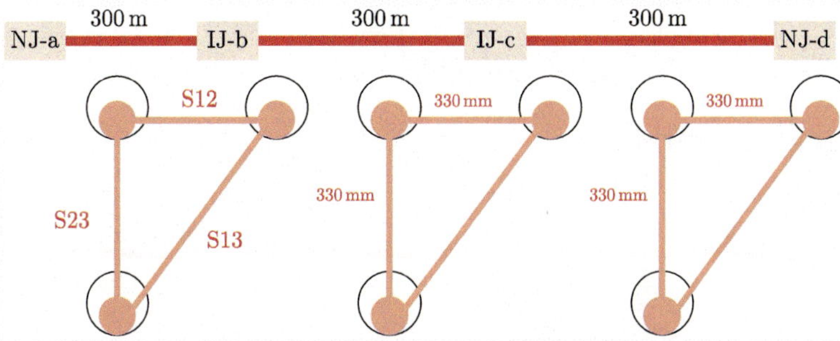

그림 4.26 케이블 배열형태(관로식)

그림 4.27은 그림 4.26의 S12와 S13가 각각 100[mm]에서 500[mm]까지 변화할 때 각 상의 시스순환전류를 크기와 위상으로 나타낸 것이다. 그림 4.27의 좌측은 S12가 변화할 때 A상 시스전류(is1)와 B상의 전류(is2)는 시스 순환 전류가 최대 65[A]에서 거리가 증가할수록 감소하다가 다른 접속함(IJ-c, NJ-d)과 같은 거리가 되는 330[mm]지점에서 가장 낮은 값을 보인 후 다시 서서히 증가하는 특성을 나타내고 있다.

또한 그림 4.27의 우측은 S13가 변화 할 때는 시스 A상 전류(is1)와 C상 전류(is3)가 최대 85[A]에서 거리가 증가할수록 감소하다가 다른 접속함(IJ-c, NJ-d)과 같은 거리가 되는 470[mm]지점에서 가장 낮은 값을 보였다. 따라서 접속함 간의 구간길이가 일정할 때 케이블 선로의 일정한 배치를 통해 순환전류를 저감시킬 수 있음을 보였다.

또한 실계통에서의 변환 특성을 분석하기 위해 가장 높은 시스순환전류가 측정된

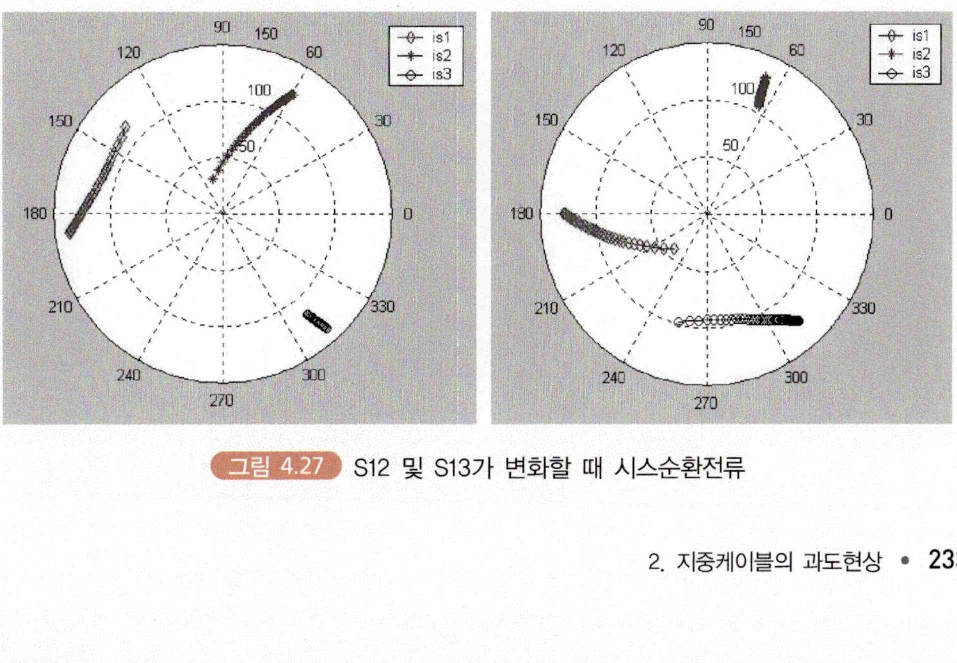

그림 4.27 S12 및 S13가 변화할 때 시스순환전류

NJ-3과 NJ-6사이의 선로 데이터를 이용해 관로식 구간에서 케이블 도체 중심점간의 거리가 변화할 때 시스순환전류를 분석하였다. 그림 4.28에서는 NJ-3과 NJ-6사이의 선로배치 및 구간길이를 나타내었다.

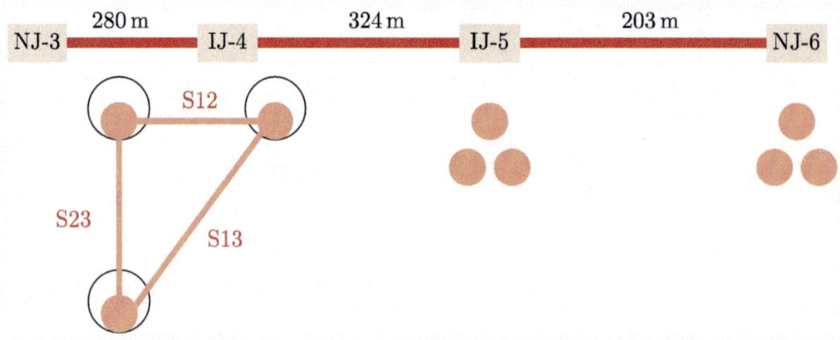

그림 4.28 케이블의 배열형태(관로식 + 전력구식)

그림 4.29에서는 그림 4.28의 S12와 S13이 각각 100[mm]에서 500[mm]까지 변화할 때 각 상의 시스순환전류를 크기와 위상으로 나타낸 것이다. 그림 4.29의 좌측은 S12가 변화할 때의 경우로 A상 시스전류(is1)의 크기는 120[A]에서 서서히 감소하다가 최대 140[A]까지 증가하는 특성을 보이고, 위상은 급격히 증가함을 알 수 있다. 그러나 B상의 시스전류(is2)는 위상의 변화에 비해 크기가 급격히 변화하고 있다. 한편 우측은 S13가 변화할 때의 경우로 A상 시스전류(is1) 크기는 위상에 비해 급격히 변화하는 반면 C상 시스전류(is3)는 크기는 서서히 변화하나 위상은 급격히 증가하고 있다.

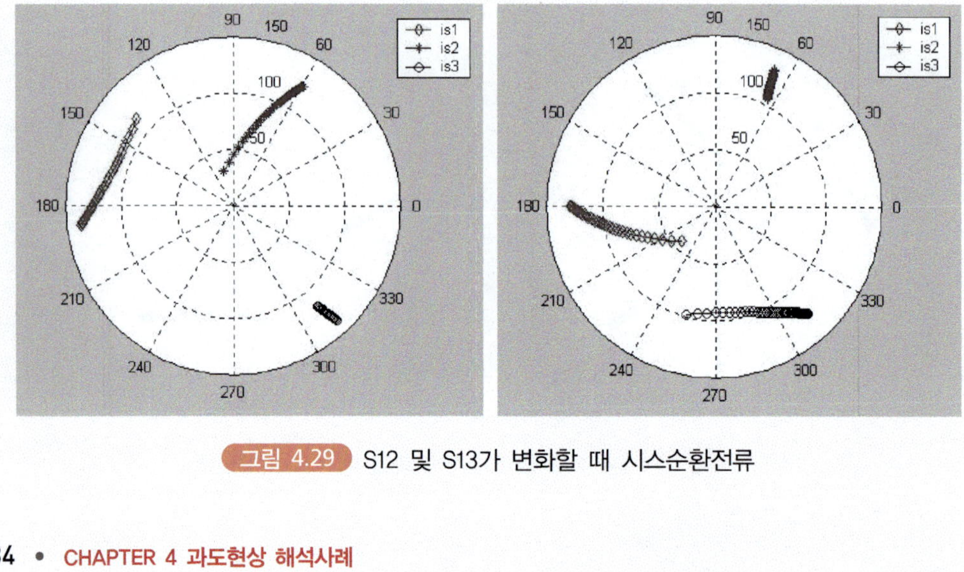

그림 4.29 S12 및 S13가 변화할 때 시스순환전류

그림 4.27과 그림 4.29의 특성을 비교해보면 시스순환전류 크기는 최대값을 기준으로 그림 4.29가 매우 높으며, 그림 4.27에서는 케이블 도체 중심점간의 거리가 증가할수록 순환전류는 감소하는 특성을 보이나, 그림 4.29에서는 증가하는 특성을 나타내고 있다.

이러한 결과로 볼 때 케이블의 균형적 포설 및 배치는 임피던스의 영향을 줄여 시스순환전류를 저감시킴을 알 수 있다. 따라서 그림 4.28과 같은 선로배치에서 시스순환전류가 상승하는 이유는 선로배치의 불균형으로 인한 시스 상호임피던스의 불평형과 선로구간 길이 때문으로 사료된다.

또한 선로 구간길이와 시스순환전류의 관계를 분석하였다. 그림 4.30은 동일한 삼각배열형태의 전력구로 포설 되어있는 케이블에서 모든 구간(l, m, n) 길이가 300[m]로 동일할 때 각각 한 구간을 변화시킬 경우 시스순환전류의 변화를 나타낸 것이다. 여기서 보이는 바와 같이 선로배치가 균일한 상태에서 선로구간 길이가 모두 등가적으로 구성되어 있으면 시스순환전류는 영이 됨을 알 수 있었다.

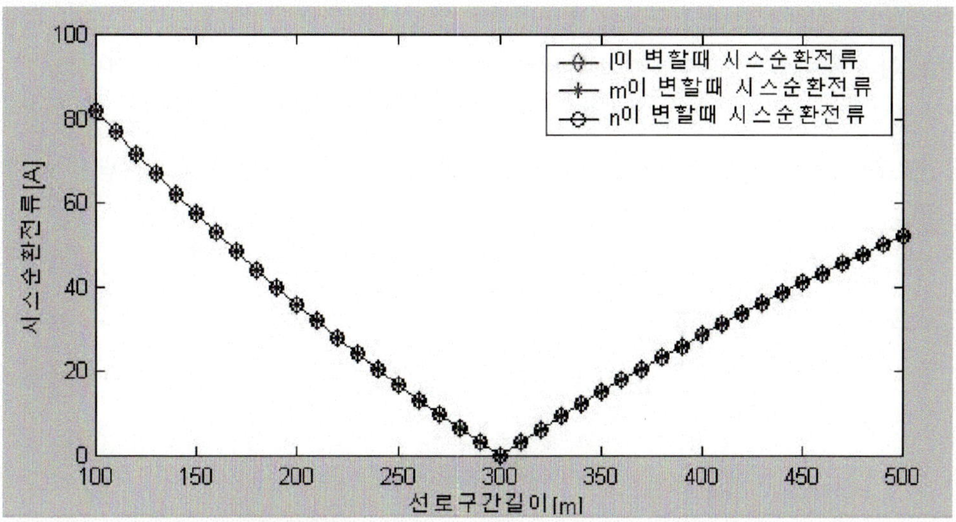

그림 4.30 구간길이 변화에 따른 시스순환전류

그림 4.31에서는 전력구 방식의 삼각배열형태로 포설되어 있고 실계통의 A S/S~NJ-3 구간의 접속함간 거리인 $l=300$[m], $m=245$[m], $n=350$[m]인 경우 각각 한 구간의 길이가 변화할 때 시스순환전류의 변화를 나타낸 것이다. 그림에서 알 수 있듯이 시스순환전류는 선로의 등가길이에 가까운 250[m]~350[m] 사이에서 가장 낮은 값을 보였다.

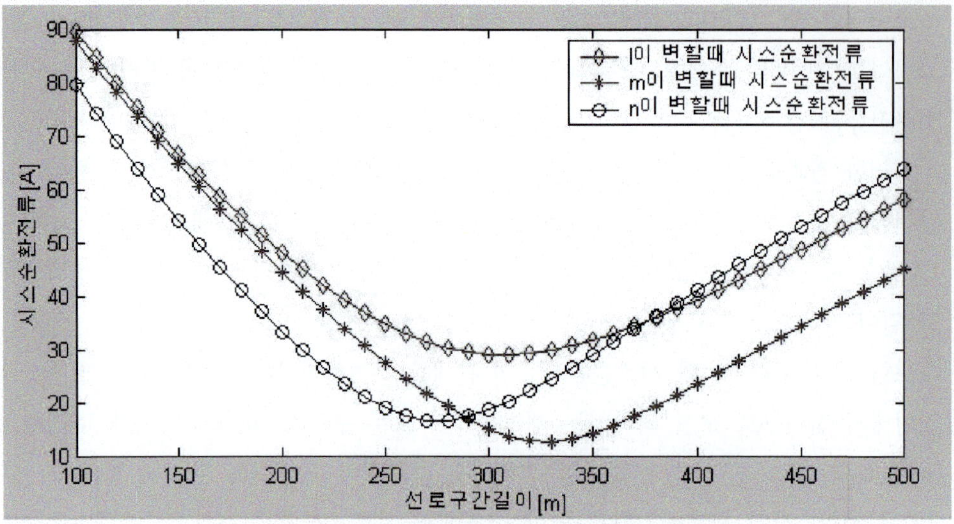

그림 4.31 구간 길이의 변화에 따른 시스순환전류

그리고 관로식과 전력구식이 혼용되어 있는 그림 4.28의 실계통 구간을 이용해 NJ-3과 NJ-6 사이의 선로 구간길이가 변할 때 각 상의 시스순환전류를 분석하였다. 지면상 생략하였으나, 시스순환전류는 구간길이의 증가에 반비례하여 감소하는 형태를 보여 선로구간길이가 등가적으로 구성되어 있는 계통에 비해 영향은 적게 나타남을 알 수 있었다.

따라서 선로구간길이와 시스순환전류의 관계로 볼 때 케이블 배열이 불균형인 상태에서도 선로길이를 조정함으로서 순환전류는 약간의 저감효과를 볼 수 있으나, 케이블 배열이 일정한 상태에서 선로구간길이를 등가적으로 맞추어 주면 순환전류는 급격히 감소함을 알 수 있었다.

3

전력용변압기의 여자돌입전류 해석 사례

저자 : 심응보

3.1 전력용 변압기의 여자 돌입전류 현상

전력용 변압기가 임의의 위상에서 투입됨에 따라 큰 자속 비대칭이 발생하고 변압기 철심을 포화 시키게 된다. 이 포화로 인하여 많은 고조파 성분과 높은 직류분을 포함하는 여자 돌입전류가 흐른다. 이 여자 돌입전류는 보호계전기의 오동작, 휴즈 용단, 전자력에 의한 변압기 권선의 기계적인 손상과 전력계통의 전력 품질을 저하시킨다[6].

이러한 과도현상에 의한 영향을 줄이기 위한 일반적인 대책으로는 i) 보호계전기의 감도를 저하시키는 방법, ii) 휴즈의 용량을 크게 하는 방법이 사용된다. 돌입전류의 크기를 저감하기 위한 방법으로는 i) 투입저항을 사용하는 방법, ii) 차단기의 투입시점을 제어하여 돌입전류를 줄이는 방법 등이 시도되고 있다[7].

변압기를 운전하기 위해 $v_1 = V_{1m}\sin(\omega t + \varphi)$의 전원을 $t = (0)$일 때 1차측에 공급하면 그 투입위상 $\varphi = 0$일 때 돌입전류는 정격전류의 수배에 달하는 최대치를 갖는다. 변압기 2차를 개방하고 1차측 차단기를 투입하는 경우, 돌입전류는 차단기 투입시에 가해진 전압의 위상, 변압기 철심의 잔류자속에 의해 그 크기가 달라지고, 때로는 정격전류의 수배의 돌입전류가 흘러 계전기 오동작의 원인이 되기도 한다.

철심에 잔류자속이 없고, 전압이 파고치에 도달한 시점에서 차단기를 투입한다고 하면, 자속은 0에서 출발하여 정현파로 되고, 정상 운전시와 같이 여자전류는 작은 값이 된다.

그러나 전압이 0인 점에서 차단기가 투입되었다고 하면, 1차 권선에 가해진 전압과 같

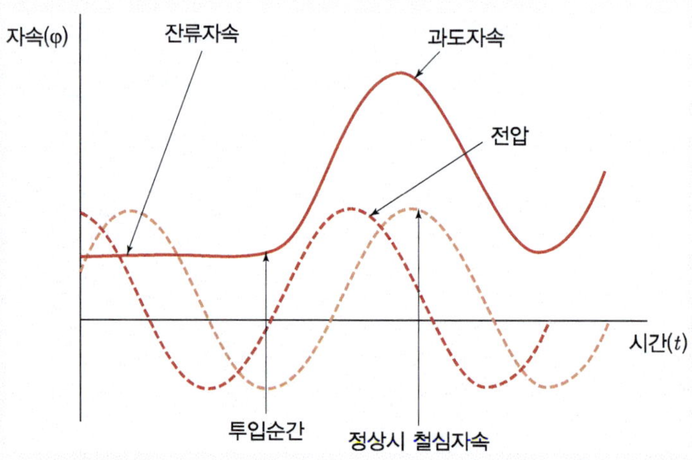

그림 4.32 철심의 잔류자속이 가장 가혹하게 되는 투입 케이스

은 역기전력을 유지하기 위하여, 1차 권선과 쇄교하는 자속은 정현파로 변화한다. 그런데 최초에 변압기의 자속은 0이므로, 반 주기 동안에 $2\varphi_{\max}$의 자속변화를 일으키며, 철심에 잔류자속 $\varphi_{residual}$이 있다면 철심에 흐르는 자속의 최대치는 $2\varphi_{\max}+\varphi_{residual}$로 된다. 이렇게 되면 철심은 포화되고 여자인덕턴스내 큰 돌입전류가 흐르게 된다[7, 8].

돌입전류가 가장 큰 시점은 투입시 전압의 순시치가 0이 될 때이나, 차단기는 극간의 전압이 최대일 때 절연파괴로 인한 아크접속이 되므로 돌입전류는 변압기 이외의 회로 임피던스 강하를 일으키고, 또 잔류자속의 방향이 반드시 직류 여자자속과 같은 방향과 일치할 수 없기 때문에 돌입전류는 완화되어 이론값 보다 다소 작아질 수 있고 회로의 저항분, 와류손, 히스테리시스손 등에 의하여 시간이 지남에 따라 점점 감쇠한다.

전원 투입시점에서 변압기의 일시적인 과도 자속에 의하여 발생하는 여자 돌입전류는, 다음과 같은 요소에 영향을 받는다.

- 투입시점에서 전압 파형의 위상
- 투입시점에서 변압기 철심의 잔류자속 크기와 극성
- 1차회로 권선의 총 저항
- 전력계통의 인덕턴스
- 변압기 철심의 전류-전압 특성
- 변압기 철심의 기하학적 구조
- 철심재료의 최대자속 전달 능력

이와 같이 다양한 조건에 따라 다르게 발생된 여자 돌입전류는 전력용 변압기의 보호계전기를 오동작 시킬 수 있으므로 고조파억제 대책이 필요하다.

변압기의 여자전류는 전원측 단자에서만 공급되므로 큰 돌입전류가 흐르면 이는 변압기 보호계전기가 변압기 고장시와 같이 작용한다. 즉, 내부고장 전류발생처럼 양단자 변류기의 차전류(差電流)가 차동계전기의 동작코일에 흐른다. 정상시의 여자전류는 매우 작아서 여자전류 때문에 계전기가 오동작하는 일은 없으나 무부하, 무여자 상태의 변압기에 전압을 인가할 때 순간적으로 발생하는 큰 여자 돌입전류는 계전기를 오동작시킬 수 있다.

돌입전류의 파형을 분석하면 기본파형을 100[%]로 할 때 직류성분이 50~60[%], 제 2고조파성분이 30~50[%], 제 3고조파성분이 제 2고조파의 1/2 되고, 제 4고조파 이상의 성분은 적게 나타난다[9]. 내부 고장전류의 파형을 분석하면 제 2고조파성분이 비교적 적게 포함되어 있다. 따라서, 돌입전류 발생시 발생하는 제 2고조파를 변압기의 내부고장 보호계전기에 고조파필터를 설치하여 제거하면 오동작을 방지할 수 있다.

3.2 차단기 투입 위상의 통계적분포

그림 4.33은 1차 Y결선, 2차 Y결선인 변압기의 1차 돌입전류의 파형 예이다. 3상의 경우 특정상의 전압이 0인 순간에 투입되었다 하더라도 다른 상의 위상은 120° 차이가 있으므로, 다른 2상의 돌입전류는 특정상의 돌입전류보다는 크지 않다. 돌입전류의 크기는 잔류자속의 크기와 방향, 투입 차단기 각상의 투입시간 등의 영향을 받기 때문에 3상의 돌입전류를 정확하게 구하기 어렵다.

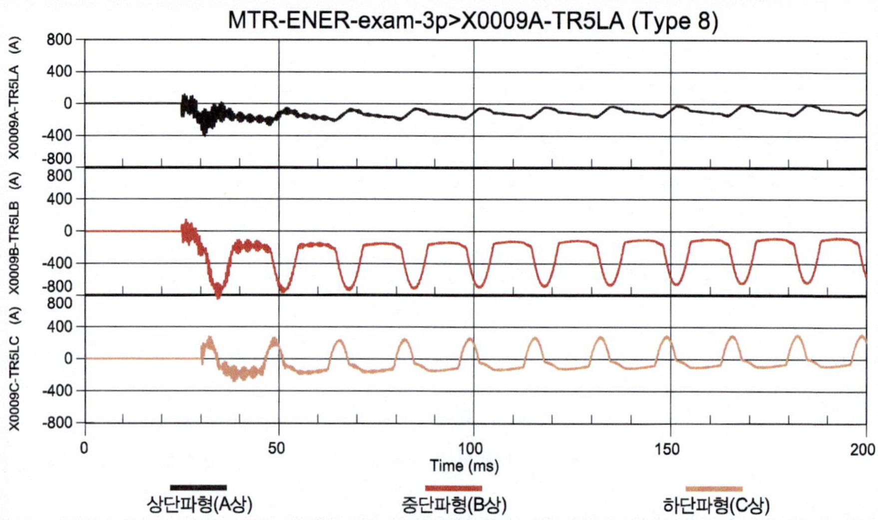

그림 4.33 3상 돌입전류의 파형 예

EMTP의 기능 중에서 Monte Carlo법을 이용하여 차단기 각 상의 투입 위상을 서로 다른 수 백개의 경우를 상정하여 3상 여자돌입 전류를 정밀하게 계산하는 방법이 있다[10, 11, 12].

투입 위상의 분포는 그림 4.34와 같이 정규분포로 나타낸다. 대부분의 실험이나 관찰 또는 조사를 통해 수집한 자료가 평균값을 중심으로 좌우 대칭인 형태를 띠고 있는 정규

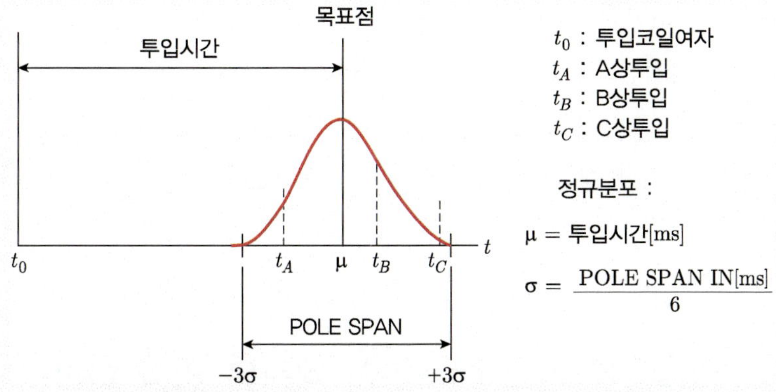

그림 4.34 차단기 주접점의 표준편차 특성(정규분포)

분포에 근사한 경우가 많이 있고, 표본의 크기가 어느 정도 크면 대부분 통계량의 표본 분포가 정규분포로 잘 설명된다는 특징을 가지고 있기 때문에 통계학에서는 물론 각 분야의 자료분석에 매우 널리 사용된다.

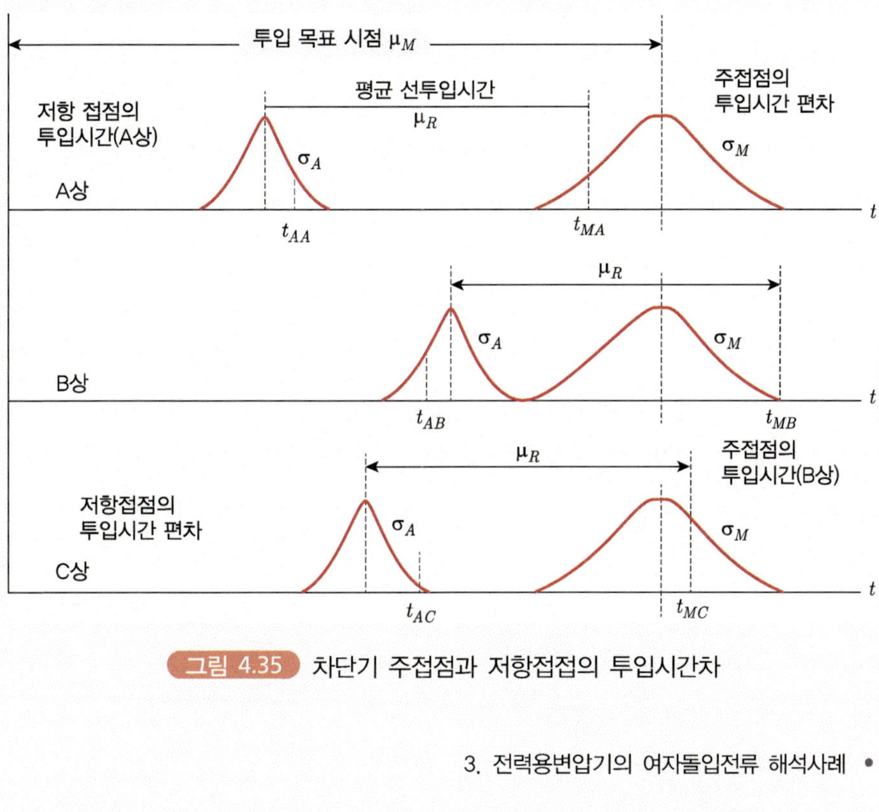

그림 4.35 차단기 주접점과 저항접점의 투입시간차

초고압 계통의 차단기는 투입시 과도현상을 줄이기 위하여 투입저항을 사용하고 있으며, 주접점과 저항점점간의 평균 선 투입시간(average pre-insertion time) 또한 각각의 편차를 가지고 있다. 그림 4.35는 차단기 주접점과 저항접점의 투입시간 분포를 나타내고 있으며, 주접점과 저항 접점간의 투입시간차는 과도현상이 가장 잘 제동되는 범위로 보통 8~12[ms] 정도가 일반적으로 사용되고 있다.

3.3 전력용변압기의 여자돌입 계산을 위한 파라미터 도출

765 kV 2,000[MVA] 전력용 변압기는 단상 단권변압기로 제작되었으며, 철도 운송에 필요한 단위 한계중량 170 톤을 초과하지 않도록 제작하여야 하므로, 1개의 상을 2개의 탱크로 분할하여 제작하였다. 해석 모델은 참고문헌[13~29], 제작사의 개방시험과 단락시험값[29]을 참조하여 변압기 철심의 여자특성과 여러 전기적 정수를 도출하였다.

변전소의 모의는 실제의 GIS 설치 길이를 고려하여 정전용량을 구간별로 계산하였고, GIS의 단위 길이당 정전용량은 EMTP의 CABLE CONSTANTS 보조 루틴을 이용하여 계산하였다.

차단기의 동작은 초기에 345 kV측에서 역으로 가압하는 경우와 345 kV에서 역으로 가압한 뒤 순차적으로 765 kV 모선을 충전한 후에 다시 765 kV 변압기를 투입하는 경우를 상정하여 모의 계산하였다.

교류계통에서 차단기의 투입지령 시점이 같아도 실제로는 차단기 극간의 투입시간차이가 존재하며, 기계적으로는 같은 시점에 투입되어도 전기적으로는 편차가 더 커질 가능성이 있다. 차단기의 투입 시점은 차단기 상간의 불일치를 고려하고 투입위상의 위치를 100회의 서로 다른 투입시점을 EMTP 내의 몬테칼로 통계스위치를 이용하여 통계적으로 처리하였다. 또한, 저항투입 접점의 투입시점도 동일하게 정규분포를 갖는 통계스위치로 처리하였으며, 그 표준편차는 주접점 편차의 1/2로 상정하였다.

실제로 단상 단권변압기를 3상으로 결선하여 사용하지만, EMTP에는 단상 단권변압기 해석 모델이 없으므로, 이 데이터를 3권선 변압기의 형태로 변환을 하여야 한다. 변압기 외부의 결선은 실제의 단권변압기와 동일한 결선을 사용하는 방법과, 성형 결선의 3권선 변압기 모델로 등가화 하는 방법이 있는데, 본 해석에서는 3장 3.1.3에서 제시한 성형 결선의 3권선 변압기로 등가화 하였다.

표 4.5는 무부하 전압 $\frac{765\,\text{kV}}{\sqrt{3}}$ / $\frac{345\,\text{kV}}{\sqrt{3}}$ /23 kV, 3상 정격용량 2,000[MVA] 전력용 변압기의 철심 포화특성을 나타내는 것으로서 전압 증가분에 대한 여자전류의 증가분의 시험결과이다.

권선 저항, 부하손실 및 임피던스 전압등 변압기의 주요한 시험 데이터는 표 4.6과 같다.

표 4.5 765 kV 2,000[MVA] 변압기 철심의 포화특성

전압[p.u.]	여자전류(%)
1.00	0.5
1.10	1.2
1.15	2.0

표 4.6 765 kV 2,000[MVA] 변압기의 단락–개방시험 자료

구분		값
S (정격용량(3상)) [MVA]	S_{12} : 1-2차간	2,000
	S_{13} : 1-3차간	20
	S_{23} : 2-3차간	20
%Z (임피던스전압) [%]	$\%Z_{12}$: 1-2차간	18
	$\%Z_{13}$: 1-3차간	6
	$\%Z_{23}$: 2-3차간	6
무부하 손실[kW]	P_o	220
부하손실[kW]	P_c	1,480
권선저항[mΩ]	R_1 : 1차권선(75℃)	210
	R_2 : 2차권선(75℃)	97
	R_3 : 3차권선(75℃)	23.3

변압기 모델의 입력은 개방시험 데이터와 단락시험 데이터를 이용하여 EMTP에 필요한 파라미터로 환산하여야 한다. 식 (4.2)와 식 (4.3)을 이용하여 정상상태에서 전압-전류의 값을 전류-자속의 형태로 변환하면 표 4.7과 같다. 그림 4.36은 표 4.7의 특성을 그래

프로 표현한 것이다.

$$I_{staedy} = \sqrt{2}\,\frac{S_{12}/3}{V_{L-L}/\sqrt{3}} \times 0.005[A] \tag{4.2}$$

$$\Psi_{steady} = \sqrt{2}\,\frac{V_{L-L}/\sqrt{3}}{2\pi f}[Wb] \tag{4.3}$$

표 4.7 철심의 쇄교 자속-전류 특성

I(여자전류)[A]	ψ(쇄교자속)[Wb]
10.67	1,656.81
25.62	1,822.49
42.69	1,905.33

표 4.7의 포화특성은 3번째 선형 구간 이상의 포화전류 영역에서 선형으로 표현되므로, 1.2[p.u.] 이상의 과전압이 발생하는 영역에서의 포화 특성을 정확하게 나타내기 어렵다.

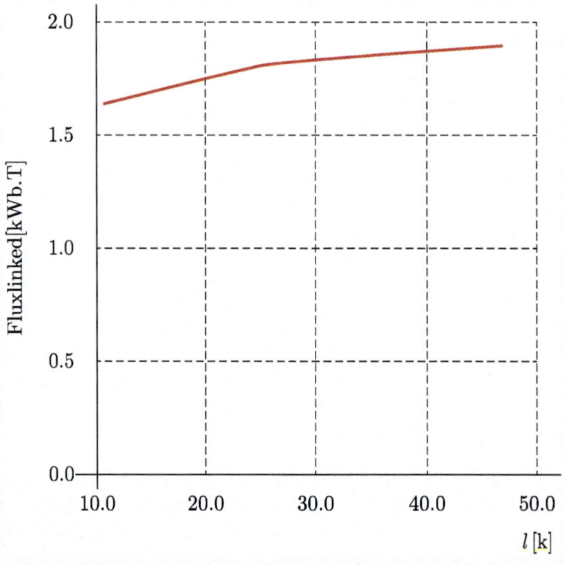

그림 4.36 철심의 자속-전류 특성곡선(TYPE 98/EMTP)

표 4.6의 임피던스전압 시험 결과를 이용하여 각 권선별 임피던스로 변환하려면 동일한 용량으로 환산하고, 이것을 다시 3권선 변압기의 형태로 변환 하여야 한다. 1차-2차간(Z_{12}), 1차-3차간(Z_{13}) 및 2차-3차간(Z_{23})의 단락임피던스를 1상당 용량 666.7[MVA] 기준으로 환산하면 식 (4.4)와 같다.

$$Z_{12} = 0.18[\text{p.u.}]$$

$$Z_{13} = \%Z_{13} \times \frac{S_{12}/3}{S_{13}} = 2.0[\text{p.u.}]$$

$$Z_{23} = \%Z_{23} \times \frac{S_{12}/3}{S_{23}} = 2.0[\text{p.u.}] \tag{4.4}$$

3권선 변압기의 1차, 2차, 3차 각각의 권선에 대한 단위임피던스[p.u.]로 환산하면 식 (4.5)와 같다.

$$Z_1 = \frac{1}{2}(Z_{12} + Z_{13} - Z_{23})$$
$$= 0.5(0.18 + 2.0 - 2.0) = 0.09[\text{p.u.}]$$

$$Z_2 = \frac{1}{2}(Z_{12} + Z_{23} - Z_{13})$$
$$= 0.5(0.18 + 2.0 - 2.0) = 0.09[\text{p.u.}]$$

$$Z_3 = \frac{1}{2}(Z_{13} + Z_{23} - Z_{12})$$
$$= 0.5(2.0 + 2.0 - 0.18) = 1.91[\text{p.u.}] \tag{4.5}$$

식 (4.5)의 단위임피던스 [p.u.]를 구하면 $Z_1 = 0.09$ [p.u.], $Z_2 = 0.09$[p.u.], $Z_3 = 1.91$ [p.u.]이며 [Ω] 값으로 환산하면

$$Z_1 = 0.09 \times \frac{(765/\sqrt{3})^2}{666.7} = 26.335[\Omega]$$

$$Z_2 = 0.09 \times \frac{(345/\sqrt{3})^2}{666.7} = 5.355[\Omega]$$

$$Z_3 = 1.91 \times \frac{23^2}{666.7} = 1.515[\Omega]$$

로 된다.

표 4.6의 무부하손실 220[kW]로부터 자화저항값 R_{mag}은 식 (4.6)으로 구할 수 있고 그 값은 886,756[Ω]이다.

$$R_{mag} = \frac{(V_{L-L}/\sqrt{3})^2}{P_0}[\Omega] \tag{4.6}$$

식 (4.2)~식 (4.6)을 이용하여 구한 파라미터를 EMTP에 입력하기 위한 화면은 그림 4.37과 같다.

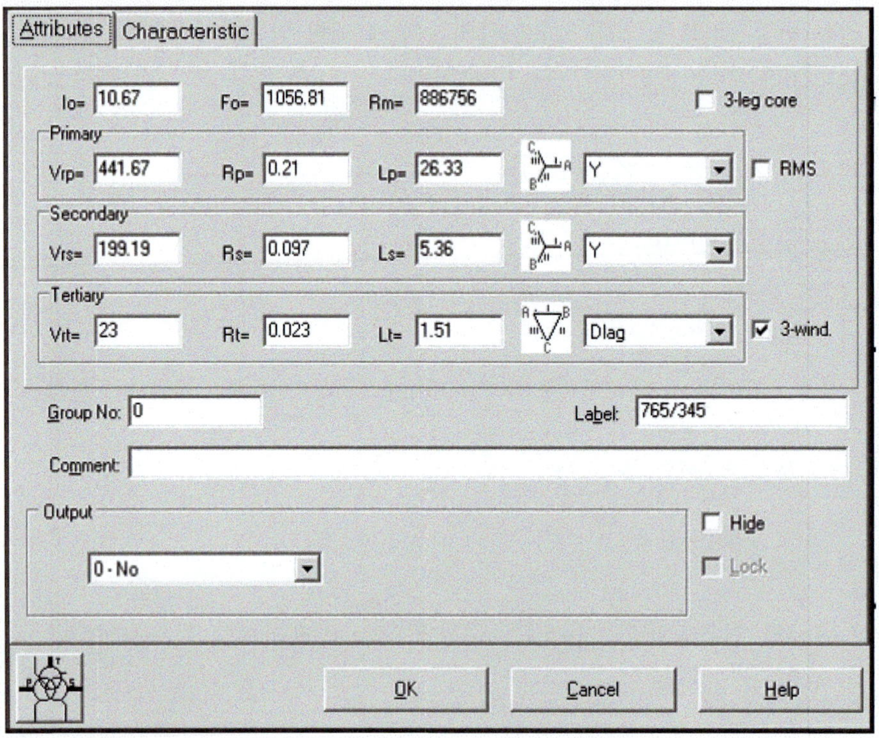

그림 4.37 765 kV 2,000[MVA] 변압기의 EMTP 입력 파라미터

한편, 그림 4.36의 구간별 선형 철심 포화 특성에 의한 계산 결과와 비교하기 위하여 EMTP 서브 루틴 HYSTERESIS[10, 11, 12]를 이용하여 추정한 철심의 포화특성은 표 4.8과 같다.

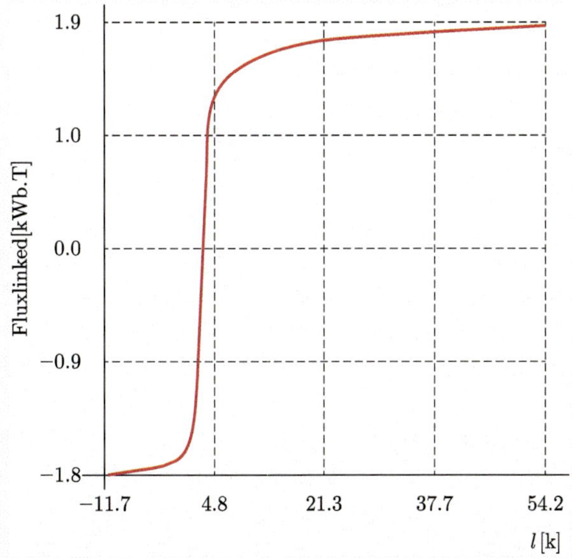

그림 4.38 철심의 자속–전류 특성곡선(TYPE 96/EMTP)

표 4.8 히스테리시스손을 고려한 철심의 자속–전류 특성

여자전류 [A_peak]	쇄교자속 [Wb]
-11.6725	-1,849.35
-1.4590	**-1751.85**
0.8754	-1,613.99
2.0427	-1255.32
3.9395	1,087.20
6.1281	1,434.65
10.6700	1,656.80
25.6200	1,822.50
46.6900	1,905.40
64.2000	1,916.60

표 4.8의 특성을 그래프로 나타내면 그림 4.38과 같으며, 이와 같은 철심의 포화특성을 이용하여 전력용 변압기를 765 kV 변전소의 2차측에서 역으로 가압할 경우와 765 kV 측에서 바로 가압하는 경우를 각각 상정하여 모의 계산을 하였다.

345 kV 측에서 역가압 하는 경우에 차단기의 투입저항은 실제 사용하고 있는 530[Ω]을 이용하였고, 차단기의 투입위상에 따른 극간의 부동시간은 다음과 같이 상정하였다.

a. 주접점의 평균 투입시간 : 50[ms]

b. 저항접점의 평균 투입시간 : 40[ms]

c. 주접점의 3극 부동시간 편차 : 1.33[ms]

d. 저항접점의 3극 부동시간 편차 : 0.7[ms]

차단기의 주접점과 저항접점간의 평균 선 투입시간(Average pre-insertion time) 또한 각각의 편차를 가지고 있다. 주접점과 저항접점간의 평균 선투입시간은 보통 8~12[ms]이며, 본 계산에서는 10[ms]를 표준으로 하였다. 저항 접점의 편차는 주 접점 편차의 1/2을 적용하여 0.7[ms]를 가정하였다.

이러한 차단기 주접점과 저항 접점의 각기 다른 조합은 EMTP 내에서 지원되는 기능인 'Monte Carlo' 법에 의하여 100회 서로 다른 조합이 자동으로 생성되도록 하였다[10, 11, 12].

그림 4.39는 345 kV 측에서 765 kV 측으로 역으로 가압하는 경우를 EMTP를 이용하여 계산한 회로도이며, 차단기 접점의 투입시간 적용사례를 나타내고 있다.

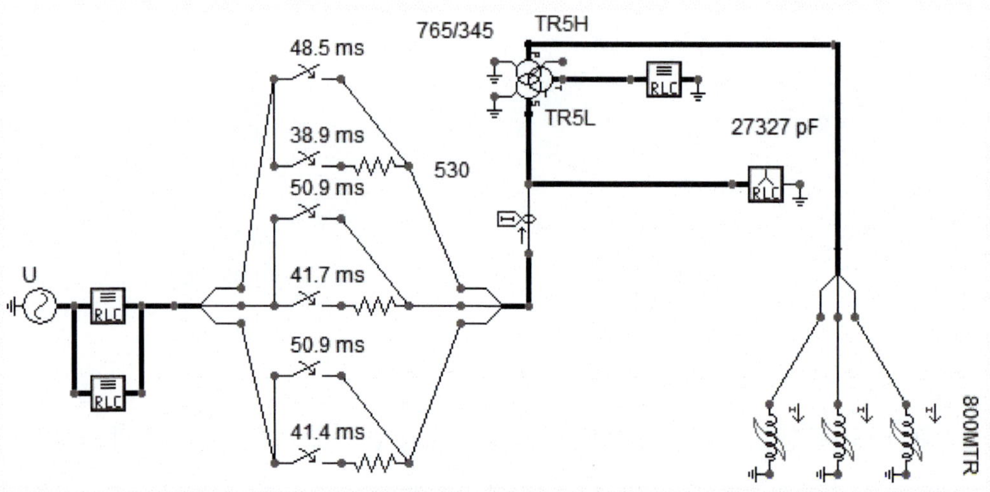

그림 4.39 여자 돌입전류의 계산 회로도(345 kV 측 투입/EMTP)

3.4 철심 비선형특성의 해석 모델간 비교

철심포화특성을 나타내는 모델 중에서 type 96(히스테리시스모델) 및 type 98(구간선형모델)을 상호 비교하였는데 히스테리시스 모델이 구간선형 모델에 비하여 약간 큰 값을 나타내었다.

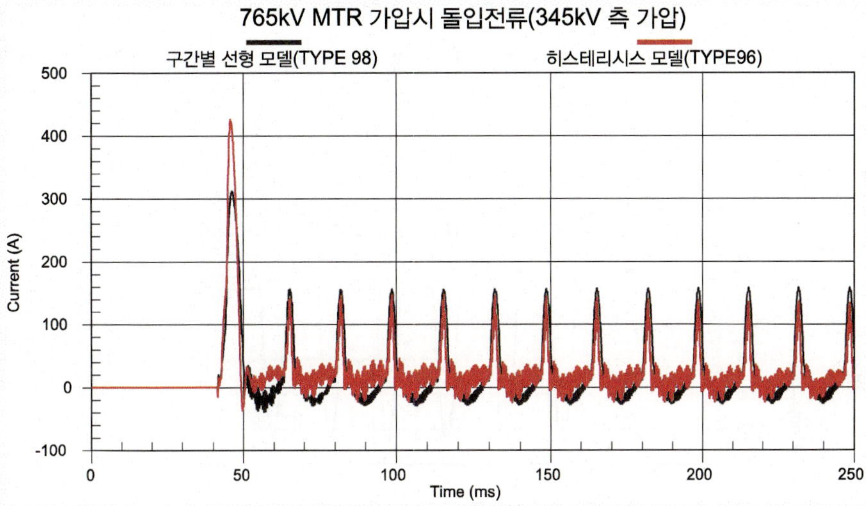

(a) 345 kV측 가압

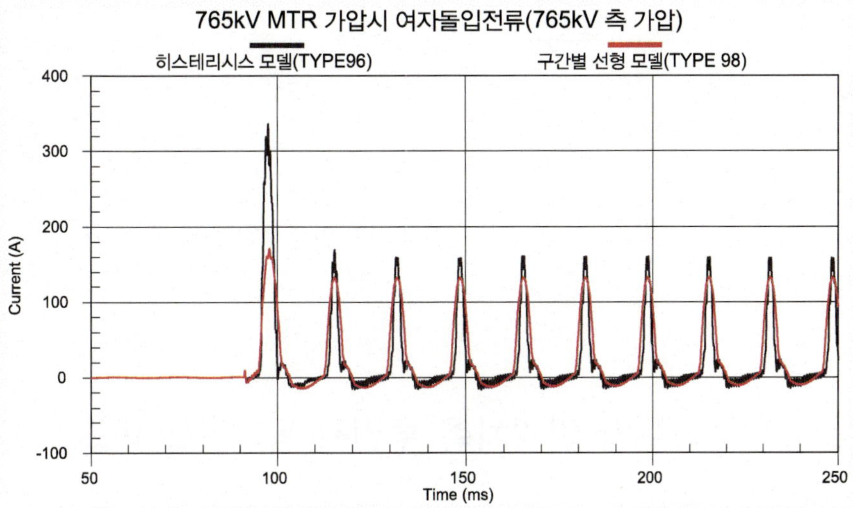

(b) 765 kV측 가압

그림 4.40 전압별 변압기 돌입전류 파형

여자돌입전류 발생 원리의 설명에서 언급한바와 같이 전압의 투입 위상이 제로일 경우와 90도인 경우의 여자돌입 전류는 큰 차이가 있다.

동일한 변압기를 2차측인 345 kV 측에서 가압한 경우의 투입저항값은 530 Ω이며 765 kV 측에서 투입한 경우 투입저항값은 800 Ω이었다. 그림 4.40에서 보는 바와 같이 1차측인 765 kV측에서 투입시의 여자돌입전류가 2차측인 345 kV 측에서 투입시의 여자전류보다 작게 나타났다. 이는 투입저항값이 다르기 때문인 것으로 보인다.

만일 투입저항이 없는 경우를 EMTP로 모의하여 보면 그림 4.41과 같이 전압위상이 0도일 때 투입되는 경우 여자 돌입전류가 최대로 나타나며, 이때의 값은 약 2,200 [A] 정도가 된다.

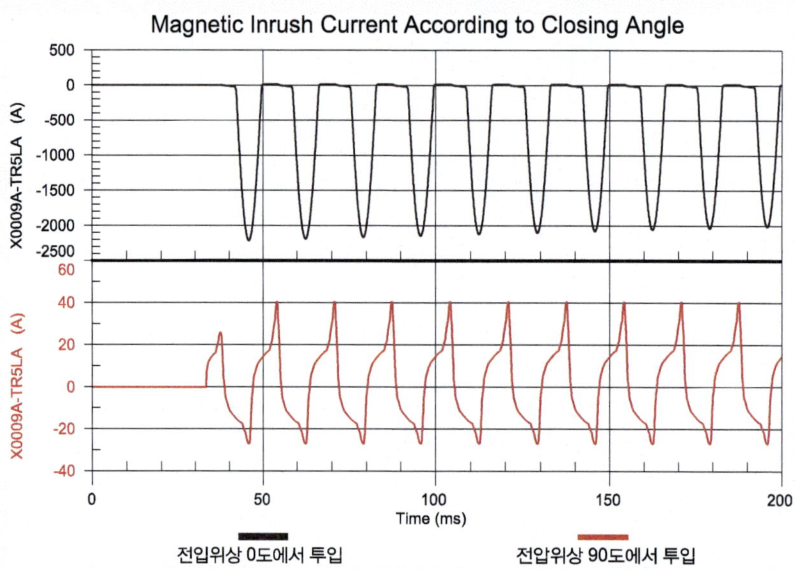

그림 4.41 투입 위상에 따른 여자 돌입전류의 예

3.5 1차측 투입 및 2차측 투입시 통계분포 비교

몬테칼로법을 이용하여 100회의 서로 다른 스위칭의 조합을 이용하여 계산된 결과를 히스토그램을 통하여 비교하여 보면 다음과 같다.

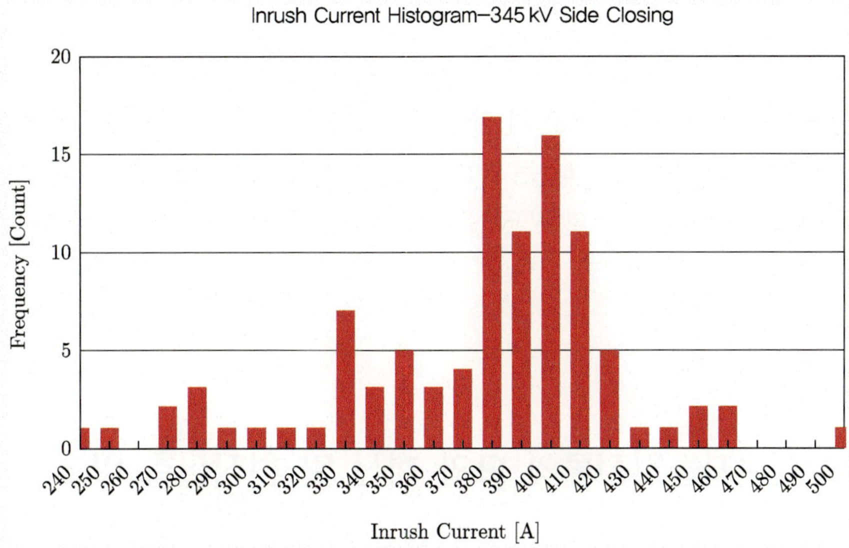

그림 4.42 여자 돌입전류의 histogram(345 kV 측 투입)

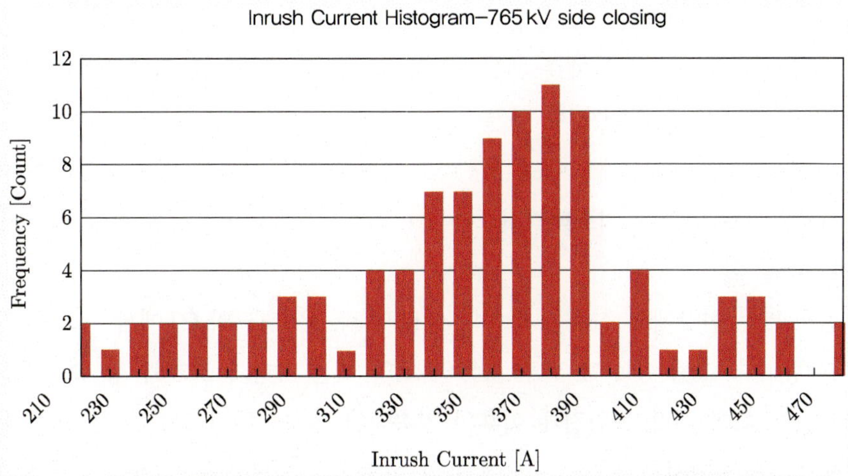

그림 4.43 여자 돌입전류의 histogram(765 kV 측 투입)

전력용 변압기의 2차 측에서 가압하는 경우인 그림 4.42는 100회의 통계계산 결과를 보여주는 히스토그램(histogram)으로서 최대 돌입전류는 500[A]이나, 가장 많이 발생할 가능성이 있는 돌입전류의 분포는 380~410[A] 부근으로 총 55회의 빈도를 나타내고 있다. 100회 통계처리에 의한 평균 여자 돌입전류는 372[A]이었다.

1차측에서 가압하는 경우의 통계분포가 그림 4.43이다. 그림 4.43에서 보는 바와 같이 350~390[A]의 빈도가 가장 높으며 약 48회를 점유하고 있다. 2차측에서 투입시와 비교하면 평균적인 돌입전류의 크기는 약간 작으며 범위는 다소 넓게 분포된다. 100회 통계처리에 의한 여자 돌입전류의 평균값은 300[A]였다. 이러한 돌입전류 크기의 차이는 투입저항값이 다르기 때문으로 보인다.

3.6 여자돌입전류의 모의 계산 및 현장실측 비교

그림 4.42의 여자 돌입전류 분포 중에서 발생 확률이 가장 높은 차단기의 투입시간 조합을 이용하여 예측 계산한 결과 그림 4.44와 같은 파형을 얻었다. 첫 번째 피크 여자 돌입전류는 약 390[A]이고, 2번째 이후는 약 150[A] 정도로 일정한 값을 나타내고 있다.

345 kV 측에서 역가압시와 동일한 차단기 투입시간 조건을 이용하여 765 kV 측에서 가압시의 여자 돌입전류를 예측 계산하였다. 이 때, 투입저항은 실계통에서 사용되고 있는 값인 800[Ω]으로 하였으며, 다른 계산 조건은 동일하다.

765 kV 측에서 가압시에도 예측 계산 및 실측 결과 유사한 파형을 얻었으며, 해석모델에 다소 차이는 있으나 히스테리시스손을 고려한 모델을 이용하면 상당히 유사한 예측이 가능함을 알 수 있다.

그림 4.45는 현장에서 실측한 파형의 예로서 좌, 우 탱크의 CT에서 각각 측정하여 합산한 파형이다. 그림 4.44 및 그림 4.45의 모의 계산 파형과 크기와 형태가 매우 유사하고 첫 번째 최대 여자 돌입전류 이후의 지속적인 여자전류의 값도 거의 일치하고 있다. EMTP 모의계산에서는 3상을 동시에 표현 하였으나, 현장 실측시에는 측정기기 입력회로 수의 한계로 2개의 상만을 측정할 수 있었다.

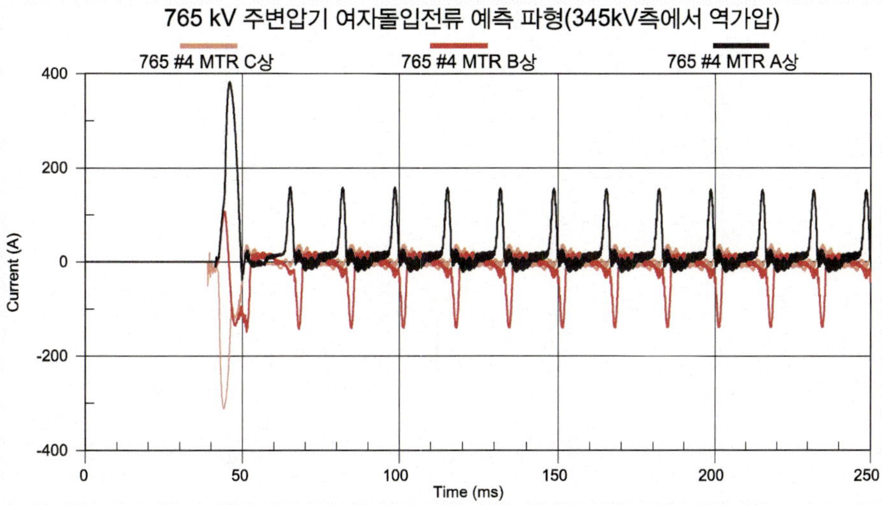

(a) 345 kV 측 투입(투입저항 530[Ω], EMTP 계산)

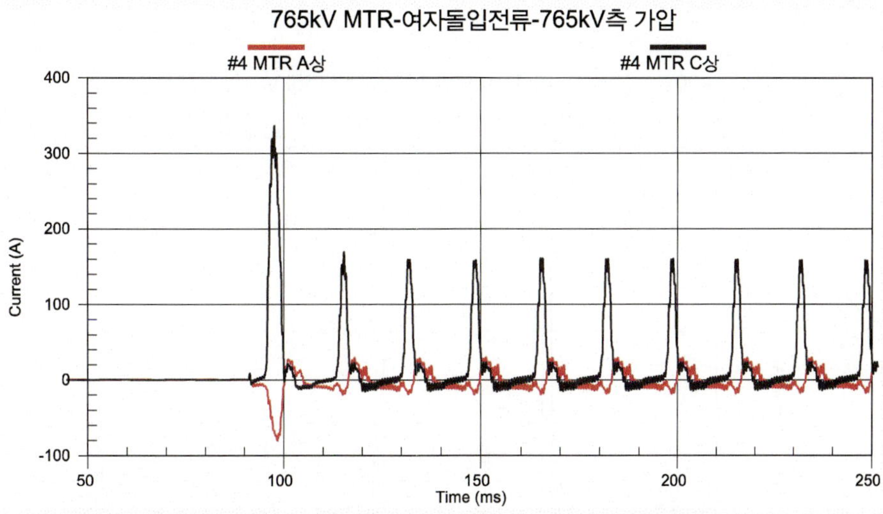

(b) 765 kV 측 투입(투입저항 800[Ω], EMTP계산)

그림 4.44 투입위치별 변압기 돌입전류 파형(EMTP)

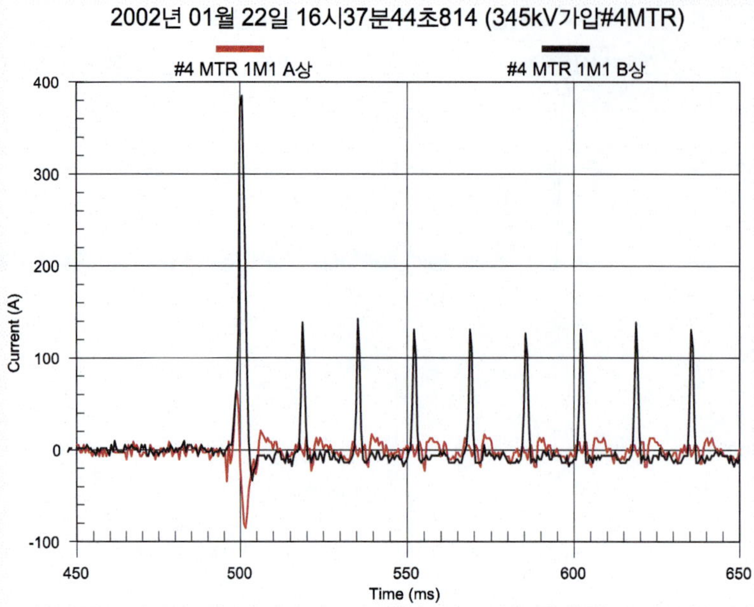

(a) 345 kV 측 투입(투입저항 530[Ω], 현장실측)

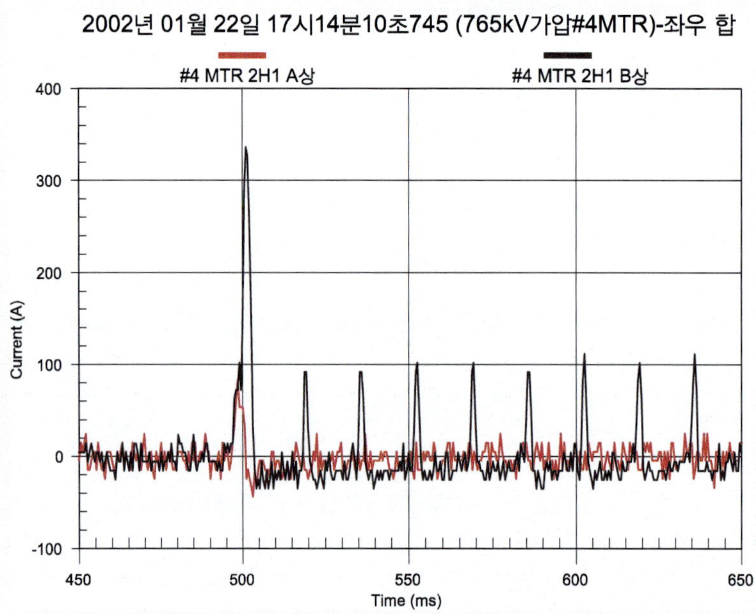

(b) 765 kV 측 투입(투입저항 800 [Ω], 현장실측)

그림 4.45 투입위치별 변압기 돌입전류 파형(현장실측)

3.7 여자돌입전류 해석과 실증사례의 결과 요약

대용량 전력용 변압기의 여자시험 및 개방시험 결과를 이용하여 변압기 모델 및 철심의 비선형 특성을 해석할 수 있는 모델을 만들었다. 개발된 해석 모델을 이용한 변압기 여자 돌입전류의 모의 계산 결과는 다음과 같다.

345 kV측에서 역으로 가압하는 경우 100회의 서로 다른 차단기 투입시점의 조합에 의한 여자 돌입전류의 크기를 EMTP로 예측계산 한 결과 돌입전류는 최소 240[A]에서 최대 500[A] 범위로 나타났다. 그 중에서 가장 많이 발생할 가능성이 있는 돌입전류의 분포는 380~410[A] 부근으로 100회의 투입조작 중에서 총 55회의 빈도를 나타내었으며 평균 여자 돌입전류는 372[A]이었다.

한편 현장 실증시험을 통하여 실측한 결과는 첫 번째 변압기군에서 385[A] 두 번째 변압기군에서 405[A]로 측정되었으며, 계산에서 예측한 바와 같이 발생할 확률이 가장 높은 범위에 있음을 알 수 있었다. 차단기의 투입시점을 제어할 수 있으면 보다 정밀한 비교가 가능하겠으나, 실제의 변전소 차단기는 차단기 투입시점의 임의 제어가 불가능하여 보다 상세한 실험 결과는 얻을 수 없었다. 그러나 여자 돌입전류의 발생 확률로 보면 매우 유사한 결과라고 할 수 있다.

또한 동일한 시험결과를 이용하여 구간 선형모델로 예측계산한 여자 돌입전류는 318[A] 정도로서 히스테리시스 모델에 비하여 약 80[%] 정도로 나타났다. 따라서 히스테리시스 모델을 이용하면 실제현상에 상당히 근접한 결과를 얻을 수 있을 것으로 사료된다.

765 kV측에서 가압하는 경우에 대하여도 동일한 조건으로 모의계산을 하였으며, 돌입전류는 최소 210[A]에서 최대 470[A] 범위로 나타나 345 kV로 역가압하는 경우보다는 약간 낮은 전류값을 나타내었다. 그 중에서 가장 많이 발생할 가능성이 있는 돌입전류의 분포는 350~390[A] 부근으로 100회의 투입조작 중에서 총 48회의 빈도를 나타내고 있어 2차측에서 투입시와 비교하면 평균적인 돌입전류의 크기는 약간 작으며 범위는 조금 넓게 분포되어있다. 평균 여자 돌입전류는 300[A]로 345 kV 측에서 가압시의 평균 372[A]보다 약간 낮았다.

한편 현장 실증시험을 통하여 실측한 결과는 첫 번째 변압기군에서 336[A] 두 번째 변압기군에서 313[A]로 측정되었으며, 계산에서 예측한 바와 같이 발생할 확률 범위보다 약간 낮은 범위에 있음을 알 수 있었다. 이것은 현장측정시 측정 샘플 수의 부족에 의한 결과로 유추된다.

현장에서의 실증시험은 그 측정기회를 얻기가 매우 어려울 뿐만 아니라 측정장비와 인력의 동원에 여러 가지 현실적인 어려움이 있다. 또한 특정 현상을 임의로 재현하기가 어렵고 기기의 절연 측면에서도 열화의 우려가 있는 단점이 있다.

반면에 디지털 시뮬레이션은 이러한 단점을 극복할 수 있는 많은 장점이 있다. 본 사례의 경우 동일한 시험결과를 이용하여 구간 선형모델로 예측계산한 여자 돌입전류는 300[A] 정도로서 히스테리시스 모델에 비하여 약 80[%] 정도이었다. 역시, 히스테리시스 모델을 이용하면 실제현상에 상당히 근접한 결과를 얻을 수 있을 것이다.

4

지자기에 의한 변압기 철심의 포화 현상

저자 : 심응보, 최종기, 주병수

4.1 지자기 폭풍이 전력계통에 미치는 영향

지자기 폭풍은 지구 자기권의 일시적인 혼란현상을 말하는 것으로 코로나 물질 방출, 코로나 홀 혹은 태양 플레어 등이 발생하고 나서 일반적으로 1~4일 후에 태양풍의 충격파가 지구 자기장과 충돌하여 지자기 폭풍을 유발한다.

이러한 지자기 폭풍은 전력시스템에 영향을 미칠 수 있는 지자기 유도전류를 발생시킬 수 있다. 평균적으로 11년 태양주기 동안 200일 정도 강한 지자기 폭풍이 발생하며, 매우 강한 지자기 폭풍은 약 4일 정도 발생한다. 지자기 폭풍이 전력시스템에 미치는 과정을 그림 4.46에 나타내었다.

지자기 유도전류가 변압기에 유입되면 고조파 혼입, 무효전력 손실 증가, 변압기 과열 등의 영향을 발생되어 전체 시스템에 전압관리 및 동적 안정도 등의 영향을 미칠 수 있다[30, 31].

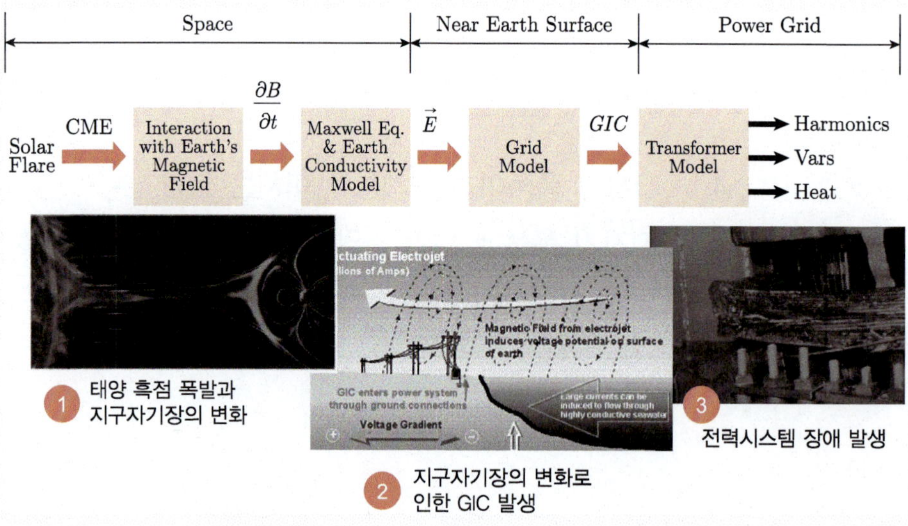

그림 4.46 코로나 질량방출과 지구자기장의 변화

지자기 폭풍에 의해 발생된 지자기 유도전류는 변압기의 반주기 포화현상을 일으킨다. 반주기 포화현상으로 인해 전력용 변압기가 받는 주된 영향은 변압기 권선과 다른 구조적인 부분에서의 발열과 이로 인한 수명 단축이다. 또한 반주기 포화현상으로 변압기에서 발생된 고조파들이 전력계통에 유입될 수 있으며, 무효전력 손실이 증가한다.

4.2 지자기 폭풍에 의한 변압기의 반주기 포화현상 설명

변압기 철심의 자속-전류 특성은 그림 4.47과 같이 비선형적이며 히스테리시스 특성을 가진다. 정상상태에서 변압기는 자속이 선형적인 범위에서 설계되는데, 만약 변압기가

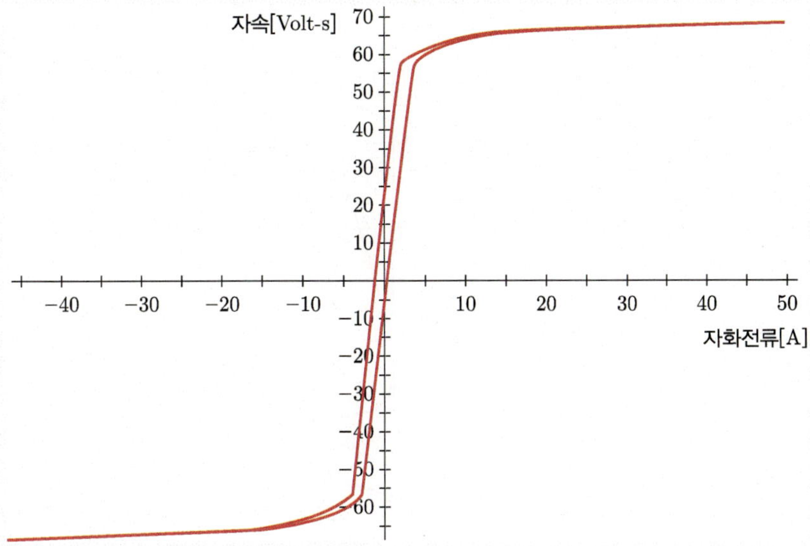

그림 4.47 변압기 자화 특성 예(100 MVA, 115/27 kV 단상변압기)

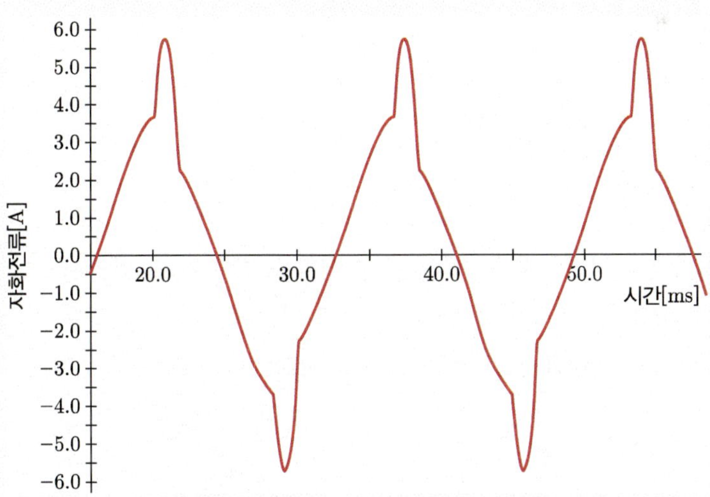

그림 4.48 변압기 포화시 자화전류 예

공칭전압의 설계값을 넘어서(일반적으로 1.1 p.u. 이상) 운전하면 최대 자속밀도가 철심을 포화시킨다. 이런 경우에는 자화전류는 더 이상 정현파 곡선이 아니고 그림 4.48에 나타난 것처럼 상대적으로 매우 큰 전류의 최대값을 가지며 히스테리시스로 인해 왜곡된다[32].

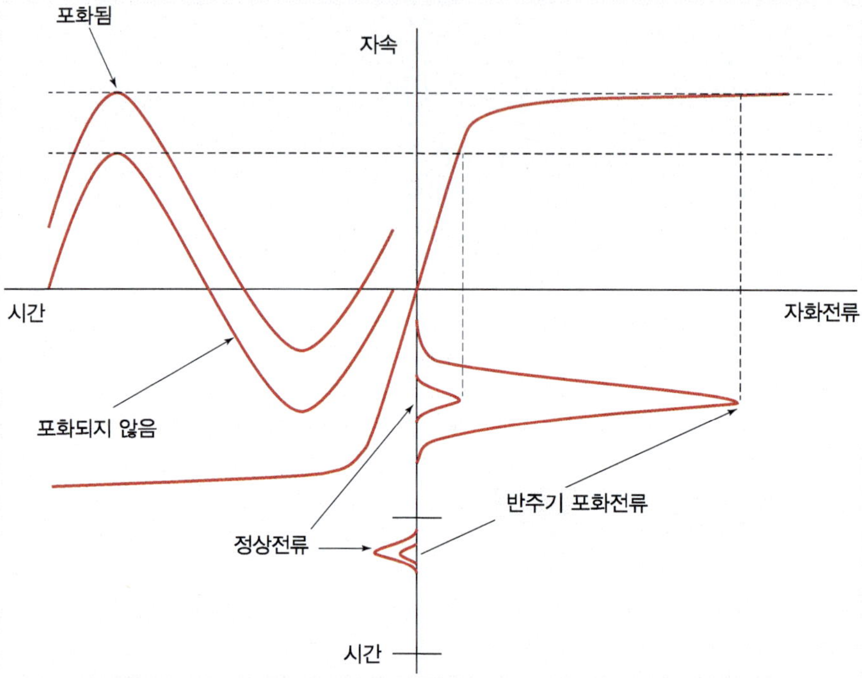

그림 4.49 DC 자속 유입에 따른 자속과 전류사이의 관계

정상상태에서 전력변압기가 DC 전류에 영향을 받게 되면 단방향 DC 자속이 철심에 영향을 준다. DC 자속은 60 Hz 반주기의 AC 자속에 더해지고 다음 반주기에서는 빼진다. 그러므로 그림 4.49와 같이 변압기 자화특성의 동작점이 변경되며, 이는 반주기 포화현상으로 불린다. 이러한 DC 자속의 오프셋으로 인해 자화전류는 정현파 곡선도 아니고 대칭도 아니게 되며 그림 4.50에 나타난 것처럼 상대적으로 큰 양의 최대값 또는 음의 최대값이 나타난다.

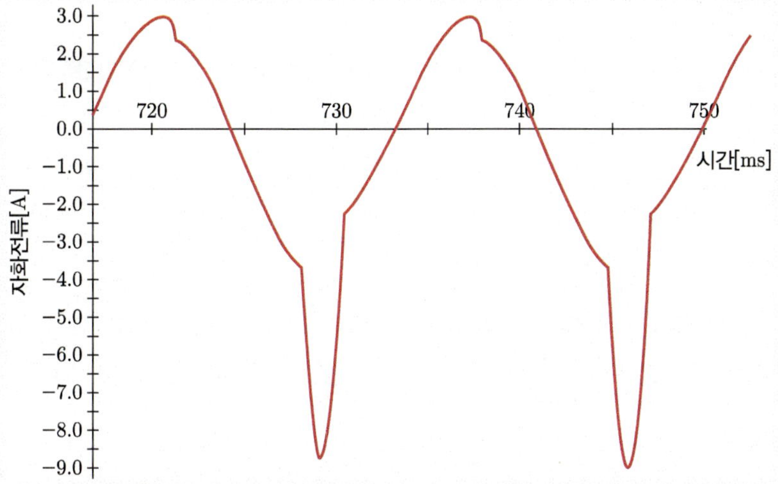

그림 4.50 반주기포화 동안 변압기 자화전류(0.8 A/phase)

DC 자속이 클수록 자화전류의 최대값이 더 증가한다. 그림 4.51은 100 MVA, 115/27 kV 변압기에 대한 EMTP 시뮬레이션 결과의 예를 보여준다. 반주기포화 동안 DC 바이어스가 지속적으로 증가됨에 따라 전류의 최대값이 증가됨을 확인할 수 있다.

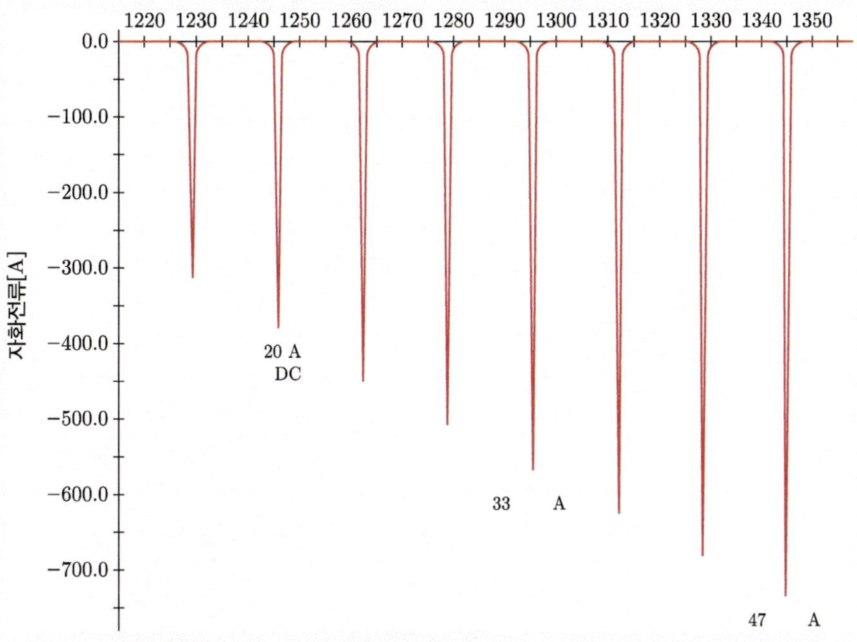

그림 4.51 상당 DC 전류의 증가에 따른 변압기 자화전류 예

표 4.9 반주기포화 동안 자화전류 예

Idc/phase[A]	자화전류의 피크값[A]	자화전류의 실효치[A]
20	390	88
33	570	118
47	745	157

변압기 권선에 DC 전류가 흐를 때 DC 자속의 오프셋이 영향을 받는 정도는 철심의 구조와 설계특성 같은 다양한 요소들에 의해 변할 수 있다. 철심에서 DC 자속 오프셋의

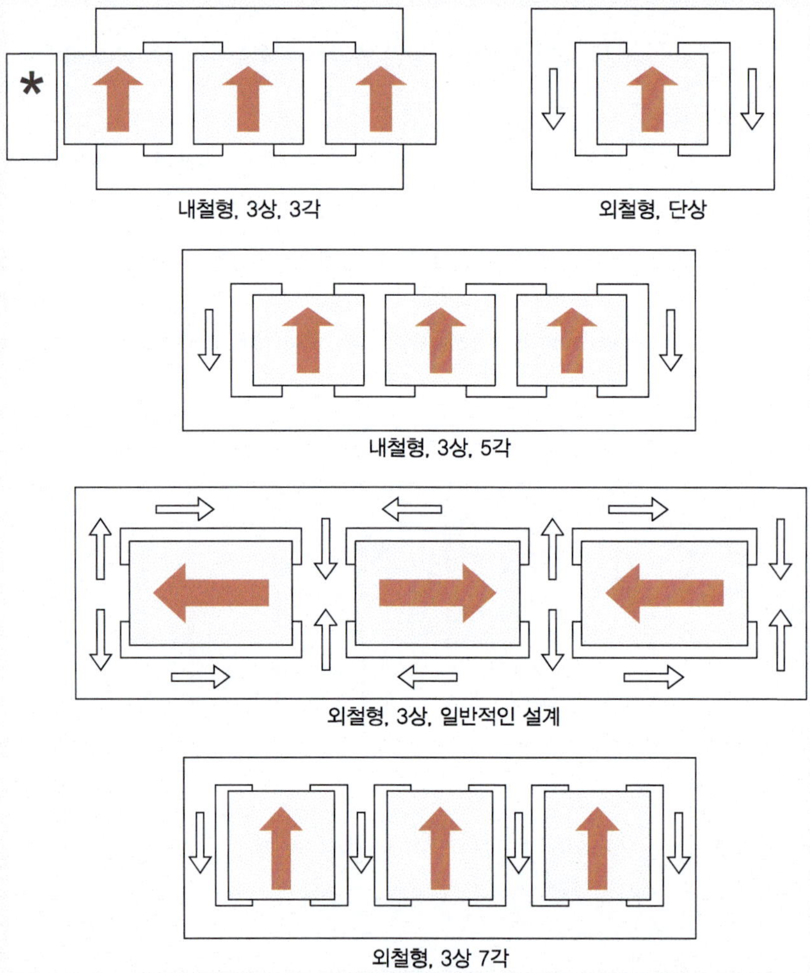

그림 4.52 다양한 철심 종류에서 DC 자속의 경로

크기는 DC 자속 경로의 자기저항에 따라 달라진다. 그림 4.52에 보인 3상 3각 내철형 변압기에서 DC 자속 오프셋은 모든 종류의 변압기 철심 중 가장 작다. 이는 변압기의 디자인이 철심과 탱크가 형성하는 자기회로에서 DC amp-turns에 대한 자기저항이 크기 때문이다. 다른 종류의 철심은 DC amp-turns에 매우 작은 자기저항을 가지는데, 이는 DC 자속의 귀로가 투자율이 높은 철심이기 때문이다. 철심의 재료와 연결 방법도 영향을 미칠 수 있지만, 이 영향은 미미하고 철심의 종류와 철심의 자속밀도에 가장 크게 영향을 받는다.

4.3 변압기 철심의 반주기 포화현상 모의계산

지자기 폭풍에 의한 전력기기 영향 검토를 위하여 송전선로가 포함된 변압기 모델링을 수행하였다. 지자기 교란은 송전선로의 선로 길이에 따라 유도되는 크기가 비례하여

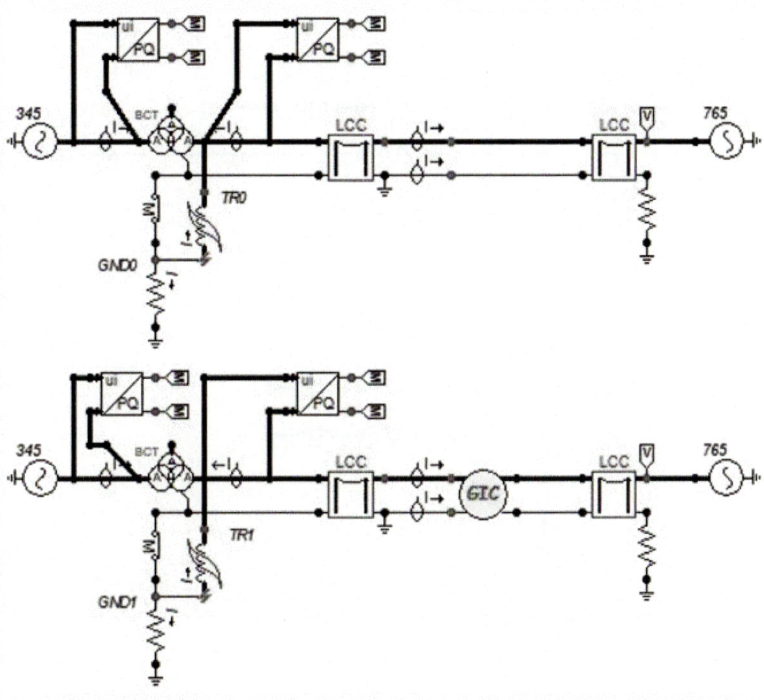

그림 4.53 765 kV STB-SGP T/L 및 변압기 GIC 해석 모델

증가하기 때문에 현재 건설된 송전선로 중 가장 긴 선로길이를 가진 765 kV STB-SGP 송전선로를 모의하였다. 송전선로의 길이는 총 160 km이며, 선로 중앙에 지자기 교란에 해당하는 DC 입력 소스를 추가하였다. STB 변전소의 변압기는 EMTP의 변압기 모델 중 BCTRAN 모델을 사용하였으며, 변압기 외부에 자화특성 곡선을 연결하여 변압기의 히스테리시스 특성이 반영되도록 구성하였다. 변압기 자화특성 곡선은 STB 변전소에 설치된 765 kV 변압기 제작사에서 제공받은 실측값을 반영하였다.

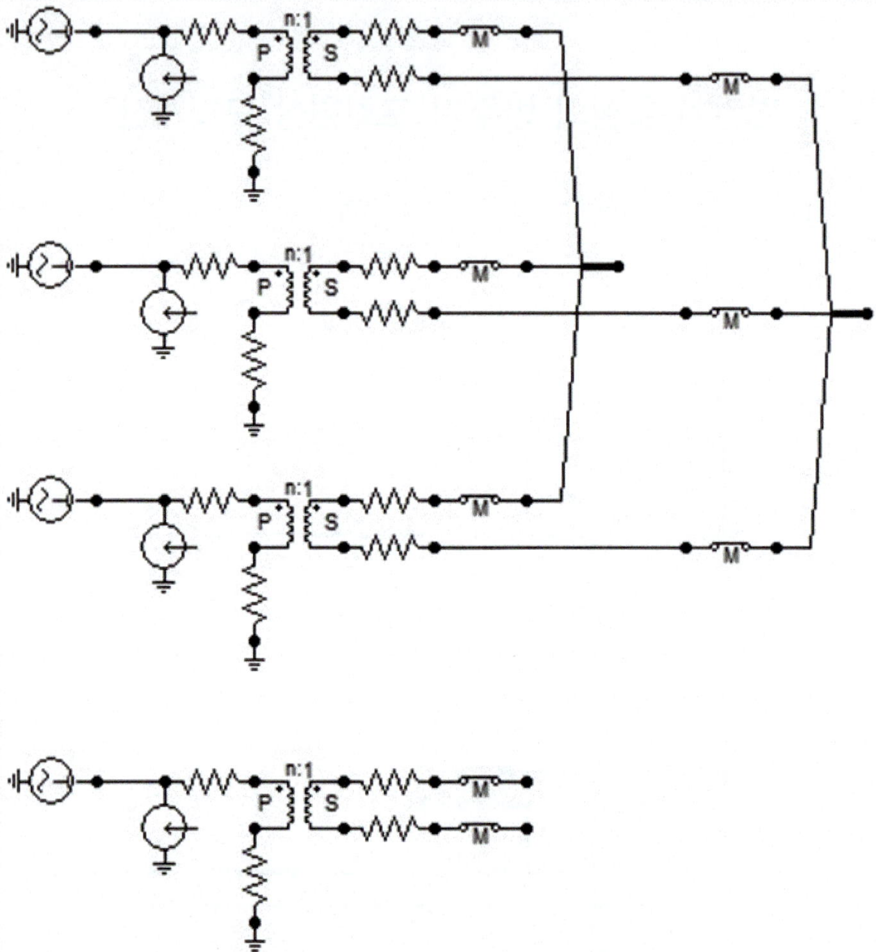

그림 4.54 GIC 해석 모델 내부회로도(GIC 유도전압)

GIC 해석모델은 Power World S/W에서 계산된 송전선로 길이당 유도전압을 입력하기 위하여 별도로 작성하였다. 기설의 교류계통의 전원과 직접 중첩시키면 EMTP에서 에러가 발생하므로, 이상변압기 모델을 이용하여 회로를 분리하였으며 TACS 제어 전원을 이용하여 송전선로에 유도되는 전압을 입력하도록 하였다.

지자기 폭풍에 의하여 송전선로에 유도되는 유도전압은 Power World S/W에서 계산된 결과를 이용하였다. 본 해석사례에서는 0.6 V/km가 유도되며 총 긍장 160 km일 때 96 V가 중첩되는 것으로 하였고, 이때의 주파수는 직류에 가까운 0.001 Hz로 하였다.

그림 4.55는 765 kV 전력용변압기의 평상시의 여자전류를 나타낸다. 여자전류 파형은 변압기 철심의 히스테리시스 특성이 반영된 모델을 적용하였다.

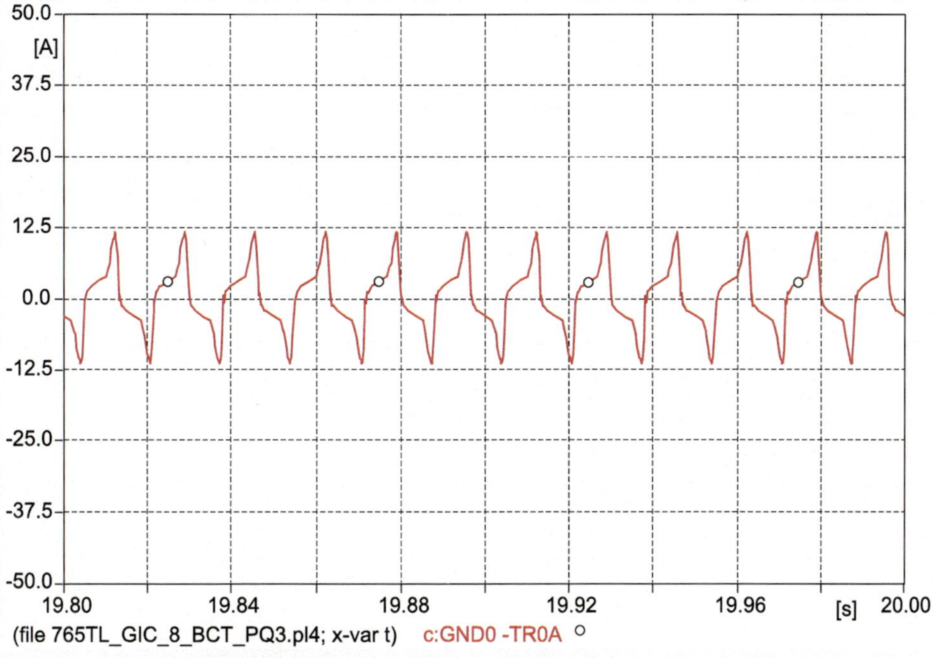

그림 4.55 765 kV 변압기 여자전류 해석결과(평상시)

그림 4.56은 765 kV 변압기의 지자기폭풍 발생시의 여자전류 파형의 변화를 나타낸다. 여자전류 파형은 송전선로의 유도전류가 바이어스 되어 한쪽 극성의 파형의 최대값이 매우 크게 증가되는 반주기포화가 발생됨을 확인할 수 있다. 그림 4.57은 765 kV 변압기 여자전류의 평상시 파형과 지자기폭풍 발생시의 파형을 비교한 것으로 지자기폭풍 발생시 평상시에 비해 여자전류 최대값이 약 12배로 증가함을 알 수 있다.

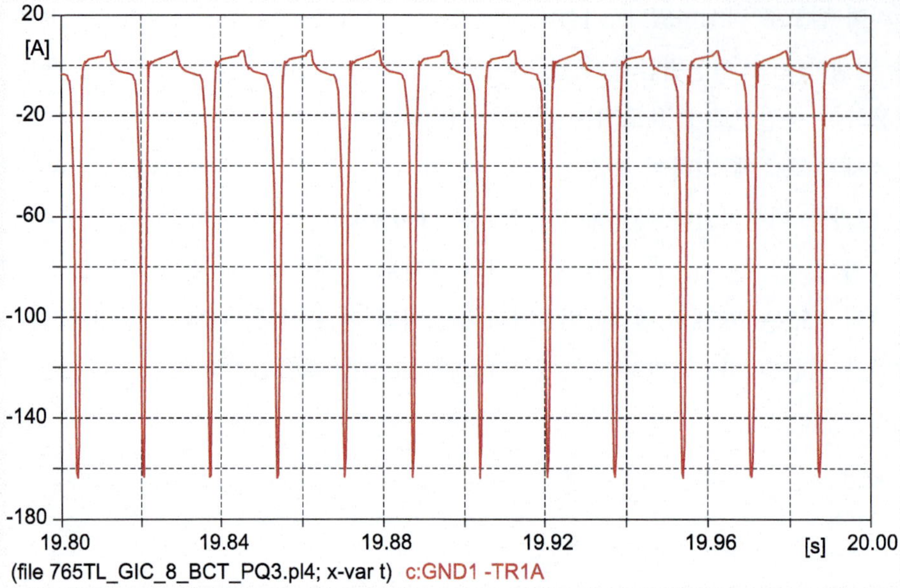

그림 4.56 765 kV 변압기 여자전류 해석결과(지자기 폭풍시)

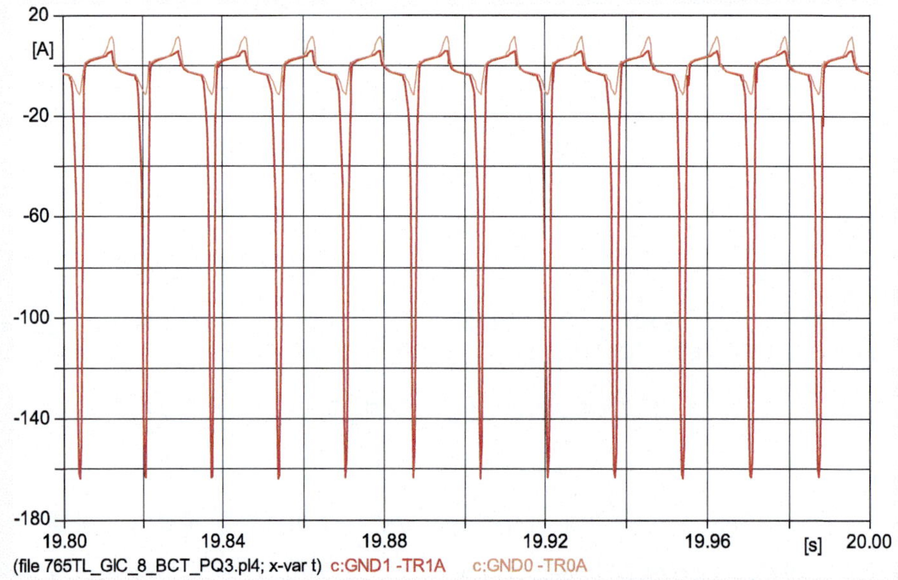

그림 4.57 765 kV 변압기 여자전류 해석결과 비교(평상시 vs 지자기 폭풍시)

5

정전용량 불평형에 의한 전압 불평형 발생 사례

저자 : 심응보

5.1 제작사가 다른 단상변압기의 혼합운전과 정전용량

본 해석 사례에서는 345 kV 전력용변압기를 단상 3대를 이용하여 운전중에 동일 뱅크에서 제작사가 다른 단상 변압기 1대를 연결하여 운전하려고 시도하는 도중에 3차측에 전압 불평형이 발생하여 현장 실측과 EMTP 시뮬레이션을 통하여 운전이 가능한지의 여부를 검토한 경우이다. 통상 변압기의 정격전압, % 임피던스 등 전기적인 정수가 같으면 병렬운전시에 전압 불평형이 발생하지 않을 것으로 알고 있었으나, 본 사례를 통하여 제작사가 다르거나 변압기의 형태가 내철형과 외철형으로 다른 경우에는 3차측에 전압불평형이 나타남을 확인하였다.

일반적으로 평행판 콘덴서의 정전용량은 다음의 식으로 나타낼 수 있다.

$$C = \frac{\epsilon A}{d} \tag{4.7}$$

여기서 C : 정전용량

ϵ : 두 절연물 사이에 존재하는 유전율

A : 단면적

d : 평균 거리

그러나 변압기의 경우에 구조가 상당히 복잡하고 절연물도 권선간의 절연을 유지하는 절연물과 기름 등 복합적인 구조로 되어 있을 뿐만 아니라 권선의 형태 또는 권선과 탱크간의 거리와 접촉 면적에 따라 크게 차이가 난다.

EMTP 모의계산에 필요한 변압기-권선간 및 권선-대지간 정전용량값을 변압기 제작사에서 변압기 제작시 설계한 데이터를 이용하여 변압기 3차측 전압을 모의계산 하였으나 실측한 전압값과 모의계산 결과의 차이가 커서 직접적인 이용이 불가하였다.

그 다음으로 현장에서 Doble Tester로 실측한 정전용량값을 이용하여 모의 계산을 하였으나 역시 실측치와 차이가 많아서 직접 이용이 불가하였다. 이것은 현장 실측 데이터는 변압기 1차 붓싱-대지간, 2차 붓싱-대지간의 정전용량이 측정되는 반면 EMTP 모델에서는 각 권선간의 정전용량을 필요로 하기 때문에 권선간의 정전용량을 구하는 것이 어려웠다.

본 해석 사례에서는 345 kV 주변압기 3차측에서 측정된 전압을 기준으로 붓싱과 대지

간의 정전용량은 실측값을 이용하고 변압기 권선간의 정전용량은 3차측 실측전압을 기준으로 역으로 추정하여 해석 모델을 만들었다.

3상 전압 불평형률은 다음의 수식을 사용하는 것으로 하였다.

$$불평형률[\%]=\frac{(V_{avg.}-\max(V_a,\ V_b,\ V_c))}{V_{avg.}}\times 100[\%] \tag{4.8}$$

5.2 345 kV 전력용변압기 3차측 불평형전압의 실측

345 kV SKH 변전소의 #3 변압기의 3차측에서 측정한 각 상의 전압은 표 4.10과 같으며 측정된 파형은 그림 4.58과 같다.

표 4.10 SKH 변전소 #3 변압기 3차측 PT 전압 실측 결과

조건	A상	B상	C상
3차측 전압[V]	66.5 ∠ 20.0	55.0 ∠ 147.0	66.5 ∠ 273.0
1 p.u.(63.5 V)	1.05	0.87	1.05

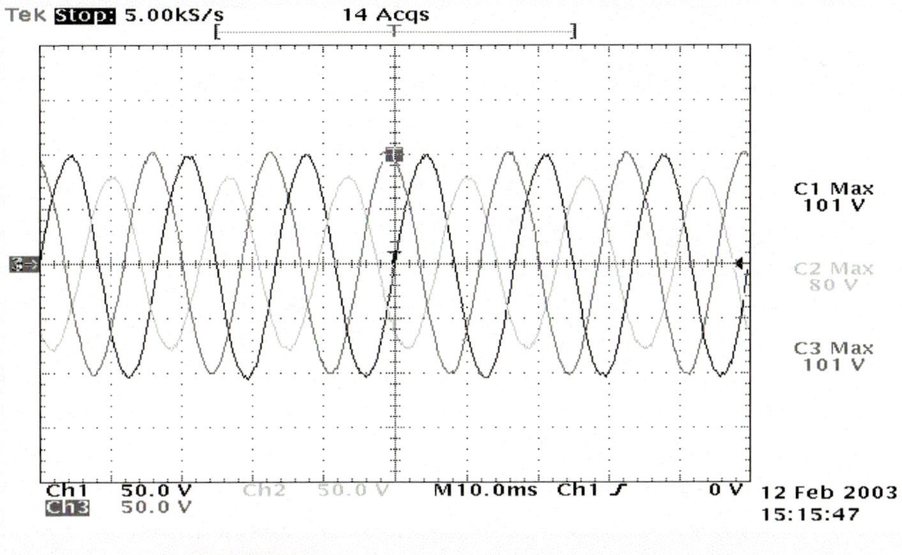

그림 4.58 345 kV 변압기 3차측 PT 전압파형 실측

5.3 변압기 동일 뱅크내 단상변압기의 혼합운전 모의

345 kV 변압기는 1, 2차는 단권변압기, 3차는 델타 결선으로 구성되어 있다. EMTP에서 사용하기 위해서는 3권선 변압기의 형태로 등가 변환하여야 한다. 자세한 계산 방법은 제 3장 변압기 및 피뢰기를 참조하기 바라며 본 해석 사례에서는 계산 방법은 생략한다.

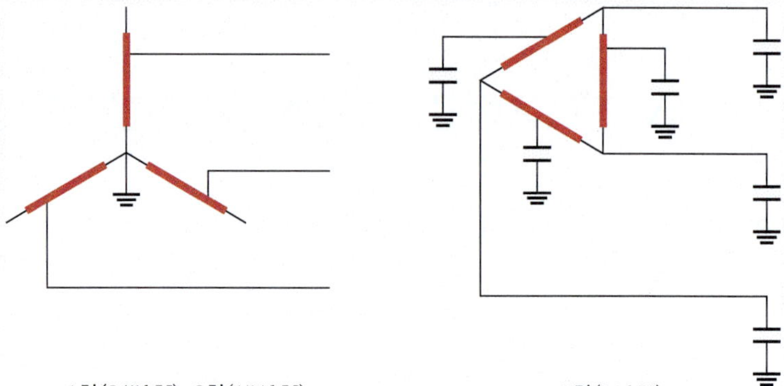

1차(345 kV), 2차(154 kV)
→ 직접 접지 계통

3차(23 kV)
→ 비접지 계통

그림 4.59 345/154/23 kV, $Y-Y-\Delta$ 변압기 구성

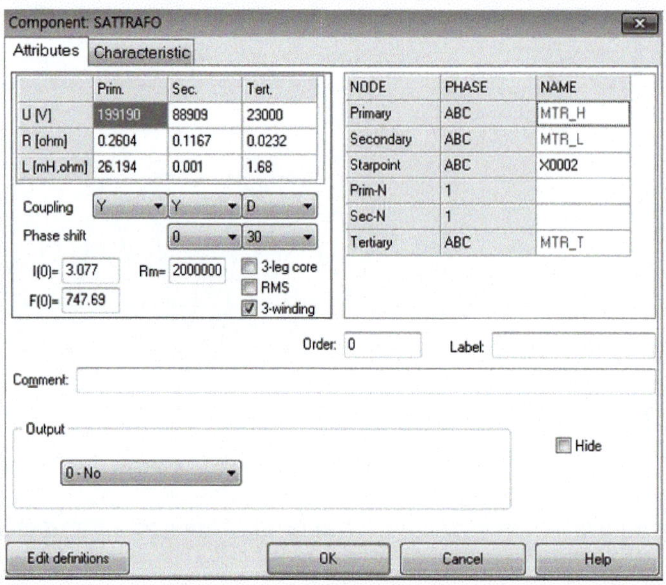

그림 4.60 변압기 데이터 입력창

계산에 사용된 변압기의 전기적 정수는 그림 4.60과 같으며 철심의 포화특성도 입력하여 사용하였으나 본 사례에서는 과전압이 발생하지 않으므로 실제로 동작 영역에는 미치지 못할 것이다.

변압기 코일의 구조에 따라 내철형과 외철형 변압기로 구분되며, 이에 따라 그림 4.61과 같이 정전용량의 배치 또한 달라지게 된다.

내철형은 각 권선 간에 정전용량이 작용하고 있으며, 철심과 가장 내측에 있는 권선사이 및 가장 외측의 권선과 외함 사이에도 정전용량이 작용하고 있다.

외철형의 경우에는 내철형과 같이 각 권선 간에 정전용량이 작용하지만 철심이 권선을 감싸고 있으므로 외함과 각 권선 사이에도 정전용량이 작용하고 있다[33, 34].

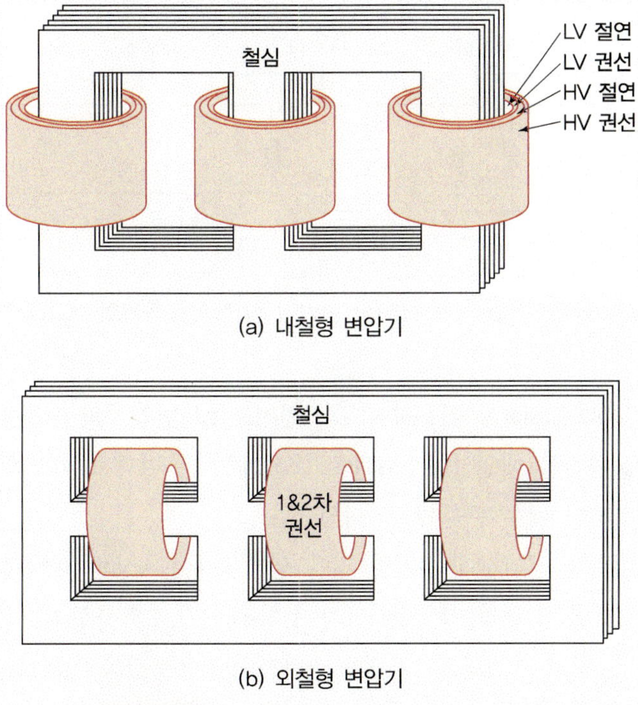

그림 4.61 내철형 및 외철형 변압기의 구조

제작사로부터 제공된 설계값으로 정전용량값을 대입하여 서로 다른 단상변압기를 조합하였을 때 3차측에 유기되는 전압을 검토하였다. 그림 4.62는 EMTP를 이용하여 정전용량의 차이에 의한 변압기 3차측 전압불평형 현상을 모의하기 위한 345 kV 변압기의 정전용량 등가회로도이다.

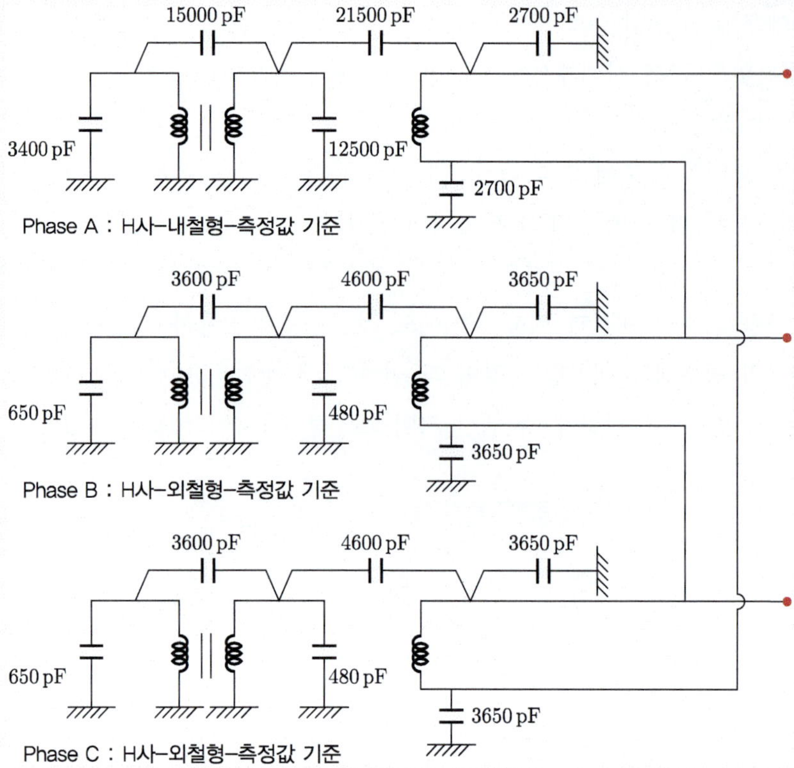

그림 4.62 345 kV 변압기 정전용량 등가회로도(예)

표 4.11은 Doble Tester를 이용하여 SKH변전소 #3 변압기의 정전용량을 실측한 결과이다. 이 정전용량값을 대입하여 EMTP로 모의계산 한 결과 표 4.12와 같이 3차측 전압은 실측값에 비하여 매우 큰 편차를 나타냈다.

이에 따라 실측한 전압값에 유사한 값을 얻기위하여 A상의 2-3차간 C값을 조정하여 다시 모의계산 하였다. 현장 실측에서 1차 붓싱-대지간, 2차붓싱-대지간, 3차붓싱-대지간 값은 신뢰성이 높다고 가정하고 2차-3차 권선간 정전용량값을 임의로 조정하여 EMTP에

표 4.11 SKH #3 Bank의 C값(Doble Tester) 측정결과

변전소	BANK	Doble 측정한 C 값 [pF]				
		1차-대지	2차-대지	3차-대지	2-3차간	1-3차간
SKH	#3-A	3,400	12,500	5,400	21,500	1,000
	#3-B,C	650	480	7,300	4,600	1,000

입력하여 3차측의 전압이 실측결과와 유사한 2차-3차간의 정전용량을 구한 것이 표 4.13 이다. 실측값은 21,500[pF]이었으나 튜닝한 값은 5,500[pF]이었다.

표 4.12 SKH #3 Bank의 실측 C값으로 EMTP 분석결과

구분	A상	B상	C상	비고
구성	H사(내철)	H사(외철)	H사(외철)	실측값 기준
계산값(kV)	38.4	15.4	30.6	
p.u.	2.83	1.14	2.26	

표 4.13 2-3차 권선간 정전용량을 실측결과에 튜닝한 값

변전소	BANK	Doble 측정한 C 값[pF]				
		1차-대지	2차-대지	3차-대지	2-3차간	1-3차간
SKH	#3-A	3,400	12,500	5,400	5,500	1,000

5.4 3차측 불평형전압 해석결과 및 적용

표 4.13을 대입하여 EMTP로 해석한 3차측 전압은 표 4.14 및 그림 4.63과 같이 실측한 결과와 유사하게 나타났다.

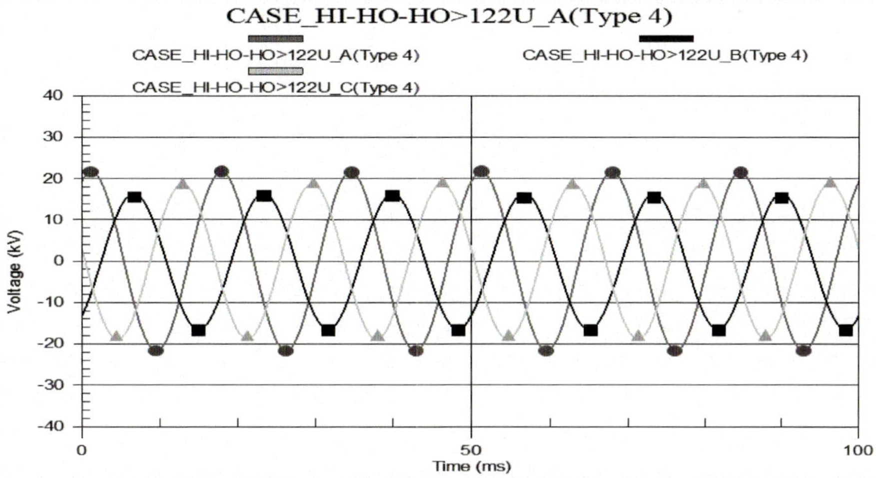

그림 4.63 EMTP를 이용한 3차측 불평형전압 분석 파형

표 4.14에 나타난 바와 같이 A상은 1.15, B상은 0.87, C상은 1.00 p.u.이 나타남을 확인할 수 있다. 이에 따라 전압불평형의 식 (4.8)에 대입하여 불평형률을 계산하면 13.95%로 나타났다.

표 4.14 EMTP를 이용한 3차측 불평형전압 분석

(단위 : kV)

상별	최소값	최대값	평균값	RMS	p.u.
A상	-21.53	21.53	13.71	15.22	1.15
B상	-16.41	16.41	10.45	11.60	0.87
C상	-18.74	18.74	11.93	13.25	1.00

또한 SKH 변전소 #3 Bank에서 실측한 전압 데이터와 EMTP 모의계산 비교 결과를 표 4.15에 나타내었다.

표 4.15 실측값과 EMTP 결과값 비교

조건(P.U.)	A상	B상	C상
실측값	1.05	0.87	1.05
EMTP	1.15	0.87	1.00

변압기 내부의 정전용량 분포현황과 EMTP 입력 형태가 달라 동일한 출력 값을 정밀하게 모의하는 데에는 한계가 있었다. 그러나 비슷한 형태의 파형 및 불평형률을 보이고 있으므로 EMTP의 계산 결과를 참고하여 운전가능 유무를 확인하고 이에 따른 적절한 대책을 수립하여 대처할 수 있을 것이다.

6

권선형 PT의 철공진 해석 사례

저자 : 심응보, 우정욱

6.1 계기용 변압기의 철공진 현상

공진회로는 인덕턴스를 갖는 코일과 정전용량을 갖는 커패시터가 직렬로 연결된 회로에서 유도성 리액턴스와 용량성 리액턴스가 같아 회로 임피던스가 최소로 전압과 전류가 동위상이 되고, 회로 전류가 최대로 되는 직렬공진 회로와, 코일과 커패시터가 병렬로 연결된 회로에서 회로 서셉턴스가 零(0)이 되어 전압과 전류가 동위상이 되는 병렬공진 회로로 대별된다.

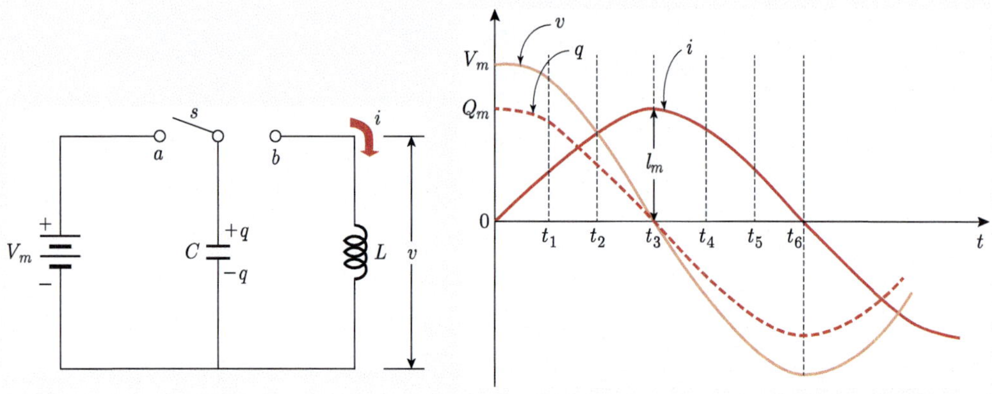

(a) 회로도 (b) v−q−i 파형

그림 4.64 LC 회로의 진동

그림 4.64(a)와 같은 회로를 만든 다음, 스위치 S를 a쪽으로 연결해서 커패시터 C에 전압 V_m으로 전하 $Q_m = CV_m$의 전기에너지 $\frac{1}{2}CV_m^2$을 충전시킨 다음 스위치를 a에서 b로 전환하면 커패시터에 축적되어 있는 전하 Q_m은 인덕터 L쪽으로 방전되려고 한다. 만약 이 자리에 인덕터 대신 저항체가 있다고 하면 전류는 급격히 많이 흐르지만 인덕터가 있어 급격히 큰 전류가 흐르는 것을 허용하지 않기 때문에 그림 4.64(b)처럼 전류 i의 값은 갑자기 증가하지 않고 0에서부터 서서히 증가한다. 이때 전류 i의 흐름과 더불어 커패시터의 전하 q는 감소한다. 따라서 그 단자전압 $V(=q/C)$도 감소되기 때문에 $V = L\frac{di}{dt}$로부터 전류의 증가율($\frac{di}{dt}$)도 처음 $t=0$에서보다 $t_1 \rightarrow t_2$ 단계에서는 조금 완만하게 된다.

이렇게 q가 감소하고 i가 증가되는 현상은 $t = t_3$에 이르면 C에 축적되어 있던 전하

q가 완전히 없어지게 되어 그 결과 단자전압 v도 0이 된다.

이렇게 되면 전류를 흐르게 했던 전원 전압 V가 0이 되었기 때문에 여기에서 변화가 그치고 인덕터에 최대전류 $i = I_m$이 흐르면서 축적 에너지도 최대가 되는데 이는 처음 커패시터 C에 축적되어 있던 정전 에너지가 인덕터 L로 이동되어 자기에너지 $\frac{1}{2}Li^2$로 축적된다.

따라서 전압 v가 0으로 되어도 인덕터 L의 특성(자속의 급격한 변화를 방해하는, 즉 그 자속을 만들고 있는 전류의 급격한 감소를 저지하려는 성질)에 의해 전류를 계속 흐르게 한다. 따라서 $t_3 \rightarrow t_4$에서 커패시터는 이 전류에 의해서 반대방향의 극성으로 충전되며, 인덕터 L의 자기 에너지 $\frac{1}{2}Li^2$는 다시 커패시터의 정전 에너지 $\frac{1}{2}CV^2$로 옮겨 가서 인덕터 L의 전류 i_L는 0, 커패시터의 전압과 전하의 크기가 처음과 같고 극성이 반대$(t = t_6)$로 충전된다.

그리고 이 커패시터의 전하는 방전되어 그림 4.64(b)의 t_6 이후는 다시 인덕터에 역방향으로 축적되고 이런 과정이 반복되는 전기적 진동(i, v, q 모두 sine 곡선)이 공진주파수로 계속된다.

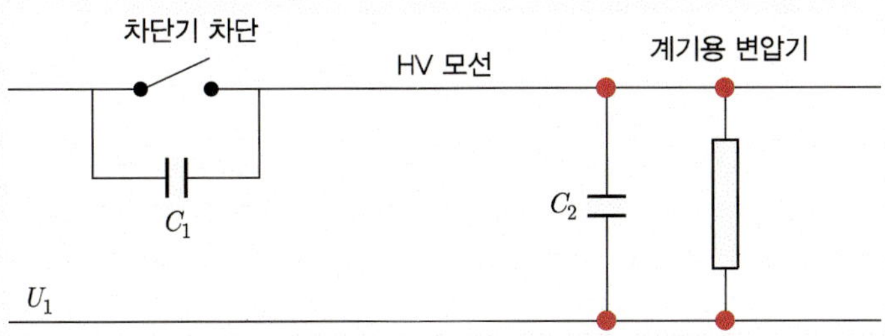

그림 4.65 차단기 개방상태의 회로

철공진은 정현파 전압이 인가된 회로에 있어서 포화인덕턴스와 정전용량간에 일어나는 비선형의 지속적인 진동현상이다. 가스절연 개폐장치에서 철공진 현상을 일으키는 회로는 그림 4.65와 같다. 그림 4.65에서 계기용변압기는 다중 챔버를 갖는 차단기 후단에 있는 모선에 연결되어 있다. 여기에서 C_1은 차단기 챔버에 병렬로 연결된 커패시터이며, C_2는 계기용변압기가 연결된 모선과 대지간의 정전용량이다. 차단기 개방시 커패시터의 정전용량 C_1, C_2는 개방시점 전압으로 충전된다.

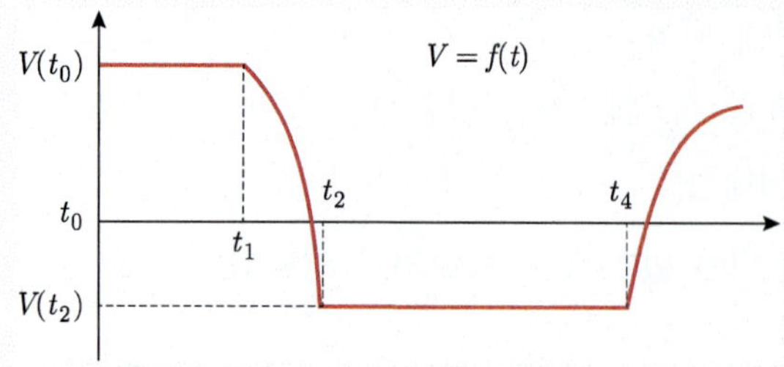

그림 4.66 선로 방전시의 계기용변압기 전압파형

C_1, C_2는 전압분압기와 같은 작용을 하며 계기용변압기에는 C_2에 걸린 전압이 인가된다. 계기용변압기에 인가된 DC 전압은 그림 4.66과 같이 변성기 철심을 포화시키며 방전되는 파형을 나타낸다.

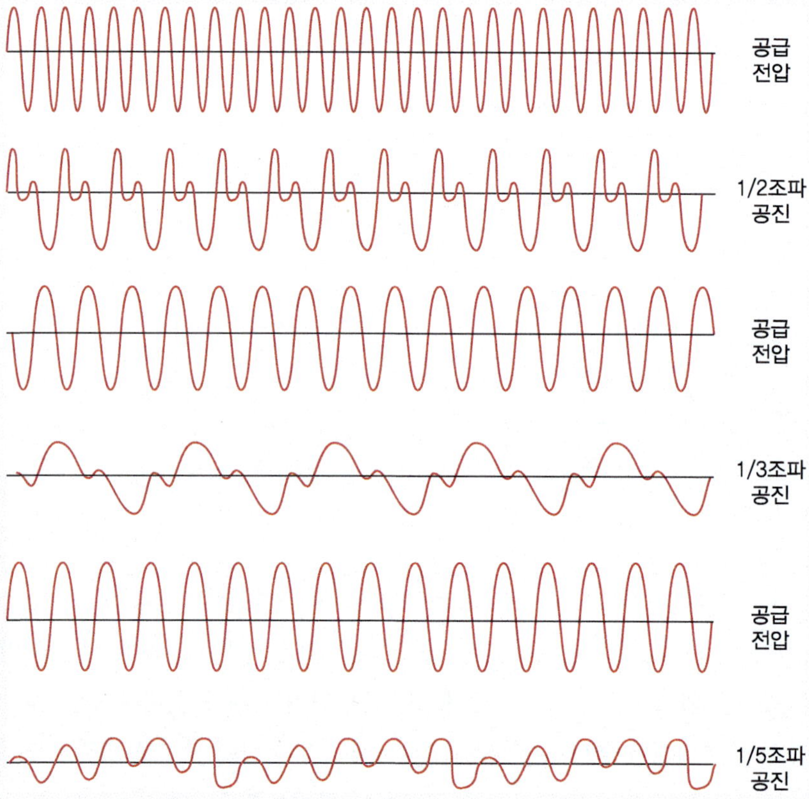

그림 4.67 1/2, 1/3, 1/5 고조파에 의한 철공진의 모드

계기용변압기를 포화시키는데 소요되는 시간은 그림 4.67처럼 최초 충전전압 크기에 따라 달라지며 철공진 현상의 기본주파수는 인가전압의 주파수와 같거나 인가전압 주파수의 1/정수 배의 고조파 성분을 포함한다.

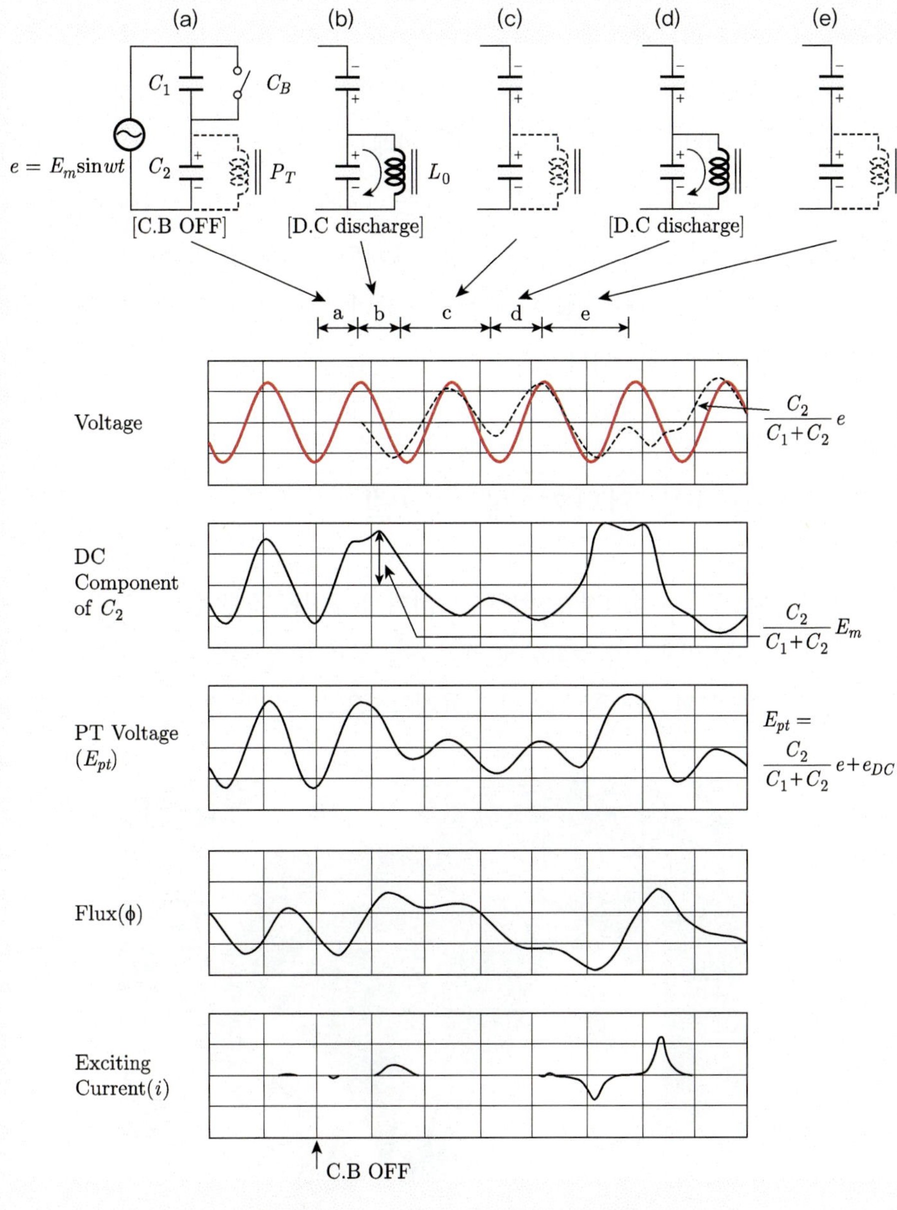

그림 4.68 철공진현상의 도식적 표현 예

이러한 유형의 비선형 주파수는 주로 계기용변압기 회로손실 (저항손, 히스테리시스손, 와류손)이 많치 않을 때 나타난다. 결국 GIS 변전소에서 기본주파수 또는 저주파수의 공진현상으로 고조파전압(기본주파공진)이 발생하면 공진현상 발생부위의 절연파괴가 일어날 수 있고 계기용변압기 포화 과전류로 변성기를 소손시키는 원인이 될 뿐만 아니라 보호기기(저주파수 계전기 등)나 계측기의 소손 또는 오동작을 유발시킨다. 그림 4.65 회로에서처럼 변성기가 큰 정전용량의 C_1과 직렬로 연결되어 있고, 작은 정전용량의 C_2와 병렬로 연결되어 있으면 철공진 발생 확률이 매우 높다[35, 36].

그림 4.68은 전원전압(e)에 의하여 충전된 커패시턴스 C_1, C_2와 C_2에 걸린 전압에 의해 C_2와 L_0 사이에서 반복되는 충방전 현상을 시간축을 기준으로 나타낸 것이다. 먼저 그림 4.68(a)에서처럼 e에 의해 C_2에 전압이 유기되면 다음 반주기 동안 그림 4.68(b)와 같이 L로 방전이 되고, 다시 그림 4.68(c) 과정을 거쳐 그림 4.68(d)에서는 역극성의 방전이 진전되는 철공진이 일어난다.

6.2 철공진의 전자기 해석 모델

1990년대 초반까지는 해석적인 방법에 의하여 철공진을 정량적으로 규명하려하였으나, 최근에는 이론식을 이용하여 정확하게 계산하는 것은 쉽지 않으므로 간략한 축약회로를 이용하여 그 특성을 파악한 후, 컴퓨터 시뮬레이션으로 정밀한 결과를 도출하였다[37-46].

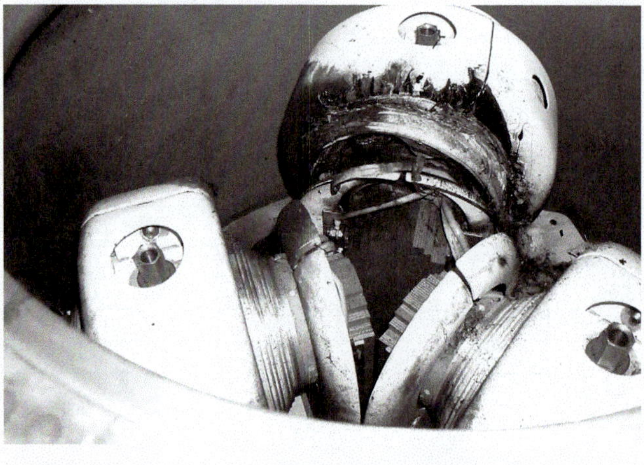

그림 4.69 철공진으로 소손된 154 kV 계기용변압기(제작사 A)

철공진 현상의 컴퓨터 시뮬레이션 툴(Tool)로는 미국 BPA(Bonneville Power Administration)에서 개발하여 전 세계적으로 널리 사용되고 있는 EMTP를 이용하며, 3상 GIS의 정전용량과 철심의 비선형 인덕턴스를 계산하였다.

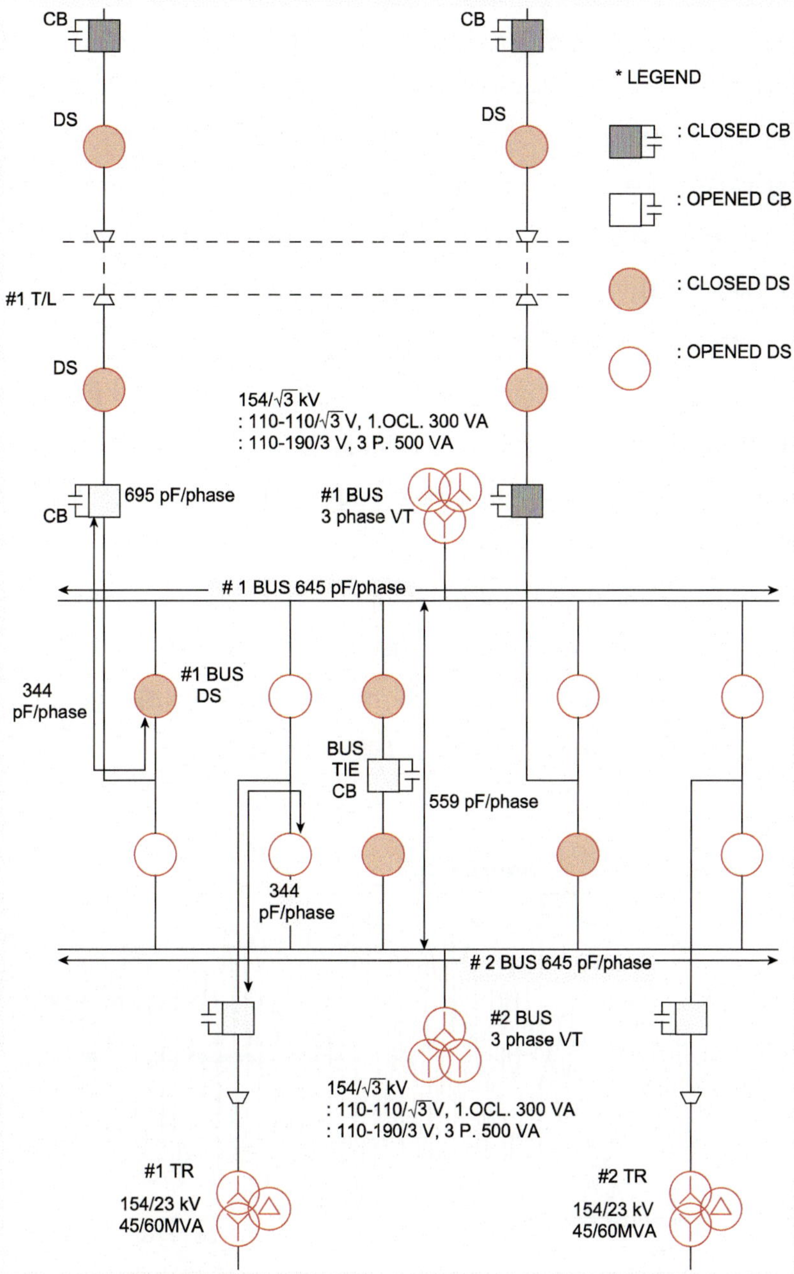

그림 4.70 철공진이 발생한 154 kV GIS의 단선결선도

국내에서도 전력계통에서 철공진 현상이 발생한 사례가 있었으며 기기의 열적 소손과 정전을 유발하였다[47]. 계기용변압기의 소손된 사진 그림 4.69의 소손원인을 조사한 결과는 기기 외부의 외상이나 이물질 등의 흔적 또는 아크에 의한 절연물의 손상 흔적은 없었고, 열에 의하여 코일이 파손된 것으로 보여 과전류에 의한 열적 손상으로 추정하였다.

그림 4.70은 철공진이 발생하였던 연구대상 154 kV 가스절연변전소의 계통도이다. 인입 송전선로가 2개, 주변압기는 45/60[MVA] 2 뱅크 2중모선방식이며, 인입 송전선로쪽의 #1 BUS에 연결되어 있는 계기용변압기(300 [VA])가 파손되었다.

파손될 당시의 계통 조건은 그림 4.70에서와 같이 #2 BUS는 #2 T/L에 의해 가압되어 있으나 모선 연결 차단기(BUS TIE CB)에 의해 #1 BUS와는 분리되어 있었다. #1 T/L도 인입부의 차단기(CB)에 의해 분리되어 있으나, 단로기는 들어가 있는 상태로 #1 BUS는 전기적으로는 직접 연결되지 않은 상태였다.

이때 #1 T/L을 분리하기 위한 차단기에는 정전용량 C_2가 695[pF]이 달려 있었고, 이때의 #1 BUS는 대지간 C_1 값이 약 1,200[pF]이었다. 여기에서 차단기 극간의 C_2는 근거리 차단 또는 모선고장 차단 등에 대비한 차단기의 과도회복전압 성능을 향상시키기 위한 커패시터이다.

차단기 차단 조작시 철공진 현상을 재현하기 위한 실증 시험을 154 kV 변전소에서 실시하였다. 차단기 조작시에 나타나는 차단과전압의 크기는 차단시 전압의 위상에 따라 달라질 수 있으며, 공진이 발생하는 양상도 매번 동일하게 재현되지 않았으나, 가장 일반적인 형태로 반복되어 나타나는 파형은 그림 4.71과 같았다.

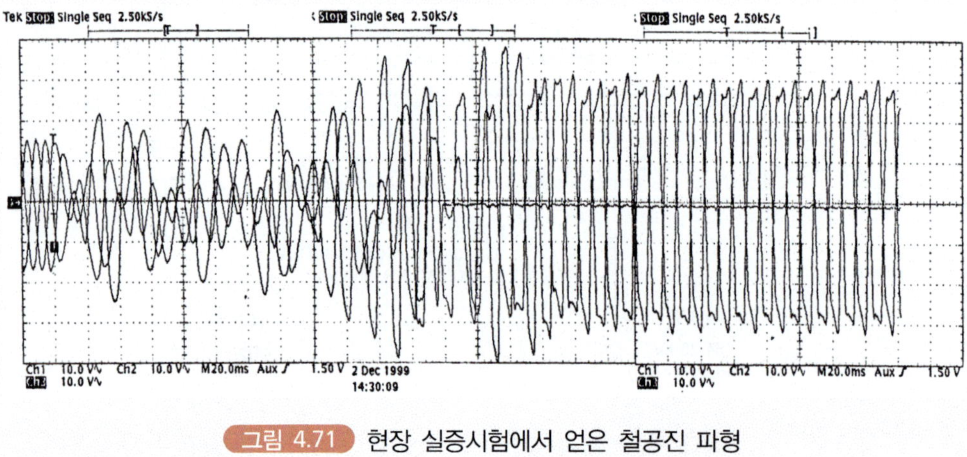

그림 4.71 현장 실증시험에서 얻은 철공진 파형

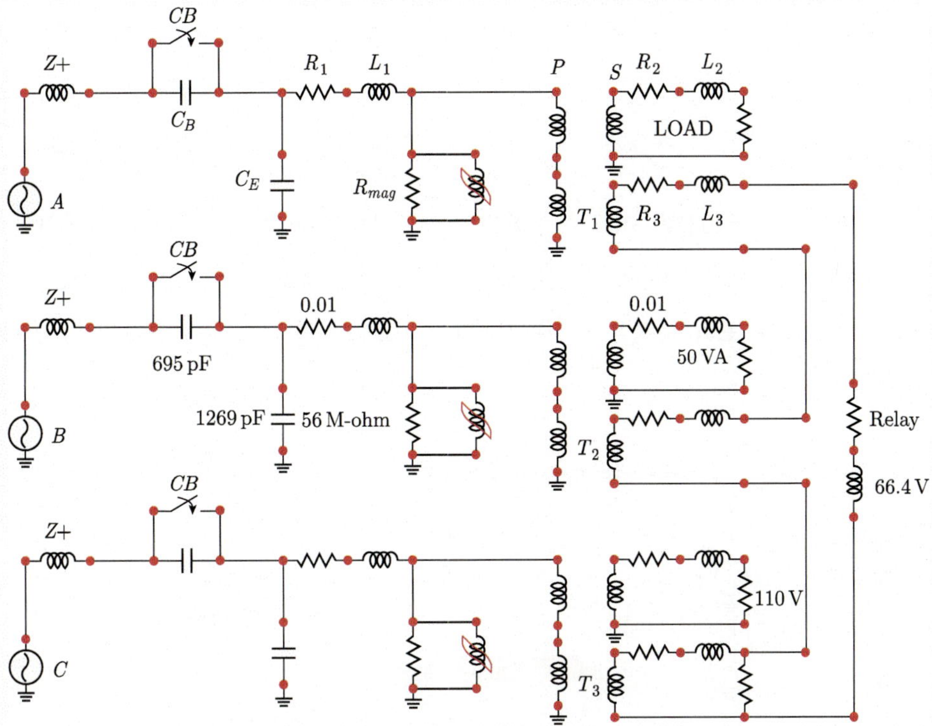

그림 4.72 실험대상 154 kV 변전소의 3상 등가회로

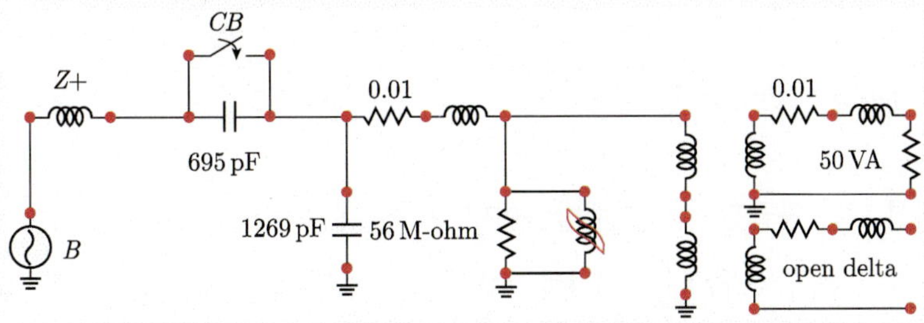

그림 4.73 실험대상 154 kV 변전소의 단상 등가회로

그림 4.72의 회로를 단상으로 간략하게 나타내면 그림 4.73과 같으며, 전원의 전압의 크기 E_{mag}는 식 (4.9)와 같이 계산된다.

$$E_{mag} = \sqrt{\frac{2}{3}} \times 154{,}000 = 125{,}740\,[\mathrm{V}] \tag{4.9}$$

그리고 철손 $P_{iron-core}$은 식 (4.10)로 계산된다.

$$P_{iron-core} = \frac{V_{rms}^2}{R_{mag}} \tag{4.10}$$

무부하 손실이 140 [W] 이므로 자화저항 R_{mag}는 56.47 [MΩ]이 된다. 이론적인 분석을 위하여 상간의 정전용량은 무시하였으며, 대지와의 병렬 비선형 인덕턴스 L_0는 계기용변압기 비선형 포화 특성을 나타낸다. 단상회로에서 인덕턴스는 선형구간의 인덕턴스를 의미한다.

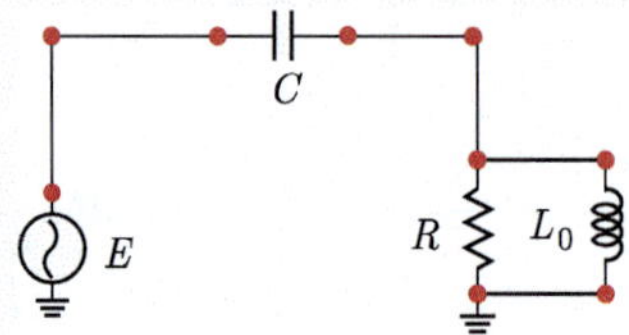

그림 4.74 축소 등가회로

그림 4.73의 단상회로를 더욱 간략하게 등가화 하면 그림 4.74와 같다. 그림 4.74는 기본적인 철공진 회로이며, n차 고조파 공진이 일어나기 위해서는 식 (4.11)과 같은 조건이 성립해야 한다[49].

$$n\omega L_0 > \frac{1}{n\omega C} \tag{4.11}$$

여기에서 ω는 공급전원의 각주파수이며, L_0는 계기용변압기의 낮은 전압에서 선형 인덕턴스이다. n은 공진주파수로서 1/2, 1/3, 1/5, 또는 1, 2, 3, 5가 될 수 있다. 식 (4.11)을 n에 대하여 풀면 발생 가능한 공진 주파수의 범위는 식 (4.12)가 된다.

$$n > \sqrt{\frac{1}{\omega^2 L_0 C}} \tag{4.12}$$

또한, 외부에서 충분한 여자가 되어야 하고, $R > R_0$이어야 한다. 여기에서 R_0는 공진이 일어나는 한계저항이다.

그림 4.74에서, C=1,964[pF], L_0 =38,241[H]일 경우 공진주파수 범위는 식 (4.12)에

서 0.306이 된다. 저항 R은 그 값이 작을수록 보다 효과적으로 철공진을 억제할 수 있다. 아직까지는 중성점이 접지된 계통에 이론적 또는 실험적으로 적용할 수 있는 공식은 없다. 그러나 이 문제를 이론적으로 규명하기 위하여 Yang. Li[49]는 그림 4.74와 동일한 정수를 가진 선형적인 DC 회로로 해석하였다. 이 DC 회로에서 저항 R은 식 (4.13)과 같다.

$$R \le R_0\left(= \frac{1}{2}\sqrt{\frac{L}{C}}\right) \tag{4.13}$$

여기서, R_0 : 공진이 일어나는 한계저항
L : 철심의 등가 인덕턴스
C : 회로의 정전용량

식 (4.13)에서 L을 선형 인덕턴스 L_0로 바꾸고 교류회로에서 계산을 하면, $L_0 =$ 38,241 [H], C=1,964[pF]이므로 그림 4.74의 회로에서의 저항 R_0 =2.21[MΩ]이다.

이 값은 철심의 손실을 등가저항으로 표현한 56 [MΩ]보다 매우 작은 값이므로 철공진이 발생할 수 있는 조건중의 하나가 충족된다.

이상에서 언급한 3가지의 조건이 충족되면 철공진이 일어날 수 있는 확률이 매우 높다. 철공진이 일어나는 것을 제동시키는 것이 매우 중요하다. 그림 3-11의 회로에 병렬저항값 $R_{wye}^{'}$ 을 삽입하는 것으로, $R_0 \ll R$이므로 식 (4.14)와 같다.

$$R_{wye}^{'} \approx R_0 (= 2.21)[\mathrm{M\Omega}] \tag{4.14}$$

이 $R_{wye}^{'}$ 을 계기용변압기의 2차 회로로 환산하면 식 (4.15)가 되고 그 값은 3.4[Ω]이다.

$$R_{wye} = \frac{R_{wye}^{'}}{k^2} \tag{4.15}$$

여기서, k : 계기용변압기의 권선비

참고문헌[49]을 이용하여 이론적인 임계 저항값 R_0를 얻었으나, 각 상간의 상호 정전용량 C_m, 계기용변압기 철심의 포화특성 등의 영향을 고려하여 그 임계 저항값이 수정되어야 한다. 이론적인 방법과 더불어 실제적인 저항값은 EMTP를 이용하여 구할 수 있다.

EMTP를 이용하여 계기용변압기의 철공진 현상과 전력용 변압기의 여자 돌입전류를 해석하기 위한 순서도는 그림 4.75와 같다.

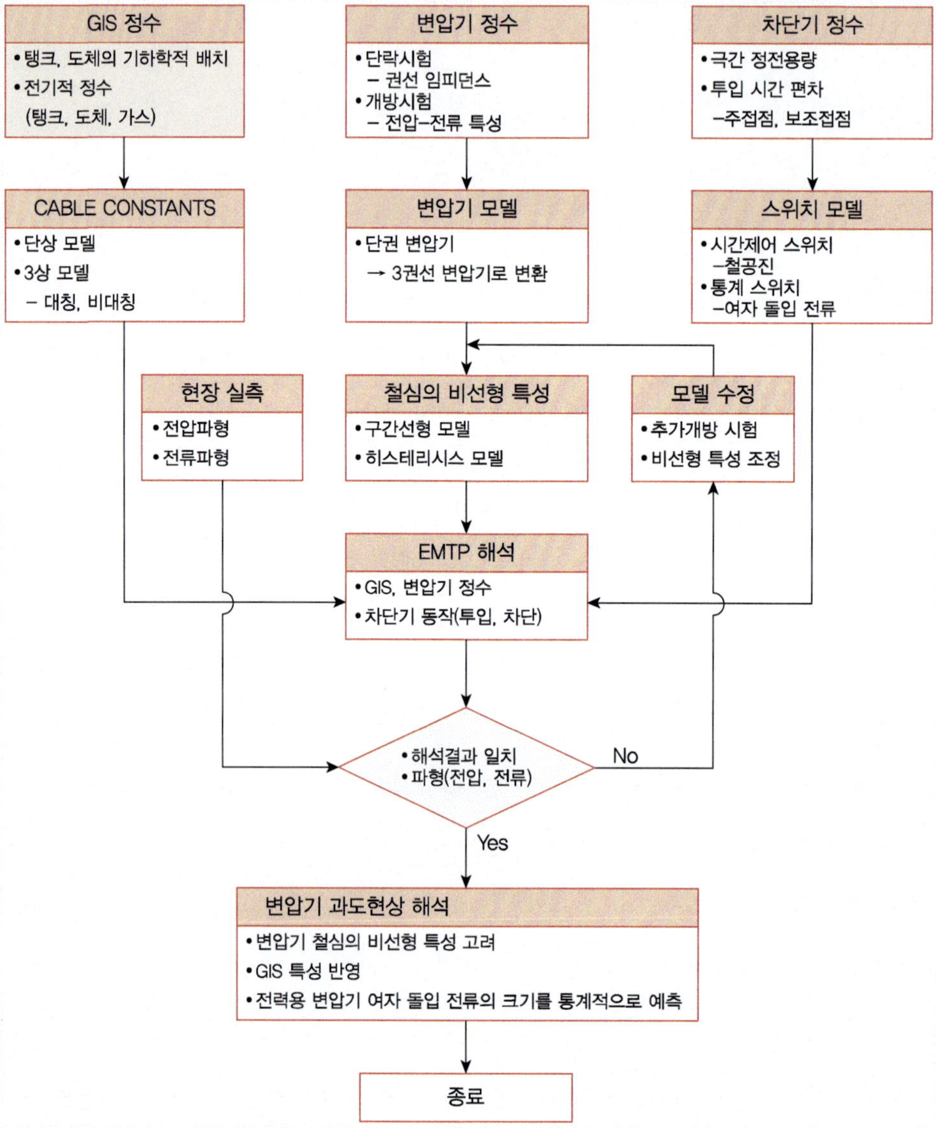

그림 4.75 변압기 철심의 비선형특성 해석 흐름도

GIS의 전기적 정수는 'CABLE CONSTANTS'를 이용하여 구하였으며, 해석 모델의 입력 데이터에 따른 결과의 민감도를 파악하기 위하여 단상 모델, 3상 평형 정전용량 모델 및 3상 불평형 정전용량 모델을 각각 비교하였다. 고장 사례가 발생한 변전소 모선은 각 상의 정전용량이 서로 다른 3상 일괄형으로 되어 있으며, 3상 정전용량이 평형인 변전소도 있으므로 GIS 모선을 EMTP를 이용하여 상세하게 모의하여 비교 하였다.

변압기의 전기적 정수는 단락시험과 개방시험 결과를 EMTP 입력형식으로 변환하고 철심의 비선형 특성을 구간 선형 모델과 히스테리시스 모델로 각각 모의하여 비교하였다. 3권선 전력용 변압기는 EMTP에 사용이 가능하도록 3권선 변압기로 등가 변환하였다.

차단기 동작에 따른 철공진과 여자돌입전류를 계산하고 현장 실측파형과 비교하여 유사한 파형이 재현되도록 철심의 비선형 특성을 조정하여 해석 모델을 만들었다.

그림 4.76은 (a) 3상의 정전용량이 균일한 경우와 (b) 3상의 정전용량이 서로 다른 경우 GIS의 단면이다. 계산에 사용된 GIS 도체의 기하학적 배치는 그림 4.76과 같으며, 전기적 정수는 다음과 같이 가정하였다.

- 상도체의 내반경 및 외반경 : $a_1 = 34$[mm], $a_2 = 40$[mm]
- 상도체의 저항률 : $\rho = 2.617 \times 10^{-8} [\Omega \cdot m]$
- 상도체의 비투자율 : $\mu_r = 1.0$
- Encloser의 내반경 및 외반경 : $b_1 = 345$[mm], $b_2 = 351$[mm]
- Encloser의 저항률 : $9.71 \times 10^{-8} [\Omega \cdot m]$
- Encloser의 비투자율 : $\mu_r = 1.0$
- SF_6 가스의 유전율 : $\epsilon_r = 1.21$

그림 4.76(a)에서 각상의 도체-탱크간 정전용량 C_0은 식 (4.16)과 같이 계산되고, 도체-도체간의 정전용량 C_m은 식 (4.17)과 같이 계산된다. 그리고 각 상의 정전용량 C_a, C_b, C_c는 식 (4.18)과 같다.

$$C_0 = \frac{2\pi \epsilon_0 \epsilon_r}{\ln \frac{b_1}{a_2}} [\mathrm{pF/km}] \tag{4.16}$$

여기서, $\epsilon_0 = 8.855 \times 10^{-12} [\mathrm{F/m}]$, $\epsilon_r = 1.21$

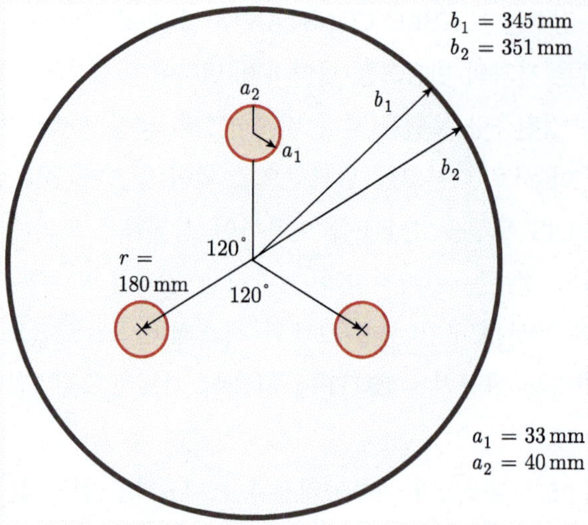

(a) 3상 정전용량이 균일한 GIS의 단면도

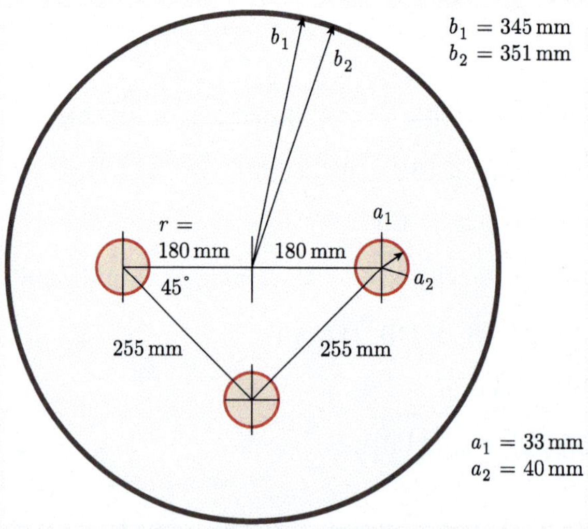

(b) 3상 정전용량이 불균일한 GIS의 단면도

그림 4.76 GIS의 단면도

$$C_m = \frac{2\pi\epsilon_0\epsilon_r}{\ln\dfrac{b_1}{r}} \times \frac{a_2^2}{r^2}\,[\text{pF/km}] \tag{4.17}$$

$$C_a = C_b = C_c = C_0 + 3C_m \tag{4.18}$$

EMTP의 LINE CONSTANTS를 이용하여 계산된 $\omega[C]$ 행렬은 식 (4.19)와 같다.

$$\omega\begin{bmatrix} C_{11} & C_{12} & C_{13} \\ C_{21} & C_{22} & C_{23} \\ C_{31} & C_{32} & C_{33} \end{bmatrix} \tag{4.19}$$

여기서, $\omega C_{11} = \omega C_{22} = \omega C_{33} = 9.39 \times 10^{-9}[\mho/\mathrm{m}]$,

$\omega C = \omega C_{12} = \omega C_{21} = \omega C_{13} = \omega C_{31} = \omega C_{23} = \omega C_{32}$

$= -1.12 \times 10^{-9}[\mho/\mathrm{m}]$

각 상의 대지간 정전용량 ωC_0은 식 (4.20)과 같이 된다.

$$\omega C_0 = \omega C_{0a} = \omega C_{0b} = \omega C_{0c} = (C_{11} - (C_{12} + C_{21}))[\mho/\mathrm{m}] \tag{4.20}$$

식 (4.20)에서 $\omega C_0 = 11.63[\mho/\mathrm{m}]$이므로 정전용량 $C_0 = 31$[pF/m]로 환산된다.

ωC에서 각 상간의 정전용량 C는 3.0[pF/m]로 계산된다.

따라서 각상의 총 정전용량 C_a를 식 (4.18)로 구하면 40.0[pF/m]가 된다.

그림 4.76(b)와 같이 3상의 정전용량이 서로 다른 3상 일괄 GIS 형태인 경우 정전용량 C_a, C_b, C_c는 EMTP의 결과를 가지고 식 (4.19)에서 $C_a = C_c = 42$[pF/m], $C_b = 44.7$ [pF/m]가 얻어져 각 상의 정전용량에 차이가 있음을 알 수 있다.

철공진 현상의 모의시에 중요한 변수중의 하나는 계기용변압기 철심의 포화특성이다. 제작사로부터 정확한 계기용변압기의 포화특성 데이터가 도착하기 전에, EMTP 관련 문헌[12]의 345 kV급 계기용변압기의 여자($I-\phi$) 특성을 154 kV급으로 추정하여 예비계산을 하였다. 계기용변압기의 모델은 1차, 2차, 3차 권선, 비선형 자로 분기 및 철손 등의 파라미터로 표현되며, 히스테리시스손은 무시하였다[10, 11, 12].

표 4.16은 345 kV급 계기용변압기의 철심 포화특성을 154 kV로 추정하여 만든 것이다.

표 4.16 345 kV 계기용변압기의 특성에서 도출한 154 kV 계기용변압기 철심의 포화특성

전압 [p.u.]	자속 φ [Wb]	자화전류 I_ϕ [A_peak]
0.588	196.06	0.0007
0.735	245.07	0.0143
0.808	269.63	0.0026
0.882	294.09	0.0036
0.911	303.95	0.0051
0.955	318.64	0.0080
0.981	327.15	0.0114
1.010	337.01	0.0180
1.036	345.61	0.0229
1.062	354.12	0.0381
1.080	360.31	0.0504
1.095	365.14	0.0635
1.117	372.59	0.0868
1.132	377.42	0.1187
1.150	383.61	0.2213

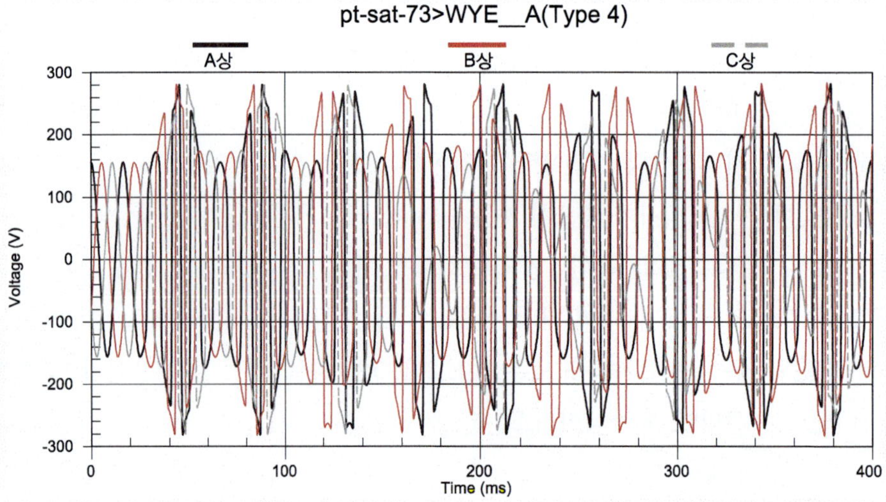

그림 4.77 철공진 계산파형(표 4.16의 포화특성을 이용)

표 4.16을 이용하여 해석한 파형이 그림 4.77이다. 그림 4.77의 철공진 파형은 임의의 철심 특성을 반영한 것이므로 실질적인 포화특성곡선을 구하기 위하여 표 4.17과 같이 제작사 A에서 설계시에 사용한 전압-전류 특성을 얻었다.

GIS의 정전용량은 단상으로 표현하고, 철심의 포화특성 표 4.17을 이용하여 계산한 파형은 그림 4.78과 같으며, 공진의 형태는 나타내고 있으나, 현장 실측파형과 EMTP 계산결과는 그 크기와 파형이 상당한 차이를 나타내었다.

표 4.17 제작사 A의 계기용변압기 철심의 포화특성(설계값)

2차측 시험 데이터(110 V 정격)					1차측으로 환산	
여자전압 (대지간)	여자전류 (Y결선)	여자손실 (단상기준)	자화전류	기준전압	Flux	자화전류
Uexc(rms) [V]	Iexc(peak) [A]	Pe [W]	Imw(peak) [A]	[p.u.]	[Wb]	[A]
11.00	0.48	0.50	0.4728	0.10	33.35	0.0006
55.00	2.55	18.00	2.5289	0.50	166.76	0.0031
110.00	4.07	86.00	3.9942	1.00	333.52	0.0049
165.00	9.80	390.00	9.5107	1.50	500.27	0.0118

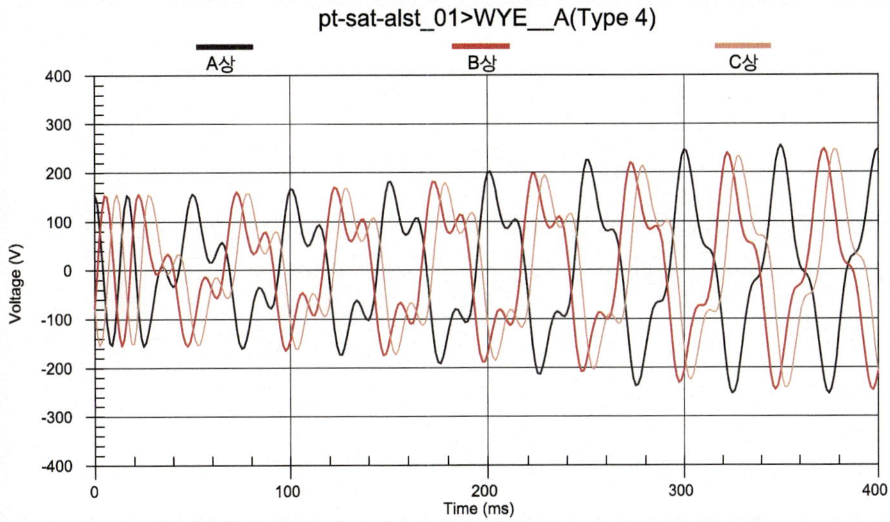

그림 4.78 철공진 계산파형(표 4.17의 포화특성을 이용)

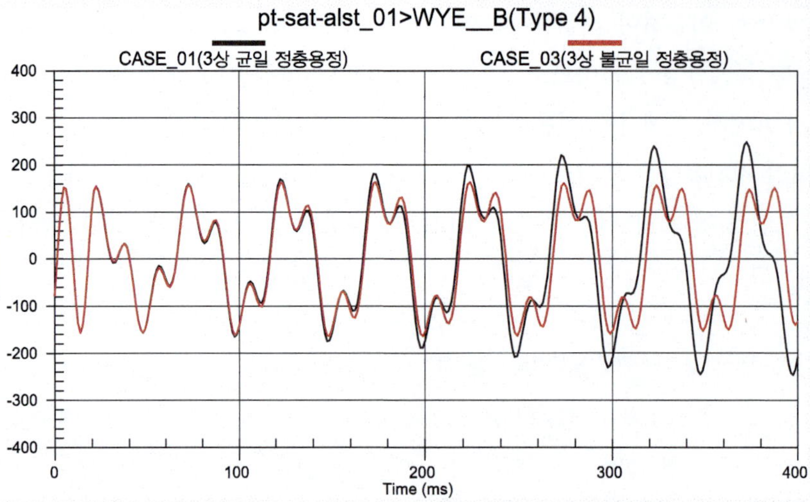

그림 4.79 정전용량이 균일/불균일한 경우 GIS의 철공진 파형

3상 정전용량이 균일/불균일한 경우 GIS의 철공진 파형을 나타낸 그림 4.79는 GIS의 정전용량을 단상으로 간략하게 표현하여 계산한 그림 4.78의 파형과 크게 다르지 않았다. 정전용량을 단상으로 표현한 경우, 대칭배치 3상으로 표현한 경우 그리고 현장 기기 배치와 동일하게 비대칭 3상으로 표현한 경우에 철공진 파형의 큰 차이가 없는 것은 철공진 현상은 정전용량의 크기에 따라 크게 달라지지 않는다는 것이다. 따라서 실증시험 시에 얻은 파형을 정밀하게 재현하기 위해서는 철심의 비선형 특징을 정밀하게 모의할 필요가 있다.

보다 정밀한 철심의 포화특성을 구하기 위하여 제작사의 설계특성과 포화특성 실증시험 결과를 조합하여 표 4.18 및 그림 4.80과 같은 포화특성을 구하였다. 기준 전압 약 1.5[p.u.] 정도의 범위까지는 실증시험 결과를 이용하고, 보다 높은 전압에서는 실질적인 실험이 불가능하여 설계시에 사용된 조건을 적용하였다.

표 4.18 여자시험 및 설계시에 사용한 계기용변압기 철심의 포화특성 조합(제작사 A)

2차측 시험 데이터(110 V 정격)					1차측으로 환산[주]	
여자전압 (대지간)	여자전류 (Y결선)	여자손실 (단상기준)	자화전류	기준전압	Flux	자화전류
Uexc(rms) [V]	Iexc(peak) [A]	Pe [W]	Imw(peak) [A]	[p.u.]	[Wb]	[A]
51.80	0.50	16.00	0.3932	0.47	157.06	0.0005
75.00	0.82	34.00	0.6833	0.68	227.40	0.0008
110.00	3.80	86.00	3.7187	1.00	333.52	0.0046
127.00	7.80	130.00	7.7325	1.15	385.06	0.0096
166.70	27.90	363.00	27.8149	1.52	505.43	0.0344
183.50	44.40	565.00	44.2931	1.67	556.37	0.0548
200.70	111.00	926.00	110.9041	1.82	608.52	0.1373
213.00	178.00	1191.00	177.9122	1.94	645.81	0.2202
229.50	360.00	1633.00	359.9297	2.09	695.84	0.4455
240.40	527.00	1970.00	526.9363	2.19	728.89	0.6521
254.90	742.00	2371.00	741.9417	2.32	772.85	0.9182
263.00	869.00	2555.00	868.9457	2.39	797.41	1.0754

주) 1-2차간의 권수비는 808 : 1임

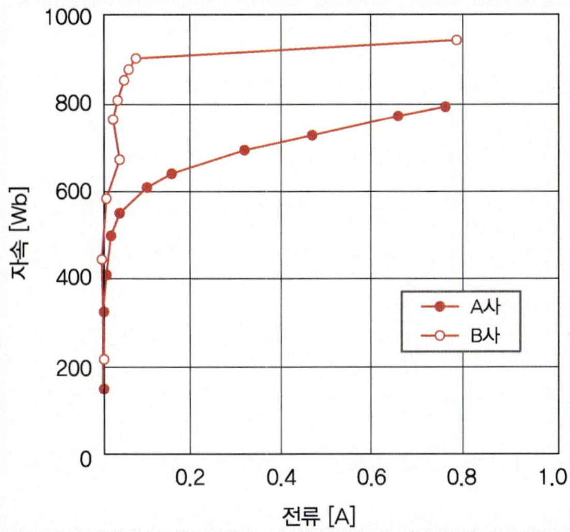

그림 4.80 제작사 A 및 제작사 B의 계기용변압기 포화특성

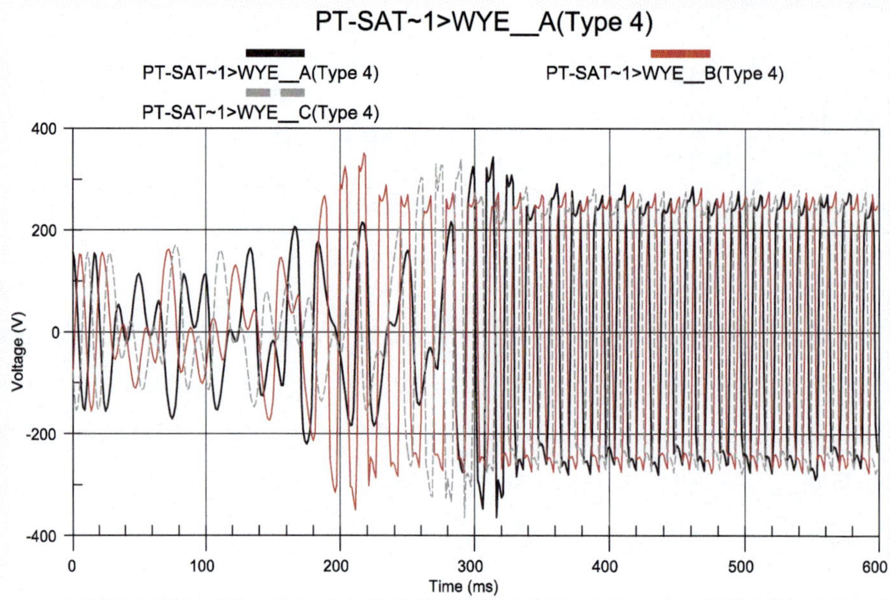

그림 4.81 다중 구간포화특성을 이용한 PT 철공진 해석결과

3상의 정전용량이 불균일한 경우 각 상의 정전용량과, 다중 선형 구간으로 모의한 철심의 포화특성 경우의 철공진 파형은 그림 4.81과 같다. 그림 4.81에서 전원이 가압되어 있는 상태에서 차단기를 분리하면 초기에는 약 1.5[p.u.]의 유기전압이 걸려있다가 약 10주기 이후부터 2.0[p.u.] 이상의 과전압이 발생되는 철공진현상이 지속됨을 보여주고 있다.

그림 4.71의 현장 실측 파형과 다중 구간 포화특성을 이용하여 계산한 파형 그림 4.81을 비교하여 보면 차단서지가 발생하여 철심이 포화되는 영역으로 들어가는데 걸리는 시간에 약간의 차이가 있으나, 철공진이 발생하여 자기 회복이 되지 않는 영역에서 포화전압의 크기는 유사하게 일치하고 있음을 알 수 있다. 따라서 이 해석 케이스를 기본으로 하여 다양한 운전조건에 따른 예측계산을 하였다.

계기용변압기의 열적 소손 원인을 추정하기 위하여 동일한 조건에서 1차측의 전압과 전류를 관측하였다. 그림 4.82 및 그림 4.83은 그림 4.81과 동일한 조건에서 계기용변압기 1차측에 걸리는 전압과 여자전류의 파형을 나타내고 있다.

해석결과에 의하면 정상상태에서의 1차측 여자전류는 약 0.006[$A_{r.m.s}$]임에 비하여, 공진시에 흐르는 여자전류는 0.85[A_{peak}]가 흐르고 전압도 약 2.00[p.u.] 이상이 지속된다. 정상상태에서 계기용변압기 용량이 750[VA]임에 비하여, 공진시는 약 130[kVA] 이상이 되어 단시간에 계기용변압기를 소손시키는데 충분한 용량임을 알 수 있었다.

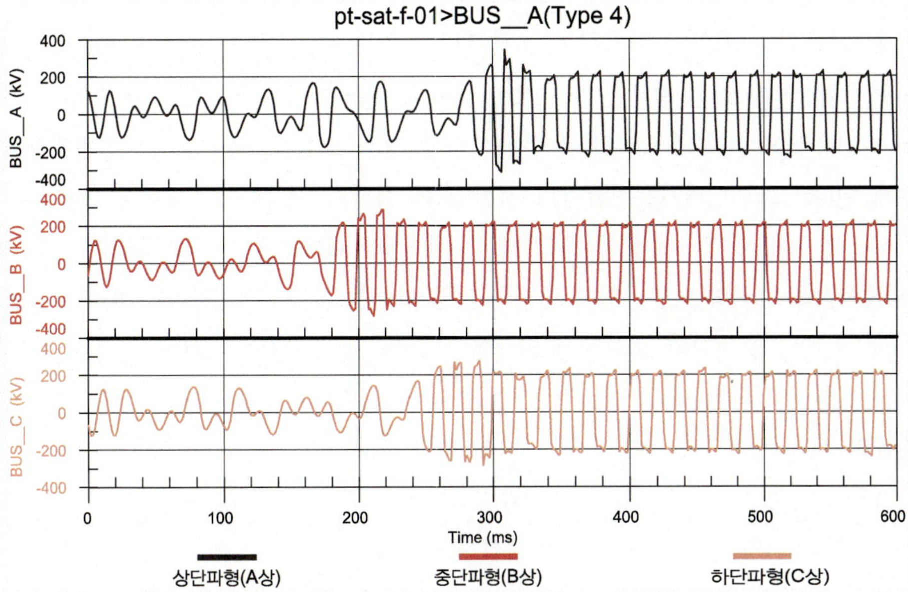

그림 4.82 철공진 발생시 계기용변압기 1차측의 전압 파형

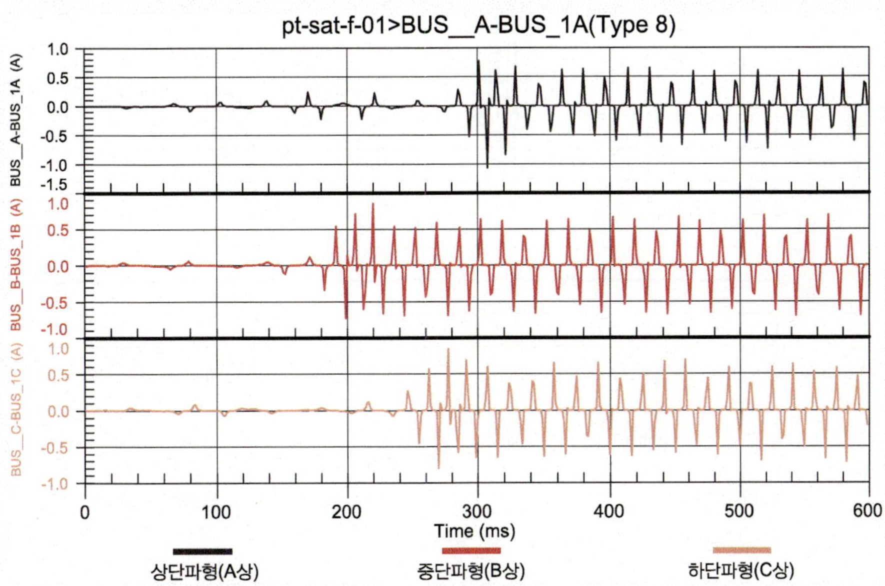

그림 4.83 철공진 발생시 계기용변압기 1차측의 전류 파형

6.3 철공진 발생영역 예측

차단기의 투입 조건과 모선의 연결상태 변화, 즉 차단기의 정전용량 C_B와 모선의 정전용량 C_E값의 변화에 따라서 철공진 현상이 일어날 수 있는 조건이 변화될 수 있다. GIS의 제작사가 같은 경우는 모선에 연결되는 차단기 대수(연결수량)와 모선 길이에 의해 정전용량이 변하며, GIS의 제작사가 다른 경우는 차단기와 모선의 정전용량값이 다르게 된다. 그리고 계기용변압기의 철심 포화 특성도 제작사에 따라 다르다.

따라서 현재 실계통에서 사용되고 있는 제작사별 GIS 도면과 각각의 계기용변압기 여자 특성값을 고려하여 철공진이 발생할 가능성이 높은 운전조건을 조합하여 계산하였다.

계기용변압기 철심의 포화특성 곡선을 나타낸 그림 4.80에서 B사의 철심보다 A사의 철심이 빨리 포화된다. 그러나 각 변전설비들의 정전용량 C값이 같지 않기 때문에 A사 제품의 계기용변성기를 설치하면 반드시 먼저 철공진이 발생하는 것은 아니다. 특히 차단기의 차단시점에 따라 차단과전압의 발생 파형이 달라지므로, 차단시점에 의한 영향을 제거하기 위하여 차단시간은 계산 시작 후 20 [ms]로 고정하였다.

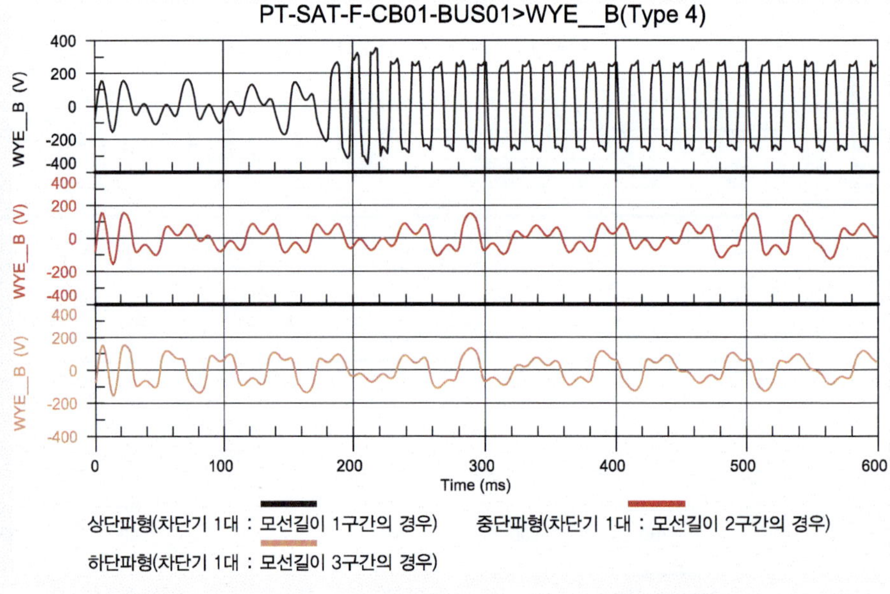

그림 4.84 GIS 모선의 길이를 변경시킨 경우의 철공진 파형

그림 4.84는 차단기의 정전용량 1대(극간 정전용량 695[pF])로 고정하여 놓고 모선의 정전용량을 기준용량 1,269[pF]에서 2배, 3배로 변경하여 계산한 결과이다. 차단기 1대에 해당하는 정전용량 값과 모선의 기본용량 값이 분압되는 특정 조건인 첫 번째의 경우가 가장 가혹한 공진점이 되며, 모선의 길이가 길어지면 공진을 피할 수 있다.

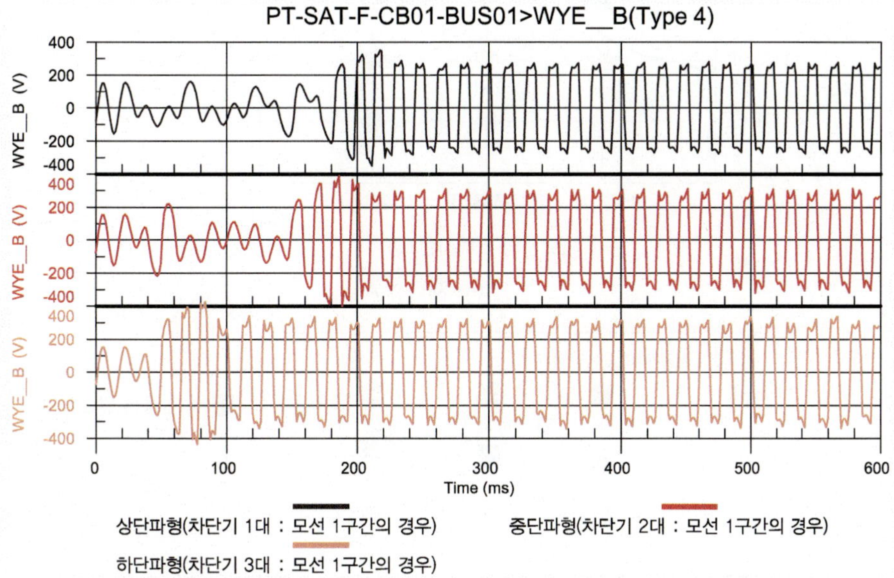

그림 4.85 분리된 차단기의 대수에 따른 철공진 파형

그림 4.85의 해석 파형은 모선의 길이를 1구간으로 고정하고 차단기의 운전 정지된 수량을 1대(극간 정전용량 695 pF)에서 3대까지 변화시켜서 얻은 것이다. 차단기 대수가 증가할수록 모선의 정전용량 값과 차단기 정전용량 값의 분압비가 변하여 무압된 모선의 전압이 높아져서 철공진이 쉽게 발생하였다.

실제의 변전소에서는 운전가능한 차단기의 운전 대수와 GIS 모선의 길이의 조합이 정하여지므로 제작사 A에 대하여 그림 4.86(a)와 같이 철공진의 발생이 가능한 운전조합의 영역을 계산하였다.

그림 4.86(a)에서 ■ 부분은 철공진이 발생하지 않는 조건이며, ▲는 철공진은 발생하나 계기용변압기가 열적파괴나 절연파괴가 일어나지 않는 과전압범위이고, ●는 열적으로 충분히 파괴 가능한 전압영역을 표시한다. 그림 4.86에서 표시된 곡선을 기준으로 철공진이 발생하는 영역과 철공진이 발생하지 않는 영역으로 구분할 수 있다.

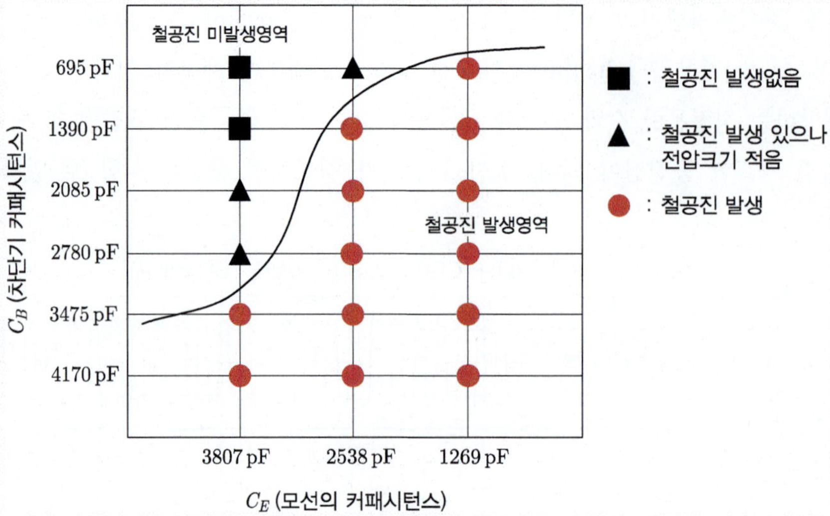

(a) 제작사 A

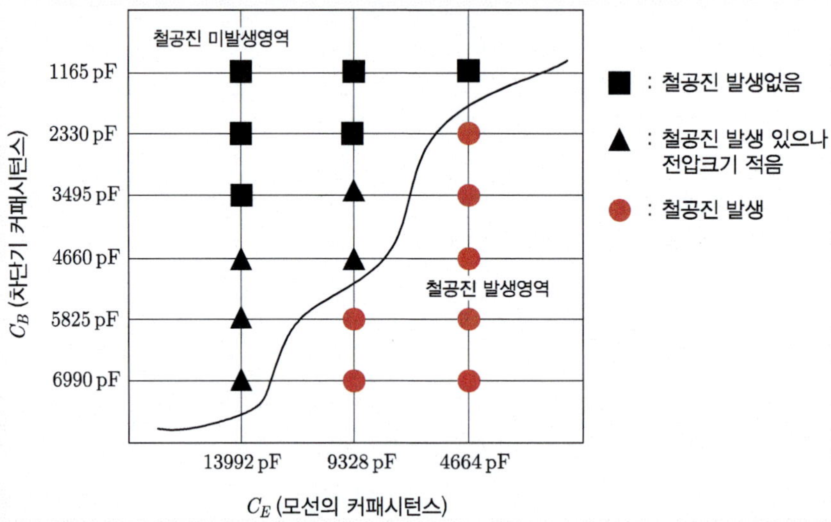

(b) 제작사 B

그림 4.86 정전용량에 따른 철공진 발생 범위

그림 4.86(b)는 제작사 B에 대하여 제작사 A와 동일한 과정을 거쳐서 예측계산한 결과이다. 그림 4.80에서 나타낸 바와 같이 제작사 B는 제작사 A보다 계기용변압기 철심의 포화특성이 높으며, 그림 4.86(b)에서 보는 바와 같이 철공진의 발생 영역이 제작사 A보다 적게 나타났다. 이와 같이 포화특성이 높은 것은 철공진이 발생하는 확률을 낮출 수는 있으나, 모선과 차단기 정전용량의 조합에 의하여 분압되는 전압의 크기가 달라지

고, 차단시 발생되는 차단과전압의 크기에 따라서도 달라지기 때문에 완전하게 철공진을 예방할 수 없다. 그러므로 철공진 제동장치를 설치한다.

철공진의 제동장치로는 i) 차단기 보조접점을 이용하여 차단기 동작시 제동장치를 강제로 투입하는 방법, ii) 제너다이오드를 이용하여 일정 전압을 초과하면 제동저항을 투입하는 방법, iii) 제동리액터와 제동저항을 직렬로 삽입하여 계기용변압기 철심보다 먼저 포화되도록 하는 방법 등이 있다. 본 연구에서 계기용변압기의 2차 권선에 그림 4.87과 같이 제동리액터와 제동저항을 부하와 병렬로 삽입하여 제동시키는 방법을 사용하였다.

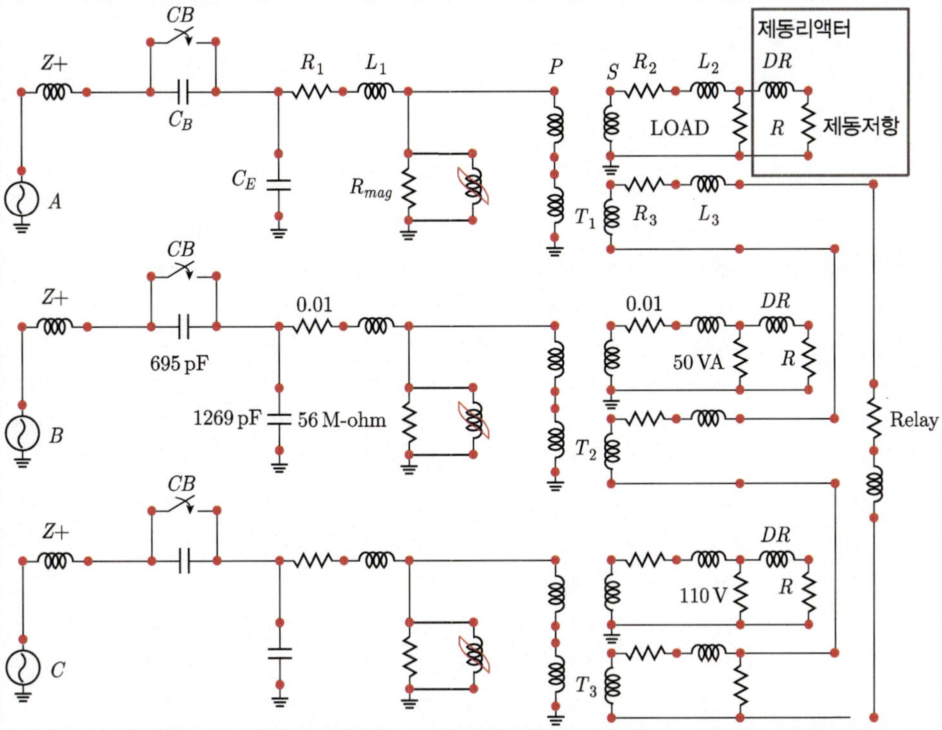

그림 4.87 철공진 제동장치의 결선도

그림 4.88과 같이 정상적인 운전 전압 이하에서는 임피던스가 높아 전류가 흐르지 않으나 철공진 전압이 포화리액터 포화전압 이상인 경우는 리액터를 통해 전류가 흐르게 하여 직렬로 연결된 저항에서 저항손실이 발생하도록 하여 철공진 현상을 제동시키는 방법이다. 제동리액터 정격전압은 110[V], 저항은 2~5[Ω] 범위내에서 가변시킬 수 있도록 제작하였다. 제작된 리액터는 보호계전기 시험장치로 포화특성을 확인하였다.

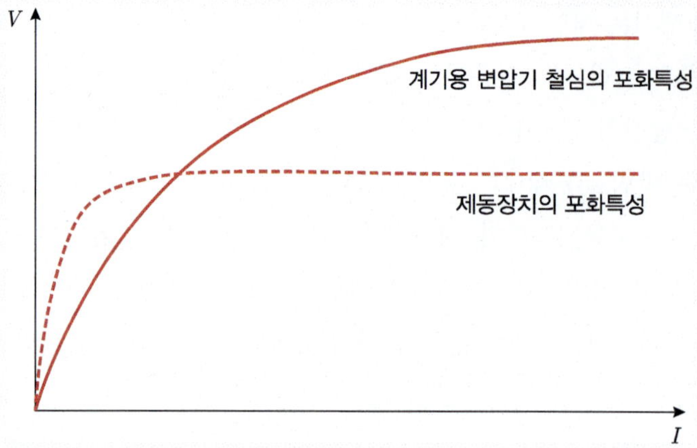

그림 4.88 철공진 제동장치의 포화특성 예

표 4.19 제동리액터 철심의 포화특성(제작사 시험데이터)

포화리액터 포화특성(시험)			포화리액터 환산 데이터			전압
여자전압	여자전류	여자손실	자화전류		자속	
Uexec (rms)	Iexec (rms)	Pexec [W]	Imw (rms)	Imw (peak)	[Wb]	[p.u.]
60	0.0830	4.5	0.0356	0.0503	0.2251	0.55
70	0.0930	5.5	0.0498	0.0704	0.2626	0.64
80	0.1050	7.5	0.0473	0.0669	0.3001	0.73
90	0.1230	10.0	0.0528	0.0746	0.3376	0.82
100	0.1320	11.5	0.0648	0.0916	0.3751	0.91
110	0.1500	14.0	0.0794	0.1123	0.4126	1.00
115	0.1620	15.0	0.0961	0.1359	0.4314	1.05
120	0.1750	17.0	0.1027	0.1453	0.4501	1.09
125	0.1970	18.0	0.1344	0.1901	0.4689	1.14
130	0.2160	20.0	0.1516	0.2144	0.4877	1.18
135	0.2500	22.0	0.1896	0.2681	0.5064	1.23
140	0.2900	24.0	0.2339	0:3308	0.5252	1.27
145	0.3750	27.0	0.3255	0.4603	0.5439	1.32
150	0.5000	32.0	0.4522	0.6395	0.5627	1.36
155	0.9600	38.0	0.9282	1.3126	0.5814	1.41
160	2.3300	53.0	2.3063	3.2616	0.6002	1.45
165	6.0300	119.0	5.9867	8.4665	0.6190	1.50
170	9.2400	211.0	9.1563	12.9489	0.6377	1.55

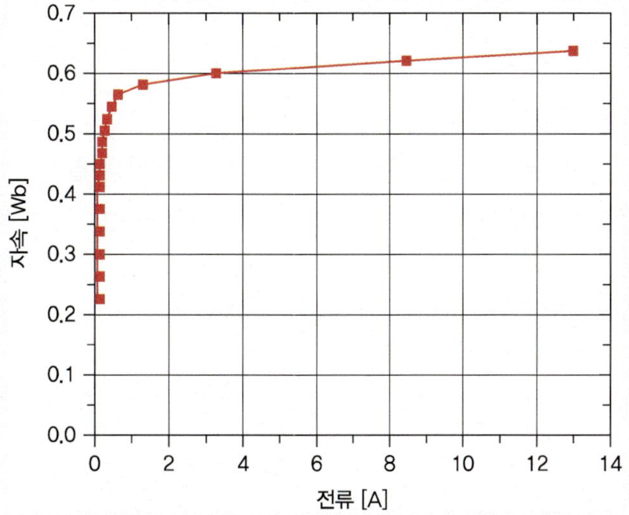

그림 4.89 제동리액터의 포화 특성곡선(시험값)

제작한 제동용 포화리액터를 시험하여 얻은 특성값 표 4.19는 그림 4.89의 특성을 나타냈다. 약 1.0[p.u.] 부근의 운전영역에서는 전류가 거의 흐르지 않으나 1.4~1.5[p.u.] 부근에서부터 급격히 포화되었다. 그림 4.90은 그림 4.87의 제동장치에 제동저항 2[Ω]을 부하와 병렬로 연결하여 모의 계산한 제동효과이다.

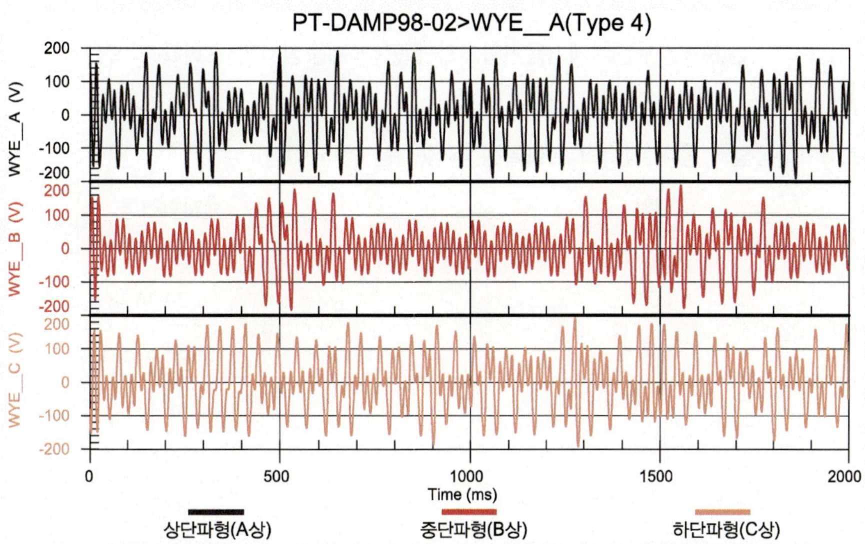

그림 4.90 철공진 제동효과 모의 계산 파형(히스테리시스손 무시)

약 2초가 경과하여도 철공진은 제동되지 않음이 그림 4.90에 나타났다. 그 원인은 히스테리시스손을 무시하였고 시험하지 못한 포화 영역 이상의 부분을 모의하는데 고려치 않았기 때문으로 분석된다.

계기용변압기 A사 철심의 포화특성 표 4.18, 제동리액터의 철심 포화특성 표 4.19, 그리고 표 4.20을 비교하여 보면, 포화리액터가 1.55~1.60[p.u.] 부근에서 급격하게 포화되어 계기용변압기의 철심보다 많은 전류가 흐른다. 그림 4.91은 계기용변압기 철심의 포화특성과 철공진 제동장치의 포화특성을 계기용변압기 회로 2차측으로 환산하여 나타낸 것이다.

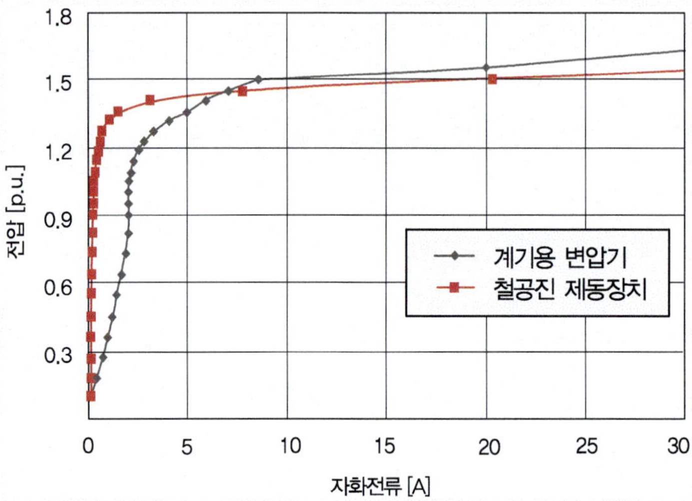

그림 4.91 계기용변압기와 철공진 제동장치의 포화특성 곡선

표 4.20 철공진 제동 리액터의 포화특성 추정(시험 영역 이상)

전압 [p.u.]	자화전류 Imw(peak)
1.56	24.46
1.57	33.63
1.58	46.24
1.59	63.58
1.60	87.42
1.61	120.2

표 4.21 EMTP를 이용한 제동저항의 크기 계산

사례	차단기 C [pF]	모선 C [pF]	분압된 전 압 [p.u.]	제동저항 [Ω]					
				0.5	1.0	2.0	3.0	4.0	5.0
1	695	1,269	0.35	×	△	○	○	×	×
2	695	2,538	0.21	○	○	○	○	○	○
3	1,390	2,538	0.35	△	△	△	△	△	○
4	2,085	2,538	0.45	△	△	△	×	×	×
5	2,085	3,807	0.35	○	○	○	△	△	△
6	2,780	3,807	0.42	×	×	×	×	×	×

- 사례 1 : 제동저항 1~3[Ω]에서 잘 제동되며 특히 2~3[Ω]에서 제동 효과는 가장 우수하였으며, 약 2초 이내에 완전하게 제동됨
- 사례 2 : 제동저항 0.5~5[Ω]에서 모두 잘 제동되었으며 500[ms] 이내에 완전하게 제동됨
- 사례 3 : 제동저항 0.5~4[Ω]에서 발산하지는 않았으나 2초 이내에 제동되지 않았고, 3상 모두 5초 이내에 제동됨. 제동저항을 5[Ω]으로 한 경우 2초 이내에 제동됨
- 사례 4 : 제동저항 0.5~2[Ω]에서 모두 잘 제동되었으며 제동시간은 5초 이내에 2상이 제동되고 나머지 1상은 제동되지 않았음. 제동저항 4[Ω] 이상에서는 제동되지 않고 철공진 발생함
- 사례 5 : 제동저항 2[Ω] 이하에서 모두 잘 제동되었으며 제동시간은 2초 이내. 제동저항 3~5[Ω]에서 발산하지는 않으나 2초 이내에 제동되지 않음
- 사례 6 : 제동저항에 의해 철공진이 제동되지 않음

가장 효과적인 제동효과를 얻을 수 있는 삽입저항의 크기는 모선구조와 계기용변압기 특성과 상관관계가 있기 때문에, 너무 작거나 크면 제동효과가 떨어진다. 그래서 본 사례에서는 표 4.21과 같은 조건으로 가장 유효하게 제동이 될 수 있는 저항값을 모의 산출하였으며, 약 2[Ω]의 저항 사용시 제동효과가 가장 높았고, 모선의 전압분압 비율에 따라서는 제동이 안 되는 경우도 있었다. 식 (4.13)에서 계산된 3.4[Ω]과는 큰 차이가 있었다.

표 4.21에서 ○는 제동이 잘되며, △는 제동은 되지만 제동시간이 길어지고, ×는 제동이 되지 않음을 나타낸다.

계기용변압기 철심의 포화특성 곡선과 제동용 리액터의 포화특성을 이용하여 제동효과를 모의하여 그림 4.92와 같은 파형을 얻었다. 이 결과에 의하면, 약 1.5초 이내에 정전용량만으로 분압된 정상전압으로 완전히 제동되었다.

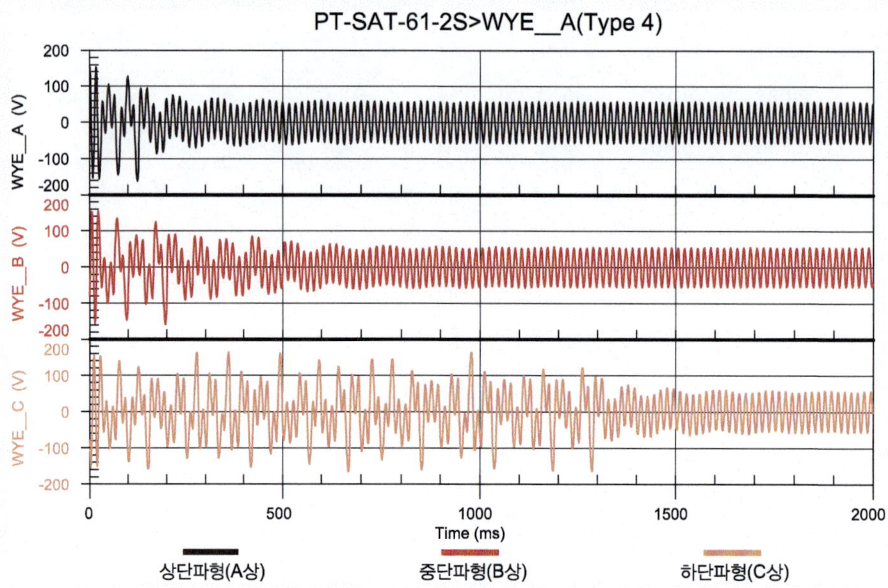

그림 4.92 제동장치 사용시 철공진의 제동시간(EMTP)

6.4 현장실측 및 결과분석

현장 실증시험을 하기 위해 실험하는 변전소에서 공급되는 부하를 타 변전소로 절체한 후, 실증시험 회로를 그림 4.93과 같이 고장시의 조건과 동일하게 구성하였다. 즉, #1 모선이 BUS-TIE 차단기의 차단 조작에 의하여 전압이 걸리지 않도록 구성하고, 오실로스코프(Tektronix TDS 420)를 이용하여 모선용 계기용변압기의 2차측에서 전압 파형을 측정하였다.

측정시에 발생하는 차단서지가 측정회로에 유입되지 않도록 하기 위하여 계기용변압기 2차측에서 오실로스코프까지 정전차폐 케이블로 결선하였으며, 차단기의 차단 조작

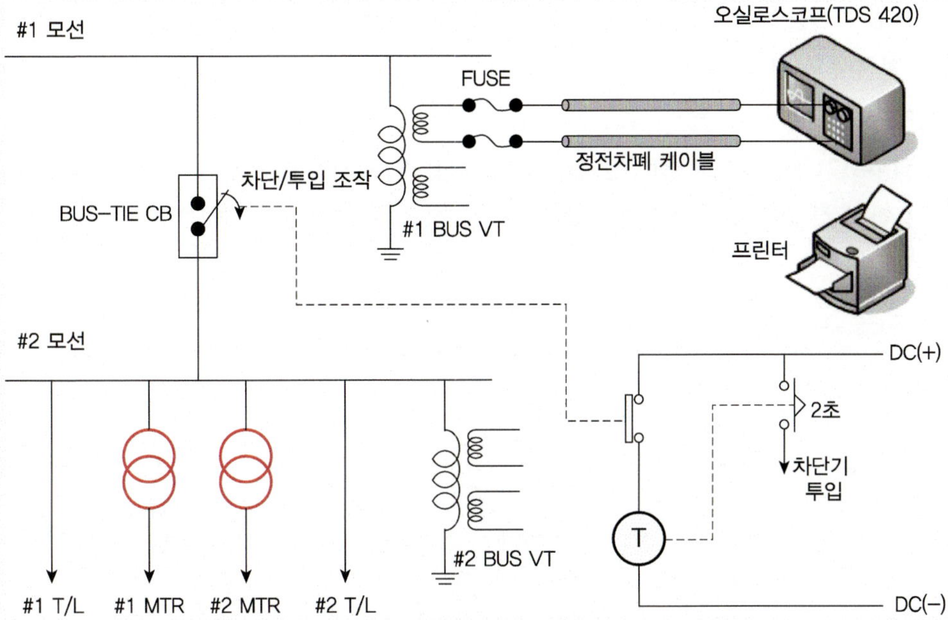

그림 4.93 계기용변압기철공진 실증시험 회로 구성도

후에 공진으로 인하여 계기용변압기가 다시 소손될 가능성이 있으므로 차단 조작후 즉시 재투입 하는 방법으로 실험을 진행하였다.

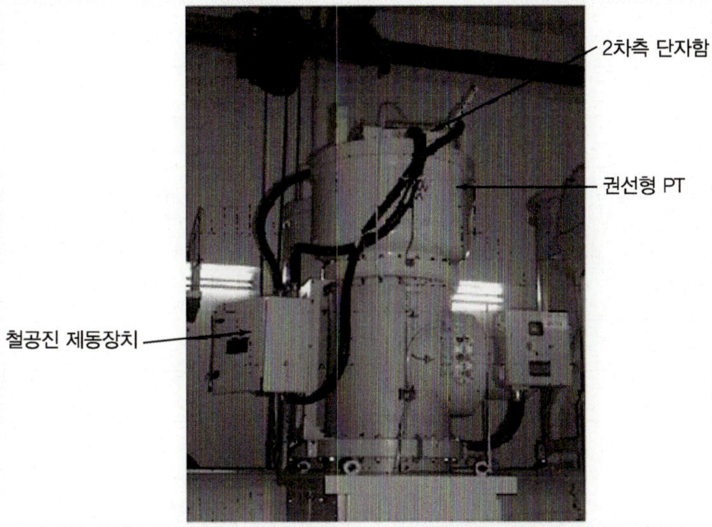

그림 4.94 권선형 계기용변압기 및 철공진 제동장치의 사진

그림 4.94는 권선형 PT와 철공진 제동장치의 사진이며, 그림 4.95는 철공진 제동장치를 설치하고 실증시험을 하여 측정한 파형과 EMTP로 계산한 파형을 비교하여 나타낸 것이다.

식 (4.12)를 이용하여 철공진이 발생 가능한 조건을 예측하였다. 회로의 전기적 정수를 이용하여 특정 차수의 고조파가 발생할 가능성을 예측한 결과 약 1/3주기의 공진 주파수

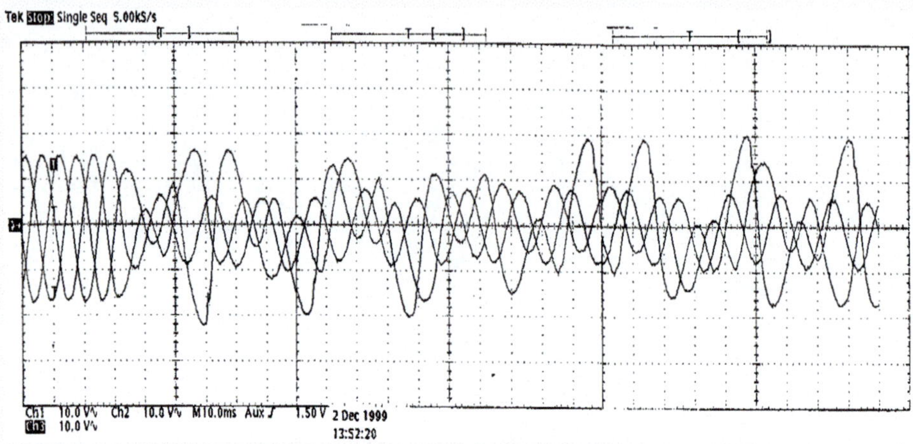

(a) 제동장치 사용시 철공진의 제동효과(현장실측)

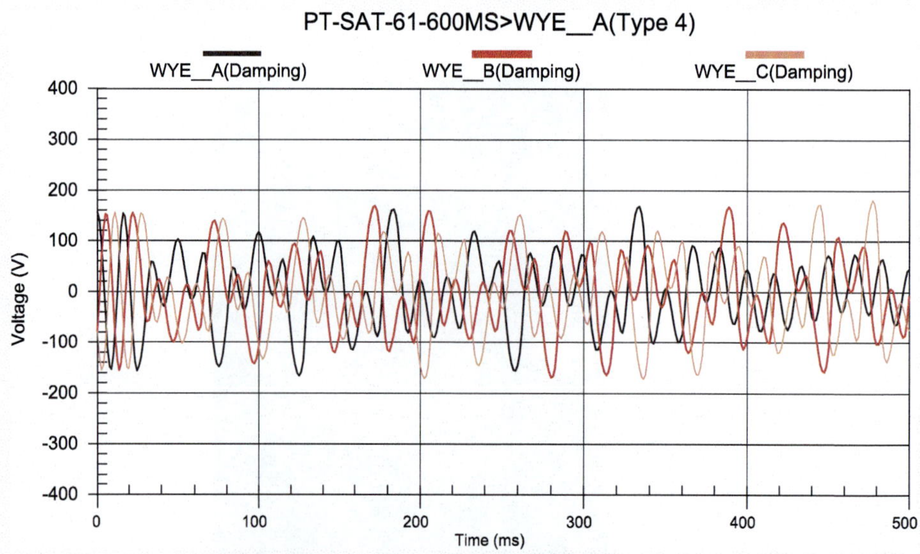

(b) 제동장치 사용시 철공진의 제동효과 (EMTP 계산)

그림 4.95 철공진의 제동효과 비교(현장실측 & EMTP)

가 발생 가능한 것으로 예측 되었다. 철공진은 과도전압에 의하여 높은 전압이 순간적으로 발생하고 지속적인 에너지가 공급되는 조건이면 발생할 수 있다. 일단 발생한 철공진을 제동시키는 방법으로 2차측 회로에 부하와 병렬로 삽입하는 저항값은 이론식으로 접근한 값은 약 3.4[Ω]이었고, EMTP에 의한 상세 모의 값은 약 2.0[Ω]이었다.

7

차단기의 TRV 해석 사례

저자 : 심응보, 우정욱

이 사례는 345 kV급 SIC 변전소에 사용되었던 GIS 차단기를 UR 변전소와 SJS 개폐소에 재사용 가능한지 여부를 검토하기 위하여 TRV(고유과도회복전압) 특성을 EMTP로 모의계산한 결과이다.

UR 변전소의 경우 2000년과 2010년의 계통을 대상으로 검토하였으며, SJS 개폐소의 경우도 2004년과 2010년의 계통을 대상으로 검토하였다. 검토 결과, 제반 특성이 IEC의 신·구 규격 모두를 만족하는 결과가 나와서 재사용하는데 문제가 없을 것으로 검토하였다.

7.1 TRV 규격의 적용에 대한 설명

현재 통용되는 차단기 관련규격은 IEC 62271-100 + AMD1:2012 + AMD2:2017이 사용되고 있다[50]. 그러나 본 기술검토 당시에 통용되었던 차단기 관련규격은 IEC-56이었으므로 본 사례에서는 과거의 기준으로 검토한 내용을 수록하였다. 그러나 해석의 방법론에서 보면 다른 점이 없으므로 해석방법만 참고하고 규격은 변경된 최신 규격을 사용하기 바란다.

IEC 규격과 ANSI 규격은 상호간에 약간의 상이점을 지니고 있는데 그 이유는 IEC 규격이 주로 적용되는 유럽제국과 북미 위주의 ANSI 규격이 적용되는 지역의 계통특성이 서로 상이할 뿐만 아니라 IEC는 실측치에 근거를 두고 있지만 ANSI는 모델계통에 대한 해석치에 근거를 두고 있기 때문이다.

IEC 및 ANSI 규격의 근본적인 차이점은 다음과 같다.

- **파형표시방법** : ANSI에서 72.5 kV 이하의 계통에 대해서는 단일전원으로부터 고장전류가 공급되는 단순계통으로(1-cosine 파형), 121 kV 이상의 계통에 대해서는 변압기 및 송전선로에 의해 고장전류가 공급되는 복합계통(exponential-cosine 파형)으로 가정함으로써 이때의 과도회복전압 파형을 이론적으로 정의하고 있다. 그러나 IEC에서는 실제 계통에서 간단한 수식으로 표현할 수 있는 파형을 얻는 일이 어렵다는 사실을 인지하여 2-parameter 또는 4-parameter 방법에 의해 과도회복전압 파형을 정의하고 있다. 따라서 ANSI에서는 실계통에서 발생하는 파형형태를 정의하고 IEC에서는 파형형태를 측정한다고도 말할 수 있다.

- **상승률** : IEC에서는 100 kV 이상의 차단기에 대해 과도회복전압 상승률(Rate of Rise of Recovery Voltage, RRRV)을 일정한 값으로 규정하고 있지만 ANSI에서는 정격전압 및 정격차단전류에 따라 서로 상이한 값으로 규정하고 있다.
- **파고시간** : IEC 규격에서는 각 정격전압별로 접지/비접지계통에 대한 1개의 파고시간을 정의하는 반면 ANSI 규격에서는 동일 정격전압에 대해서도 정격 차단전류가 다른 경우 서로 상이한 파고시간으로 규정하고 있다.
- **파고전압** : 대체적으로 동일 정격전압에 대해서 ANSI의 파고치가 IEC 규격보다 약간 높다. 그 이유는 양 규격간의 기본 가정이 약간 상이하고 ANSI가 해석치를 근거로 하는데 반해 IEC는 실측치를 염두에 두기 때문이다.

지금까지 IEC/ANSI 규격의 기본적인 차이점을 기술하였는데 ANSI보다는 IEC 규격이 전세계적으로 더 보편화되어 있으며 실계통운용 관점에서도 적합하다고 생각된다. 또한 현재의 한전 차단기 관련규격인 ESB-150 규격도 IEC를 모델로 제정되어 있으므로 IEC의 규격을 기준으로 적합 여부를 정하였다.

7.2 TRV 규격 관련 용어 설명

IEC 규격의 단락시험시 고유 과도회복전압 계산근거를 살펴보면 다음과 같다.

- **고장전류** : 3상 접지고장을 기준으로 한다. 실제의 계통에서는 3상 접지고장이 일어날 확률은 매우 낮지만 규격상의 기준은 3상 지락고장이다.
- **제1상 차단계수** : 제 1상 차단계수는 실계통에서는 3상 동시 차단을 실시하지만 차단기는 가장 먼저 차단동작을 수행하는 상에서 가장 가혹하게 작용하므로 이에 대한 가중치를 나타내고 있다. 전압에 따라 차등을 두고 있는데 개략적으로 보면
  - 계통전압 ≤ 72.5 kV : 1.5
  - 100 kV ≤ 계통전압 ≤ 170 kV : 1.3(접지계통) 혹은 1.5(비접지계통)
  - 계통전압 ≥ 245 kV : 1.3(T10 & T30에서는 1.5를 적용하기도 함)
- **진폭률**
  - 100% 정격 단락전류(T100s & T100a) : 1.4
  - 60%(T60) 및 30%(T30) 정격 단락전류 : 1.5

- 10%(T10) 정격 단락전류 : 1.7

- **고유과도회복전압 파고치**

(차단기 정격전압) × $\left(\frac{\sqrt{2}}{\sqrt{3}}\right)$ × (제1상 차단계수) × (진폭률)

- **과도회복전압 상승률(kV/μs)** : 정격전압 100 kV 이상에서는 일정
  - 100% 정격단락전류 : 2.0 kV/μs
  - 60% 정격단락전류 : 2.0 kV/μs
  - 30% 정격단락전류 : 5.0 kV/μs
  - 10% 정격단락전류 : 5.5-12.6 kV/μs

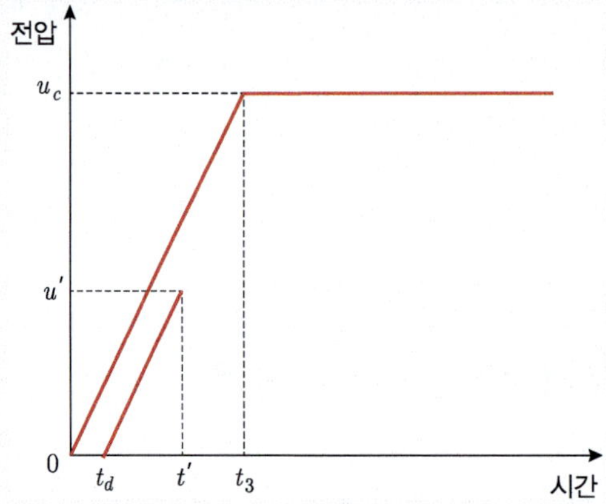

그림 4.96 IEC TRV 파형 표시방법(2-parameter법)

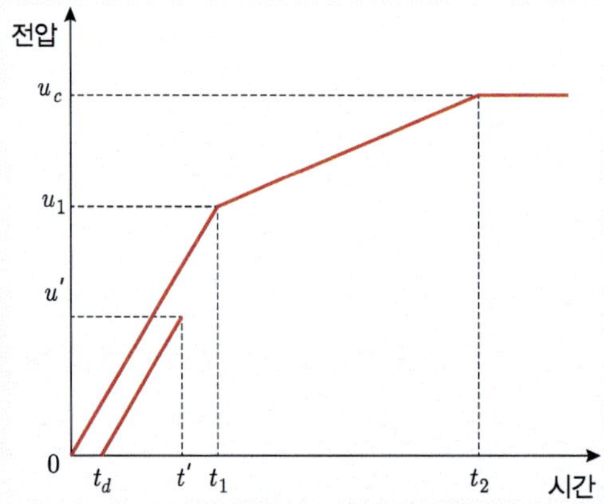

그림 4.97 IEC TRV 파형 표시방법(4-parameter법)

IEC 규격에서는 고유과도회복전압 파형을 표시하기 위하여 정격전압 72.5 kV 이하의 모든 단락전류 차단시와 100 kV 이상의 10% 정격단락전류에 대해서는 그림 4.96과 같은 2-parameter 법을, 또한 100 kV 이상의 100%, 60% 및 30% 정격단락전류일 경우에는 그림 4.97과 같은 4-parameter 법을 적용하고 있다.

7.3 해석에 필요한 TRV 규격의 발췌

IEC 60056 규격(현 규격은 IEC 62271-100 + AMD1 : 2012 + AMD2 : 2017)에 명시되어 있는 정격전압 362 kV급 차단기의 과도회복전압 규격 중에서 과도회복전압 상승률과 파고치에 대해서 나타내면 표 4.22와 같다[51].

표 4.22 362 kV 차단기 과도회복전압 규격치

Duty No.		RRRV kV/μs	t_1 μs	u_1 kV	t_2 μs	t_3 μs	u_c kV	t' μs	u' kV	t_d μs
T100S & T100a 100%	구	1.0	445	445	1,34		620	230	222	8.9
	신	2.0	192	384	576		538	98	192	2
T60 60%	구	2.0	222	445	1,34		670	120 (166)	222	8.9 (55)
	신	3.0	128	384	576		576	66 (96)	192	2 (32)
T30 30%	구	5.0				134	670	71	222	26.5
	신	5.0	77	384	578		576	5 (19)	192	43 (58)
T10 10%	구	T30 적용								
	신	8.3				82	678	37	226	10

*1) T100s & T100a는 100% 정격차단전류로써 동일하나 직류분 존재(T100a), 대칭전류차단(T100s)으로 구분된다.

*2) t_1(초기파고시간), u_1(초기파고치), t_2(파고시간), u_c(파고치)

*3) T10 만 2-parameter 파형, 나머지는 4-parameter 적용

7.4 UR 변전소의 과도회복전압

7.4.1 해석대상계통 및 해석조건

그림 4.98과 같이 구성된 계통도에서 2000년과 2010년의 UR 변전소를 중심으로 TRV를 검토하였다. 이때, 전원단으로 등가 모의한 변전소측의 임피던스 값과 전원(위상)은 2000년과 2010년의 각각에 대하여 따로 등가화 하였다.

TRV 검토시에 IEC 규정상 3상 지락고장을 대상으로 검토하도록 되어 있으나, 검토대상이 GIS인 경우에는 현실적으로 3상 지락고장이 날 확률이 없어서, 1상 지락고장만을 검토 대상으로 하였다. 기본 해석대상계통 및 운전상태에 대한 각 모선별 고장위치와 차단기 동작은 아래와 같다.

- **모선고장** : 모선고장시 모선에 연결된 각 차단기는 고장전류 위상에 따라서 순차적으로 차단하며 각 차단기별 과도회복전압 상승률, 파고치 및 차단전류를 해석결과에 표시하였다.

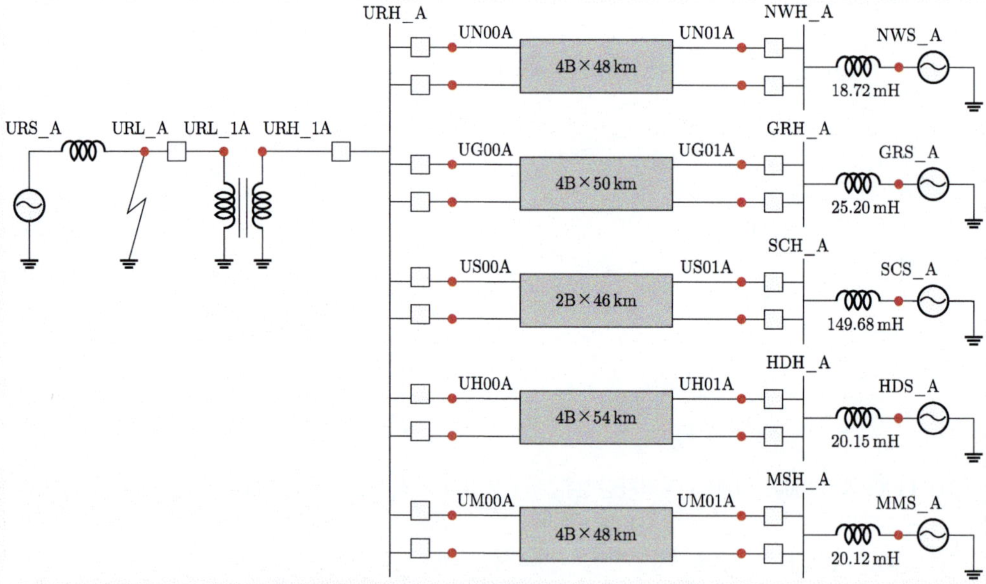

그림 4.98 UR 변전소 TRV 검토 계통도

- **차단기 선로측 고장** : 변전소의 차단기 선로측에서 고장발생시에는 모선측 고장과 비교하여 차단전류가 훨씬 크며 해당 고장선로의 양단 차단기만 동작하게 된다.
- **변압기 1차측 고장** : 변압기의 1차측(345 kV측)에서 고장이 발생한 경우는 위의 차단기 선로측 고장과 거의 동일한 개념이며 345 kV측 차단기가 관심 대상이다.
- **변압기 2차측 고장** : 변압기의 2차측(저압측)에서 고장이 발생한 경우 변압기 자체의 공진주파수 때문에 높은 과도회복전압 상승률을 나타내는 것이 일반적이다. 이 경우도 345 kV측 차단기가 관심대상이다.

전원단의 위상각 및 등가임피던스는 PSS/E의 계산에 의해 구하였다, UR 변전소 변압기는 2000년의 경우는 1 bank, 2010년의 경우는 3 bank를 적용하였다. 선로모델은 UR에서 SNW, GR, SC, HD T/P, SMS 사이에 JMARTI 모델을 적용하였다. 모선 커패시턴스는 $C_B = 159 \times I \times V^{0.48} \times 10^{-6}$에 의해 계산되었다.

위에서 기술한 해석 케이스에 대한 고장 위치별 해당차단기의 과도회복전압 파형을 분석하여 과도회복전압 초기상승률(kV/μsec), 과도회복전압 파고치(kV) 및 고장전류(kA)를 그림 4.100~그림 4.106에 나타내었다. 해석결과의 설명에서 나타낸 기호는 다음과 같은 의미를 지니고 있다.

- □ : 그림에 나타낸 고장위치에서 고장발생시 후비보호용으로는 동작하지만 순시차단은 하지 않는 차단기
- ■ : 고장발생시 순시차단을 하며, 과도회복전압이 발생하는 차단기

- $T_0[\mu\text{sec}]$: 과도회복전압 발생시작점 시간
- $T_1[\mu\text{sec}]$: 최대 과도회복전압시의 시간
- V_c[kV] : 파고치
- RRRV[kV/μsec] : 과도회복전압 초기상승율(Rate of Rise of Recovery Voltage)

7.4.2 변압기 주변 지락사고시

그림 4.99와 같이 UR 변전소의 변압기 저압측 URL_A과 URL1_A, URH1_A 각각에서 지락사고가 있었을 경우 인근(주관심) 차단기 극간에서의 TRV 특성을 검토하였다.

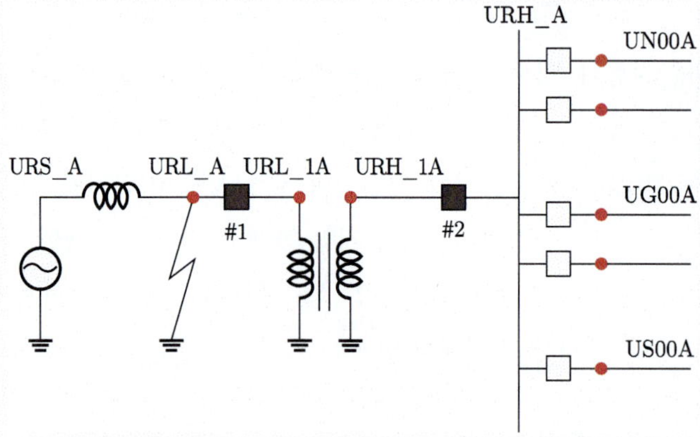

그림 4.99 변압기 저압측 URL_A에서 지락시

표 4.23 변압기 주변에서 지락시

지락 위치	해석 년도	T_0 [μs]	T_1 [μs]	V_c [kV]	RRRV [kV/μs]	측정차단기 위치
URL_A	2000	132	1023	387	0.43	# 2
	2010	110	968	432	0.50	# 2
URL_1A	2000	132	1056	387	0.41	# 2
	2010	110	391	434	0.55	# 2
URH_1A	2000	143	1056	498	0.54	# 2
	2010	176	990	494	0.60	# 2

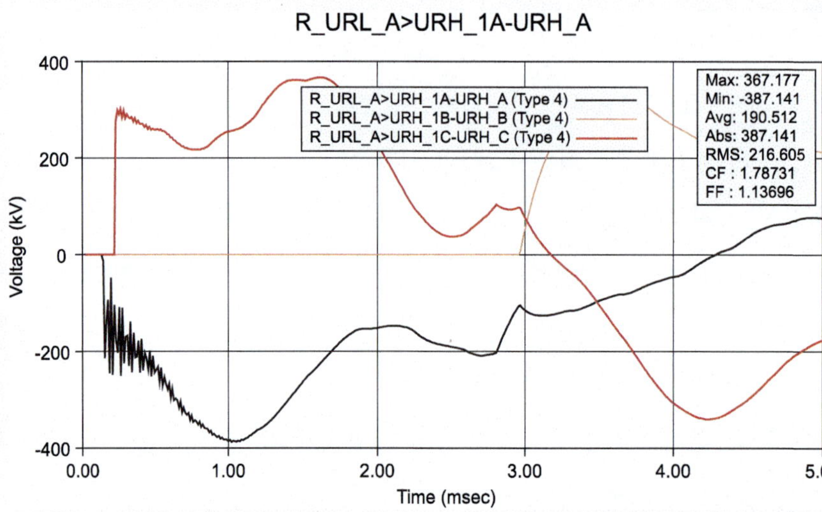

그림 4.100 TRV 파형(URL_A에서 지락시)

변압기 인근에서 지락사고가 난 위의 세가지 경우에서는 T10이 적용되어 상승률과 피크치가 규격치인 5.0 kV/μs와 670(구)/576(신) kV 이하의 값으로 만족하고 있음을 알 수 있으며, 그림 4.100은 URL_A에서의 지락시 결과 파형이다.

7.4.3 모선단에서 지락사고시

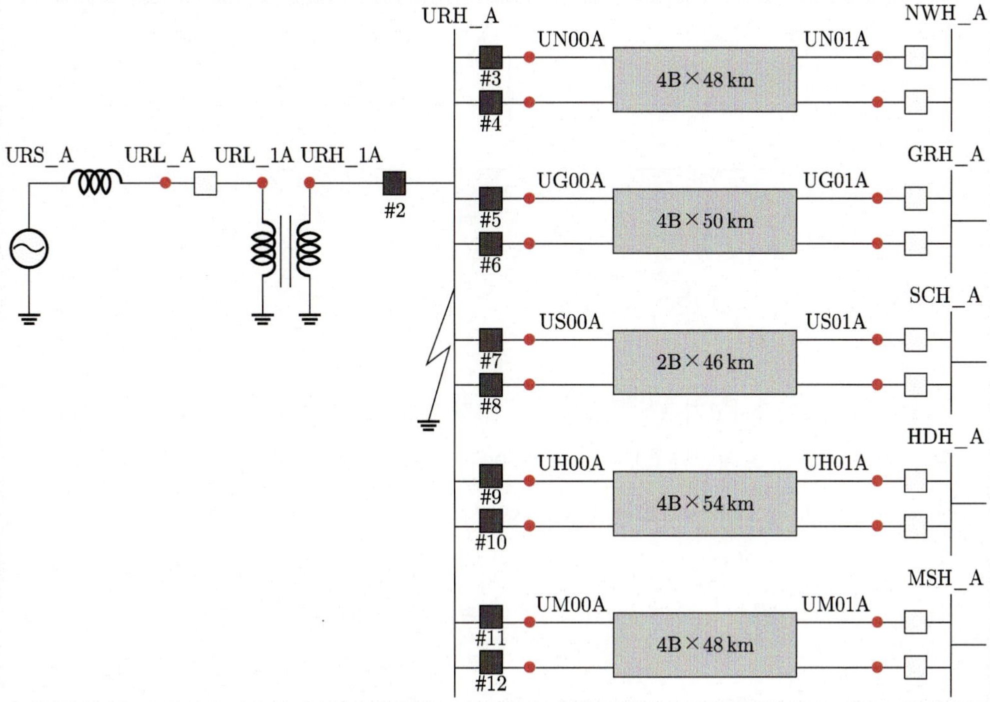

그림 4.101 모선단에서 지락시

UR 변전소의 모선단(URH_A)에서 지락시, 인근 차단기 극간에서의 TRV 특성을 검토하였다.

표 4.24 변압기 주변에서 지락시

지락 위치	해석 년도	T_0 [μs]	T_1 [μs]	V_c [kV]	RRRV [kV/μs]	측정차단기 위치
URL_A	2000	99	946	522	0.61	# 12
	2010	165	781	476	0.77	# 3

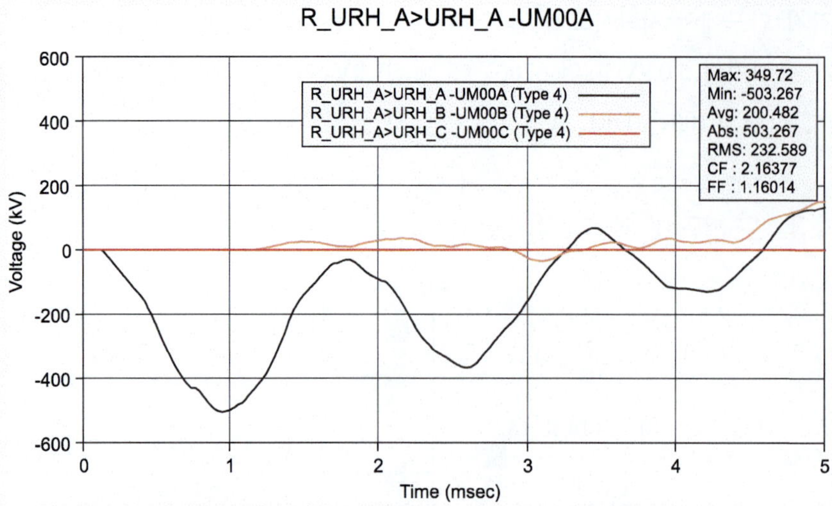

그림 4.102 TRV 파형(URH_A에서 지락시)

모선단에서 지락사고가 난 경우에서는 고장전류의 조건에 따라 T30이 적용되어, 상승률과 피크치가 규격치인 5.0 kV/μs와 670(구)/576(신) kV 이하의 값으로 만족하고 있음을 알 수 있으며, 그림 4.102는 URH_A에서의 지락시 TRV 결과 파형이다.

7.4.4 차단기와 선로사이에서 지락사고시

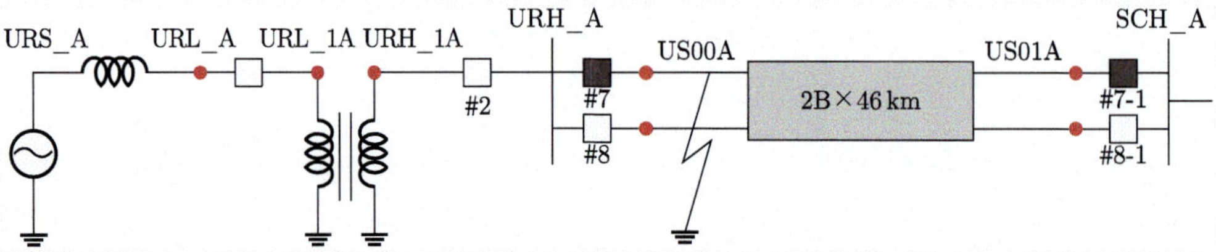

그림 4.103 차단기와 선로사이에서 지락시

그림 4.103과 같이 UR 변전소와 상대 변전소나 발전소에 연결되어 있는 송전선로에서 지락사고가 있었을 경우 인근(주관심 지역) 차단기 극간에서의 TRV 특성을 검토하였다. 특히 그림과 결과표는 연결된 다섯 개의 선로 중에서 가장 가혹한 경우이다.

표 4.25 선로에서 지락시

지락 위치	해석 년도	T_0 [μs]	T_1 [μs]	V_c [kV]	RRRV [kV/μs]	측정차단기 위치
US00_A	2000	154	913	404	0.53	# 7
	2010	176	825	418	0.64	# 7

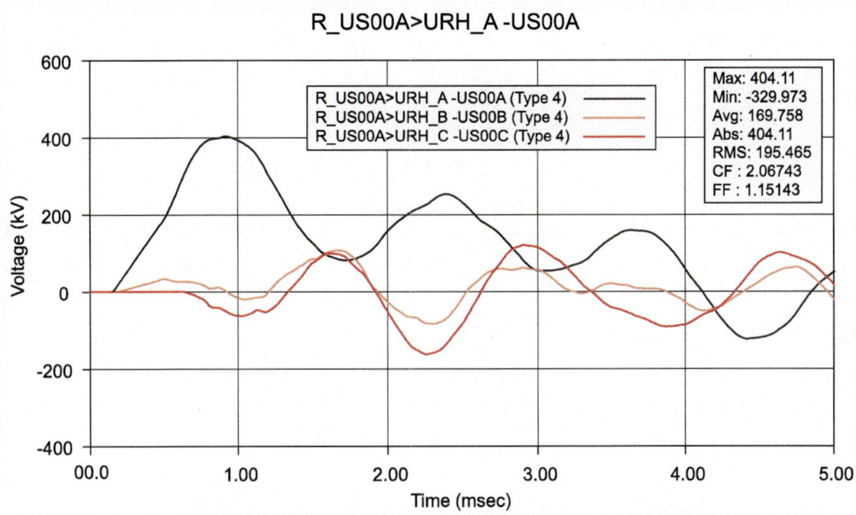

그림 4.104 TRV 파형(선로측 US00A에서 지락시)

연결된 송전선로 다섯 곳에서 지락시에도 역시 T30이 적용되어 상승률과 피크치가 규격치 이하의 값으로 만족하고 있음을 알 수 있다.

7.5 SJS 개폐소 과도회복전압

7.5.1 해석대상계통 및 해석조건

그림 4.105와 같이 구성된 계통도에서 2004년과 2010년때의 SJS 개폐소를 중심으로 TRV를 검토하였다. SJS 개폐소에는 YY, DH, JC 세 곳이 연결되어 있다.

- **모선고장** : 모선고장시 모선에 연결된 각 차단기는 지락후 9 msec 후에 고장전류 위상에 따라서 순차적으로 차단하며 각 차단기별 과도회복전압 상승률, 파고치 및 차단전류를 해석결과에 표시하였다.
- **차단기 선로측 고장** : 변전소의 차단기 선로측에서 고장발생시에는 모선측 고장과 비교하여 차단전류가 훨씬 크며 해당 고장선로의 양단 차단기만 동작하게 된다.

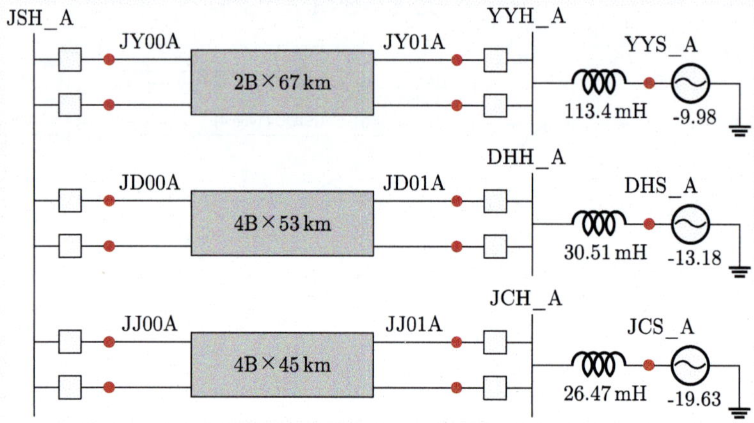

그림 4.105 SJS 개폐소 TRV 검토 계통도

7.5.2 모선단에서 지락사고시 해석결과

그림 4.105에서의 SJS 개폐소의 모선단인 JSH_A에서 지락사고가 있었을 경우 인근 차단기 극간에서의 TRV 특성을 검토하였다.

표 4.26 변압기 주변에서 지락시

지락 위치	해석 년도	T_0 [μs]	T_1 [μs]	V_c [kV]	RRRV [kV/μs]	측정차단기 위치
JSH_A	2004	9174	10032	506	0.58	# 6
	2010	9152	9988	509	0.60	# 6

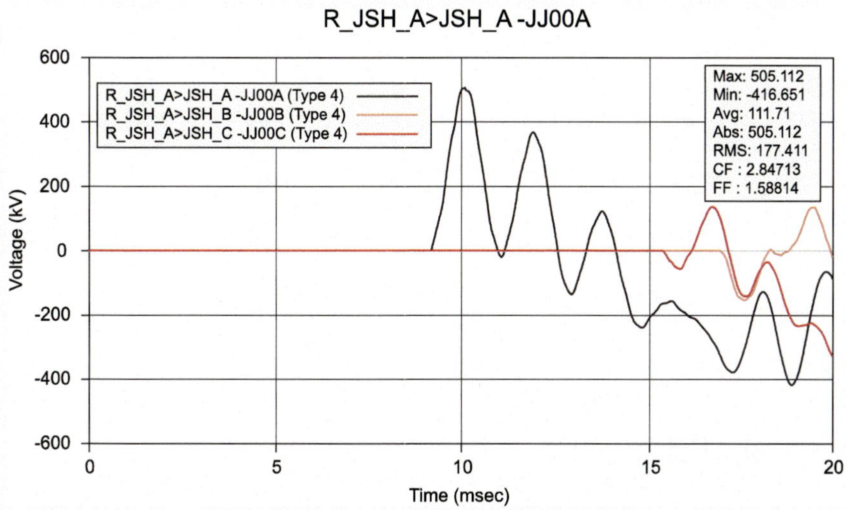

그림 4.106 TRV 파형(JSH_A에서 지락시)

모선단에서 지락사고가 난 경우 고장전류의 조건에 따라 T10, T30이 적용되어, 상승률과 피크치가 규격치 이하의 값으로 만족하고 있음을 알 수 있다.

7.5.3 차단기와 선로사이에서 지락사고시

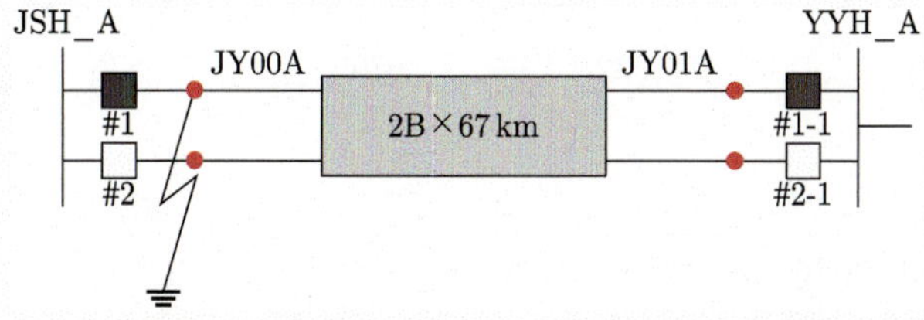

그림 4.107 차단기와 선로사이에서 지락시

그림 4.107과 같이 SJS 개폐소와 상대 변전소에 연결되어 있는 송전선로에서 지락사고가 있었을 경우 인근 차단기 극간에서의 TRV 특성이며, 역시 이 경우도 연결된 세 개의 선로중에서 가장 가혹한 경우를 표시하였다.

표 4.27 선로에서 지락시

지락 위치	해석 년도	T_0 [μs]	T_1 [μs]	V_c [kV]	RRRV [kV/μs]	측정차단기 위치
YJ00_A	2004	660	1529	381	0.43	# 1
	2010	649	1507	385	0.44	# 1

7.6 해석결과 요약

345 kV급 SIC 변전소에 사용되었던 GIS 차단기를 UR 변전소와 SJS 개폐소에 재사용 가능한지 여부를 검토하기 위하여 2000년~2010년 계통을 대상으로 TRV(고유과도회복전압) 특성을 EMTP로 각각 해석하였다. 검토 결과, TRV 규격상 재사용에는 문제점이 없을 것으로 검토하였다.

표 4.28 UR 변전소(IEC 규격 T30에 해당)

검토항목	계산결과	IEC 규격		비고
		구	신	
상승률(RRRV) [kV/μs]	0.77	5.0	5.0	만족
최대값(UC) [kV]	522	670	576	만족

표 4.29 SJS 개폐소(IEC 규격 T30에 해당)

검토항목	계산결과	IEC 규격		비고
		구	신	
상승률(RRRV) [kV/μs]	0.59	5.0	5.0	만족
최대값(UC) [kV]	525	670	576	만족

8

23 kV 피뢰기의 TOV에 의한 열적 소손 해석

저자 : 심응보

8.1 고장의 발생 상황에 대한 설명

345 kV 변전소의 전력용 변압기가 154 kV 송전선로에서 침입한 다중뢰에 의하여 각 상의 지락고장이 단락 고장으로 진전되고, 결국 전력용 변압기의 권선이 소손되는 고장이 2000년 4월 KY 변전소에서 발생 하였다. 이와 동시에 변압기 3차측의 피뢰기가 소손되는 고장이 발생 하였다.

그림 4.108 단락전류에 의한 345 kV 변압기 권선 고장사례

본 해석 사례는 345 kV 변압기 권선의 소손 원인과는 별도로 변압기 1상의 완전지락 고장에 의하여 전력용 변압기 3차측에 설치된 피뢰기가 소손될 가능성이 있는지를 검토한 내용이다.

23 kV 피뢰기의 소손 상태는 A상은 피뢰기의 내부 특성요소는 이상이 없고 외부의 애관은 소손되었으며 B상과 C상은 내부 특성요소는 물론 외부 애관도 완전히 소손되었다. 이것으로 보면 A상 피뢰기는 과전압이 걸려서 큰 전류를 흘려주지는 않았고 외부의 화염 등에 의하여 소손되었을 가능성을 유추해주고 있다.

그림 4.109 변압기 3차측 피뢰기 파손 상태(A상)

그림 4.110 변압기 3차측 피뢰기 소손 상태(C상)

C상의 경우는 외부 애관이 완전히 파손되었으며 내부 특성요소도 고전류 통전으로 인하여 파손되고 애관내부가 주울열에 의해 열화되었음을 알 수 있다. B상의 경우는 C상과 유사한 정도의 고장이나 C상보다는 비교적 내부 특성요소의 소손 정도가 약하였다. 그림 4.111을 보면 고전류 통전에 의해 특성요소가 4조각으로 파손되고 높은 전류에 의해 중심 부분이 용융되었음을 알 수 있다.

일반적으로 345 kV 전력용 변압기 3차측에 피뢰기를 설치하는 주된 목적은 가공으로 되어 있는 3차측에 낙뢰가 침입시에 3차측 기기들의 절연을 보호할 목적으로 설치된다. 본 사례의 경우는 변압기의 단상 지락으로 인하여 건전상의 전위가 상승함에 따라 상용주파과전압(TOV: Power Frequency Temporary Overvoltage)에 의하여 피뢰기가 열적으로 소손된 경우이다.

그림 4.111 피뢰기 특성 요소 소손 상태(C상)

8.2 고장 모의 방법의 설명

고장의 모의는 345 kV 주변압기 3차측 A상의 완전지락 및 23 kV 모선 A상 피뢰기의 고장을 가정하였으며, 345 kV 계통 및 154 kV 계통의 고장용량은 본 계산에 영향을 미치지 않을 것으로 보아 상세한 모의는 생략하였다.

참고용 계산으로 154 kV 계통을 분리하고 모의하여도 그 계산 결과는 같았다. 23 kV 모선측은 현장의 설치현황을 그대로 반영하여 각각 주변압기에서 3차 모선까지의 길이, 도체의 규격, 대지간 높이, 상간 이격거리 등을 고려하였다. 그림 4.112는 345 kV 전력용 변압기 3차측을 모의하기 위한 회로도이다. 3차 모선은 길이가 매우 짧으므로 등가 π모델을 이용하였고 지락시 아크의 동특성은 고려되지 않았다. 지락저항은 0.1 Ω을 고려하였으며, 피뢰기의 고장시 지락저항은 5~1000 Ω을 고려하여 EMTP를 이용하여 계산하였다[11, 12].

피뢰기의 전압-전류 특성은 제작사(Meidensha) 제품설명서에 제시된 특성을 이용하였다. 피뢰기의 특성은 다음의 표 4.30과 같으며, EMTP에서는 Type 92(4444)로 모의하였다.

표 4.30 23 kV 피뢰기의 전압-전류 특성

전류(A) peak값	전압(V) peak값	비 고
0.001	26440.0	MCOV 값
125.0	48300.0	
500.0	52000.0	
1000.0	54000.0	
5000.0	62000.0	
10000.0	66000.0	
20000.0	73000.0	

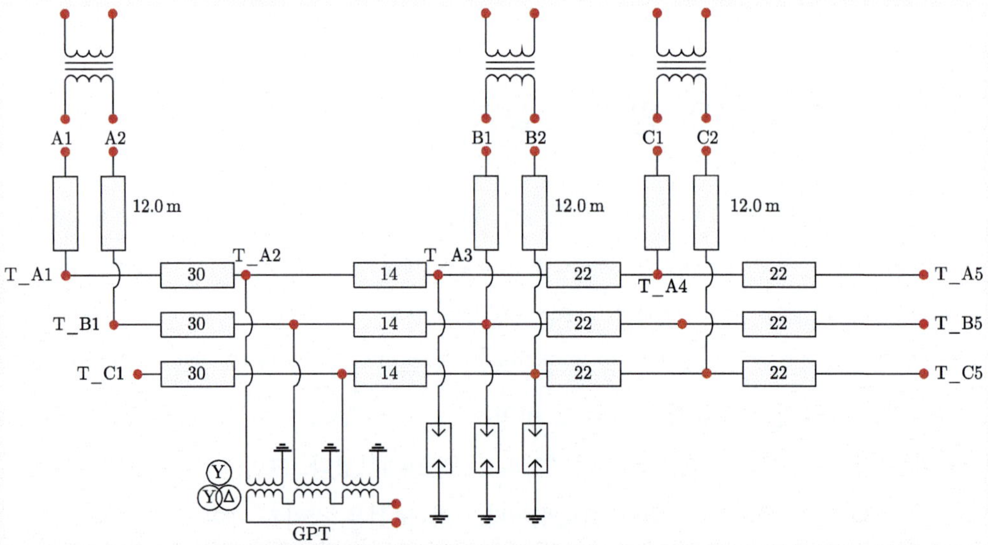

그림 4.112 변압기 3차측 23 kV 모선의 노드도

8.3 주변압기 A상 지락고장시 계산 결과

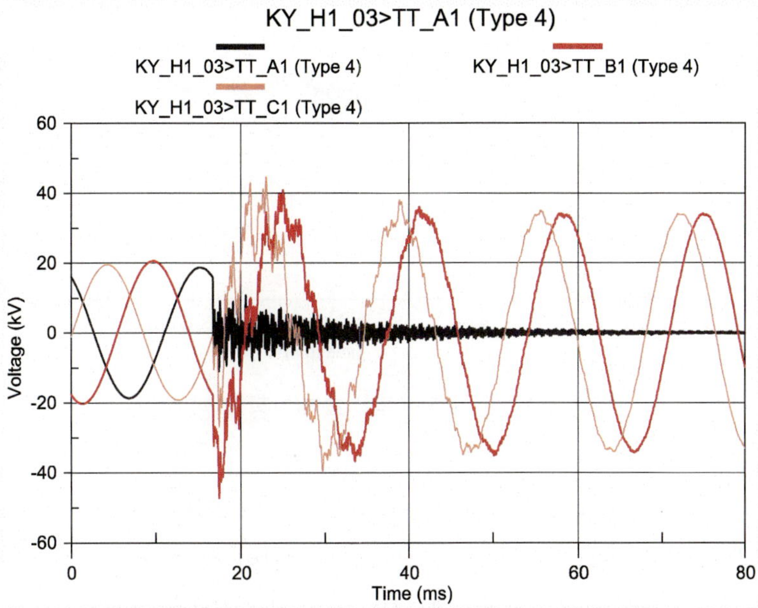

그림 4.113 23 kV 모선의 과전압 발생 양상

주변압기의 한 상에서 지락고장이 났을 때 건전상에 생기는 과전압과 고장상의 고장전류값을 계산한 결과이다. 주변압기의 3상중 A상에서 지락고장이 발생하였고, 지락고장점의 저항값은 0.1[Ω]으로 상정하고 모의 계산한 결과를 그림 4.113~115에 나타내었다.

주변압기 A상의 지락고장시에 고장점에서 떨어져 있는 23 kV 모선에서, 고장상이 아닌 건전상에서의 과전압이 그림 4.113으로, 고장시점에 약 45 kV(peak) 정도의 과전압이 발생하나 2~3주기 이내에 소멸되었고, 3상간의 전압불평형의 결과로 지속적인 과전압이 약 33~34 kV(peak) 정도 발생하였다.

이때의 고장전류는 그림 4.114와 같이 지락 순간에는 3500 A 이상의 과전류가 발생하나 즉시 소멸되고, 지속적인 과전류는 약 250 A(peak) 정도 지속되었다.

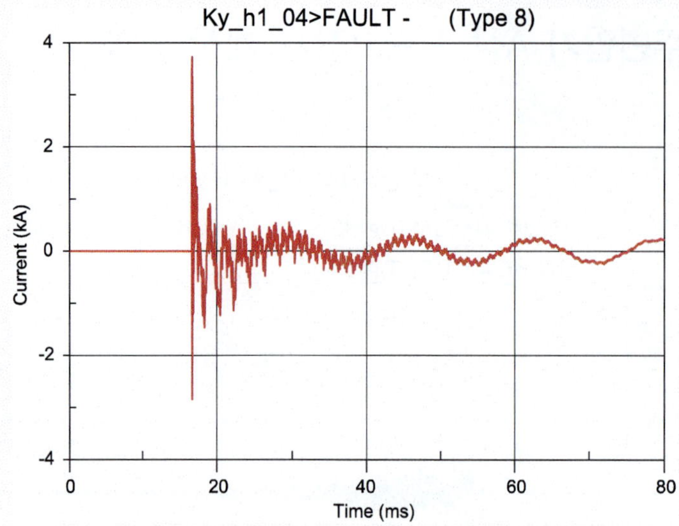

그림 4.114 고장전류의 크기(고장 발생 상=A상)

이 때 PT 3차측 Open Delta 전압의 크기는 그림 4.115와 같이 약 280 V_peak로 나타났으며 과도전압은 즉시 소멸되었다. 건전상의 전압이 상승함에 따라 피뢰기를 통하여 흐르는 전류는 그림 4.116과 같이 과도상태에서 최대 100 A_peak이며 약 34 A_peak의 값에 수렴되었다.

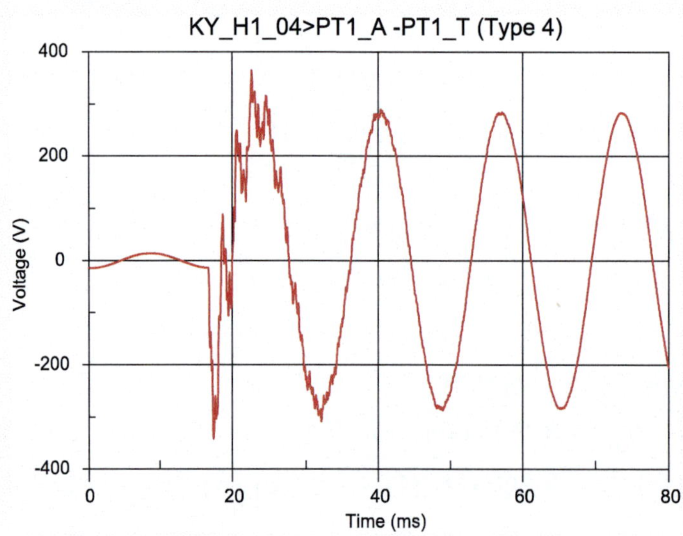

그림 4.115 PT 3차측 Open Delta 발생 전압

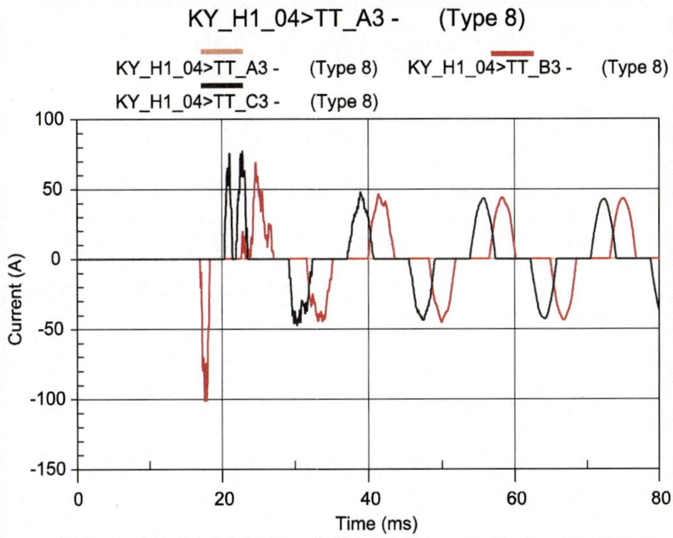

그림 4.116 TOV에 의한 피뢰기의 통전 전류

현장에서 피뢰기의 동작 카운터는 877회를 기록하였는데 이를 시간으로 역산하면 약 3.65초 정도 고장이 지속된 것으로 추정된다. 피뢰기는 1초에 약 400 kJ의 열을 발생시키며, 3.65초간 약 1460 kJ의 열이 발생한 것으로 계산되었다. 그림 4.117은 A상 피뢰기의 발생 에너지를 계산한 것이다.

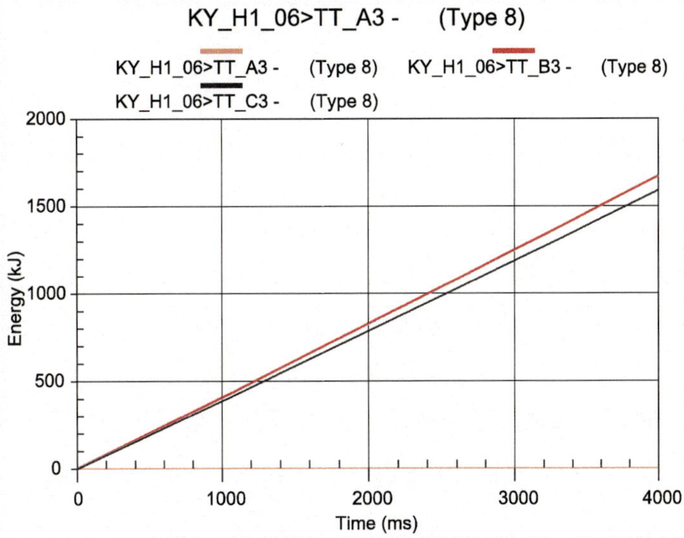

그림 4.117 피뢰기의 방전 에너지

8.4 지락저항값에 따른 Open Delta 전압 계산

A상 고장시 B상 및 C상 피뢰기가 동작하게 되는 범위의 지락고장 저항값을 구하기 위하여 지락저항값을 5, 50, 100 및 1000[Ω]으로 변경하면서 Open Delta 전압을 계산하여 그림 4.118에 나타내었다. 지락저항값이 50[Ω] 이상으로 되면 PT 3차측의 전압은 낮아져서 계전기 동작전압 이하가 되고, 피뢰기에도 통전전류가 흐르지 않았다.

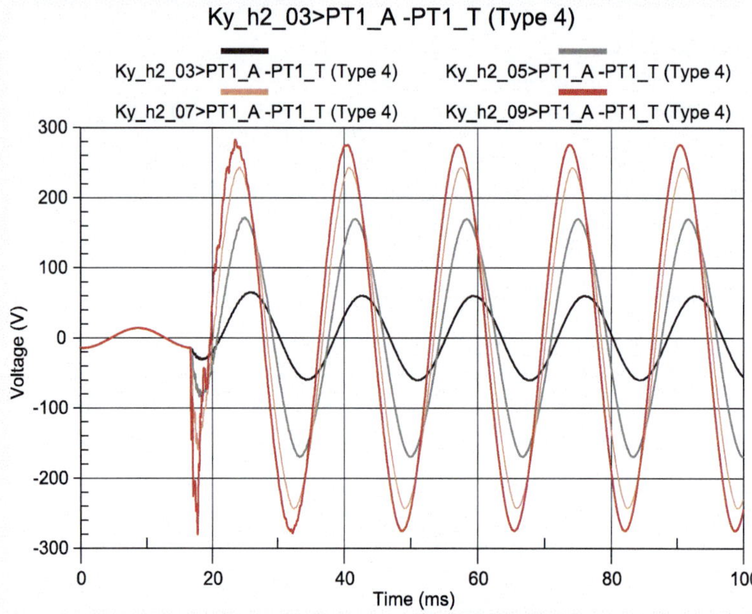

그림 4.118 지락 고장 저항값의 크기에 따른 PT 3차권선 전압

피뢰기 A상이 지락저항값 5[Ω]으로 지락되었을 경우 23 kV 모선 전압은 그림 4.119와 같으며 변압기 권선의 완전 지락시의 경우와 유사하다. 23 kV 모선은 길이가 매우 짧으므로 어느 지점에서 고장이 발생하여도 같은 조건으로 볼 수 있으며 지락고장시 저항값의 크기에 따라 발생되는 과전압의 크기가 영향을 받는다.

피뢰기 A상의 지락시의 피뢰기 통전전류는 지락저항이 50 및 100[Ω]으로 한 경우에 B상에만 통전전류가 나타났으며, 300[Ω] 이상에서는 통전전류가 거의 나타나지 않았다. 그림 4.120은 지락저항이 30[Ω]인 경우의 피뢰기 B상 및 C상의 통전전류이다.

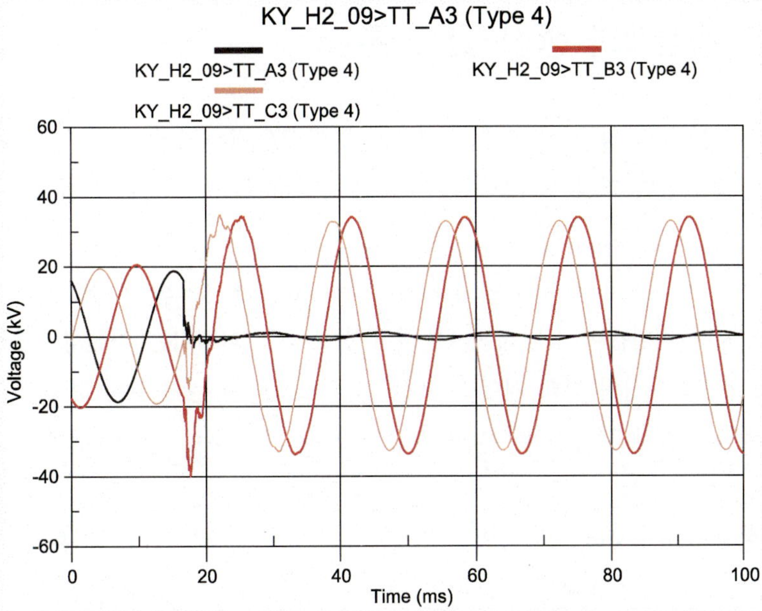

그림 4.119 A상 지락 고장시 23 kV 모선 과전압(R=5[Ω])

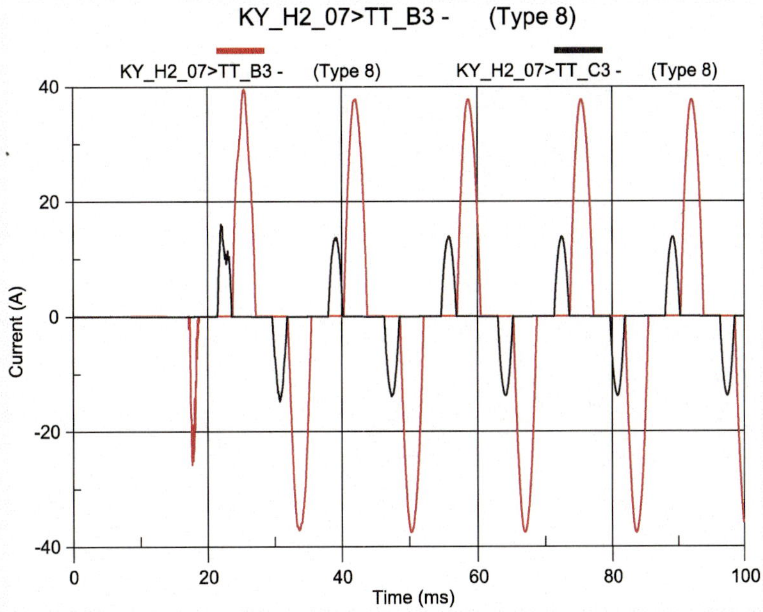

그림 4.120 지락 고장저항이 30[Ω]인 경우 피뢰기의 통전전류(B상 및 C상)

8.5 해석결과 종합 및 결론

주변압기 3차측 A상 권선의 완전 지락에 의해 B상 및 C상에 상용주파 과전압이 발생하여 B상 및 C상의 피뢰기는 1주기에 2회씩 동작하며, 그 누적된 에너지로 인하여 피뢰기를 소손시킨 것으로 생각된다.

만일 변압기 권선의 지락이 아니고 A상 피뢰기의 특성요소가 불량으로 고장이 발생하였다면 지락 저항값이 상당히 높은 것이 정상이다. 피뢰기는 비선형 저항으로 구성되어 있으므로 그 특성이 열화 되어도 완전지락으로 진행되는 경우는 없을 것이며, A상 피뢰기가 완전히 불량인 경우가 아니면 B상 및 C상 피뢰기는 소손될 수 없을 것으로 판단된다.

또한 현장에서 조사한 피뢰기의 사진으로 보아도 A상 피뢰기의 내부 소자는 건전하였고, B, C상의 소자는 용융된 상태이었으므로, 피뢰기의 특성불량이 원인이 아니고 변압기 권선의 지락으로 인하여 건전상의 피뢰기가 소손된 것임을 충분히 판단할 수 있었다.

9

고장전류에 의한 가공지선 단선 가능성 검토

저자 : 심응보, 최종기

본 해석 사례는 345 kV 000 변전소에서 공급되는 154 kV CS T/L의 근단에서 지락고장이 발생하여 가공지선이 열적으로 용융되어 단선고장이 발생하고 이와 동시에 차단기의 절연파괴가 발생하여 그 원인을 규명한 내용이다.

철탑 탑각의 접지저항은 현장 실측과 접지해석프로그램(CDEGS)을 이용하여 해석 하였으며 지락고장에 의하여 가공지선으로 흐르는 고장전류는 EMTP를 이용하여 분석하였다.

9.1 고장의 발생 및 진전에 대한 설명

CS T/L 3호의 철탑기초보강 작업을 위해 설치된 지선이 철탑의 2회선 중에서 CS #2 T/L C상 점퍼선과 근접하여 지락고장 발생하였다. CS #2 T/L 차단기는 차단되었으나 고장의 근본 원인이 제거되지 않은 상태에서 차단기가 재투입 되었다가 다시 차단 동작을 하였다. 그러나 약 0.32초간 아크의 소호가 지연됨으로 인하여 차단기 내부 도체와 외함간 절연파괴에 의한 지락고장으로 진전된 것으로 추정된다. 이로 인한 파급으로 345 kV 변전소 2차측 154 kV #65 모선보호반이 동작하여 트립된 고장이다.

이 고장으로 인한 파급은 차단기의 차단 실패로 인하여 송전선로에 지락고장 전류가 흐르고 이 고장전류는 대지를 통하여 다시 가공지선(OPGW)을 경유하여 흐르면서 과열되고 결국 용융되면서 단선에 이른 것으로 추정된다. 또한, 2차적인 파급으로 가공지선이 용융 단선되면서 #1 T/L을 트립시키고 선하지에 고장전류가 흐르면서 화재가 발생하였다.

9.2 TRV 해석방법과 관련 규격의 설명

원인 규명의 관점은 차단기의 차단 동작시에 계통에서 발생하는 TRV가 시험규격을 초과할 정도로 크게 발생하여 차단기의 절연파괴를 일으킬 가능성이 있는지를 알고자 하는 것이 첫 번째 목적이고, 가공지선을 통하여 분류되어 흐르는 고장전류가 차단기의 지연차단에 의하여 가공지선을 용융시킬 가능성이 있는지를 알고자 함이었다.

검토방법은 PSS/E의 자료를 이용하여 계통의 임피던스를 등가 축약하여 EMTP 모델을 만들고 해당 고장지점에 고장을 발생시켜 TRV의 값을 계산하였다. TRV의 검토 항목은 과도회복전압 초기상승률(RRRV : Rate of Rise Recovery Voltage)과 과도회복전압 파고치(Peal Value of the TRV)를 검토하였다[52].

IEC 62271-100 규격치 근거(AMD 1)

정격전압 100 kV 이상에서 800 kV까지의 TRV 규격은 단락시험시 T100, T60, 근거리 고장(SLF)시 L90, L75, 탈조시험시 OP1, OP2는 4-parameter법을 사용하고, 2-parameter 법은 단락시험시 T30 및 T10에 대해 사용한다. 따라서 해당 T/L에서 발생된 지락고장의 경우 근거리 고장(SLF)으로 볼 수 있기 때문에 다음과 같은 규격을 적용하였다.

표 4.31 170 kV의 과도회복전압 규격(IEC 62271-100)

Rated Voltage	Test-duty	First-pole to-clear factor	Amplitude factor	First reference voltage	Time	TRV peak value	Time	Time delay	Voltage	Time	RRRV
170	Terminal fault	1.3	1,40	135	68	253	270	2	68	36	2
	Short-line fault	1	1,40	104	52	194	208	2	52	28	2
	Out of Phase	2	1,25	208	135	347	270	14	104	81	1,54

과도회복전압(TRV)의 검토 방법

그림 4.121은 EMTP를 이용하여 차단기의 TRV를 모의하기 위해 작성된 PSS/E의 계통 축약도이다. 고장의 종류는 근거리 고장(SLF : Short Line Fault)으로 모의 결과는 IEC 62271-100의 규격에 근거하여 검토하였으며, 모의된 파형은 4-parameter법으로 검토하였다.

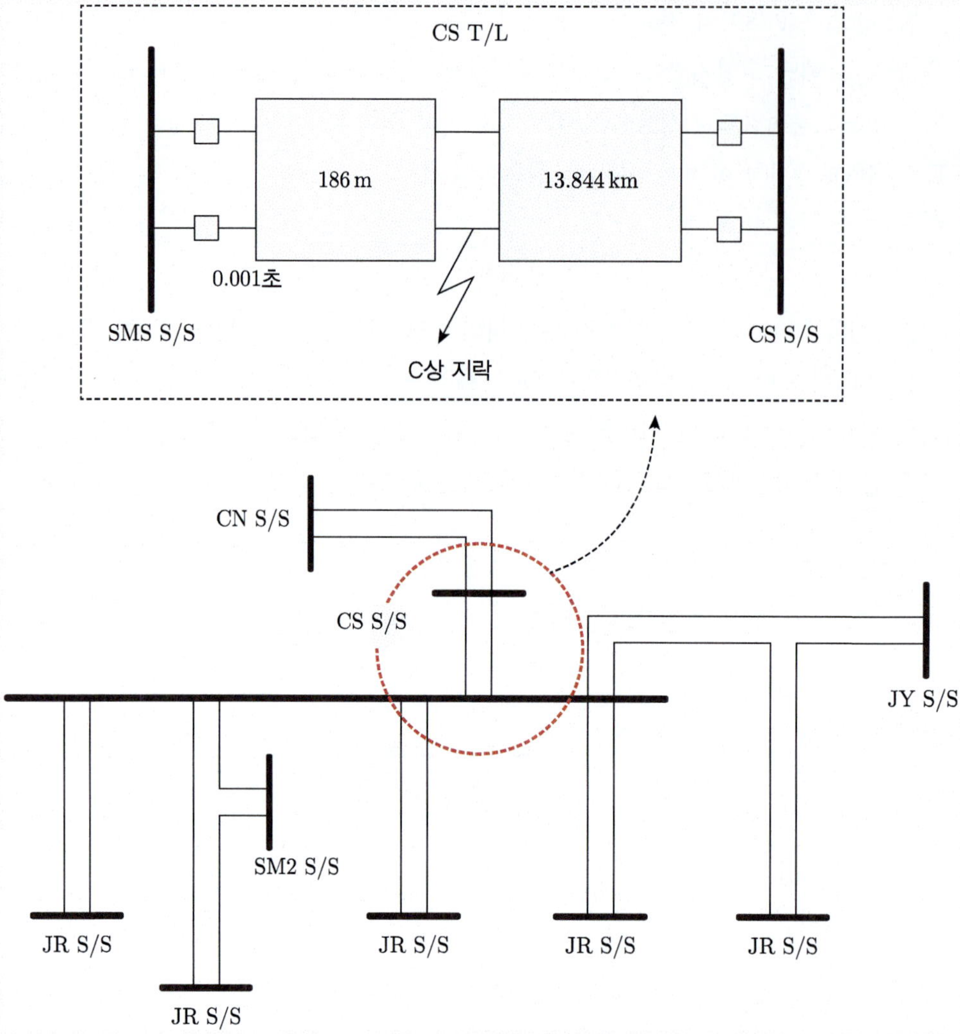

그림 4.121 345 kV 000변전소 154 kV 계통 축약도

고장전류의 크기는 지락 고장점의 저항이 제로인 경우를 가정하면 42 kA이고, 지락 고장점의 탑각접지저항을 이용하여 산출한 대지 등가모델을 이용하면 약 38 kA가 된다. 대지등가모델은 탑각저항의 실측값을 가지고 CDEGS 프로그램을 이용하여 등가화하였다.

9.3 철탑의 탑각저항값을 이용한 접지계 상세모델

탑각의 접지저항은 실측값을 그대로 사용하여도 실용상 큰 차이가 없으나 정밀한 모의를 위하여 접지극간 저항성 간섭을 모의하기 위한 반구전극 모델과 이에 등가인 회로모델을 이용하여 환산하는 것으로 하였다. 변전소 접지망과 철탑의 탑각접지를 등가의 반구전극으로 가정하여 그림 4.122의 회로모델 파라미터들을 산정하고자 하였다.

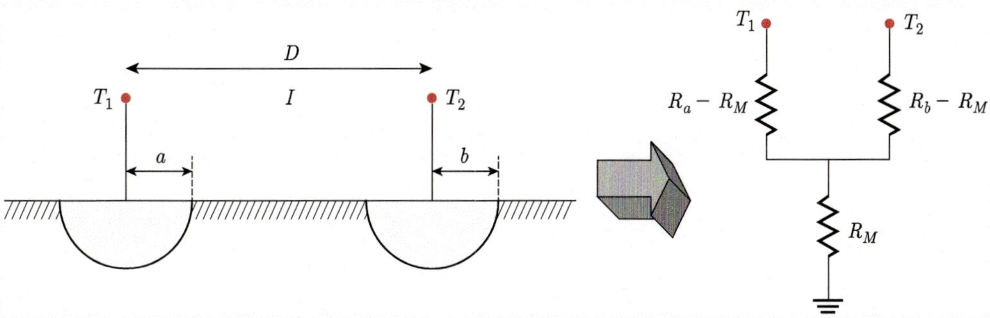

그림 4.122 두 전극간 간섭을 고려한 회로모델

각 반구전극의 접지저항은 식 (4.21)과 같으며, 두 반구전극의 직렬저항은 식 (4.22)와 같이 유도되는데 이를 식 (4.21)의 R_a, R_b로 정리하고 식 (4.23)과 같은 두 전극간 간섭저항 R_M을 도입하면 그림 4.122의 오른쪽과 같은 회로모델의 저항값들을 얻을 수 있다.

$$R_a = \frac{\rho}{2\pi a},\ R_b = \frac{\rho}{2\pi b} \tag{4.21}$$

$$R_{a+b} = \frac{V_a - V_b}{I} = \frac{\left(\frac{\rho I}{2\pi a} - \frac{\rho I}{2\pi D}\right) - \left(\frac{-\rho I}{2\pi b} + \frac{\rho I}{2\pi D}\right)}{I}$$
$$= \frac{\rho I}{2\pi}\left(\frac{1}{a} + \frac{1}{b} - \frac{2}{D}\right) = R_a + R_b - 2R_M \tag{4.22}$$

$$\text{단, } R_M = \frac{\rho}{2\pi D} \tag{4.23}$$

송전철탑 탑각접지의 표면적과 간섭계수를 고려하여 탑각 4기의 등가 반구전극의 반지름은 약 5 m 내외로 보고, 반구전극의 반지름을 조금씩 달리하여 철탑의 접지저항이

3~5[Ω]이 되는 대지저항율(ρ)은 125[Ωm]이라고 상정한다.

아래 반구전극의 수식에 의하여 1~3호기 철탑의 접지저항으로부터 각 탑각접지의 등가 반구전극의 반경을 환산하였으며, 변전소는 접지망 반구전극의 반지름을 100[m]로 가정하여 0.2[Ω]의 계산치를 적용하였다.

표 4.32 반구전극 반지름 환산표

<table>
<tr><th></th><th colspan="2">변전소 접지망</th><th colspan="2">1호철탑</th><th colspan="2">2호철탑</th><th colspan="2">3호철탑</th></tr>
<tr><td>접지저항</td><td colspan="2">(0.2 Ω)</td><td colspan="2">3 Ω</td><td colspan="2">5 Ω</td><td colspan="2">4 Ω</td></tr>
<tr><td>반구전극 반지름</td><td colspan="2">100 m</td><td colspan="2">6.6 m</td><td colspan="2">4 m</td><td colspan="2">5 m</td></tr>
<tr><td>전극간 이격거리</td><td>–</td><td colspan="2">10 m</td><td colspan="2">70 m</td><td colspan="2">120 m</td><td>–</td></tr>
</table>

변전소 접지망 – 1호 철탑간의 저항값 계산

변전소 접지망의 등가반경 (a)는 100 m, 1호 철탑 반지름 (b) 6.6 m 및 두 전극간 거리를 10 m로 가정하면, 두 전극의 중심간 거리(D)는 116.6 m (=100+10+6.6)이 된다. 식 (4.21)과 식 (4.23)을 이용하여 구한 회로모델 정수들은 다음과 같다.

$$R_a = \frac{\rho}{2\pi a} = \frac{125}{2\pi \times 100} = 0.2\ [\Omega],\ \ R_b = \frac{125}{2\pi \times 6.6} = 3\ [\Omega]$$

$$R_M = \frac{125}{2\pi \times 116.6} = 0.17\ [\Omega]$$

1호 철탑 – 2호 철탑간의 저항값 계산

1호 철탑의 반경 (a)는 6.6 m, 2호 철탑 반경 (b) 4 m 및 두 전극간 거리를 70 m로 가정하면, 두 전극의 중심간 거리(D)는 80.6 m(=6.6+70+4)가 된다. 식 (4.21)과 식 (4.23)을 이용하여 구한 회로모델 정수들은 다음과 같다.

$$R_a = \frac{\rho}{2\pi a} = \frac{125}{2\pi \times 6.6} = 3\ [\Omega],\ \ R_b = \frac{125}{2\pi \times 4.0} = 5\ [\Omega]$$

$$R_M = \frac{125}{2\pi \times 80.6} = 0.246\ [\Omega]$$

2호 철탑 – 3호 철탑간의 저항값 계산

2호 철탑의 반경 (a)는 4 m, 3호 철탑 반경 (b) 5 m 및 두 전극간 거리를 120 m로 가정하면, 두 전극의 중심간 거리(D)는 129 m (=4+120+5) 가 된다. 식 (4.21)과 식 (4.23)을 이용하여 구한 회로모델 정수들은 다음과 같다.

$$R_a = \frac{\rho}{2\pi a} = \frac{125}{2\pi \times 4.0} = 5\ [\Omega],\ \ R_b = \frac{125}{2\pi \times 5.0} = 4\ [\Omega]$$

$$R_M = \frac{125}{2\pi \times 129} = 0.154\ [\Omega]$$

이상에서 구한 회로모델의 정수들로부터 그림 4.123의 회로모델을 구성하였다. 단, 변전소와 2호 철탑 및 1호 철탑과 3호 철탑 간은 거리가 멀어서 저항성간섭은 무시하였다.

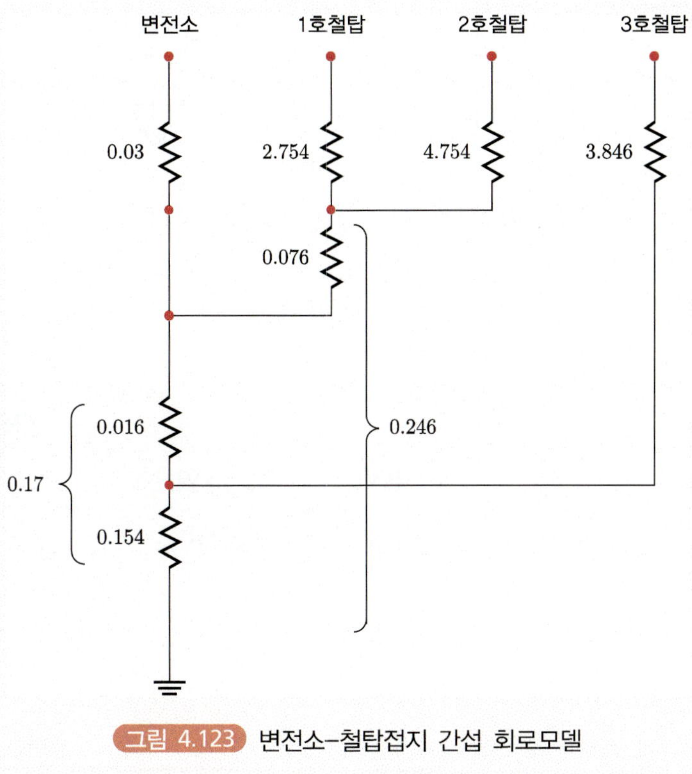

그림 4.123 변전소–철탑접지 간섭 회로모델

9.4 차단기의 TRV 해석결과

지락 고장점의 저항이 제로라고 가정했을 경우에 차단기가 고장전류 42[kA]를 차단했을 때 차단기 극간에 발생하는 TRV는 피크치, 급준파 상승률 등의 크기가 규격치를 초과하지 않았다.

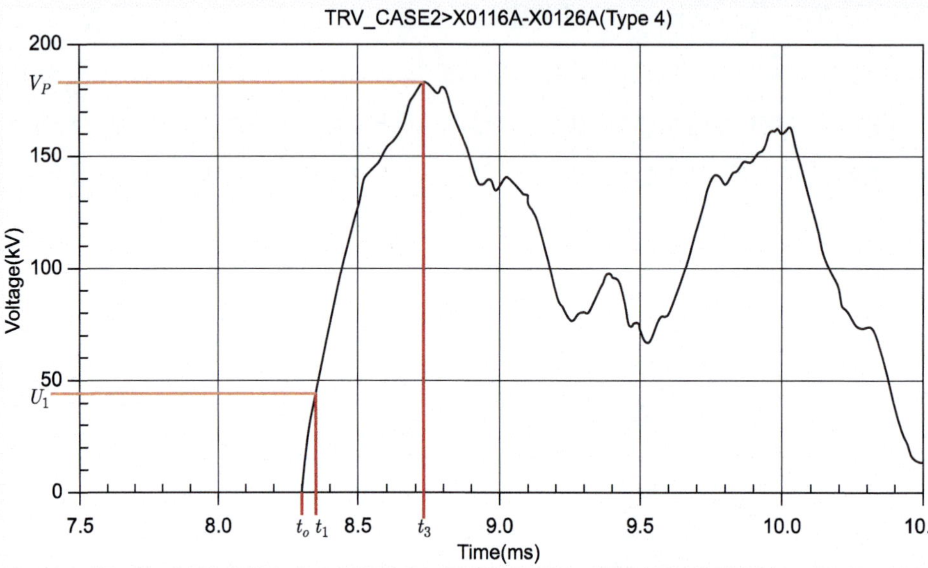

그림 4.124 고장전류 42[kA]일 때(지락저항이 제로인 경우)

표 4.33 고장전류 42[kA]일 때 해석결과

TRV(I_f =42 kA)				기준치(SLF)
$t_0[\mu s]$	$t_1[\mu s]$	U_1[kV]	V_{peak}[kV]	$t_1 - t_0 = 52[\mu s]$ $U_1 = 156$ [kV] $V_{peak} = 194$ [kV] $RRRV = 2.0$ [kV/μs]
8301	8353	44.310	182.705	
$RRRV = \dfrac{U_1}{t_1 - t_0} = 0.6650[\text{kV}/\mu s]$				

지락 고장점의 저항을 고려한 경우에 차단기가 고장전류 38[kA]를 차단했을 때 차단기 극간에 발생하는 TRV는 피크치, 급준파 상승률 등의 크기가 규격치를 초과하지 않았다.

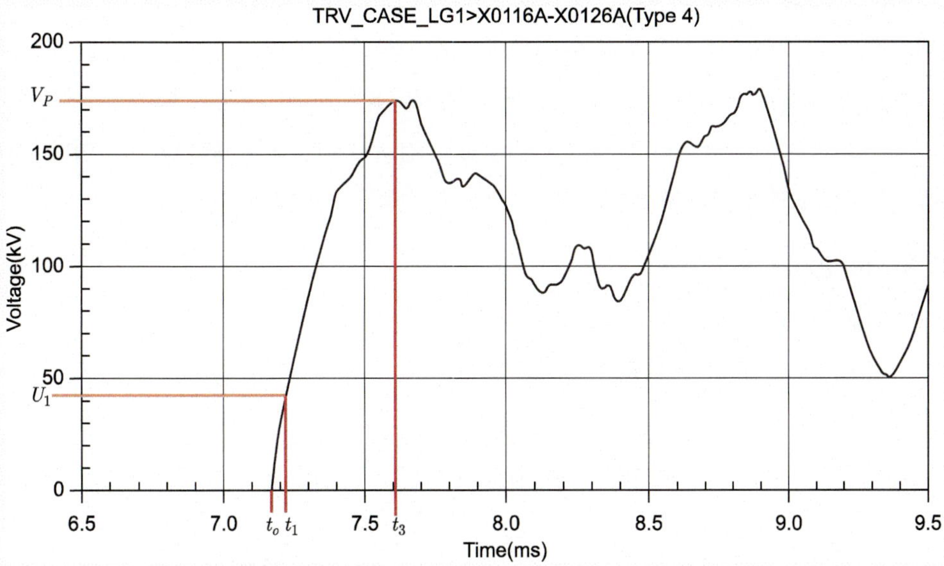

그림 4.125 고장전류 38[kA]일 때(측정 결과 환산 모델)

표 4.34 고장전류 38[kA]일 때 해석결과

TRV(I_f = 38 kA)				기준치(SLF)
$t_0[\mu s]$	$t_1[\mu s]$	$U_1[kV]$	$V_{peak}[kV]$	$t_1 - t_0 = 52[\mu s]$ $U_1 = 156$ [kV] $V_{peak} = 194$ [kV] $RRRV = 2.0$ [kV/μs]
7170	7222	41.058	173.383	
$RRRV = \dfrac{U_1}{t_1 - t_0} = 0.7896[kV/\mu s]$				

이상과 같이 EMTP를 이용하여 검토한 결과 CS T/L 지락고장으로 인한 000 S/S 170 kV 차단기 절연파괴는, 지락 고장전류가 38[kA] 또는 42[kA]인 두 가지의 경우 모두 규격에서 제시하고 있는 기준치(V_{peak}, $RRRV$)를 초과하지 않는 것을 확인할 수 있었다.

9.5 가공지선의 분류계수와 EMTP 모델의 구성

일반적인 경우 지락 고장전류의 분류계수(β)는 1선지락으로 발생한 고장전류가 접지망으로 유입된 후 고장전류의 일정부분만 변전소 접지망을 통하여 대지로 방출되고 나머지는 여러 가지 경로를 통하여 전원단으로 귀환한다.

분류계수(β)는 1선지락 고장전류중에서 접지망을 통하여 대지로 방출되는 전류의 크기를 나타내는 계수로 접지설계에서 위험전압 검토시 사용되는 중요한 변수이다. 지락전류 분류계수(β)의 크기를 결정하는 중요한 요소들은 아래와 같다.

- 지락고장의 위치
- 변전소 접지저항의 크기
- 접지계통 주위에 매설된 배관 및 도체
- 가공지선, 중성선
- 지중 케이블 포함한 기타 전류 귀환통로

분류계수(β)의 계산은 가공지선, 중성선, 접지도체, 대지 등을 흐르는 전류를 수학적으로 해석하는 것이므로 많은 요소를 고려하여야 하지만 일반적으로 위에서 언급한 요소는 고려하여 결정하여야 한다. 일반적으로 접지망을 통하여 대지로 방출되는 전류는 지락고장전류의 10~20(%) 정도를 적용하므로 나머지는 가공지선을 통하여 귀로하는 것으로 본다. 표 4.35의 지락전류 분류율을 제외한 나머지가 가공지선으로 흐르는 전류이다. 단, 변전소 인입 인출이 지중케이블로만 구성된 경우에는 Cable Sheath가 접지망에 연결될 경우에 지락전류 분류계수(β)를 10%로 적용할 수 있다[53].

본 해석사례의 경우는 변전소에서 매우 근접한 거리에서 지락고장이 발생하였고 방사상으로 공급되는 특별한 경우이므로, 일반적인 분류율을 적용하지 않고 EMTP를 이용하여 가공지선으로 분류되어 흐르는 고장전류를 계산하였다.

표 4.35 지락전류 분류계수(β)

선로수 / 접지저항	2개 이하	3~5개	6개 이상
3Ω 미만	20%	15%	10%
3Ω 이상	17%	12%	10%

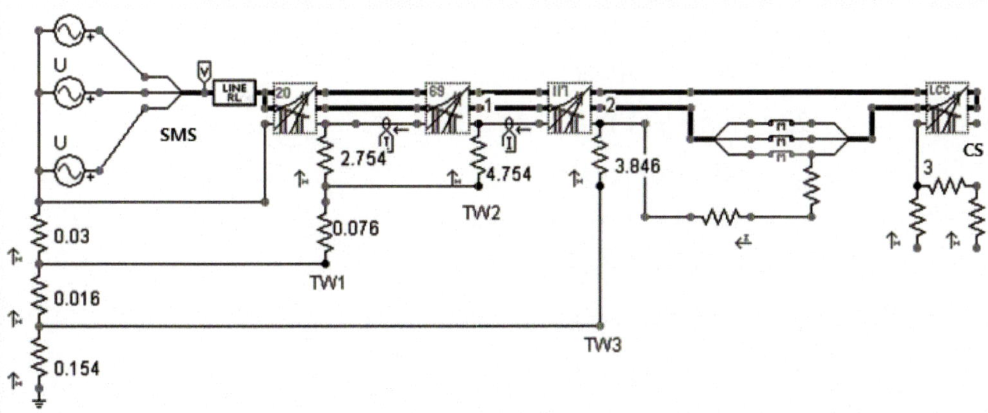

그림 4.126 지락 고장전류 계산을 위한 EMTP 모의회로

그림 4.126은 000 S/S와 CS S/S간 총 긍장 14 km의 선로에서 지락시 가공지선에 흐르는 지락 고장전류를 검토하기 위한 계통도이다. 지락고장은 상단상 (#2 $C\Phi$) 1선 지락으로 모의하였으며, 탑각 접지저항을 고려한 지락 고장전류의 크기는 약 38 kA로 나타났다. 계통도에서 변전소의 인입 철탑부터 20, 69, 117 m의 간격으로 철탑을 모의하였으며, 마지막 경간은 총 선로의 길이에 맞추어 13.8 km로 하였다. 지락 고장전류의 귀환통로가 될 철탑에는 그림에서와 같이 탑각저항을 상정하였고, 고장의 위치는 과도회복전압의 검토에서와 같이 000 S/S에서 186 m 떨어진 송전선로에서 지락고장이 발생한 것으로 모의하여 지락 고장전류의 분류효과를 모의하였다.

9.6 가공지선 도체의 굵기 산정을 위한 관련 근거 규격

가공지선 도체의 굵기는 IEEE Std 80-2000의 식 (4.24)에 의하여 산정하였다[54].

$$A = I_F \cdot \alpha \sqrt{\frac{\dfrac{t_c \cdot \alpha_r \cdot \rho_r \cdot 10^4}{TCAP}}{\ln\left[1+\left(\dfrac{T_m - T_a}{K_0 + T_a}\right)\right]}}\ (\text{mm}^2) \tag{4.24}$$

여기서, I_F : 최대 1선 지락전류(kA)

A : 도체의 단면적(mm²)

T_m : 최대 허용온도(℃)

T_a : 주위온도(℃)

t_c : 전류 유입시간(sec)

α_r : 20℃에서의 저항온도계수

α_0 : 0℃에서의 저항온도계수

α : 도체 전류 분류율(%)

ρ_r : 20℃에서의 도체의 고유저항($\mu\Omega\cdot$cm)

K_0 : $1/\alpha_r$

$TCAP$: 열용량 계수(J/cm³/℃)

표 4.36 접지전선의 상수

전선종류	도전율 (%)	α_r 온도계수 (20℃시)	K_0 ($1/\alpha_r$) (0℃시)	T_m 용단온도 (℃)	ρ_r 고유저항 (20℃시) ($\mu\Omega\cdot$cm)	열용량계수 TCAP (J/cm³/℃)
Commercial EC Al Wire	40.0	0.00403	228	657	2.862	2.556
Al 피복철선	20.3	0.00360	258	660/1300	8.4805	2.670
아연도철선	8.5	0.00320	293	419/1300	20.1	3.931

9.7 가공지선의 소요 단면적 검토 결과

전류유입시간은 정상 차단시 0.067[sec], A_{rc} 지속시간 0.32[sec]로 볼 수 있으므로 최초 Trip후 누적 지속시간인 0.38[sec]로 간주할 수 있다. 계산에서는 0.32[sec] 및 0.38[sec]로 각각 검토 하였다.

EMTP 해석결과 총 38[kA]의 고장전류는 표 4.37과 같이 분류되어 흐름을 확인하였다. 이렇게 가공지선에 분류되어 흐르는 고장전류를 식 (4.24)를 이용하여 구한 가공지선의 소요단면적은 표 4.38과 같다.

표 4.37 가공지선의 지락고장전류

지락 고장전류	가공지선의 전류(kA)				비고
	인입부	철탑 #1	철탑 #2	철탑 #3	
I_g =38.2 kA	37.27	37.34	37.54	38.17	

표 4.38 고장전류에 따른 소요도체의 단면적

전선종류	소요도체의 단면적[mm^2]	
	지속시간 0.32[sec]	지속시간 0.38[sec]
Commercial EC Al Wire	129	140
Al 피복철선	188	205
아연도 철선	232	253

표 4.38에서 보는 바와 같이 고장전류에 견딜 수 있는 가공지선의 단면적은 약 130 mm^2~ 250 mm^{2}가 필요하므로 해당 현장에 설치된 가공지선(OPGW 100 mm^2)은 고장전류에 의하여 ~~용융~~ 소손 되었을 것으로 판단된다.

10

변전소침입 뇌서지의 해석

저자 : 심응보

뇌서지의 상세한 해석은 과도현상 해석프로그램인 EMTP(Electromagnetic Transient Program)를 이용하여 모의계산 하는 것이 일반적이다. 탁상계산기를 사용하던 과거에는 계산 단상회로의 해석을 위주로 하였으나 최근에는 다상모델의 해석도 쉽게 할 수 있다. 본 해석 사례에서는 외국에서 개발된 뇌서지 정밀모의법을 외국의 문헌[55-59]을 참조하여 국내의 345 kV급 가스절연변전소에 적용하여 해석하였다.

변전소에 침입하는 뇌과전압을 해석하는 방법에는, 송전선로는 무시하고 변전소 인입부에 1.2/50[μs]의 전압파형을 가정하여 변전소 내부에서의 과전압을 해석하는 방법[60]과, 송전선로와 변전소를 연결시킨 상태에서 철탑의 탑정에 뇌격전류 파형을 주입하여 발생된 과전압을 상세히 모의하는 방법[61]이 있다. 여기서는 송전선로와 변전소를 연결하여 송전선에서 뇌격전류가 침입할 때 역섬락에 의한 과도현상을 상세하게 모의할 수 있는 방법을 이용하였다.

10.1 변전소에 침입하는 뇌서지의 침입조건

뇌격조건은 변전소에서 보아서 가장 가까운 철탑에 뇌격되어 최상단상이 역섬락을 일으켜 변전소에 침입하는 것을 가정하였다. 뇌격전류는 그림 4.127에 나타낸 삼각파를 기준으로 하고 뇌격전류의 파형은 파두장 2[μs], 파미장 70[μs]로 하였다. 뇌격전류의 파형은 파두장, 파미장 및 파고치의 누적빈도곡선을 이용하여 상정하여야 하나 국내의 측정자료가 부족하므로 일본에서 변전소침입 뇌격 계산시 사용되는 예로 표 4.39를 인용하였다[61, 62].

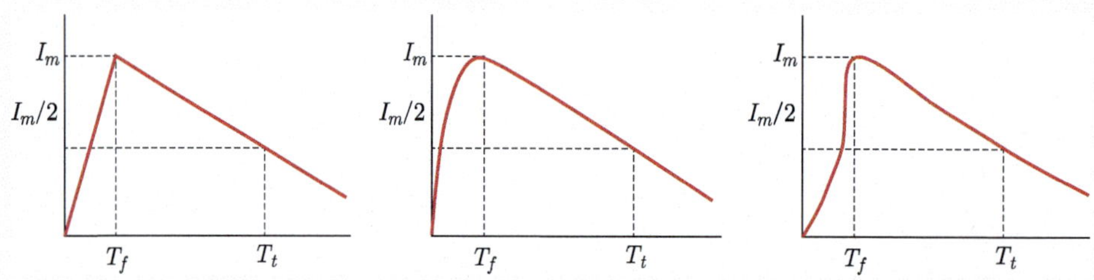

(a) 삼각파 (b) 이중지수함수파 (c) CIGRE파

그림 4.127 뇌격전류의 대표적 파형

표 4.39 상정 뇌격전류값

	일본				한국	
공칭전압[kV]	500	275	154	66	765	345
전류치[kA]	150	100	60	30	170	120
파두/파미장[μs]	1/70	1/70	1/70	1/70	1/70	2/70

회로구성은 선로 인입부의 차단기가 개방된 상태에서 뇌격이 침입하여 인입부의 과전압이 가장 가혹하게 발생하는 경우와 인입부와 모선만이 연결된 경우 및 모선이 1회선 주변압기가 1 Bank만 운전되는 경우의 3가지 경우를 각각 대상으로 하였다. 그리고 뇌격의 침입시 교류 전압의 위상은 역극성의 최대값에서 부극성의 낙뢰가 중첩되는 것을 고려하였다.

10.2 송전설비의 모델링

철탑의 높이, 접지저항, 경간, 인류철구의 높이, 전력선·가공지선의 치수에 대하여는 표 4.40에 나타내었다. 표 4.40은 실제 설치된 345 kV 송전선의 대표적인 값들이며 765 kV 송전선로에서는 건설될 송전선로의 평균치를 기준으로 하였다.

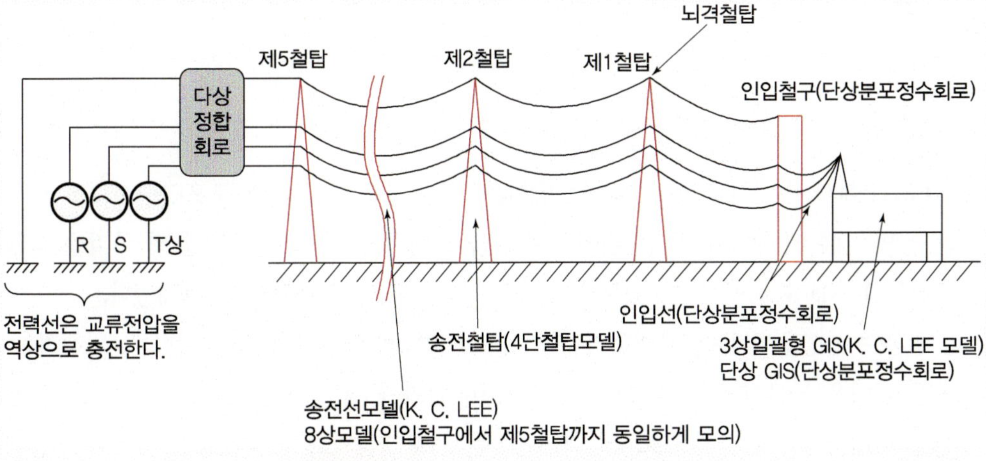

그림 4.128 송전설비의 모델링 개념도

그림 4.128에 송전설비의 모델링에 대한 개념도를 도시하였다. 송전선로는 5기까지 모의하고 보다 원거리의 송전선로는 송전선로와 등가의 정합저항(matching resistance)행렬을 이용하여 서지의 투반사가 변전소의 과전압 해석에 영향을 미치지 않도록 모의하였다[55, 57].

표 4.40 계산에 사용된 송전선의 제원

전압계급 [kV]		765	345	인류철탑경간 [m]	100	100
전체높이 [m]		85	56	인류접지저항 [Ω]	1	5
각부높이 [m]	h_1	6.0	7.3	전압계급 [kV]	765	345
	h_2	16.0	8.6	전력선 선종	Cardinal	Rail
	h_3	16.0	7.7	전력선 규격 [mm^2]	483	483
	폭 w_1	15.0	6.7	전력선 도체수	6	4
	w_2	13.0	6.7	소도체간격 [cm]	40	40
	w_3	13.5	8.3	가공지선 종류	ACSR	ACSR
	w_4	14.0	7.3	가공지선규격 [mm^2]	200	120
접지저항 [Ω]		15	20	가공지선 도체수	1	1
철탑경간 [m]		500	300			

10.2.1 송전선의 모의

EMTP에서 송전선로를 표현하는 방법은 가장 간단하게 단상 분포정수선로로 나타내는 방법, 제한된 주파수 범위 내에서 손실을 고려하는 K. C. Lee 모델 및 주파수 특성을 고려한 J. Marti 모델 등이 있는데 각 모델의 특징을 표 4.41에 나타내었다.

주파수 특성을 상세히 모의하기 위해서는 J. Marti 모델이 가장 정밀하나, 뇌서지는 주파수가 매우 높아서 영상분 인덕턴스의 값이 변화가 적고 변압기 등의 정수는 정전용량만을 고려하여도 충분하므로, 본 연구에서는 프로그램의 용량제한을 고려하여 가공지선 2조를 포함한 8상의 송전선로에 K. C. Lee 모델을 이용하였다.

표 4.41 EMTP의 송전선 모델과 특징

모델명	특징	비고
J. Marti	• 다상송전선의 현상을 검토할 수 있음 • 송전선의 손실등 주파수특성을 고려한 모델	다량의 메모리 필요
K. C. Lee	• 다상송전선의 현상을 검토할 수 있음 • 제한된 주파수의 손실 등을 고려한 모델	소량의 메모리 필요
단상분포정수선로	• 단상송전선 및 완전연가된 송전선만 검토가 가능함 • 제한된 주파수의 손실 등을 고려한 모델	소량의 메모리 필요

10.2.2 송전철탑의 모의

제 1철탑에서부터 5기의 송전철탑을 4단 분할모델로 모의하고 인입철구는 단상 분포정수선로로 모의하였다. 이 철탑모델은 일본 500 kV 모델 송전선로에서의 실증시험결과 아킹혼 사이의 전압이 실측치와 잘 일치한다고 알려져 있는 모델로서, 철탑각부의 정수와 계산방법은 실험식으로 도출한 것이다[55, 57, 58, 59]. 철탑 등가회로의 모델을 그림 4.129와 같이 나타낼 수 있고 다음과 같이 철탑정수를 계산할 수 있다.

(1) 서지임피던스 $Z_{t1} = Z_{t2} = Z_{t3}$는 철탑 상부의 철탑 서지임피던스 220[Ω], 철탑하부의 서지임피던스 $Z_{t4} = 150[\Omega]$로 한다[55, 58].

(2) 서지의 전파속도 $v_{t1} = v_{t2} = v_{t3} = v_{t4} (= v_t)$는 빛의 속도와 같은 300[m/$\mu$s]로 한다[58].

(3) 서지가 철탑을 전파하는 시간 τ는 $L/R = \tau = 2H/v_t$로 나타낸다[58]. 여기서 H는 철탑의 높이 [m]이다.

(4) 철탑 상부의 감쇠정수 γ_1, 철탑하부의 감쇠정수 γ_2라 하면 감쇠정수 γ는, $\gamma = \gamma_1 \cdot \gamma_2 = 0.8$이며 $\gamma_1 = \gamma_2$이면, $\gamma_1 = \gamma_2 = \sqrt{0.8} = 0.8944$로 계산된다[55, 58].

(5) 철탑상부의 감쇠저항 $R_1' = \dfrac{-2 \cdot Z_{t1} \cdot \ln\gamma_1}{H_1 + H_2 + H_3}$

철탑하부의 감쇠저항 $R_2' = \dfrac{-2 \cdot Z_{t4} \cdot \ln\gamma_2}{H_4}$

$R_1 = R_1{}'\mathrm{H}_1,\ R_2 = R_1{}'H_2,\ R_3 = R_1{}'H_3,\ R_4 = R_2{}'H_4$

$L_n = R_n\tau,\ (n = 1,\ 2,\ 3,\ 4)$로 계산된다[55, 58].

표 4.40을 이용하여 계산된 정수값을 표 4.42에 나타내었다.

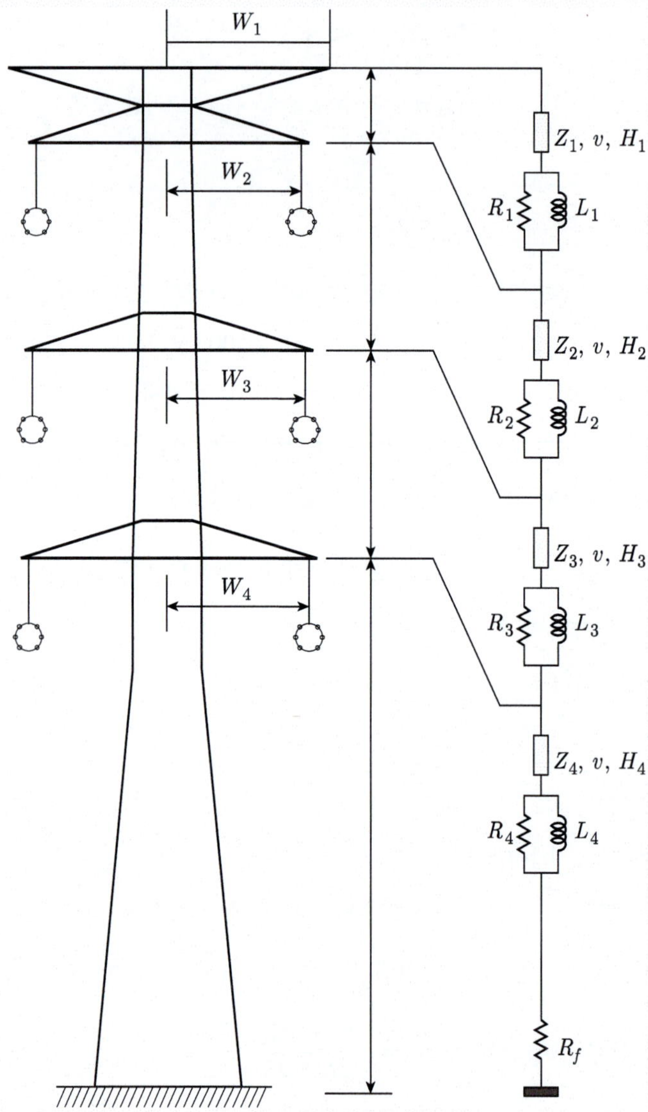

그림 4.129 철탑의 4단 분할 등가모델

표 4.42 철탑의 4단 분할 등가모델 정수계산

765 kV 송전선 탑고 85[m]	345 kV 송전선 탑고 56[m]	공통사항
$H_1 = 6[\text{m}]$	$H_1 = 7.3[\text{m}]$	$v = 3\times10^8[\text{m/s}]$ $Z_{ti} = 220[\Omega]$ $Z_{t2} = 150[\Omega]$
$H_2 = H_3 = 16[\text{m}]$	$H_2 = 8.6[\text{m}]$, $H_3 = 7.7[\text{m}]$	
$H_4 = 47[\text{m}]$	$H_4 = 32.4[\text{m}]$	
$R_1 = 7.75[\Omega]$	$R_1 = 15.18[\Omega]$	
$R_2 = R_3 = 20.68[\Omega]$	$R_2 = 17.89[\Omega]$, $R_3 = 16.02[\Omega]$	
$R_4 = 33.48[\Omega]$	$R_4 = 33.37[\Omega]$	
$L_1 = 4.1[\mu\text{H}]$	$L_1 = 5.7[\mu\text{H}]$	
$L_1 = L_2 = 10.9[\mu\text{H}]$	$L_2 = 6.7\ [\mu\text{H}]$, $L_3 = 6.0[\mu\text{H}]$	
$L_4 = 19.1[\mu\text{H}]$	$L_4 = 12.5[\mu\text{H}]$	

10.2.3 아킹혼의 모의

역섬락이 발생되는 아킹혼의 모의방법에는 일정전압을 초과할 때 투입되는 단순 스위치로 모의하는 방법, 전로방전시의 아크인덕턴스를 고려하고 아킹혼의 전압-시간 특성을 고려하여 단락시키는 방법 및 아킹혼의 시간-전압 특성과 아크의 동특성을 고려하여 모의하는 방법 등이 있다.

아크의 동특성을 고려하여 모의하는 것이 가장 이상적인 방법이나 아크특성을 수식으로 표현할 수 있는 적절한 자료가 부족하여 여기서는 아킹혼의 길이당 일정한 아크 인덕턴스를 가정하고 아킹혼의 내전압을 아킹혼간에 발생되는 전압의 크기와 비교하여 섬락 시점을 찾는 방법을 이용하였다. 그림 4.130에 나타낸 CIGRE의 아킹혼의 전압-시간 특성 곡선[63]을 기초로 하고, EMTP 내의 TACS(Transient Analysis of Control System)기능[64]을 이용하여 모의하였다.

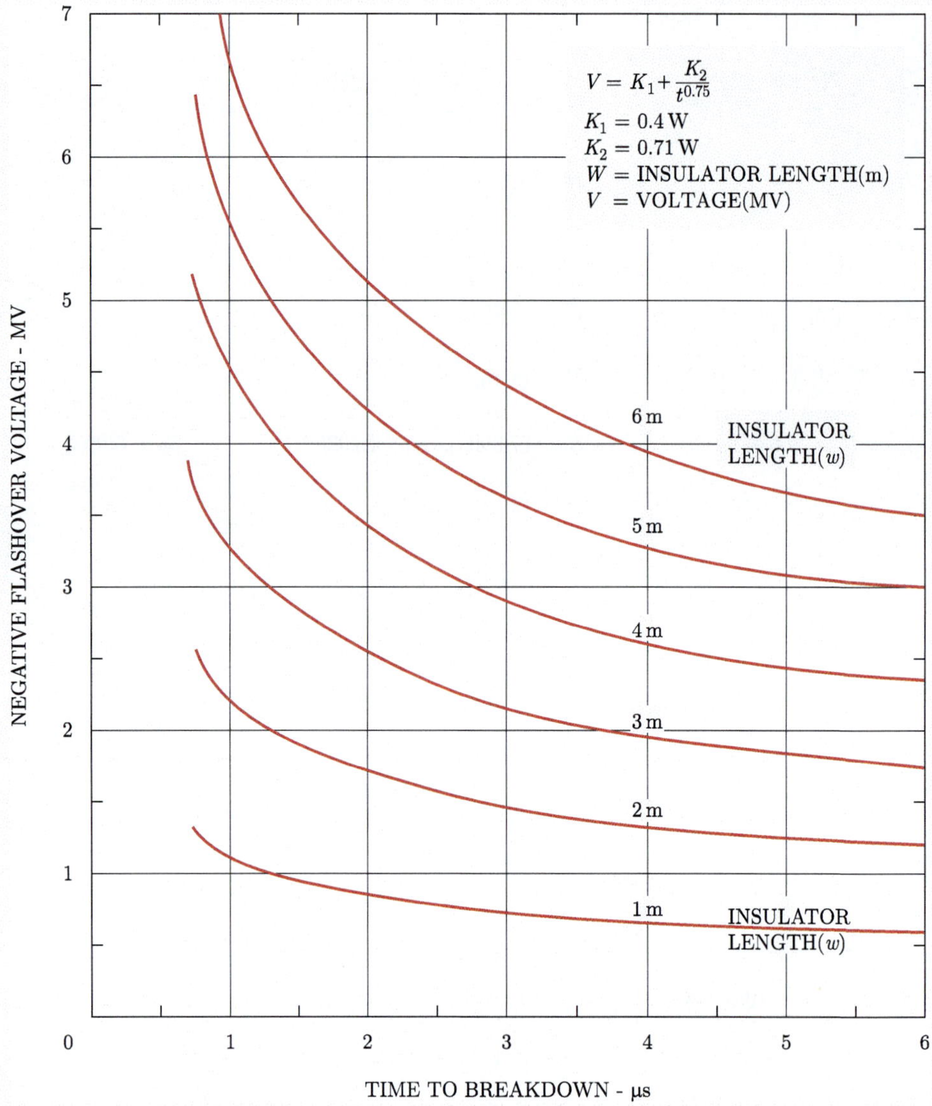

그림 4.130 대표적인 아킹혼의 전압-시간 특성곡선[63]

회로 내에서 발생되는 과전압을 매시간 주기마다 계산하여 아킹혼간에 발생되는 과전압이 아킹혼의 내전압을 초과하면 일정한 인덕턴스를 가정한 스위치를 투입하여 역섬락이 발생하도록 모의하였다. 그림 4.131에 EMTP의 TACS제어 스위치와 철탑 아킹혼간의 전압 및 역섬락의 발생에 대하여 흐름도로 나타내었다.

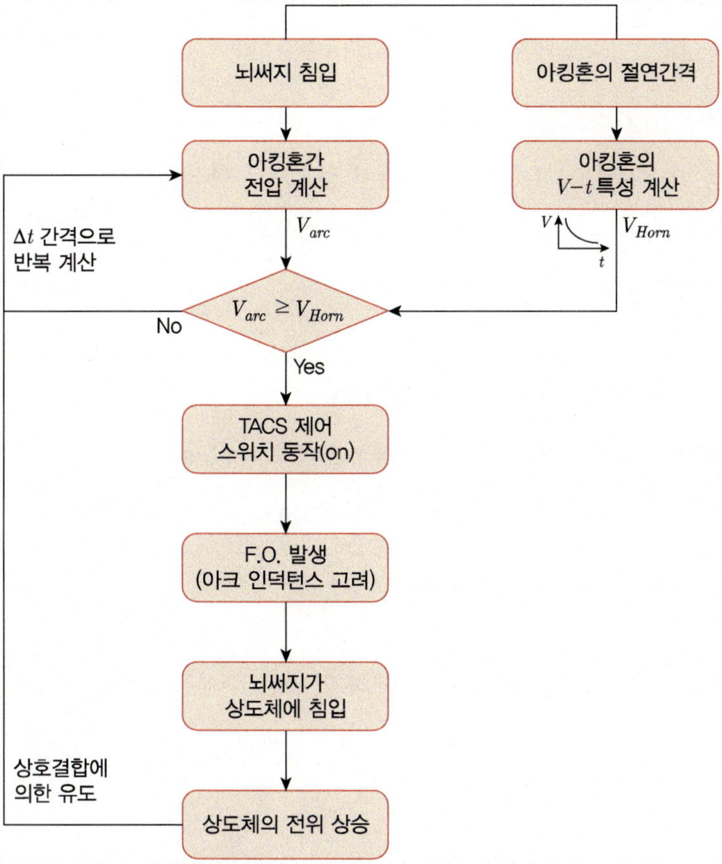

그림 4.131 아킹혼의 전압-시간 섬락특성 모의(TACS)

10.3 가스절연 변전설비의 모델링

10.3.1 가스절연변전소의 모선

가스절연변전소는 모선의 형태에 따라 상분리형 모선과 3상 일괄형 모선으로 구분된다. 345 kV급의 가스절연변전소는 주모선은 3상 일괄형으로 연결하고, 차단기와 단로기가 내장되어 있는 분기모선은 상 분리형으로 되어 있다. 가스절연모선의 서지임피던스는 내부의 도체와 가스절연체 및 외부의 인클로저(encloser)를 파이프 타입의 케이블로 상정하여 계산할 수 있다.

상분리형 가스절연모선

상분리형 가스절연모선은 상간의 결합이 없으므로 단상분포정수선로로 모의하면 충분하다. 표 4.43에 가스절연변전소 모의시 대표적으로 사용하는 서지임피던스와 전파속도를 나타내었다.

표 4.43 상분리형 가스절연모선의 서지임피던스

서지임피던스 $Z[\Omega]$	서지의 전파속도 v[m/μs]	감쇠
70	270	없음

표 4.43의 대표값과 실제의 값을 비교하기 위한 수계산 검토법은 다음과 같다. 그림 4.132와 같이 시스의 반경이 b_1, 도체의 반경이 a_2인 동축 원통상의 케이블의 정전용량은 식 (4.25)로 표현된다[25].

$$C_0 = \frac{2\pi\epsilon_0}{\ln\frac{b_1}{a_2}} = \frac{55.6}{\ln\frac{b_1}{a_2}} \tag{4.25}$$

여기서 ϵ_0는 진공의 유전율이다.

그리고 서지임피던스 Z는 식 (4.26)으로 된다.

$$Z = \frac{1}{v \cdot C_0} = 60 \ \ln\frac{b_1}{a_2}[\Omega] \tag{4.26}$$

표 4.44에 국내의 제작소별, 차단용량별 가스절연모선의 서지임피던스를 EMTP의 보조 프로그램인 CABLE CONSTANTS[11]를 이용 계산하여 나타내었다.

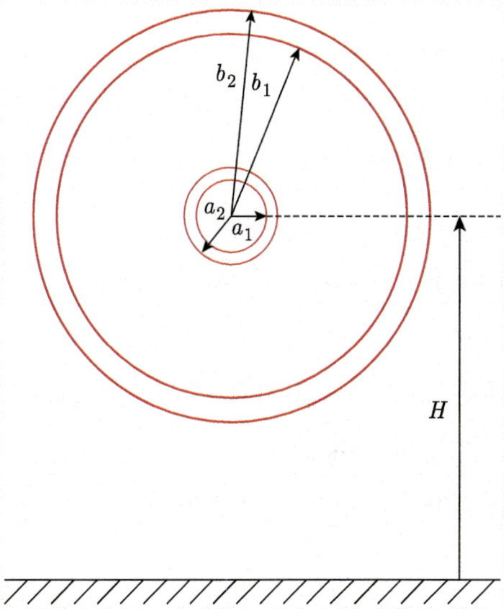

그림 4.132 362 kV 상분리형 가스절연 모선부의 구조

표 4.44 362 kV 상분리형 GIS의 서지임피던스

규 격 \ 제작소	HS사		HD사
	63 kA	40 kA	40 kA
a_1 [mm]	80	43	45
a_2 [mm]	100	60	60
b_1 [mm]	265	248	217
b_2 [mm]	277	254	223
H [mm]	2500	2700	4600
v [m/μs]	270	270	270
Z[Ω]	53.9	73.8	84.7

3상 일괄 가스절연모선

3상 일괄 가스절연부는 한 개의 인클로저 내에 3상의 도체가 인클로저 중심에서 동일 반경에 120도 간격으로 그림 4.133과 같이 배치되어 있다. 상분리형에서는 상간의 상호 결합이 없으나 3상 일괄형에서는 자체분의 서지임피던스는 물론 상간의 결합을 고려하여 모의하여야 한다. 표 4.45에 국내 제작소별 3상 일괄형 가스절연모선의 규격에 따른 서지임피던스 행렬을 EMTP의 CABLE CONSTANTS 프로그램[11]을 이용 계산하여 나타내었다.

이 서지임피던스 행렬은 상도체의 자기임피던스 및 상호간의 결합을 나타내는 것으로서 예를 들면, 표 4.45의 HS사 63[kA] GIS의 서지임피던스 행렬에서, A상에 뇌격이 침입하여 1000[V]의 전압이 발생하였다면, B상 및 C상에 유기 되는 전압은 $1000 \times \frac{14.8}{82.2}$ =180[V]가 된다.

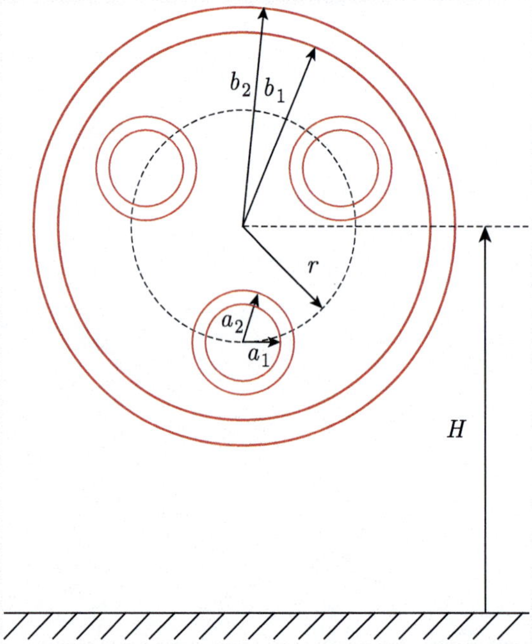

그림 4.133 3상 일괄형 가스절연모선부의 구조

표 4.45 362 kV 3상 일괄형 GIS의 서지임피던스

규 격 \ 제작소	HS사		HD사
	63[kA]	40[kA]	40[kA]
a_1 [mm]	80	43	45
a_2 [mm]	100	60	60
b_1 [mm]	600	450	425
b_2 [mm]	616	459	435
r [mm]	305	250	250
H [mm]	2500	2200	3300
$Z[\Omega]$	$\begin{vmatrix} 82.2 & 14.8 & 14.8 \\ 14.8 & 82.2 & 14.8 \\ 14.8 & 14.8 & 82.2 \end{vmatrix}$	$\begin{bmatrix} 90.9 & 11.5 & 11.5 \\ 11.5 & 90.9 & 11.5 \\ 11.5 & 11.5 & 90.9 \end{bmatrix}$	$\begin{bmatrix} 84.7 & 9.5 & 9.5 \\ 9.5 & 84.7 & 9.5 \\ 9.5 & 9.5 & 84.7 \end{bmatrix}$

10.3.2 기기의 붓싱

붓싱의 모의는 각각의 기기별로 대표적인 정전용량값을 이용하여 모의하였다. 표 4.46은 문헌[55]을 참조하여 추정한 전압계급별 뇌서지 침입 정전용량의 표준값이다.

표 4.46 뇌서지 침입 정전용량의 표준값

전압계급[kV]	변압기[pF]	PT[pF]	PD[pF]	붓싱[pF]
500	3000	200	2000	200
345	2500	200	2000	200
275	2500	200	2000	200

변압기, PT, PD 등의 정전용량은 표 4.46을 이용하여 계산하였으며 개방된 차단기의 모의는 개방된 차단기의 정전용량을 고려하여 그림 4.134와 같이 모의하였다[55].

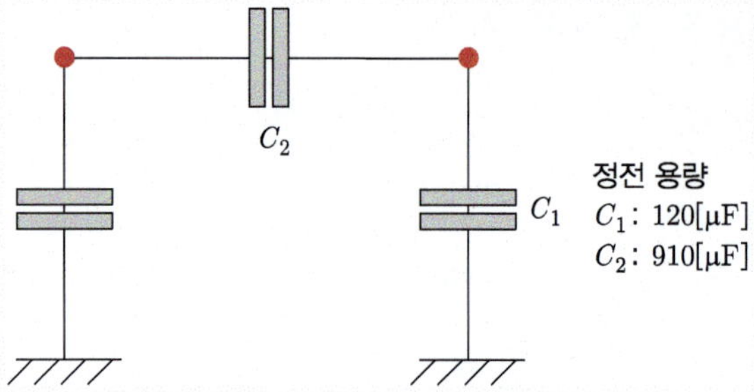

그림 4.134 차단기의 정전용량 모의

10.3.3 피뢰기의 모의

비자기복귀절연(Non-self restoring insulation) 특성을 갖는 발전기, 변압기, 리액터, 케이블 및 GIS모선 등을 과전압으로부터 보호하기 위하여 사용하는 피뢰기의 종류는 갭부 SiC 피뢰기와 ZnO 피뢰기가 있는데 최근에는 비선형 특성이 훨씬 평활한 Gapless ZnO 피뢰기가 주로 사용되고 있다.

ZnO 피뢰기를 모의하는 EMTP 모델에는 비선형 V-I 특성을 갖는 저항과 방전전압만으로 비선형 저항을 모의하는 Type 99, 선형저항과 직렬 연결된 비선형저항 [R(i)]을 사용하여 불연속 선형저항을 모의하는 TYPE 92(4444) 및 지수함수형 비선형저항을 모의하는 Type 92(5555)이 있는데, 여기서는 지수함수형 비선형저항 모델 Type 92(5555)를 이용하였다. 지수함수형으로 표현되는 피뢰기모델의 일반적인 특징을 그림 4.135에, 피뢰기 제작소별 전압-전류 특성을 표 4.47에 나타내었다.

표 4.47 제작소별 288 kV 피뢰기의 전압-전류 특성

정격전압 [kV]	MCOV [rms]	switching		impulse(8/20[μs])				비고
		1[kA]	3[kA]	5[kA]	10[kA]	20[kA]	40[kA]	
288	–	538	554	584	637	702	768	GIS용1
288	224	–	–	605	645	700	780	옥외형
288	224	–	–	687	715	787	866	GIS용2

(주) • GIS용 1 : 일본 HITACHI사
• GIS용 2 : 스웨덴 ABB사
• 옥외형 : 일본 명전사

표 4.47에 나타낸 피뢰기의 전압-전류 특성을 EMTP의 보조프로그램을 이용하여 계산하면 그림 4.135와 같은 특성을 나타내는 지수함수형으로 변환된 입력 데이터를 얻을 수 있다.

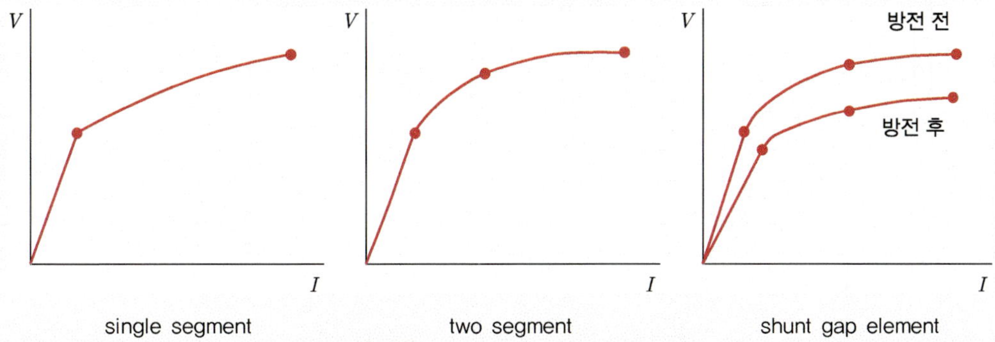

그림 4.135 EMTP의 ZnO 피뢰기모델

10.4 가스절연변전소 침입 뇌서지의 해석결과

변전소에 침입하는 뇌격에 대비한 변전소내의 과전압은 뇌격의 크기, 극성, 파두장 등 뇌격전류의 조건과 송전선 도체의 배치, 뇌격위치, 탑각접지저항 등 송전설비의 구조 및 피뢰기의 특성, 변전소의 구조와 운전조건 등에 따라 영향을 받는다[65, 66].

뇌격에 의해 발생된 뇌과전압은 변전소 모선을 통하여 전달되는 과정에서 인입부, 변압기, 모선 등의 각 부위에서 어떠한 조건에서든지 변전소 기기의 BIL 이하로 그 크기가 억제될 수 있도록 피뢰기의 위치를 변경하여 가면서 해석하여 최적의 위치를 선정하게 된다. 그림 4.136은 해석에 사용한 가스절연 변전설비의 기기 배치를 나타내었다.

345 kV급 송전선로 4회선, 1개의 변압기 Bank 및 1.5 차단방식의 주모선으로 구성되어 있는 전형적인 변전설비의 구조이다.

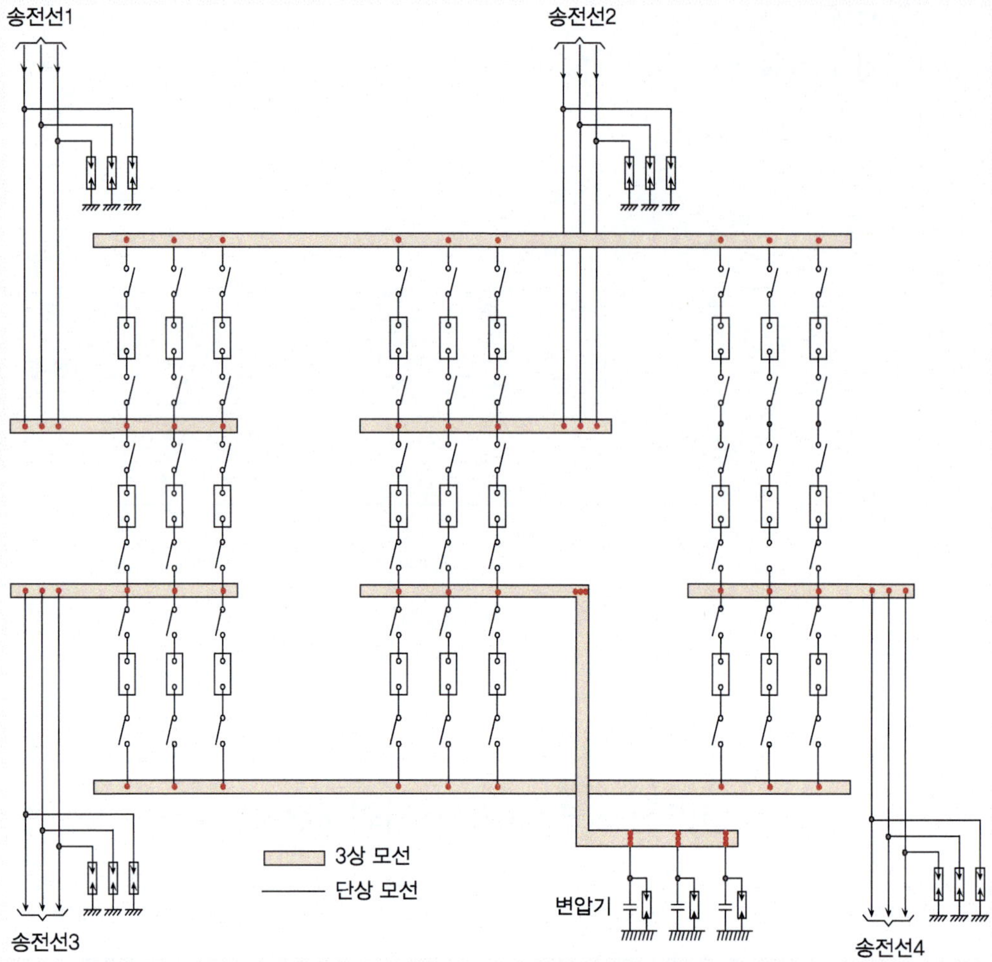

그림 4.136 해석대상 345 kV 가스절연변전소의 구조

10.4.1 해석에 사용한 기준모델

해석결과에 영향을 미치는 여러 가지 파라미터의 기준치는 표 4.48과 같으며 별도의 조건이 없는 경우는 이 기준조건을 이용하여 모의한 것이다. 송전선로 모델은 345 kV의 경우를 기준으로 하고, 765 kV 송전선이 345 kV 가스절연변전소에 연결되는 경우에만 765 kV 송전선 모델을 이용하였다.

해석 모델은 회로조건 송전선로가 변전소 인입부에만 연결되어 있어 뇌격침입시 변전

표 4.48 기준모델로 적용한 파라미터

	적용조건	765 kV 기준모델	345 kV 기준모델
뇌격조건	뇌격전류 크기	170[kA]	120[kA]
	파두장	1/70[μs] 삼각파	2/70[μs] 삼각파
	상용주파 중첩	역극성중첩	역극성중첩
	뇌격지점	제1철탑	제1철탑
송전설비	송전선 모델	8상 모델 K. C. Lee 모델	8상 모델 K. C. Lee 모델
	선종, 도체수	480 mm^2, 6도체	480 mm^2, 4도체
	철탑높이	85[m]	56[m]
	경간	500[m]	350[m]
	탑각저항	15[Ω]	20[Ω]
	아킹혼간격	4.6[m]	2.34[m]
발변전설비	회로조건	–	1회선, 1모선
	가스절연모선	–	70[Ω]
	피뢰기특성	–	옥외형
	차단기	–	커패시턴스 모의

소 인입부의 발생 과전압이 가혹한 경우, 모선의 일부 또는 전체가 가압되어 있고 뇌격의 침입에 따라 모선부의 전압이 가장 가혹한 경우 및 침입한 뇌격이 변압기부에 도달하여 전압상승을 일으키는 경우의 3가지로 분류하여 각각의 경우에 뇌격조건, 송전선로 조건 및 변전설비의 제반 파라미터를 변화시켜 모의하였다.

10.4.2 뇌격조건의 영향 분석

뇌격전류 크기의 영향

뇌격전류의 파고치를 변화시켜서 그림 4.137 및 표 4.49와 같은 결과를 얻었다. 인입부, 주모선 및 변압기단에서 공히 파고치가 증가함에 따라 뇌과전압의 크기도 증가함을 보였다. 그러나 인입부에서는 단상 분기모선과 3상 일괄형 주모선의 사이에서 발생한 서지의 투반사 현상에 의해 발생된 과전압의 크기가 일률적으로 증가하지 않았다.

표 4.49 뇌격전류 파고치의 영향

단위 : [kV]

구 분 \ 파고치	120[kA]	140[kA]	160[kA]	180[kA]	200[kA]
인입부	858	871	958	1,000	1,180
모선부	1,032	1,146	1,209	1,300	1,426
변압기부	792	1,030	1,140	1,211	1,305

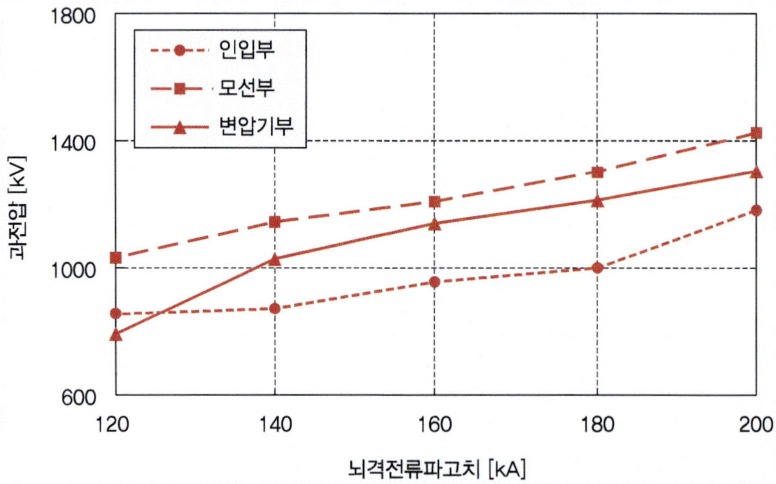

그림 4.137 뇌격전류 크기의 영향

뇌격전류 파두장의 영향

뇌격전류의 파두장을 변화시켜서 그림 4.138 및 표 4.50과 같은 결과를 얻었다. 인입부, 주모선 및 변압기단에서 공히 파두장이 짧을수록 과전압이 높이 발생하였으며 특히 모선부에서 큰 영향을 미치고 있다. 파두장이 3[μs]에서는 인입부와 모선부의 과전압이 거의 같았고, 파두장이 4[μs] 이상이 되면 역섬락이 발생하지 않았다.

표 4.50 뇌격전류 파두장의 영향

단위 : [kV]

구 분 \ 파두장	1[μs]	2[μs]	3[μs]
인입부	1,120	938	906
모선부	1,658	1,032	912
변압기부	1,033	792	788

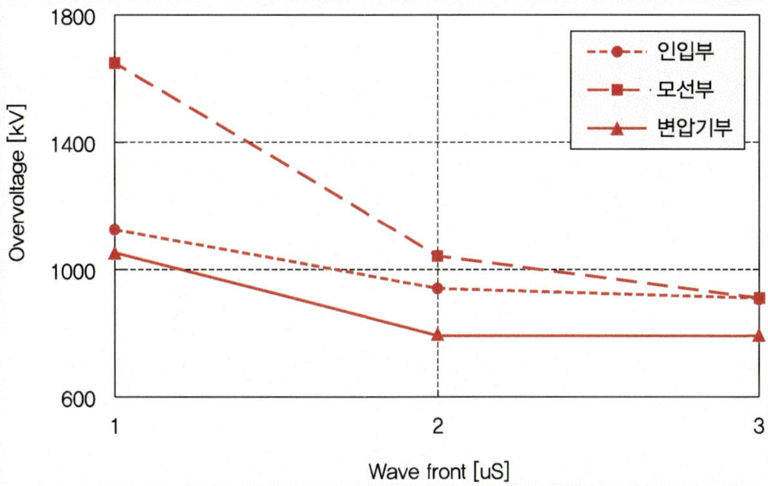

그림 4.138 뇌격전류 파두장의 영향

상용주파전원 중첩의 영향

상용주파수의 전원이 역극성으로 최대 값일 때 뇌격이 침입하는 경우, 선로가 무압상태인 경우 및 전원이 정극성으로 최대값일 때 뇌격이 침입하는 경우의 3가지 경우를 각각 모의하여 그림 4.139 및 표 4.51과 같은 결과를 얻었다.

상용주파전원이 정극성으로 중첩된 경우에는 역섬락이 발생하지 않았으나 가공송전선의 상간 및 3상 일괄형 모선 도체 상호간의 결합에 의해 유기된 과전압이 상도체에 나타났다. 무전압인 경우와 역극성으로 중첩된 경우는 역극성으로 중첩된 경우가 인입부, 모선 부 및 변압기단에서 모두 약간 높게 나타났다.

뇌격의 침입시 상용주파 전압의 중첩을 정밀하게 모의하기 위해서는 확률적인 해석을 하는 것이 좋으나 가장 가혹한 조건에 견디도록 변전설비를 설계하여 신뢰도를 높이는 것이 바람직하므로 가장 가혹한 경우인 역극성 중첩을 기준으로 설정하였다.

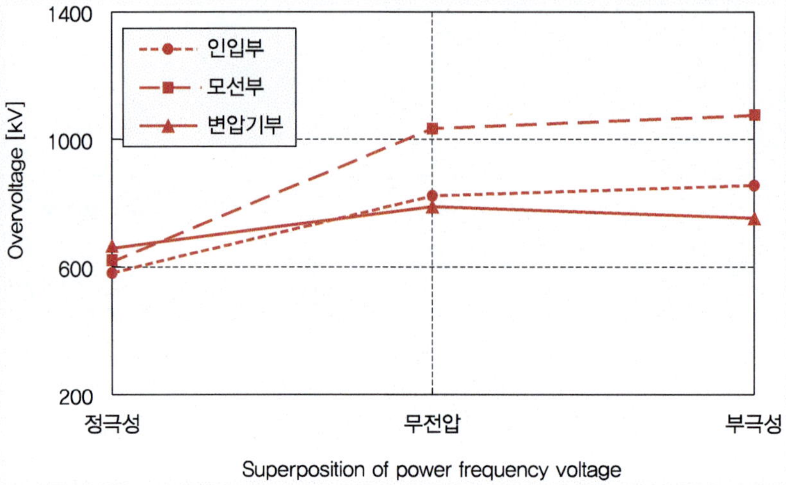

그림 4.139 상용주파전원 중첩의 영향

표 4.51 상용주파전원 중첩의 영향

단위 : [kV]

구 분 \ 전원중첩	정극성	무전압	역극성
인입부	586	818	858
모선부	618	1,032	1,080
변압기부	645	792	747

이상의 뇌격조건에 따른 해석결과와 해석에 사용된 비교모델의 값을 표 4.52에, 대표적인 출력 파형을 그림 4.140에 나타내었다. 상단으로부터 인입부, 모선부 및 변압기단의 파형이다.

표 4.52 뇌격조건에 따른 발생과전압

고려대상	적용항목	기준모델	비교모델	과전압의 변동폭[%]
뇌격조건	뇌격전류크기	120[kA]	140[kA] 160[kA] 180[kA] 200[kA]	+1.5 ~ +37.5
	파두장/파미장	2/70[μs]	1, 2, 3	-3.4 ~ +19.4
	전원중첩	역극성	정극성, 무압	-31.7 ~ -5.0

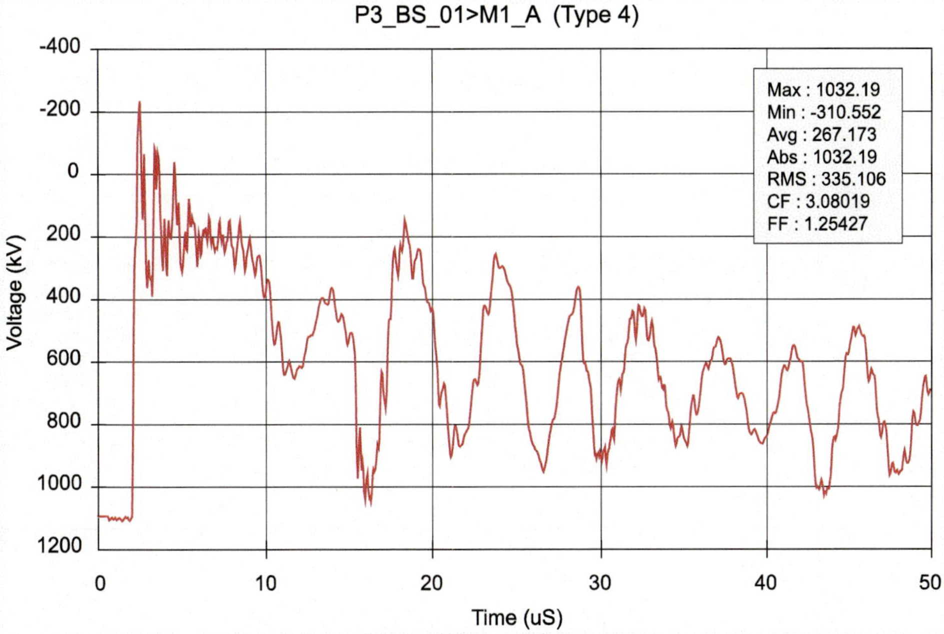

(a) 가스절연변전소 인입부의 과전압

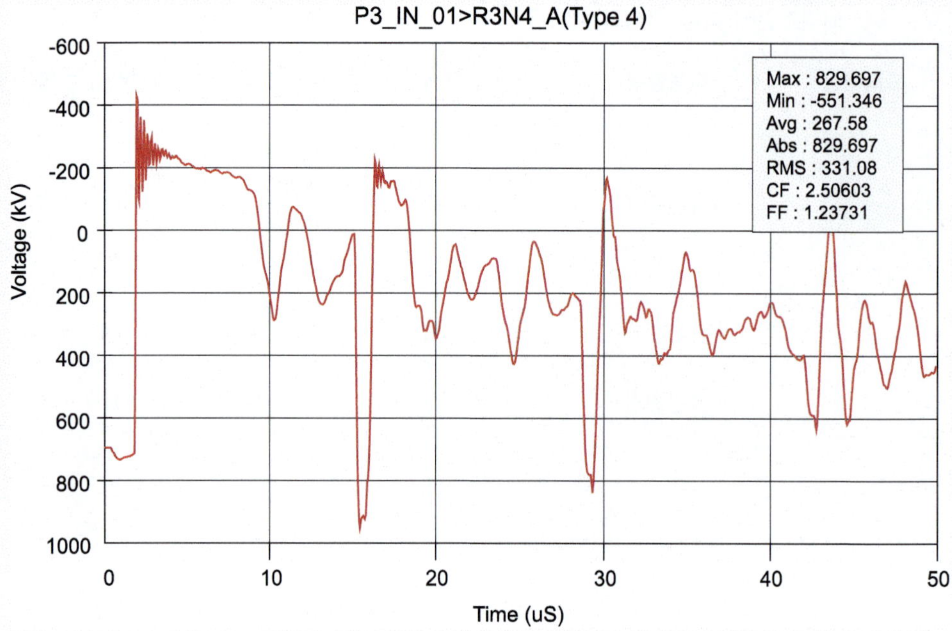

(b) 가스절연변전소 모선부의 과전압

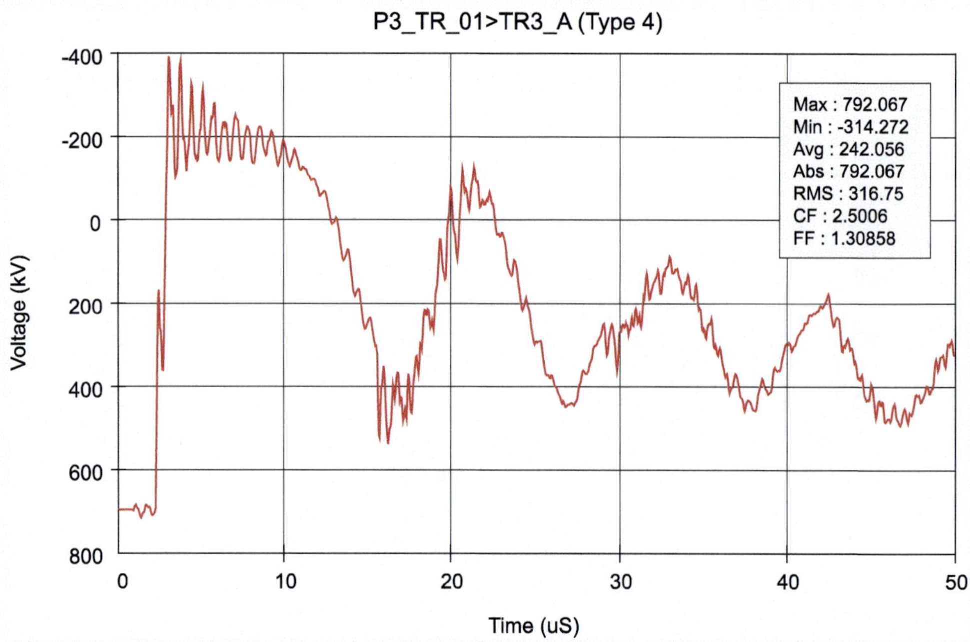

(c) 가스절연변전소 변압기단의 과전압

그림 4.140 대표적인 과전압 출력파형

10.4.3 송전설비의 영향 분석

철탑 탑각 접지저항의 영향

변전소에 인접한 철탑의 탑각 접지저항을 각각 10[Ω], 20[Ω], 30[Ω], 40[Ω] 및 50[Ω]으로 하여 그림 4.141 및 표 4.53과 같은 결과를 얻었다.

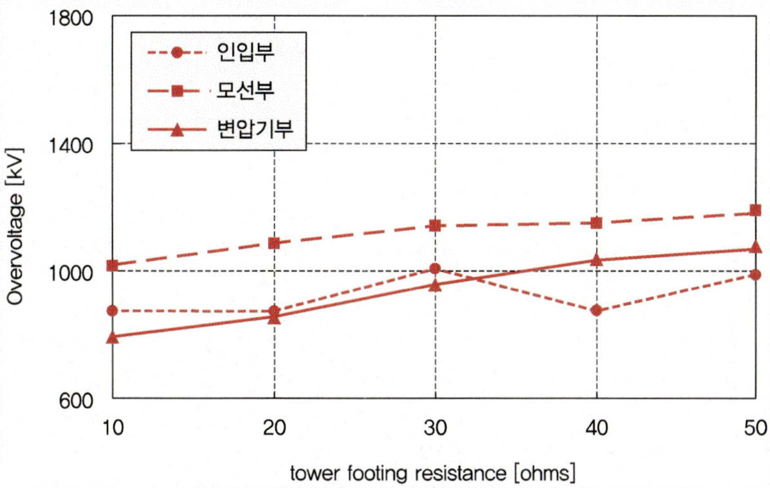

그림 4.141 철탑 탑각 접지저항의 영향

표 4.53 철탑 탑각 접지저항의 영향

단위 : [kV]

탑각저항 / 구분	10[Ω]	20[Ω]	30[Ω]	40[Ω]	50[Ω]
인입부	880	864	1,007	875	987
모선부	1,011	1,074	1,134	1,150	1,189
변압기부	783	858	970	1,028	1,076

주모선 및 변압기단에서는 탑각저항이 증가함에 따라 뇌과전압의 크기도 증가함을 보였다. 그러나 인입부에서는 서지의 투반사 현상에 의한 영향이 커서 일정한 경향을 보이지는 않았으나 탑각저항의 증가에 따라 과전압이 증가되는 현상을 볼 수 있었다.

인입부 가공송전선 길이의 영향

변전소에서 가장 가까운 철탑에 낙뢰에 의한 역섬락이 발생하여 변전소로 침입하는 경우 변전소 인입 철구에 도달한 진행파는 서지 임피던스가 작은 가스절연변전소로 대부분 투과되고 일부는 제1철탑으로 진행하여 서지를 저감시키게 된다. 이 때 가공인입선의 길이가 짧으면 서지 진행파의 부반사가 제 1철탑에 빨리 도달하게 되어 발생 뇌과전압은 낮아질 것이 예상된다.

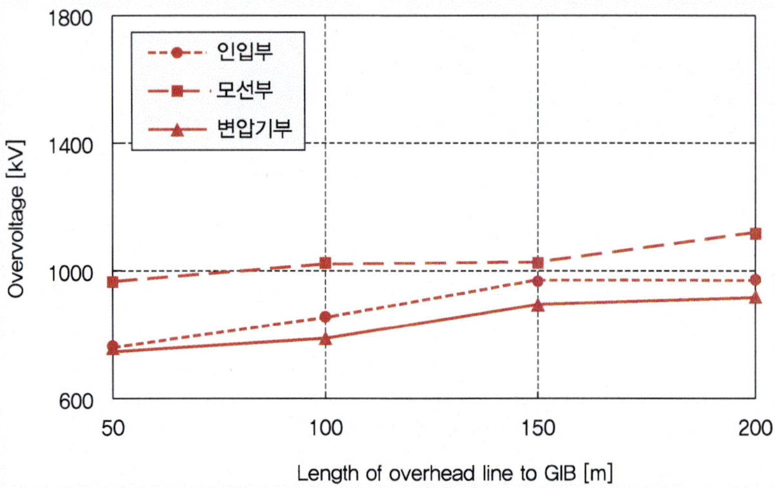

그림 4.142 인입부 가공송전선 길이의 영향

표본 변전설비에서는 인입부 가공 송전선의 길이를 100[m]를 기준으로 하였으나, 인입부 가공송전선의 길이를 각각 50[m], 100[m], 150[m] 및 200[m]로 하였을 경우의 과전압 발생 양상을 해석하여 그림 4.142 및 표 4.54에 나타내었다. 그 결과 인입부의 길이는 모선부의 과전압에 가장 큰 영향을 미치고 있음을 알 수 있으며, 인입부 가공 송전선의 길이를 50[m] 이내로 할 경우 모선부의 전압은 1000 kV 이하로 억제가 가능함을 알 수 있었다.

표 4.54 인입부 가공송전선 길이의 영향

단위 : [kV]

가공인입길이	50[m]	100[m]	150[m]	200[m]
인입부	771	858	971	983
모선부	975	1,032	1,033	1,120
변압기부	762	792	901	928

아킹혼 간격의 영향

아킹혼 간격을 표준인 2.34[m]와 비교대상으로 2.0[m], 2.1[m] 및 2.2[m]인 경우의 발생 과전압을 모의하였다. 아킹혼의 간격이 길어질수록 인입부의 과전압은 높아지나 모선 및 변압기단에서는 큰 차이가 없었다.

표 4.55 아킹혼 간격의 영향

단위 : [kV]

아킹혼 길이	2.0[m]	2.1[m]	2.2[m]	2.34[m]
인입부	870	938	857	858
모선부	989	1,030	1,049	1,032
변압기부	835	823	824	792

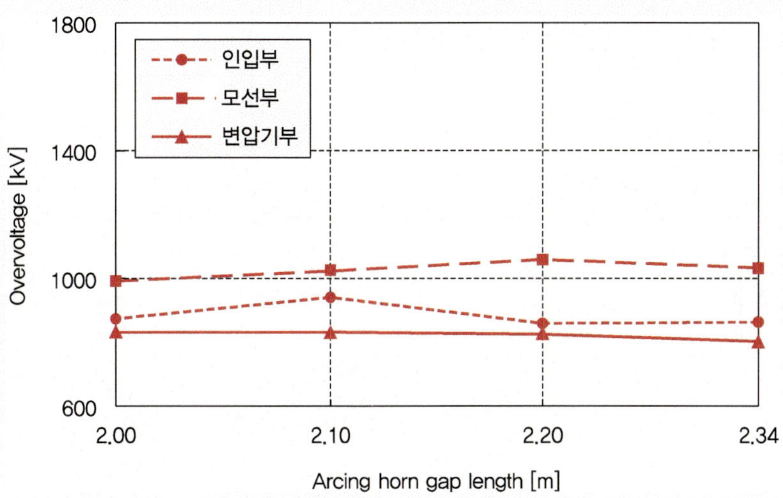

그림 4.143 아킹혼 간격의 영향

이것으로 보아 아킹혼의 간격에 따라 역섬락을 발생시키는 전류는 달라지나 변전소에 침입되는 뇌서지는 크게 영향을 받지 않음을 알 수 있었다.

이상 열거한 송전설비에 의한 과전압의 영향을 종합하면 표 4.56과 같다.

표 4.56 송전설비에 따른 발생과전압

고려대상	적용항목	기준모델	비교모델	과전압의 변동폭[%]
송전설비	탑각 저항	20[Ω]	10, 20, 30, 40, 50[Ω]	-8.7 ~ +19.8
	인입부 길이	100[m]	50, 150, 200[m]	-3.8 ~ +17.2
	아킹혼 간격	2.34[m]	2.0, 2.1, 2.2[m]	-4.0

그림 4.144에 아킹혼의 전압-시간 곡선과 아킹혼간에서 발생되는 과전압이 아킹혼의 내전압을 초과하는 경우 TACS 제어스위치가 동작하여 역섬락이 발생하는 예를 표시하였다.

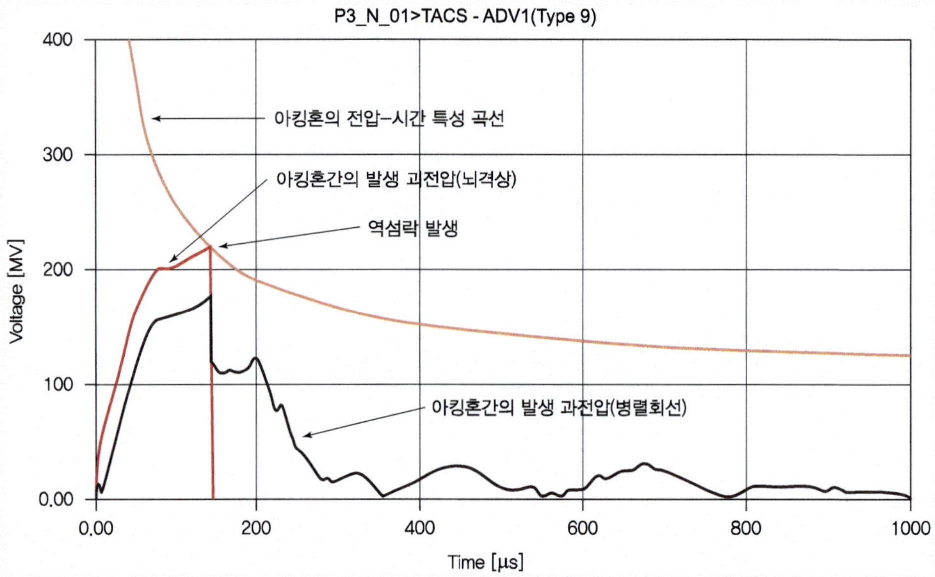

그림 4.144 아킹혼의 전압-시간 특성 및 역섬락의 발생

10.4.4 발변전설비의 영향 분석

모선 서지임피던스의 영향

제작소별 변전소 가스절연모선의 서지임피던스를 계산하여 보면 약 60~80[Ω]의 범위가 된다. 이에 서지임피던스를 60[Ω], 65[Ω], 70[Ω], 75[Ω] 및 80[Ω]으로 하여 발생 과전압의 추이를 파악하였다. 서지임피던스가 커지면 인입부의 과전압은 상승하고 모선부의 과전압은 저하하는 경향을 보였으나 그 차이는 크지 않았다. 그림 4.145 및 표 4.57에 해석결과를 표시하였다.

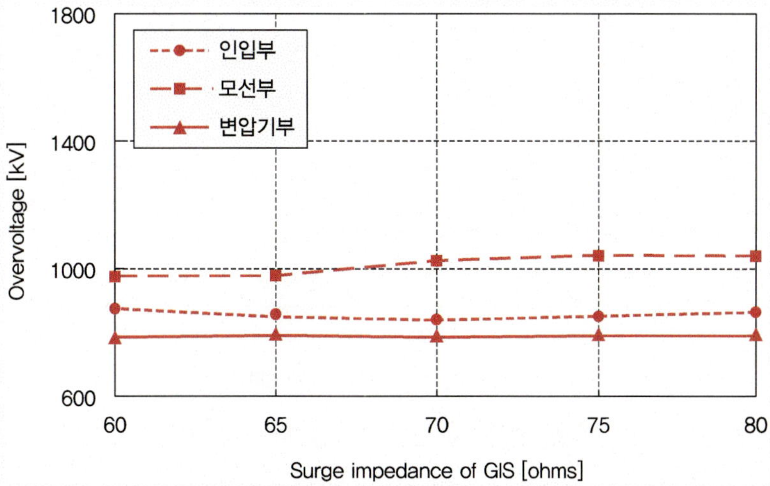

그림 4.145 모선 서지임피던스의 영향

표 4.57 모선 서지임피던스의 영향

단위 : [kV]

서지임피던스	60[Ω]	65[Ω]	70[Ω]	75[Ω]	80[Ω]
인입부	876	856	842	846	865
모선부	970	970	1022	1040	1040
변압기부	777	784	785	789	793

가스절연 인입부 길이의 영향

상분리형 가스절연모선에서 3상 일괄형 가스절연 주모선부까지의 거리를 각각 10 [m], 20[m], 30[m] 및 40[m]로 하여 변전소 인입 가스절연부의 길이 변화에 따른 과전압을 비교하였다. 그림 4.146 및 표 4.58과 같이 인입부 모선 길이의 증가에 따라 인입부, 모선부 및 변압기단의 과전압이 모두 상승하였다.

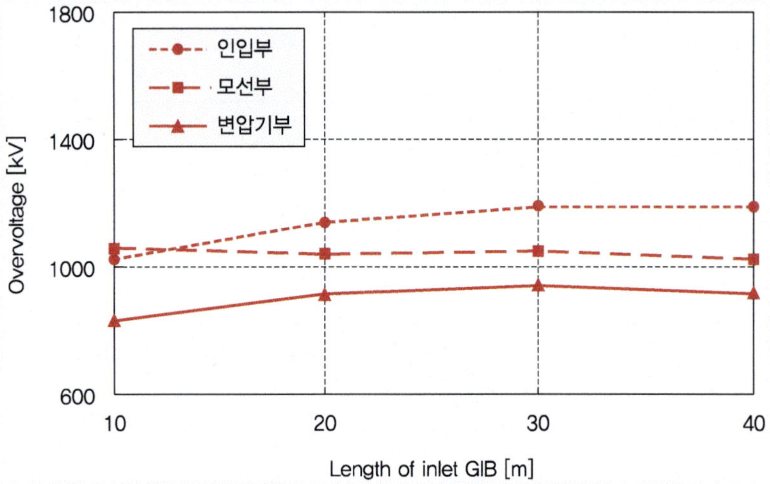

그림 4.146 인입 가스절연부 길이의 영향

표 4.58 인입 가스절연부 길이의 영향

단위 : [kV]

인입부 길이	10[m]	20[m]	30[m]	40[m]
인입부	1,023	1,140	1,190	1,192
모선부	1,052	1,036	1,043	1,015
변압기부	826	910	937	917

피뢰기 특성의 영향

해석에 사용된 표준 변전설비에 사용되는 피뢰기는 일본 명전사의 제품을 기준으로 하였으나, 최근 완전 옥내형 가스절연변전소는 송전선로가 지중화되면서 피뢰기도 가스가 충진된 탱크형이 설치되고 있으므로, 스웨덴 ABB사 및 일본 HITACHI사의 가스절연변전소용 피뢰기의 특성도 상호 비교하였다. 피뢰기의 설치위치는 가공송전선로에서 가스절연변전소로 인입되는 지점에 설치된 경우를 기준으로 하였으며 변압기단에 설치되는 것을 고려하였다.

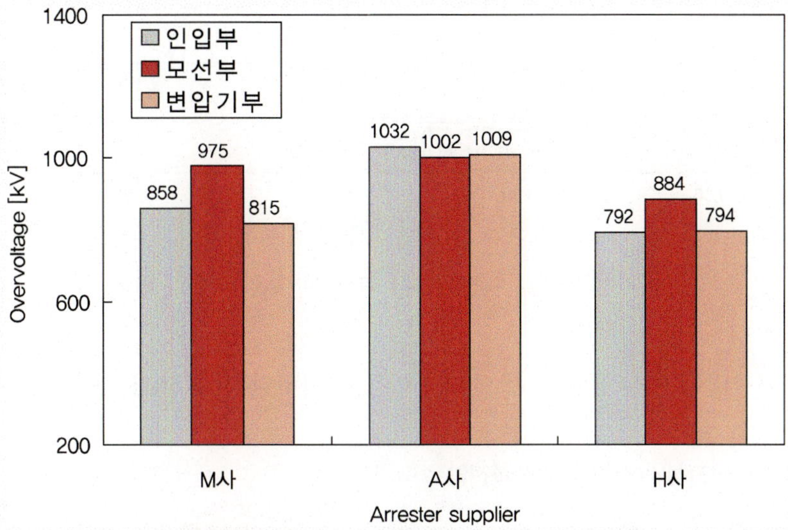

그림 4.147 피뢰기의 제작소별 발생과전압

표 4.59 피뢰기 제작소별 발생과전압

단위 : [kV]

피뢰기 종류	M사	A사	H사
인입부	858	1,032	792
모선부	975	1,002	884
변압기부	815	1,009	794

그림 4.148은 변전소 인입부에 피뢰기 설치시와 미설치시의 과전압 파형 비교한 사례이다. 피뢰기가 없는 경우 발생한 뇌과전압은 1,101[kV]이고, 동일한 조건에서 피뢰기 설치시의 과전압은 600[kV]로 저하하였다.

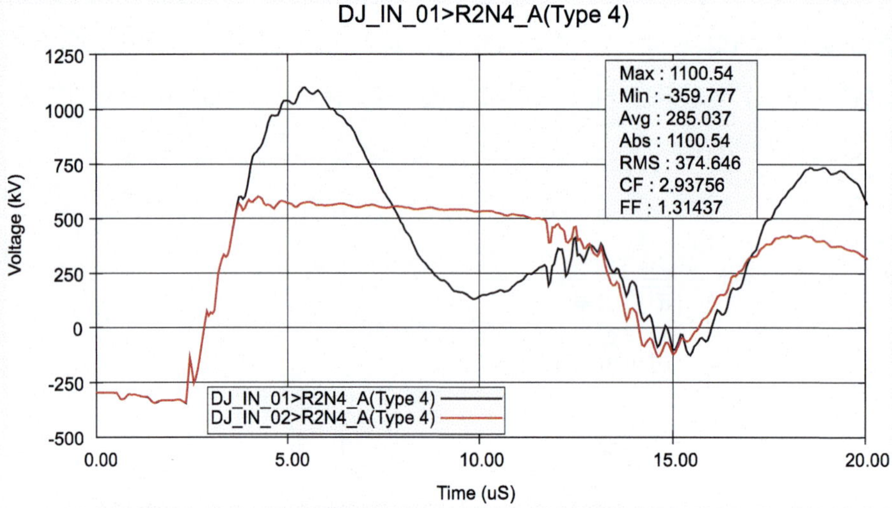

그림 4.148 피뢰기 설치 전·후의 과전압 비교

발변전설비의 영향에 따른 발생 과전압을 종합하면 표 4.60과 같다.

표 4.60 발변전설비에 따른 발생과전압

고려대상	적용항목	기준모델	비교모델	과전압의 변동폭[%]
발변전 설비	서지임피던스	70[Ω]	60, 65, 70,75, 80[Ω]	-5.0 ~ +1.8
	GIS 인입부 길이	10[m]	20, 30, 40[m]	+16.5
	피뢰기 특성	M사	H사, A사	-7.7 ~ +7.7

10.4.5 765 kV T/L을 345 kV 변전소에 연결 운전시 과전압

765 kV 송전선로의 초기 상태에서 345 kV 변전설비에 연결하여 운전할 필요가 있으므로 345 kV 가스절연변전소에 발생하는 뇌과전압을 해석하였다. 765 kV 송전선로의 아

킹혼 간격은 4.6 [m]로 120 [kA]에서는 역섬락이 발생하지 않으므로 표 4.39에 나타낸 뇌격전류의 기준치를 이용하여 모의하였다. 해석결과 변전소 모선단에 약 1,500[kV]를 초과하는 과전압이 발생하였으며 그림 4.149에 이를 나타내었다.

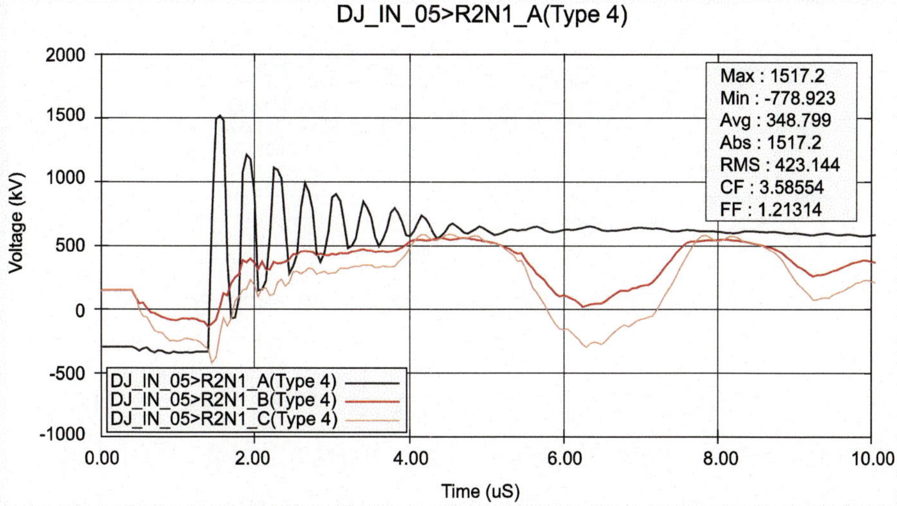

그림 4.149 765 kV 송전선 연결운전시 뇌과전압

해석결과에 따른 뇌과전압 저감방안

765 kV 송전선로를 345 kV 변전설비에 연결하여 운전시 뇌격이 침입 역섬락이 발생하면 기준 절연강도를 초과하는 과전압이 발생하여 가스절연부의 절연파괴를 일으킬 가능성이 있다. 변전소에서 가장 가까운 제1철탑에 애자련과 아킹혼을 345 kV 송전선로와 같은 절연거리를 갖도록 취부하고 모의한 결과, 동일한 뇌격조건에서 1,013 [kV]의 과전압이 발생하여 기준 절연강도를 초과하지 않았다.

그림 4.150은 변전설비 전체가 정상적으로 운전시 발생 가능한 모선에서의 뇌과전압 파형 예이다. 최대 발생 과전압은 약 650 [kV]로서 345 kV 가스절연부의 뇌임펄스 시험 규격치 1,175 [kV]의 56[%] 정도이다. 뇌격이 침입한 상 이외의 상도체에 과전압이 유기되는 것은 변전소 모선이 3상 일괄 모선으로 되어있어 상호간의 정전결합 및 전자유도에 의해 뇌서지 과전압이 유기되기 때문이다.

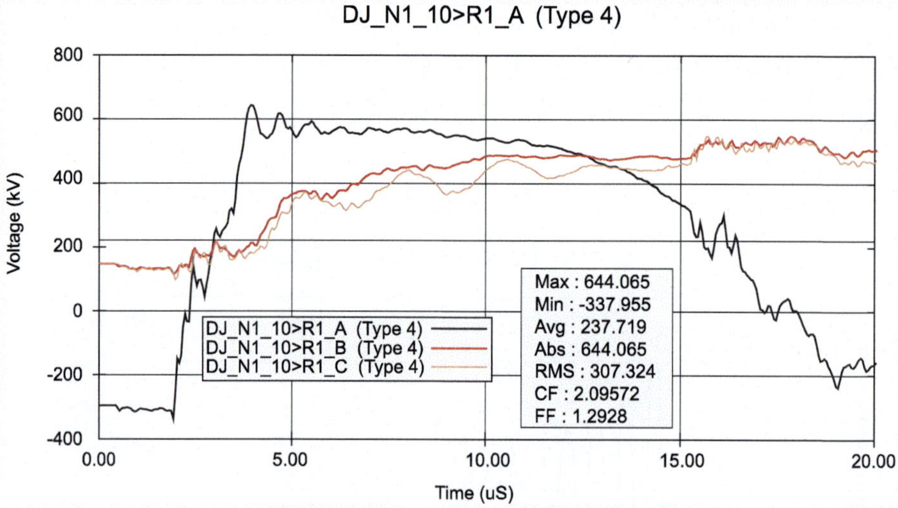

그림 4.150 변전소 전체운전시의 뇌과전압

본 해석 사례에서의 해석조건은 매우 가혹한 조건이 상정되었으므로 변전설비 전체가 운전시에는 매우 큰 뇌격이 침입하여도 기준 절연강도를 초과할 가능성이 매우 적다. 따라서 765 kV 송전선을 345 kV 변전설비에 연결하여 운전하는 경우, 제 1철탑의 아킹혼 간격을 345 kV 송전설비의 수준으로 하면 충분하다고 할 수 있다.

10.4.6 해석결과와 가스절연개폐장치 규격과의 비교

345 kV 가스절연개폐장치(GIS : Gas Insulated Switchgears)의 절연강도에 대한 한전 표준규격(ES-5925-0001)상의 값은 표 4.61과 같다[67].

표 4.61 362 kV GIS의 절연강도

정격전압 [kVrms]	상용주파내전압 [kV, 실효치]		뇌임펄스내전압 ([kV], 파고치) 1.2/50[μs]		개폐임펄스내전압 ([kV], 파고치) 250/2,500[μs]	
	도전부와 대지간	동상극간	도전부와 대지간	동상극간	도전부와 대지간	동상극간
362	450	520	1,175	1,175(205)	950	800(295)

본 연구사례의 경우 우리나라의 연간뇌우일수 IKL을 20, 철탑 높이를 60[m], 뇌격전류 120[kA], 상정 뇌격 구간을 150[m], 철탑 4회선을 기준으로 하여 고장재현기간을 계산하면, 발변전소의 뇌사고발생확률은 0.0066[회/회선/년]으로, 150년에 1회의 재현기간을 갖는다.

뇌격조건에 따른 해석기준치의 설정

뇌격전류의 파고치가 140[kA]인 경우 모선부의 과전압이 1,146[kV]로 규격치에 근접하였으며 그 이상에서는 규격치를 초과하였다.

뇌격전류의 파두장을 1[μs]로 상정하는 경우는 모선부의 과전압이 1,658[kV]로 기준절연강도를 초과하였다. 국내에서 파두장의 측정데이터가 없으므로 적용기준치를 설정하기는 곤란하나 참고문헌[3, 7]에 의하면 1[μs]의 파두장을 가지는 뇌격의 발생확률이 매우 희박하다고 보고되고 있으므로 2[μs] 파두장을 표준 설정치로 하였다.

상용주파전원과 뇌격의 중첩시점은 예측이 불가능하므로 가장 가혹한 경우를 상정하여, 상용주파전원의 부극성 최대값에서 부극성의 낙뢰와 중첩되는 것을 표준으로 하였다.

송전설비에 따른 해석기준치의 설정

탑각 접지저항은 345 kV급 송전선의 설계기준치인 20[Ω]을 기준으로 하였으며 10~50[Ω]의 변경에 따라 과전압은 −8.7[%]에서 +19.8[%]의 차이를 나타냈다.

가공인입부의 길이는 50~200[m]로 변경하여 모의함에 따라 −3.8[%]에서 +17.2[%]의 차이를 나타냈다. 가공인입부의 길이는 100[m]를 표준으로 하였으나 가능한 한 짧게 하여야 과전압을 저감시킬 수 있다.

아킹혼 간격은 설계 표준치인 2.34[m]를 기준으로 하였으며 아킹혼 간격에 의한 과전압의 변동은 4[%] 이내로 나타났다.

발변전설비에 따른 해석기준치의 설정

가스절연부의 서지임피던스를 60~80[Ω]으로 변경하여 모의한 결과 과전압의 변동폭은 5[%] 이내로 나타났으며 단상 가스절연부의 계산치를 기준으로 하여 70[Ω]을 기준치로 하였다.

가스절연 인입부의 길이는 20[m] 이내로 제한하여야 발생되는 과전압을 기준절연강도 이하로 유지할 수 있다. 인입부 길이를 10~40[m]로 변경시켜 모의한 결과 발생 과전압은 +16.5[%]의 차이를 나타냈다. 기준치는 표본 변전설비의 인입부 길이와 유사한 10[m]를 표준으로 하였다.

피뢰기 제작소별로는 −7.8[%]에서 +7.8[%]의 차이를 나타냈다. 피뢰기의 설치장소는 표본 변전소와 같이 송전선에서 가스절연변전소로 인입되는 지점과 변압기단에만 설치하는 것을 기준으로 하였다.

참고문헌

[1] E.B. Shim. J.W. Woo and S.O. Han, "The Field Test and EMTP Simulation on the Electrical Phenomena at the Paralleled Circuit of long EHV Transmission Line", International Conference on Electrical Engineering, 2002.

[2] 한국전력공사, "지중송전실무 I, II", 1996

[3] 전력연구원, "지중송전계통의 접지기술 정립에 관한 연구, 1998.1

[4] IEEE, "IEEE Guide for the application of sheath-bonding Methods for single-conductor cables and calculation of induced voltages and currents in cable sheaths, ANSI/IEEE Std 575-1988

[5] J.S. Barrett, G.J. Anders, "Circulating current and hysterisis losses in screens, sheaths, and armour of electric power cables - mathematical models and comparison with IEC Standard 287

[6] John H. Brunke and Klaus J. Frohlich, "Elimination of Transformer Inrush Current by Controlled Switching-Part I: Theoretical Consideration", IEEE Transactions on Power Delivery. Vol. 16, No. 2, pp. 276-280, April, 2001.

[7] Paul C. Y. Ling and Amitava Basak, "Investigation of Magnetizing Inrush Current in a Single Phase Transformer", IEEE Transactions on Magnetics. Vol. 24, No. 6, pp. 3217-3222, November, 1988.

[8] Cheng-Mun Ong, "Dynamic Simulation of Electric Machinery", Prentice Hall PTR, New Jersey, USA, pp. 85-121, 1998.

[9] 윤종수, 홍순천, 박상태, "154 kV 배전용 변압기 돌입전류 분석결과보고서", 한국전력공사 전력연구원, 2000.

[10] Canadian/American EMTP User Group, "Alternative Transient program Rule Book", Branch of System Engineering, Bonneville Power Administration, Portland, Oregon, USA, 1987.

[11] Thomas E. Grebe and Huyen V. Nquyen, "EMTP Case Study Workbook I~IV", Electrotek Concept, Inc., January 1997

[12] J. V. Miische, "Elecrtomagnetic Transient Program(EMTP) Application Guide", Final Report, November 1986.

[13] S. O. Han, E. B. Shim and et al, "The Field Test and Computer simulation on the Inrush Current and Circulating Current of KEPCO's 765 kV Transformer", 2002 International Conference on Electrical Engineering, Korea, Vol. V, pp. 2169- 2173.

[14] Xusheng Chen, "Negative Inductance and Numerical Instability of the Saturable Transformer Component in EMTP", IEEE Transactions on Power Delivery Vol. 15,

No. 4, pp. 1199- 1204, October, 2000.

[15] Moises Comez-Morante and Denise W. Nicoletti, "A Wavelet- based Differential Transformer Protection", IEEE Transactions on Power Delivery. Vol. 14, No. 4, pp. 1351-1356, October, 1999.

[16] C. L. Cheng and C. E. Lin, "A New Scheme of Protective System for Three Phase Transformers", Asia Pacific IEEE/PES Transmission and Distribution Conference and Exhibition, Vol. 3, pp. 1808-1813, 2002.

[17] Kuniaki Yabe, "Power Differential Method for Discrimination between Fault and Magnetizing Inrush Current in Transformers", IEEE Transactions on Power Delivery. Vol. 12, No. 3, pp. 1109-1115, July, 1997.

[18] Liana Cipcigam, Wilsun Xu and Venkata Dinavahi, "A New Technique to Mitigate Inrush Current Casued by Transformer Energization", 2002 IEEE Power Engineering Society Summer Meeting, Vol. 1, pp. 570-574.

[19] R. K. Aggarwal and P. Mao, "Digital Simulation of the Transient Phenomena in High Voltage Transformers with Particular Reference to Accurate Fault Detection", International Conference on Simulation, Publication No. 457, pp. 390-397, October, 1998.

[20] Marjan Popov and Lou van der Sluis, "Improved Calculations for No-Load Transformer Switching Surges", IEEE Transactions on Power Delivery. Vol. 16, No. 3, pp. 401-408, July, 2001.

[21] Masaru Ogawa, "Magnetizing Inrush Current of a Transformer and a New Technique of its Computation", IEEE International Symposium on Circuits and Systems, Vol. 3, pp. 417-420, 2002.

[22] Xusheng Chen, "A Three Phase Multi-legged Transformer Model in ATP using the Directly-Formed Inverse Inductance Matrix", IEEE Transactions on Power Delivery. Vol. 11, No. 3, pp. 1554-1562, July, 1996.

[23] 심응보, 우정욱, 곽주식, 전명렬, 김기일, "765 kV 2000 MVA 주변압기의 여자 돌입전류 특성해석과 실증시험", 2002 대한전기학회 방전 및 고전압 연구회 춘계학술대회 논문집, pp. 51-54.

[24] D. O. Kelly, "Calculation of the Transient Performance of Protective Current Transformers including Core Hysteresis", IEE Proceedings-C. Vol. 139, No. 5, pp. 455-460, September, 1992.

[25] B. A. Mork, "Five-Legged Wound-Core Transformer Model: Derivation, Parameters, Implementation and Evaluation", IEEE Transactions on Power Delivery. Vol. 14, No. 4, pp. 1519-1526, October, 1999.

[26] Michel Rioual and Christophe Sicre, "Energization of a No-Load Transformer for Power Restoration Purpose: Modeling and Validation by On Site Tests", IEEE Power Engineering Society Winter Meeting, Vol. 3, pp. 2239-2244, 2000.

[27] Andre Gaudreau and et al, "No-Load Losses in Transformer Under Overexcittion/Inrush-Current Conditions: Tests and a New Model", IEEE Transactions on Power Delivery. Vol. 17, No. 4, pp. 1009-1017, October, 2002.

[28] Wilsun Xu and et al, "A Sequential Phase Energization Technique for Transformer Inrush Current Reduction-Part II: Theoretical Analysis and Design Guide", IEEE Transactions on Power Delivery. Vol. 20, No. 2, pp. 950-957, April, 2005.

[29] 신영준, 김경운, 박영창, "시험성적서(No. 99C298), 단상 단권변압기 (333.35 MVA×2, $765/\sqrt{3}-345/\sqrt{3}-23$ kV)", 한국전기연구소, 2000.

[30] NERC, "2012 Special Reliability Assessment Interim Report : Effects of Geomagnetic Disturbances on the Bulk Power System", February 2012

[31] CIGRE Study Committee 12, "Effects on Geomagnetically Induced Current on Power Transformers", Electra No. 141, April. 1992

[32] NERC, "Application Guide : Computing Geomagnetically- Induced Current in the Bulk-Power System", December 2013

[33] Learn Engineering, "Transformer Core Types", youTube, 2014.08.13

[34] Electrical Engineering Videos, "Difference between core form and shell form transformers", youTube, 2017.06.28

[35] D. A. N, Jacobson, D. R. Swatek and R. W. Mazur "Mitigating Potential Transformer Ferroresonance in a 230 kV Converter Station", IEEE Proceedings on Transmission and Distribution Conference, pp. 269-275, 1996.

[36] C. Kieny, G. Leroy and A. Sbai, "Ferroresonance Study using Galerkin Method with Pseudo-Arc length Continuation Method", IEEE Transactions on Power Delivery, Vol. 6, No. 4, pp. 1841-1847, October 1991.

[37] O. M. Baycura and J. C. Donovan, "An Unsymmetrical Mode of Ferroresonance", IEEE Transactions on Magnetics, pp. 890-895, October 1971.

[38] M. S. Maklad and M. M. Fahmy, "An Analitical Investigation of a Ferroresonance Circuit", IEEE Transactions on Magnetics, Vol. 16, No. 2, pp. 465-468, March 1980.

[39] Robert Hoerauf and Neil Nichols, "Avoiding Porential Transformer Ferroresonant Problems in Industrial Power Systems", IEEE Proceedings on Industrial and Commercial Power Systems, pp. 61-68, 1989.

[40] R. G. Andrei and B. R. Halley, "Voltage Transformer Ferroresonance from an Energy Transfer Standpoint", IEEE Transactions on Power Delivery Vol. 4, No. 3, pp. 1773-

1778, July 1991.

[41] N. Janssens, A. Even, H. Denofel and P.A. monfils, "Determination of the Risk of Ferroresonance in High Voltage Networks: Experimental Verification on a 245 kV Voltage Transformer", Sixth International Symposium on High Voltage Engineering, New orleans, USA, 1989.

[42] C. Kieny "Application of thee Bifurcation Theory in Studying and Understanding the Global Behavior of a Ferroresonant Electric Power Circuit", IEEE Transactions on Power Delivery Vol. 6, No. 2, pp. 866-872, April, 1991.

[43] David A. N. Jacobson, "Examples of Ferroresonance in a High Voltage Power System", IEEE Power Engineering Society General Meeting Vol. 2, pp. 1206-1212, 2003.

[44] William S. Vilcheck and Michael V. Hadddad, "Voltage Transformer ferroresonance in Cogeneration Substation", IEEE Conference on Pulp and Paper industry, pp. 148-158, 1992.

[45] M. R. Iravani and et al "Digital Time-Domain Investigation of Transient Behavior of Coupling Capacitor Voltage Transformer", IEEE Transactions on Power Delivery Vol. 13, No. 2, pp. 622-629, April, 1998.

[46] D. Shein, S. Zissu, "Domains of ferroresonance occurrence in voltage transformers with or without damping reactors", IEEE Eighteenth Convention of Electrical and Electronics Engineers in Israel, pp. 1521-1525, 1995.

[47] Sang-Ok Han, Eung-Bo Shim and Jung-Wook Woo, "Digital Time-Domain Simulation of Ferroresonance of Potential Transformer in the 154 kV Gas Insulated Substation", KIEE International Transactions on PE, Vol. 6, No. 4, pp. 9-14, 2001.

[48] Power Technology Inc., "PSS/E(Power System Simulator for Engineers) User's Manual", Power Technology Inc., 2002.

[49] Yang Li, Wei shi, Rui Qin and Jilin yang "A Systemical Method for Suppressing Ferroresonance at Neutral-Grounded Substations", IEEE Transactions on Power Delivery Vol. 18, No. 3, pp. 1009- 1014, July, 2003.

[50] IEC 62271-100+AMD1:2012+AMD2:2017 CSV, High-voltage switchgear and controlgear- Part 100 : Alternating-current circuit-breakers, 2017.

[51] IEC 60056:1987/AMD1:1992, High-voltage Alternating-current circuit- breakers, 1992

[52] IEC 62271-100/AMD1:2002, High-voltage Alternating-current circuit- breakers, 2002

[53] 변전설계기준 DS-2601, "접지설계", pp 6, 한국전력공사, 2017

[54] IEEE Std 80-2000, IEEE Guide for Safety in AC Substation Grounding, 2000

[55] 電力中央研究所報告, "發變電所侵入雷サ-ジの實用的解析手法とその適用", 研究報告 T90068,

pp. 11~90, 1991

[56] Michael, A. Sargent and Mat Darveniza, “Tower Surge Impedance”, IEEE Transactions on Power Apparatus and Systems, Vol. PAS-88, No 5, pp. 680~687, 1969

[57] Naoto Nagaoka and Akihiro Ametani, “Lightning Surge Analysis by 2-Phase Model”, IEEJ, 61-5, 1986

[58] M. Ishii, T. Kawamura, T. Kouno, E. Ohsaki, K. Shiokawa, K. Murotani and T. Higuchi, “Multistory Transmission Tower Model for Lightning Surge Analysis”, IEEE Transactions on Power Delivery, Vol. 6, No 3, pp. 1327~1335, 1991

[59] T. Yamada, A. Mochizuki, E. Zaima, T. Kawamura, A. Ametani, M. Ishii and S. Kato, “Experimental Evaluation of UHV Tower Model for Lightning Surge Analysis”, IEEE Transactions on Power Delivery, Vol. 10, No 1, pp. 393~402, 1995

[60] A. R. Hileman, “Insulation Coordination” Advanced System Technology, ABB Power Systems Inc., 1991

[61] 電力中央研究所報告, “發變電所侵入雷サ-ジの實用的解析手法とその適用”, 研究報告 T90068, pp. 11~90, 1991

[62] 電力中央研究所報告, “發變電所耐雷設計ガイドブッッ”, pp. 11～16, pp. 138~143, 1976

[63] EPRI, “Transmission Line Reference Book 345 kV and Above”, 2nd Edition, pp. 549~572, 1982

[64] Leuven EMTP Center, "ATP Rule Book", Salford Version I, II, 1987

[65] E. B. Shim, J. W. Woo and J. B. Kim, “Lightning Overvoltage Analysis of KEPCO 765 kV Gas Insulated Substation”, Proceedings of the International Conference on Electrical Engineering, Bejing, China, pp. 651～655, 1996

[66] 심응보, 우정욱, 김정부, “765 kV 개스절연 변전소의 뇌과전압과 뇌격파라메터의 영향 검토”, 대한전기학회 방전 및 고전압연구회 춘계학술발표회 논문집, pp. 58~61, 1997

[67] 한국전력공사, 한전 표준규격(ES-5925-0001), 교류차단기, 2010

찾아보기

ㅊ

ㅋ

ㅌ

ㅍ

ㅎ

저자 소개

심응보

한양대 전기공학과를 졸업하고 충남대학교에서 석사, 박사를 졸업하였다. 1982년 한전에 입사하여 송변전 사업장 및 전력연구원에 근무하였으며 파워시스템연구소장, 송변전연구소장 및 전략사업실장을 역임하고 현재 연구위원으로 근무하고 있다.

주요 연구분야는 765kV 계통 절연설계, 뇌격전류 누적분포특성 연구, 송전선로용 피뢰기 적용, 전국 염해 오손맵, 한전의 송전설계기준 등이며 디지털변전기술개발과 절연설계 해외 기술용역(리비아, 미얀마 등)을 수행한 경험이 있다.

현재 대한전기학회 평의원 및 시니어 멤버이며, 약 10년간 CIGRE C4(계통성능분야) 한국 대표를 역임하고 2018년 "Distinguished Member"가 되었다. 또한, KEUG(한국 EMTP 사용자 그룹) 의장 역임 및 강사로 활동하고 있다.

국제전기표준 IEC TC99(절연협조) 한국대표 및 MT10 컨비너로 활동한 공로를 인정받아 2017년 IEC에서 "1906 IEC Award"를 수상하였다. 또한 2011년부터 현재까지 IEC ACTAD(송배전자문위원회)의 한국대표로 활동하고 있다.

우정욱

- 공학박사(경북대학교)
- 現 한전 전력연구원 수석연구원, CIGRE C4 한국대표
- 연구분야 : 절연설계, 낙뢰관측 및 전력계통 과도현상 해석 등

정채균

- 공학박사(원광대학교)
- 現 한전 전력연구원 책임연구원, CIGRE WG 멤버
- 연구분야 : 지중송전선 과도현상 해석, 지중케이블 고장점 탐지 등

최종기

- 공학박사(홍익대학교)
- 現 한전 전력연구원 책임연구원
- 연구분야 : 변전소 접지설계, 변전소 EMC 전파특성 해석 및 측정 등

주병수

- 공학사(건국대학교)
- 現 한전 전력연구원 선임연구원(교류직)
- 연구분야 : 전력용변압기 전문가, 지자기 유도현상 해석 등

전력계통 과도현상 해석

인 쇄: 2019년 1월 10일 초판 인쇄
발 행: 2019년 1월 17일 초판 발행
저 자: 심응보·우정욱·정채균·최종기·주병수
발행인: 송 준
발행처: 홍릉과학출판사
주 소: 01093 서울시 강북구 인수봉로 50길 10
등 록: 1976년 10월 21일 제5-66호

전 화: 02-999-2274~5, 903-7037
팩 스: 02-905-6729
e-mail: hongpub@hongpub.co.kr
http://www.hongpub.co.kr
ISBN: 979-11-5600-625-1 (93560)

정 가: 39,000원